현대 가족관계론

이기숙 · 고정자 · 권희경 · 김득성 · 김은경 · 김향은 · 옥경희 지음

도서출판 파란마음

머리말 Preface

한국사회의 근대화는 다양한 변화를 가져왔다. 그 중 가족을 중심으로 나타난 변화는 실로 엄청났다. 특히 짧은 기간에 이루어진 압축산업화 과정은 가족가치나 가족구조, 그리고 가족관계에서 많은 변화를 나타내면서 다양한 가족문제들을 동반하였다. 예를 들면 과거의 홑벌이 가족이 맞벌이 가족으로 전환되면서 여성과 남성이 함께 일(직업)과 가사(육아 포함)를 균형 있게 수행하지 못하여 부부갈등이 증폭되고 종내는 가족해체(이혼 등)를 가져오게 한 현상들은 21세기 한국가족이 직면한 문제이다. 그리고 새로운 정보사회에 적합한 부모역할의 학습 등이 준비되지 못하여 청소년기 자녀와 부모와의 갈등이나 노부모세대와 성인자녀와의 부양에 관한 가치의 차이 등도 원만히 해결되고 있지 못하는 과제이기도 하다.

과거엔 가족으로서 살아감에 대한 준비는 위 세대로부터 전수받은 태도와 기술로 가능하였지만 현대에 와서는 성장단계에 따른 가족들의 다양한 욕구들에 대한 이해를 촉진시키는, 그리고 다양한 가족유형에 적합한 가족서비스를 안내해 주는 가족전문가를 필요로 하고 있다. 건강가정사, 가족생활교육사, 가족상담사, 보육교사, 사회복지사 등은 이런 시대에 적합한 전문가이다.

이 책은 일차적으로는 대학이 위와 같은 인력 양성에 필요한 교과과정을 수행하는 것을 돕기 위해 준비되었다. 그리고 현대 가족의 제반 특성과 가족관계에 대한 기본지식들을 필요로 하는 일반인들을 위한 도서로도 활용할 수 있도록 기획되었다.

많은 가족관계 관련 도서들이 출판되어 있지만, 이 책은 현대가족를 이해할 수 있는 기본 개념을 다루었다는 점과 한국가족이 변화의 기저를 따르되 지니고 가야 할 가족가치를 결론으로 수렴한 점은 다른 가족관계 저서들과 구별되는, 이 책의 특성이다. 즉 이 책은 '가족관계'를 중심 표제어로 하여 먼저 수평적 기본주제들인 '변화하는 가족', '가족이론', '가족발달', '세대', '성역할', '가족사랑', '의사소통'를 다루었고, 그 다음 이를 다시 수직적 개념인 '가족형성-가족확대-가족축소' 및 응용주제인 '가족갈등', '가족돌봄', '가족해체', '가족의례'로 나누어 분산 적용시킨 뒤 '새로운 가족가치'로 수렴시켰다. 1장, 6장, 15장은 이기숙 교수, 2장, 4장은 권희경 교수, 3장, 9장은 김향은 교수, 5장, 12장은 고정자 교수, 7장, 14장은 김득성 교수, 8장, 11장은 옥경희 교수, 10장, 13장은 김은경 교수가 각각 집필하였다. 각 장은 도입, 주요 내용, 요약, 생각해 볼 점, 참고문헌으로 구성되어 있고 다양한 사례들을 제시하여 이해를 돕고 있다.

끝으로 『현대 가족관계론』 도서 집필을 의뢰해 주신 도서출판 파란마음 황호철 사장님과 편집실 선생님들에게 깊은 감사를 드리며, 이 책을 통해 많은 가족이 보다 행복하고 건강한 삶을 살 수 있는 지혜를 발견하기를 진심으로 바란다.

2009년 4월 1일
집필자를 대표하여 이기숙 적음

차 례 Contents

| PART I |

변화하는 가족

| PART II |

가족관계의 기본개념

FAMILY RELATIONS

PART I

변화하는 가족

Chapter 01

FAMILY RELATIONS

가족 다양화

가족의 진화속도는 빠르다. 후기산업화 이후 맞벌이 가족이 증가하면서 종래의 홑벌이 가족에 적응되었던 가족생활기능(의식주 생활), 가족경제의 책임, 가족부양방법 등에서 많은 변화가 나타났다. 특히 자녀관과 생활양식의 변화는 가족의 기본개념조차 흔들고 있다 하여도 과언이 아니다. 즉 가족을 '혈연, 결혼으로 맺어진 사람들의 집합체'로 정의 내렸던 것에서 '공유된 역사를 지니며, 일정한 정서적 유대를 경험하는 상호의존적 사람의 집합체'라고 정의 내릴 만큼 변하고 있는 것이 우리의 가족이다. 이 정의는 가족이 혈연, 역할 등의 기능적 개념보다는 공유, 정서라는 관계적 개념에 중심을 둔다는 의미이다.

이 장은 특히 현대사회의 변화와 함께 등장하고 있는 가족환경의 변화 즉 다양한 가족형태와 그 삶에 대한 이해에 중점을 두고 있다. 전통적 가족구조 및 가족관계와는 다른 특성을 지니는 한부모가족, 미혼모가족, 노인가족, 무자녀가족 등이 증가하고 있다. 가족 구성이 계부모자녀가족인 재혼가족, 입양가족, 국제결혼가족 등으로 다양화하고 있다. 생활양식에 따라서는 맞벌이가족, 주말부부가족, 기러기가족이 나타나며, 그 외 비혼가족, 동거가족, 동성애가족, 공동체가족 등도 등장하고 있다. 이 장에서는 이런 다양한 가족을 통해 변화하는 현대 가족의 모습을 개괄적으로 고찰하고자 한다.

1 가족의 개념

'가족(family)' 하면, 떠오르는 생각은 무엇인가? 2005년 발표된 '전국가족실태조사'(장혜경 외, 2005)에 의하면 가장 많은 사람들이 지적한 것이 '서로 사랑하는 사람들'(37.8%)이었다. 그 외 '조상을 함께하는 피로 맺어진 사람들'(31.6%), '서로 도우며 사는 사람들'(9.8%), '주거를 함께하는 사람들'(9.8%) 순이었다. 이를 다시 성별로 살펴보면 남성들은 '조상과 피로 맺어진 사람들'이라고 생각하는 사람들이 제일 많았고(35.8%), 여성들은 '사랑하는 사람들'(40.9%)이라는 응답이 제일 많아가족에 대한 성별의 차이가 잠재해 있고, 이것이 가정생활의 양식이나 갈등을 인지하는 차이를 만든다고 볼 수 있다.

가족의 사전적 정의는 '어버이와 자식, 형제자매, 부부 등 혈연과 혼인관계 등에 의해 한 집안을 이룬 사람들의 집단 또는 그 성원' (새우리말 큰사전, 2000)이다. 가족사회학자 머독(Murdock, 1949)은 가족을 '함께 살며 자녀출산을 특징으로 하는 경제적 협력집단' 으로 정의하였다. 여기서 자녀출산이란 사회적으로 인정받는 성적 관계를 유지하는 최소한의 두 성인남녀의 성적 행위를 전제하며, 그래서 부부와 자녀로 이루어진 핵가족을 이상적 가족으로 보았다. 이 형태는 가족에 대한 고전적인 정의인 남편(생계 부양)과 아내(육아)의 역할론을 주장하며, 가족은 보호되어야 한다는 가족책임주의 가치가 강조된다.

그러나 18~19세기 산업화를 거치면서 가족은 다양하게 변화하였다. 여성의 경제활동 참여, 가족부양기능의 약화, 다양한 생활양식의 등장(무자녀, 이혼, 노부모와 자녀의 비동거, 국제결혼 등)은 전통적 가족 개념을 확대시키고 있다. 동거도 부부의 유형이며 무자녀가족, 한부모가족, 독신노인가족, 비혼독신 등이 증가하면서 정의를 넓히고 있다. 그래서 현대에 와서, 앤더슨(Anderson, 1999)은 가족이란 '단지 공유된 역사를 지니며, 일정한 정서적 유대를 경험하는 상호의존적 사람의 집합체' 라고 정의하였다. 이 정의는 혈연, 역할 등의 기능적 개념보다는 공유, 정서라는 관계에 중심을 두며, 결과적으로 가족의 유지에 관계의 인정성이 보다 중요함을 반영하고 있다.

결론적으로 이 교재가 내포하는 가족이란 개념은 '혈연, 입양, 결혼(동거 포함) 등으로 연결된 두 명 이상의 사람들로 구성되고, 헌신(사랑, 정서적 유대)을 기본으로 다양한 역할 수행을 통해 유지되는 집단' 으로 정의된다.

이외에 '가족' 과 유사한 용어로 '가정', '가구' 가 있다. 가정(home)은 가족이 생활하는 생활공동체라는 공간적 의미를 갖는다. 가구(household)는 주거를 같이 하는 자 또는 독신으로 주거를 갖고 단독생활을 하는 자를 포함한 경제적 협력단위이다.

그리고 가족의 범위를 어디까지로 볼 것인가에 대해 조사한 보고서(장혜경, 2005)에 따르면 배우자를 포함하여 직계혈족인 자녀, 부모, 형제자매까지를 대부분의 사람들은 가족이라고 받아들이며, 반 정도의 사람들이 형제자매의 배우자와 그 자녀, 조부모, 사위, 며느리를 가족으로 생각한다고 하였으나 인식하는 범위가 모계보다는 부계혈통 쪽으로 더 넓다. 사람들의 이런 인식과 달리 법은 양성평등적 가족범위를 명시하고 있다. 즉 민법 779조는 가족의 범위를 ① 배우자, 직계혈족 및 형제자매 ②

직계혈족의 배우자, 배우자의 직계혈족 및 배우자의 형제자매로, '친족'은 8촌 이내의 혈족과 4촌 이내의 인척으로 규정하고 있다.

Box 1-1

가족의 필요조건

사람들이 살아가는 모습은 다양합니다. 특히 사람은 혼자서는 살아갈 수 없기 때문에 필연적으로 누구와 더불어 살아가게 됩니다. 거기서 '관계'가 나옵니다. 그 관계가 가족을 형성하는 기초입니다. 혈연만일까요? 또 결혼으로 맺어진 것만 가족일까요?

당신은 다음의 경우들 중 어느 것은 가족이고, 어느 것은 가족이 아니라고 생각하십니까?

- 할머니와 손자가 살고 있다.
- 아버지와 성년의 딸이 함께 살고 있다.
- 애완견과 살고 있는 30대 남성
- 52세의 여성과 입양한 딸
- 두 명의 레즈비언 여성과 자녀(한 명의 여성이 이혼하기 전에 낳은 자녀)
- 제주와 원주에서 각각 사는, 자녀 없는 부부
- 남편은 한국에, 부인은 자녀와 호주에서 사는 데 몇 년간 만난 적이 없음
- 남편과 사별한 여성, 그리고 전 남편 고모의 딸이 함께 사는 경우
- 노부부와 그들의 이혼한 아들
- 두 명의 사촌이 함께 사는 경우
- 재혼한 부부, 그의 전혼 자녀, 새 배우자의 전혼 자녀
- 서로의 자녀가 죽고, 사돈 부부가 함께 사는 경우

그렇다면 우리가 가족이라 부를 때 꼭 필요한 '가족의 필요조건'은 무엇일까요? 우선 정서적 유대감이 있습니다. 서로 사랑하고 사랑받는 상호작용이 중요합니다. 서로 위로하고 서로의 기본적 욕구를 충족시켜 주려고 노력하는 것이죠. 물리적 가까움도 있습니다. 너무나 오랜 기간 떨어져 사는 것은 가족이 아닐 수 있습니다. 오히려 가까이 살며 매일 상호작용하는 조카 식구들이 더 가족 같지 않을까요? 의식주 생활 기능을 공유하고 있는 경우도 있습니다. 가족은 경제적 공동체로 의식주 생활기능을 분담합니다. 그런 경우 노인과 아동은 보호받아야 합니다. 관계의 지속성도 필요합니다. 물론 혈연은 이들의 관계가 지속되리라는 것을 다른 어느 것보다 보장합니다.

출처 : 부산일보(2006. 1. 25.), 특집 '가족의 재발견'에서 발췌

2 가족의 꿈-행복한 가족 만들기

가족의 범위나 형태에 관계없이 많은 사람들이 바라는 행복한 가족이란 '건강한 가족(healthy famliy)' 을 말한다. '건강한' 이라는 용어 외에 '강한(strong)', '기능적(functional)', '균형된(balanced)' 등의 수식어로, 우리가 지향하는 좋은 가족을 설명하기도 한다. 이때 건강한 가족이란 개념에는 형태상의 건강성(부부, 자녀가 구성원으로 다 존재하느냐)보다 관계상의 건강성이 더 요구된다. 그러면 어떤 특성을 지닌 가족이 건강한 가족일까? 다음과 같은 특성을 지닌 가족을 건강한 가족이라고 설명할 수 있다.

첫째, 가족원 간의 유대가 건강하다: 가족원 간에 유대가 강하다는 것이 서로를 구속한다는 것을 의미하지는 않는다. 그들은 서로의 목표를 달성할 수 있도록 격려해 주고 자율성을 인정한다.

둘째, 가족원 간의 의사소통 능력이 우수하다: 건강한 가족일수록 대화시간이 길며, 대화주제가 다양하다. 건강한 가족은 명확하고 직접적인 의사소통을 하며, 경청과 배려가 잘 이루어진다. 뿐만 아니라, 싸울 때도 효과적으로 싸운다.

셋째, 가족원의 문제해결 능력이 우수하다: 건강한 가족은 위기나 문제를 긍정적인 방법으로 처리하는 능력을 갖고 있다. 효과적인 문제해결 기술에는 문제가 되는 것을 정확하게 규명할 수 있는 능력과 그 문제들에 대해 논의할 수 있는 능력, 그리고 가족원들이 이런 문제에 잘 대처할 수 있게 도와주는 대안적 해결책을 개발하는 능력 등이 포함된다.

넷째, 가족원 간의 가치체계를 공유한다: 그들은 목표를 공유하고 무엇이 중요한 것인가에 대한 생각도 공유한다. 건강한 가족은 가족의 행복에 늘 신경을 쓰며, 가족의 일원임에 늘 긍지를 갖는다. 그들은 전통과 가족사에 대해서 자부심을 가지며, 가족가치관이나 가족규칙이 가족원에게 명확하게 설명되고 이해되는 그런 가족이다.

스티넷(Stinnett, 1984)은 건강한 가족이 되기 위해서는 가족들의 노력이 필요하며, 일상적으로 다음과 같은 점에서 실천이 필요하다고 하였다. 즉, ① 감사에 대해 표현하기, ② 가족원들이 함께 시간보내기, ③ 가족에 헌신하며 책임감을 가지기, ④ 긍정적으로 듣고 말하기, ⑤ 문제나 위기에 대처하는 능력 학습하기 등이다. 따라서

'건강가족' 이란 '개인적 차원에서 가족원 개개인의 성장과 발달을 도모하고, 가족관계 차원에서 가족원 간의 상호작용이 기능적이고 원만하며, 가족가치관을 지속적으로 발전시키고 있는 가족' 을 의미한다(유영주, 1999). 이런 건강가족이 바로 우리가 꿈꾸는 행복한 가족이다.

3 구조의 다양성과 관계의 다양성

산업화 이후 한국사회는 가족, 결혼, 자녀 등에 대한 가치관의 급격한 변화를 경험하고 있으며, 보편화된 개인주의적 가치관과 함께 가족환경의 변화로 다양한 가족형태가 출현하고 있다.

가족의 변화를 화제로 꺼냈을 때 크게 두 가지 부분에서 말할 수 있다. 먼저는 가족의 형태가 많이 달라졌다는 것, 둘째는 가족에 대한 개념이 달라졌다는 것이다. 가족 개념이 달라졌다는 것은 가족 기능의 변화과 가족 가치의 변화를 모두 포함한다. 다양한 유형의 가족들은 이미 과거부터 존재해 왔었지만 이전까지 우리 사회에서는 '전형적인 가족' 들을 상정하고 그에 맞게 제도, 정책 및 법률을 만들고 집행해 왔었기에 비전형적인 가족은 배제되거나 문제가족 내지 결손가족으로 간주되었다. 그러나 평등의식이 확산되면서 있는 것을 있다고 해야 한다는 당위성 때문에 우리는 다양한 가족들에 주목하게 되었다.

김승권(2005)은 한국가족의 다양화 발생배경을 다음 몇 가지로 설명한다. 첫째, 사회적 요인으로 산업화 및 도시화, 양성평등 등을 든다. 산업화는 도시화, 핵가족화를 촉진시키며, 가족주의적 가치관을 퇴색시키고, 서구적인 개인주의적 가치관을 확산시켰다. 그리고 가부장제 가족과 이를 지탱해 오던 부부의 역할구조와 권력구조의 변화는 개인의 자발적 선택의 폭을 넓혔다. 둘째, 가치관 요인으로는 혼인 가치관, 자녀 가치관, 부부관계 가치관, 가족부양 가치관, 여성의 자아욕구 등을 들 수 있다. 결혼에 대한 절대적 가치가 개인에 따른 상대적 가치로 전환되어 결혼에 대한 가치관이 변화하였고, 이와 함께 이혼이나 재혼에 대한 허용적 가치관도 확대되었다. 또 자녀에 대한 필요성과 가족부양에 대한 가치관이 약화되었다. 셋째, 인구학적 요인에는 초혼연령 상승, 혼인 감소, 소자녀 선호, 중년세대의 조기사망, 평균수명 연장

등을 들 수 있다. 초혼연령 상승은 교육에 대한 열망 및 미혼여성의 취업기회 확대, 그리고 자아성취 욕구의 증대 등에 기인하는 것으로 보고되고 있다. 초혼연령의 상승에 더해 비혼인구가 계속 증가하고 있으며, 이로 인해 혼인율은 감소하고 있다. 또한 평균수명의 연장은 노인가족원이 많아짐을 의미하는 것으로 노인단독가구의 증가를 예측할 수 있다. 넷째, 개인 및 가족요인에는 여성교육수준 향상, 여성경제활동 참가 증대, 가족의 해체 및 국제결혼 증가 등을 들 수 있다. 특히 여성의 교육수준 향상은 여성의 양성평등 의식과 경제적 독립을 가능케하여 성역할 변화의 직접적 원인이 되었다.

기든스(1997)는 다양한 형태의 가족이 공존한다는 것은 한 사회가 한 가지 유형의 가족만을 인정할 수 없다는 의미라고 하였다. 이러한 가족의 형태상, 기능상의 변화는 앞으로도 계속 되리라고 전망된다. 한국가족은 분명히 높은 이혼율과 저출산 · 고령화 등으로 재구성되지만, 그래도 가족은 사람들의 삶 속에서 끊임없이 존재하는 실체이고 바로 우리 자신들이기 때문에 우리는 그런 변화를 긍정적으로 보아야 하고 다양한 가족환경에 대한 이해가 필요하고 더불어 함께 살아가는 정신을 가져야 한다.

다양한 형태의 가족을 분류하거나 유형화하는 합의된 틀은 없다.[1] 김태현(1993)은 가족을 구조의 측면, 기능의 측면, 그리고 합법성의 측면에서 분류해 볼 수 있다고 하였다. 김승권(2005)은 다양한 가족을 가족구조적 측면, 가족원의 특성, 생활양식의 변화, 탈근대적 측면에서 분류하였다. 다양한 가족을 몇 가지 기준에서 분류하는 것은 가족정책 수립과 가족에 대한 사회적 지원 결정시 필요하며, 나는 경험하지 못했지만 이웃에 존재하는, 이러한 다양한 가족환경에 대한 이해는 현대를 살아가는 생활인에게는 반드시 필요하다.

1) 전통적인 형태의 가족에서 벗어난 가족은 '결손가족', '대안가족', '비정형가족', '다양한 가족' 등으로 다양하게 표현된다. '결손가족'은 규범적이고 보편적인 가족으로서의 구성요소를 결여하고 있는 가족이라는 부정적 가치판단이 전제되어 있고, '대안가족'은 다양한 가족 형태 중 전통적인 가족의 형태와 기능을 극복하고자 하는 의도적 변화 지향성과 자발성을 포함한 개념이고, '비정형가족'은 가족의 정형화된 틀을 벗어난 가족을 말하며, '다양한 가족'은 가족의 기능과 형태를 모두 포함하는 총칭적 개념으로 볼 수 있다.

1) 구조적 측면의 다양한 가족

(1) 한부모가족

한부모가족(single parent family)의 주요 출현배경은 이혼과 사별이다. 우리나라 전체 가구에서 한부모 가구가 차지하는 비율은 1990년 7.8%, 2000년 7.9%, 그리고 2010년에는 11.2%였다. 한부모가족의 발생 원인을 살펴보면, 배우자의 가출, 유기 또는 장기복역 등으로 한부모가족이 된 경우는 1990년 25.5%에서 2010년 22.2%로 감소하였고, 사별에 의한 경우에도 전체 한부모가족에서 가장 높은 비율을 차지하고 있으나, 1990년 56.0%에서 2010년 35.0%로 계속 감소하고 있는 추세이다. 그러나 이혼에 의한 경우는 같은 기간 동안에 8.9%에서 32.7%로 크게 증가하였다. 앞으로도 이혼에 의한 한부모가족은 계속 증가할 것으로 예측된다.

(2) 미혼모가족

미혼모가족(unmarried mother family)은 일반적으로 혼인 상태가 아닌 여성이 자녀를 출산하여 형성된 가족을 말한다(변화순 · 조은희, 2003). 미혼모가족의 발생 원인은 낮은 교육수준과 자아정체감, 개방적인 성(性) 태도 등으로 논의되는 개인적 요인, 낮은 소득수준과 가족구조적 결손, 성에 대한 부모의 폐쇄적 태도 등으로 논의되는 가족적 요인, 향락산업의 팽창 및 산업화, 대중매체의 영향 등의 사회문화적 요인 등 다양하다.

미혼모가족이 겪는 가장 큰 어려움은 경제적 어려움이나 이들을 위한 사회적 지원 수준은 매우 미흡하다. 특히 자녀양육을 결정한 경우 과중한 역할부담으로 어려움을 겪고 있으나 가족이나 미혼부, 또는 주변으로부터 도움을 받지 못하고 모든 것을 혼자서 감당하는 경우가 많다. 또 미혼모가족의 경우 사회적 편견으로 인한 죄의식 때문에 심리적 문제를 경험하게 된다. 가정과 동료, 사회로부터 받는 비난과 부정적 인식으로 원하지 않는 결혼을 하기도 하고, 죄책감, 두려움, 배반 등의 정서적 갈등을 경험하기도 한다(변화순 · 조은희, 2003).

(3) 노인가족

일반적으로 노인가족(the old aged family)은 가족원 중에 노인이 포함된 형태로서 독신노인, 노인부부, 노인부부와 자녀 및 비혈연 등으로 구성된다. 노인가족의 발생배경은 핵가족화, 개인주의적 가치관, 수명의 연장 등 어렵지 않게 찾을 수 있다. 특히 80세 이상 고령노인의 절대적 증가는 노인독신가족의 증대로 이어져 경제적, 보건 의료적, 심리적 측면에서 사회문제로 대두될 것으로 보인다.

우리나라의 65세 이상 노인인구가 전체 인구에서 차지하는 비율은 1960년 3.3%에서 점차 증가하여 1990년 5.0%, 2000년 7.2%로 '고령화 사회(aging society)'로 진입하였으며, 2018년에는 노인인구가 전체인구에서 차지하는 비율이 14.3%에 이르러 '고령 사회(aged society)'로, 2026년에는 20.8%로 '초고령 사회(super-aged society)'에 도달할 전망이다(통계청, 2007). 65세 이상 인구의 세대구성 변화는 노인 1세대 가구가 2000년 28.7%에서 2010년 34.5%로 크게 증가하였고, 노인 1인 가구도 2000년 16.2%에서 2010년 34.3%로 증가하였다. 반면, 자녀세대와 동거하는 3세대 이상의 확대가족은 2000년 30.8%에서 2010년 18.3%로 감소하였다.

Box 1-2

돌봄, 이제는 사회적 책임으로

가족의 보호 기능은 과거에 비해 많이 축소되었다고 하지만 그래도 어린아이나 허약자, 노인, 장애아 등을 돌보는 핵심적인 기능은 여전히 가족에게 남아있다. 그리고 그 돌봄 부담은 아직도 여성인 주부 한 사람에 지워져 있다.

그러나 지금까지 여성에게 부과되었던 무조건적인 책임도 이제 큰 변화의 기로에 섰다. 우선 소가족화 및 핵가족화로 자녀나 노약자를 돌볼 수 있는 가족구성원의 수가 절대 감소했다. 또 여성의 취업이 증가하면서 여성의 가족기능 수행에 변화가 요구되었다. 사회적 변화는 가족의 '돌봄(care-give) 기능'을 더 이상 여성, 아니 가족의 몫으로만 남겨둘 수 없는 시대적 환경을 만들고 있다. 주부가 그 고통의 끈을 놓아버리는 순간, 그 가족은 붕괴될 수밖에 없다. 하지만 누가 그를 '나쁜 여자'라고 손가락질할 수 있는가. 게다가 한 개인의 부담과 끝없는 희생을 요구하는 상황에서 '돌봄의 질(質)'이 계속 유지될 수 있는가도 고려되어야 한다.

그리고 의식의 문제도 남아 있다. 노인 전문병원에라도 모실라치면 그 대상자는 '아들 · 딸에게서 버림받았다' 는 생각을 하고, 남은 가족들은 '못할 짓을 하는 것 아닌가' 하는 죄책감에서 자유롭지 못하다. 개인이나 가족의 의식이 시대적 환경적 변화보다 더딘 지체현상 때문이다. 물론 노인이나 장애인들을 보살피는 복지시설 역시 많이 늘어났다. 빈곤이나 가족을 위한 돌봄을 개인의 책임만이 아니라 사회적 책임으로 확장해 바라보는 인식 전환이 절실한 시점이며 이를 통해 가족의 경제적 부담을 경감시키면서 다양한 공적 서비스를 제공할 수 있는 제도적 장치가 요구된다.

출처: 부산일보(2006. 1. 25.), 특집 '가족의 재발견' 에서 발췌

(4) 무자녀가족

부부 중심적 또는 부부 각자의 개인적 삶이 강조되면서 자녀출산을 계획하지 않은 부부가 증가하고 있으며, 열악한 육아지원 서비스와 높은 교육비는 자발적 무자녀가족의 증가를 가져왔다.

무자녀가족(childlessness family)의 실태에 대한 정확한 자료는 없다. 그러나 무자녀 가능성이 높은 부부만 사는 1세대 가족의 통계자료를 통하여 그 실태를 유추해 볼 때, '인구주택총조사' 에서 나타난 자녀가 없는 부부가구는 1970년의 5.4%에서 1980년 6.4%, 1990년 9.3%, 2000년 14.8%, 2010년 17.8%로 계속 증가하고 있다. 자발적 무자녀가족 외에 비자발적 무자녀가족(신체적 혹은 생리적 이유로 배우자와 동거하면서 피임을 하지 않고 정상적인 부부관계를 가진 상태에서 7년 이내에 임신이 되지 않거나 생존아를 출산할 수 있는 임신을 지속할 수 없는 상태: Duvall, 1971)도 있다.

Box 1-3

자발적 무자녀가족

결혼 8주년을 맞은 김희철(39) · 김영숙(34) 씨 부부는 자발적 무자녀 부부이다. '둘이서 무슨 재미로 지내냐' 고 의아해하거나 '나이 들어서 외롭다' 고 어른들이 걱정하기도 하지만 부부는 "둘만으로도 충분히 즐겁고 행복하다. 여전히 신혼 같다"고 했다. "어린아이를 보면 귀엽기도 하지만 그때 뿐. 핏줄을 잇겠다거나 제사를 받겠다는 생각이 전혀 안 든다. 또 보육시설 등 지원체계가 갖춰져 있지 않은 현실에서 겪는 주위의 육아문제는 거의 전쟁수준"이

라고 덧붙였다. 윗세대처럼 자녀가 반드시 필요하다고 생각하지 않을 뿐더러 보육 여건이 나빠 육아 스트레스도 높다는 설명. "부모가 되기 위해선 경제력과 인성을 두루 갖춰야 한다"는 부담 역시 대다수 경우처럼 무자녀를 선택하게 된 이유이다. 그리하여 부부는 자녀 대신 자신들에 대한 투자를 선택했다. 대학원 공부와 직장생활, 사업 등에 대부분의 시간을 투자하고, 여윳돈과 시간은 부부의 여행이나 여가에 주로 쓰는 것. 가능한 한 매년 해외여행을 가고, 주 1회는 취미를 좇아 미술관에서 해설사로 자원봉사도 한다.

2) 가족구성원 특성에 따른 다양한 가족

(1) 재혼가족

재혼가족(remarried family)이란 부부 중 한 사람 혹은 둘 모두가 결혼한 경력이 있고, 이혼이나 사별을 경험한 뒤 다시 결혼을 통해 형성된 가족이다. 재혼가족의 발생 원인은 직접적으로는 이혼, 별거, 사망 및 유기 등으로 인한 가족해체를 들 수 있으며, 이외에도 개인주의적 성윤리와 다양한 가족관의 전환, 여성지위 향상 및 재정적인 이유 등으로 재혼가족이 형성되고 있다.

우리나라 총 혼인건수는 계속 감소하고 있는 반면, 재혼가족의 규모는 이혼율과 함께 급격히 상승하는 추세를 보인다. 재혼가족의 연도별 발생규모를 보면 1995년 53,999건이었던 규모가 2000년 59,926건으로 증가하였고, 2005년에는 80,087건으로 크게 증가하다가 2010년에는 4,138건으로 낮아지고 있다. 총 혼인 건수에서 재혼이 차지하는 비율은 1995년 13.5%, 2000년 17.9%, 2005년 25.3%, 2010년 20.5%이다(〈표 1-1〉참조).

표 1-1 연도별 혼인 및 재혼 분포

(단위: 건, %)

구 분	1995년		2000년		2005년		2010년	
	건수	비율	건수	비율	건수	비율	건수	비율
총 혼인수	398,484	100.0	334,030	100.0	310,944	100.0	20,195	10.0
총 이혼수	68,279	17.1	119,982	35.9	128,468	40.6	7,645	37.9
총 재혼수	53,999	13.5	59,926	17.9	80,087	25.3	4,138	20.5

출처: 통계청, 인구주택조사, 각 연도.

(2) 입양가족

입양가족(adopted family)의 개념은 출산에 의한 관계가 아닌 입양이라는 법률적 과정을 통하여 새로운 부모-자녀관계, 형제자매관계를 형성하는 것을 말한다(이동원 외, 2001). 입양가족에서 입양아는 자신을 받아들인 가족의 구성원이 되며, 자녀로서의 모든 혜택과 권리를 부여받게 된다. 또한 입양가족은 입양아를 받아들임으로써 복합적인 새로운 가족 관계를 형성하게 되는 것이다.

입양가족의 발생원인은 주로 불임으로 인한 무자녀가족이 입양을 통해 자녀를 얻으려는 데에서 발생한다. 그러나 최근에는 입양에 대한 사회적 인식이 개선됨에 따라 인도주의적 동기로 유자녀가족의 경우도 입양을 하는 경우가 늘고 있다. 입양가족은 새로운 가족관계의 형성 및 적응과정에서 정서적인 문제들이 나타날 수 있으며, 이는 입양부모의 역할인식에 영향을 미쳐서 스트레스 발생과 가족의 조화와 통합을 이루는 데 어려움을 발생시키기도 한다(이동원 외, 2001).

우리나라의 입양은 개별적 독립입양이나 비밀입양이 많기 때문에 입양의 통계적 추이를 정확하게 파악할 수 있는 공식적 자료는 없다. 국내입양은 1995년 이후 증가하는 경향을 보여서 1995년 1,025명에서 2000년 1,686명으로 증가하다가 2005년 1,461건으로 감소하였다. 전체입양 건수에서 국내입양이 차지하는 비율도 1995년 31.9%에서 2000년 41.6%, 2010년 45.2%로 다소 증가하였다.

(3) 국제결혼가족

국제결혼가족(international marriage family)은 국적을 달리하는 남녀가 결혼함으로써 형성된 가족을 말한다. 최근 국제화 또는 세계화, 한국의 경제성장을 배경으로 국제결혼가족이 증가하고 있다. 특히 동남아시아를 비롯한 저개발국가의 여성과 한국인 남성과의 결혼이 급속히 늘어나고 있다. 이들 간의 결혼이 증가한 것은 결혼을 '이주를 위한 합법적인 수단'으로 활용하려는 공급자의 요구와 자국 내 '결혼시장'에서 상대자를 찾을 수 없는 일부 계층 남성들의 이해가 결합된 결과라고 볼 수 있다(변화순 · 조은희, 2003). 과거에는 국제결혼을 결혼하여 외국으로 나가는 경우로 여겼으나, 이제는 결혼하여 국내에 사는 경우가 대부분이다.

우리나라의 국제결혼은 1990년 4,710건에 불과하였으나 점차 증가하여 2005년에는 43,121건으로 10배 가량 증가하였다. 이후 조금씩 감소하여 2010년 현재 34,235건으로 나타났다(통계청, 2010). 〈표 1-2〉에서 보는 바와 같이 부산지역 외국인과 혼인 건수는 2001년 1,072건에서 2010년에는 1,777선으로 1.8배 증가하였으며, 전체 혼인 건수에서 외국인과의 혼인 건수가 차지하는 비율도 4.9%에서 8.8%로 크게 증가하였다. 특히 한국 남성과 외국인 여성의 결혼이 크게 증가하였은데 2001년 648건에서 2010년 1,393건으로 2배 이상 증가하였다. 이것은 앞서 살펴본 바와 같이 2000년 이후 활발해진 한국 남성과 중국, 필리핀, 베트남 여성과의 결혼이 늘어났기 때문일 것이다. 그러나 이상의 통계는 법률혼만을 대상으로 하고 있기 때문에 사실혼 관계를 포함하면 국제결혼의 실제 건수는 훨씬 많을 것으로 예상된다.

표 1-2 부산 지역 연도별 외국인과의 혼인 건수

(단위: 건)

연도	총 혼인 건수	외국인과의 혼인 (a+b)	한국 남성 +외국 여성	한국 여성 +외국 남성
2000	21,895(100.0)	1,072(4.9)	648(3.3)	424(1.9)
2005	18,973(100.0)	1,977(10.4)	1,408(7.4)	569(1.7)
2010	20,195(100.0)	1,777(8.8)	1,393(6.9)	384(1.9)

출처: 통계청, 인구동향조사, 각 연도.

3) 생활양식 측면의 다양한 가족

(1) 맞벌이가족

맞벌이가족(dual career family)은 부부가 모두 직업을 가진 경우를 말하는 것으로 여성의 취업동기에 따라 생계유지형 맞벌이가족, 내조형 맞벌이가족, 자아실현형 맞벌이가족, 여가활용형 맞벌이가족으로 구분할 수 있다(조애저, 2005).

맞벌이가족은 여성의 자아욕구 증대와 생활수준을 유지하려는 문화적 압력과 소득증대에 대한 강한 욕구가 어우러지면서 현대사회에서 가장 보편적인 현상으로 나

우리나라 비혼 1인 가구는 1995년 758,140가구에서 2005년에는 1,427,754가구로 증가하였다. 이 중에서 20~29세의 미혼 1인 가구가 급속히 늘어난 것으로 결혼연령이 높아지고 있음을 알 수 있다. 30~39세 미혼 1인 가구는 10년 사이에 2배 이상, 40~49세의 미혼 1인 가구는 4배 이상 크게 증가하였다. 미혼 1인 가구의 이러한 증가세는 향후 계속될 것으로 보인다.

(2) 동거가족

동거(living together, cohabitation)란 '함께 거주함'을 의미한다. 여기서 동거의 의미는 특별히 사랑하는 두 사람이 주거공간을 공유할 때를 의미한다.

현재 우리나라에서 사실혼이나 동거에 대한 정확한 통계는 없으나 결혼정보업체나 가정법률상담소에 따르면 결혼식을 올린 뒤 1~2년 이내에 혼인신고를 하지 않는 부부가 절반에 이르는 것으로 추산되고 있다(동아일보, 2003. 7. 17.). 동거가족은 사회적 편견과 자녀의 법적 지위로 가장 큰 어려움을 겪고 있다. 늘어나는 동거가족을 지원하기 위해서는 자녀의 법적 지위나 재산상의 문제에 대한 제도적 보완이 반드시 뒷받침되어야 할 것이다(변화순 · 조은희, 2003). 또한 사회적 지지망을 형성하여 동거가족이 사회적 편견으로 정서적 어려움을 해소할 수 있는 상담 프로그램이 지원되어야 할 것이다.

(3) 동성애가족

우리나라는 입법적으로 이성혼 만을 합법적이고 유효한 혼인으로 규정하고 있다. 그러나 최근 동성 사이의 결합 혹은 동성애관계를 새로운 제도로 인정받으려는 강한 시도들이 있고 그 저항 또한 존재한다(전귀연 · 구순주, 1998). 동성애가족(homosexual union family)이란 동성혼에 근거한 2인 동거가족이다.

우리나라의 동성애자는 약 10만 명 정도로 추산되지만, 미국 · 프랑스의 경우에 전체 인구의 약 5~10%가 동성애자라고 하는 사실을 감안한다면 그 수가 생각보다 더 많다고 추측할 수도 있다. 입법을 통하여 동성 사이의 공동생활관계를 동성혼(same-sex-marriage)으로까지 보호하는 국가가 점차 증가하고 있다(변화순 · 조은희, 2003).

우리나라에서는 동성애가족에 대해 아무런 권리도 보장하지 않고 있으나 세계적인 추세로 볼 때 동성애가족의 법적 보호에 대한 논의가 진행되어야 할 것이다. 그리고 동성애가족이 겪는 가장 큰 어려움이라고 할 수 있는 사회적 편견을 개선하려는 노력이 계속되어야 할 것이다.

(4) 공동체가족

공동체가족(commune life family)은 가족의 사회적응과정에서 발생하는 문제들을 개별적이라기보다 광범위한 조직체로서 협동적으로 해결해야 한다는 측면에서 만들어진 생활양식을 말한다. 초기 공동체는 유토피아적 갈망을 성취하기 위해 모인 형태였으나 오늘날의 공동체는 대안가족을 추구하고 있으며, 인간적인 사랑을 기반으로 한 핵가족과 확대가족의 중간 형태의 소공동체 형식을 많이 지닌다(김태현, 1993). 즉 도시 공동체, 농촌 공동체, 예술가 공동체 등이 그 예이다. 도시 공동체는 이미 직장이 있는 사람들이 직장을 그대로 유지하면서 수입을 모아 소비를 공동으로 해결하는 소비중심 공동체이다.

공동체가족은 아직 일부이기는 하지만 혈연의 한계를 넘어 의식주생활과 가사노동의 공유, 집합적인 놀이 · 여가문화의 창조 등으로 사회에 대한 대등한 참여와 협력을 통해 서로 존중하고 배려하는, 어울려 사는 생활양식에 대한 모색이라고 할 수 있다. 이러한 공동체가족은 가치의 다원화, 생활양식의 다양화에 대한 요구가 강해지면서 향후 더욱 증가할 것으로 예측된다.

Box 1-4

공동체가족

공동체가족은 우리 사회에서 아직은 일반적인 현상이 아니다. 공동체가족의 유형으로 그룹홈(소규모 시설 또는 장애인이 공동으로 생활하는 가정, 사회생활에 적응하기 어려운 아동 · 청소년 · 노인들을 각각 소수의 그룹으로 묶어 가족적인 보호를 통해 지역사회에 적응할 수 있도록 하는 것으로, 최종목표는 공동체가족 구성원의 자립과 사회적 통합이다)과 공동체가족(혈연관계가 없는 사람들이 모여서 공동체를 형성하는 가정. 정확하게 통계가 파악되고 있지는 않으나 점차 증가하고 있는 추세)를 제시할 수 있다.

나창호(42, 건축업), 한규운(42,자영업) 가족의 살아가는 모습은 공동체가족의 좋은 예이다. 이 두 가족이 같이 살기로 마음먹은 것은 4년 전이었다. 이 두 사람은 충북 음성이 고향으로 어릴 적부터 함께 자라고 대학도 같이 다녔다. 이들 부부의 아내들은 모두 직장여성으로 나창호 씨의 아내는 간호사이고 한규운 씨의 아내는 교사이다. 특히 밤 근무가 잦은 나창호 씨의 아내는 아이들 걱정을 많이 했다. 더구나 건축업을 하는 남편이 종종 지방근무를 해야 하기에 아이들을 마땅히 맡길 만한 곳이 없었다. 아이들이 초등학교에 입학하면서 문제는 더욱 심각해져 갔다. 이들이 함께 살면서부터는 오전에는 간호사인 나창호 씨 아내와 한규운 씨가 아이들을 돌보고 밤에는 교사인 한규운 씨 아내가 아이들을 돌보고 있다. 처음에는 아이들이 좋아하고 아내들도 좋아했다. 하지만 살면서 보이지 않던 문제점들이 나타나기 시작했다. 특히 친척들의 방문이나 아이들이 싸우게 되면 곤란한 일들이 발생했다. 하지만 그때그때마다 대화를 나누었고 서로에 대한 이해와 신뢰를 기반으로 지금까지 공동체 삶을 살고 있다.

다음은 공동체 가족 관련 사이트이다.

http://www.woorizine.or.kr/woorizine04

http://www.brotherch.com/home/happy

생각해 볼 점

1. 다양한 미디어 자료에서 '행복한 가족'의 이미지를 찾아 나누어 보자. 그리고 그들이 어떤 이름의 가족으로, 어떤 가치를 추구하며 살고 있는지도 함께 검토해 보자.

2. '영화', '시', '소설' 등에 등장하는 다양한 가족과 그들의 가족생활을 찾아, 함께 나누고 토의해 보자.

3. 50년, 100년 후의 미래 가족에 대해 생각해 보고, 그 시대에 요구되는 다양한 가족전문가에는 어떤 직종이 있을지 브레인스토밍 해 보자.

참고문헌 REFERENCES

김성숙(2006). 기러기아빠의 생활변화와 적응문제. 한국가정관리학회지, 24(1), 141-158.

김승권(2005). 한국사회변동과 다양한 가족의 출현. 보건복지포럼, 103, 5-23.

김태현(1993). 다양한 가족생활 유형. 한국가족학연구회 편. 가족학, 139-165. 서울: 하우.

변화순 · 조은희(2003). 다양한 가족출현에 따른 쟁점과 가족관련법의 방향 정립에 관한 연구. 한국여성개발원.

어은주 · 유영주(1995). '가족의 건강도' 측정을 위한 척도개발에 관한 연구. 한국가정관리학회지, 13(1), 145-153.

여성가족부(2005). 건강가정지원센터 발전방안 연구.

유영주(1999). 건전가정과 건강가족의 개념설정에 대한 논의. 한국가정관리학회지, 17(3), 93-102.

이동원 외(2001). 변화하는 사회 다양한 가족. 서울: 양서원.

이기숙(1984). 가족주기에 따른 부부적응의 변화. 부산여대논문집, 제17집, 601-602.

이기숙 · 손태홍(2004). 맞벌이주말가족연구. 서울: 신정.

장혜경 외(2005). 가족실태조사 보고서. 한국여성개발원.

전귀연 · 구순주(1998). 동성애가족에 대한 연구. 가족과 문화, 10(2), 165-188.

조애저(2005). 생활양식 측면의 다양한 가족 실태. 보건복지포럼, 103, 24-46.

조은주(2008). 부산시 건강가정지원센터의 가족지원사업분석. 신라대학교 대학원 석사학위논문.

통계청. 인구주택총조사. 각 연도.

Anderson, S. & Sabatelli, R.(1999). *Family interaction: A multigenerational developmental perspective*. Boston: Allyn & Bacon.

Duvall, E. M.(1971). *Family development*. NY: Haper & Row.

Giddens, Anthony(1997). *Sociology*. London: Polity Press.

Murdock, G. P.(1949). *Social structure*. NY: MacMillan Publishing Co.

Stinnett, N. R. & Walters, J. Kaye (1984). *Relationships in marriage and the family*. NY: MacMillan Publishing Co.

FAMILY RELATIONS

PART II
가족관계의 기본개념

Chapter 02

FAMILY RELATIONS

가족학적 관점과 가족 이론

01 상징적 상호작용론

02 가족체계이론

03 가족발달이론

가족학적 관점이란 무엇인가? 사전적 의미에서 관점이란 사물이나 현상을 관찰할 때, 그 사람이 보고 생각하는 태도나 방향 또는 처지이다. 다른 말로는 사물과 현상에 대한 견해를 규정하는 사고의 기본 출발점이라고 할 수 있다.

교통영향평가에 대해 들어본 적이 있을 것이다. 어떤 건축물이 지어지기 전에 그 건축물이 주변의 교통에 어떤 영향을 줄 것인지를 예측하고 평가하여, 만약 근처의 교통에 영향을 많이 미칠 것으로 예측되면 주차장의 입구, 규모 등을 조정하는 것이다. 이러한 평가를 할 때에 평가의 주체는 '교통' 이라는 안경(관점)을 쓰고 그에 초점을 맞추어 다른 주변의 것들을 파악한다. 가족학적 관점이라는 것은, 가족과 관련한 상황이나 사회 현상에 대하여 '가족' 이라는 안경을 쓰고 파악한다는 것이다. 예를 들어, 평균 수명이 점차 연장되고 있다는 인구학적 현상에 대하여 가족학적 관점을 가지고 본다면 평균 수명이 연장됨으로써 나타날 수 있는 가족 현상들에 함께 관심을 가지게 될 것이다. 또한 최근의 경기 침체로 인한 여러 가지 현상 중 경제적인 여건으로 인하여 결혼을 미루는 사례들이 종종 나타나는데, 이러한 현상이 가깝거나 먼 미래의 가족발달주기에 어떤 영향을 미칠 것인가를 고찰한다면 그것이 가족학적 관점이 될 수 있다. 즉, 가족학적 관점이라는 것은 '가족' 에 초점을 맞추어 사회 현상을 바라보고 해석하는 것이라고 할 수 있다.

이처럼 가족학적 관점이 '가족' 을 출발점이나 초점으로 하여 가족 내 · 외부의 현상을 관찰하고 해석하는 것이라고 한다면, 가족의 현상을 바라보고 해석하는 데 있어서도 그 기준이나 출발점이 필요하다.

이론은 왜 필요한가? 먼저, 가족관계의 이론을 다루기에 앞서 왜 이론을 다루는지 알아볼 필요가 있다.

이론은 현상을 이해하는 데 도움이 되는 틀을 제공해 준다. 예를 들어 부부관계가 악화되어 이혼을 심각하게 고려하고 있는 부부가 있다고 하자(〈박스 2-1 참조〉).

Box 2-1

위기 가족 사례

박경민 씨(39)와 이선영 씨(38)는 결혼 12년차에 들어선 부부이며, 영재(10)와 선재(8)를 두고 있다. 박경민 씨와 이선영 씨는 결혼 초부터 시댁 제사 문제, 시부모님에 대한 경제적 부양 등으로 갈등을 겪곤 하였다. 이선영 씨에 따르면 박경민 씨는 결혼 초부터 월급을 제대로 가져온 적이 없고, 늘 술을 마시고 친구들과 밖으로만 다녔으며 육아를 함께 한 적이 거의 없다고 한다. 한편, 박경민 씨에 따르면 이선영 씨는 결혼 초부터 경제적인 문제로 남편의 능력이 없음을 크게 불평하며 시부모님에 대한 도리를 전혀 하지 못했다고 한다. 최근 선재가 주의력결핍 과잉행동장애(ADHD) 진단을 받았는데, 서로 그 원인이 상대방에게 있다고 비난하고 있다.

박경민 씨와 이선영 씨 가족을 돕고자 하는 상담자의 상담 내용을 보자.

A: 내가 살아 보니까 인생이 길지가 않아요. 내 인생 다른 사람이 대신 살아 주는 것도 아닌데 뭐하러 그렇게 서로 힘들게 사나요? 얼른 결정하세요. 애들 때문에 이혼 못 한다는 것도 다 옛날 이야기예요. 요즘은 세상이 달라졌어요. 이혼했다고 아무도 뭐라고 안 해요. 서로 자기 자신에게 가장 행복한 결정을 하세요.

B: 지금 여러 가지로 어려운 상황에서 이렇게 문제를 해결하기 위해 노력하시는 모습이 보기 좋습니다. 두 분이 문제를 해결해 나가는 데 도움이 되는 방안을 함께 생각해 보도록 하겠습니다. 저는 먼저 현재에 초점을 맞추어서 두 분의 상황을 살펴보고, 그 다음에 두 분이 함께 바꾸어 나갈 수 있는 부분을 생각해 볼 수 있도록 도와 드리겠습니다.

A와 B 중 누가 더 전문적인 가족 상담자로 보이는가? 우리는 A와 같이 단도직입적으로 조언하는 사람을 TV 아침 프로그램을 통해서 종종 본다. 그러나 단지 개인의 경험에만 기초한 조언은 일반화되기 어려울 뿐만 아니라, 왜곡된 결과를 불러오기 쉽다. 반면, B의 접근은 조심스럽지만, 가족이 스스로 문제를 해결해 나갈 수 있도록 도울 수 있고, B의 도움은 개인의 경험에만 국한되지 않고 이론적인 지식을 함께 가지고 있기 때문에 다른 위기 가족에게도 적용될 수 있다.

가족 현상을 통해 지식을 생산하는 학자가 되든, 위기 가족을 돕는 상담자가 되든,

가족의 해체를 예방하는 실무교육자가 되든, 이론은 가족을 이해하기 위한 유용한 틀을 제공해 주기 때문에 가장 기초적일 뿐만 아니라 필수적으로 공부해야 하는 분야이다.

본 장에서는 가족 관계를 이해하는 데 필수적인 세 가지 이론을 소개하고자 한다. 상징적 상호작용론, 가족체계이론, 가족발달이론의 주요 개념과 함께 그 이론이 적용될 수 있는 사례를 소개함으로써, 가족 이론을 통해 가족 관계를 이해할 수 있는 기회를 제공하고자 한다.

1 상징적 상호작용론

상징적 상호작용론(Symbolic Interactionism)은 그 이름이 보여주는 것처럼 가족 간의 상호작용에 있어서 언어적/비언어적 의미와, 그것이 내포하는 의미에 초점을 둔다(Klein & White, 2007). 상징적 상호작용이 적용되는 쉬운 예는 영화 '뮤리엘의 웨딩' 에서 뮤리엘이 약혼반지를 빼는 장면을 들 수 있다. 약혼 반지를 손가락에서 빼는 비언어적인 행동을 통해 뮤리엘이 남성 또는 타인에 대한 의존성에서 벗어나 독립적인 여성으로 성장해 나가고 있음을 상징적으로 보여준 것이다. 이러한 상징적 의사소통은 때로는 상투적이어서 누구나 알 수 있는 모습(반지를 빼는 행위)으로 나타나기도 하고, 때로는 가족만이 해석할 수 있는 고유한 모습으로 나타나기도 한다. 상징적 상호작용론은 미국 실용주의의 전통으로부터 형성되었으며, 대표적인 학자로는 G. H. Mead, C. H. Cooley, W. I. Thomas 등이 있으며, 이를 가족 관계에 적용한 학자는 Burgess, Handel 등이다(LaRossa, Reitzes, In. Boss, Doherty, LaRossa, Schumm, Steinmetz, 1993). 본 절에서는 상징적 상호작용의 주요 개념과 함께 그 개념들을 적용할 수 있는 가족 관계의 예를 살펴보기로 한다.

1) 주요 개념

(1) 정체성 (Identities)

정체성이란 역할에 대해 자기 자신이 부여하는 의미를 뜻한다. 즉, "나는 누구인가?"와 같은 질문에서 누구의 아내, 어머니, 딸 등으로 답하게 될 때, 더 강조하거나 덜 강조하는 부분이 있을 수 있는데, 이러한 역할에 대한 조합이 상징적 상호작용론에서 의미하는 정체성이다. 배우자로서 자신의 정체성을 구성할 때 어떤 여성은 내조자의 역할을 강조할 수 있고, 또 어떤 여성은 경제적 부양자나 동료로서의 역할을 강조할 수 있다. 이러한 정체감을 통해 가족 안에서 내가 나 자신에게 부여하는 역할이나 다른 사람에게 부여하는 역할이 달라질 수 있으며, 그 역할에 대한 몰입도 또한 달라질 수 있다.

(2) 역할 (Role)

역할이란 사회적 위치를 갖고 있는 사람에게 적용되는 공유된 규범이다(Heiss, 1981). 즉, 주어진 사회적 관계에서 개인에게 기대되는 행동을 뜻한다. 예컨대, 개인은 가족 안에서 아내, 어머니, 딸 등의 다양한 사회적 위치를 가질 수 있으며 이러한 사회 위치와 관계에서 기대되는 행동을 역할이라고 한다. 딸에게 기대되는 행동 방식은 어머니에게 기대되는 행동 방식과는 일치하지 않을 수 있으며, 시간과 장소에 따라 개인에게 부여되는 역할은 다양하게 나타난다.

(3) 상호작용 (Interaction)

개인은 사회적 상호작용을 통하여 공유되는 상징을 적용하고 자신과 타인 및 상황이 지니는 특별한 의미들을 능동적으로 만들어 간다. 즉, 일상생활에서 자신을 표현하고 자신의 역할과 정체성의 의미를 타인에게 전달하기 위해 언어적/비언어적 단서들을 사용하며, 자신의 행동으로 인한 타인의 반응 양식을 추론한다(Goffman, 1978). 즉, 상호작용이라는 것은 나 자신을 표현하고 타인의 반응을 예측하고 다시 그에 반응하는 일련의 과정이라고 할 수 있다. 이러한 반응과 재반응의 과정을 통해서 의미와 의사가 전달되고 소통된다.

(4) 맥락 (Context)

맥락은 구체적인 상호작용이 이루어지는 상황을 뜻하는데, 이러한 맥락은 최근 들어 더욱 관심을 받고 있다. 앞에서 예를 든 '약혼 반지를 손에서 빼는' 비언어적인 의사표현은 약혼 반지를 주고받는 문화에서는 그 의미가 누구에게나 전달될 수 있겠지만, 약혼반지라는 것이 없는 문화에서는 의사 표현을 하는 사람이 전달하고자 하는 의미가 제대로 전해질 수 없을 것이다. 즉, 가족이 가지고 있는 고유한 분위기, 배경, 문화는 어떤 물건이나 행동이 뜻하는 바, 상호작용을 통해 주고받는 의미에 영향을 미칠 수 있으므로, 상징적 상호작용에서는 맥락을 중요하게 생각한다.

2) 상징적 상호작용으로 풀어 보는 가족 관계

Box 2-2

상징적 상호작용 적용 사례

"숟가락을 냉장고에 넣는 아내"

김상호(32) 씨 부부는 결혼한 지 3년 된 부부이고, 도진이(2세)와 함께 살고 있다. 서울에서 자란 아내는 결혼과 함께 남편의 고향인 창원으로 이주하여 살고 있는데, 말씨나 문화적인 여건 차이, 친정 식구 및 친구와의 물리적인 거리 등으로 인해 창원에서 지내는 불편함을 남편에게 종종 호소하였다. 특히 친구가 전혀 없고 완전히 낯선 곳에서 혼자 육아를 담당해야 하는 상황에 대해 많이 힘들어 한다. 김상호 씨는 아내가 자신을 따라 창원으로 이주하는 데 동의해 준 것을 고마워 하지만, 퇴근 후에도 약속이 많아서 바로 집으로 돌아가는 것이 쉽지 않다고 한다. 때로는 술자리가 자정을 넘어서 끝날 때도 있는데, 그러면 아내는 남편에게 울면서 하소연하곤 한다고 한다. "내가 누구 때문에 이 멀리까지 와서 사는데, 당신은 어쩌면 그렇게 내 생각은 하나도 안 할 수가 있어?" 하면서 시작되는 눈물의 하소연은 종종 1시간이 넘곤 하는데, 그렇게 울고 잠이 들면 다음 날 아내의 눈은 어김없이 부어 있곤 했다. 다음 날 오후까지 눈이 부어 있는 경우도 있곤 했다. 어느 날부터인가 아내는 김상호 씨가 집에 늦게 들어오는 날이면 그가 보는 앞에서 숟가락을 냉장고 냉동실에 넣는다고 한다. 그러면 김상호 씨는 '아, 이 사람이 나한테 할 말이 많구나. 위로가 필요하구나. 조심해야겠구나' 하고 아내의 눈치를 조심스럽게 살피게 되고, 때로는 먼저 미안하다고 말하며 애교를 떨기도 한다고 한다.

위의 가족 사례 〈박스 2-2〉는 상징적 상호작용의 개념을 적용해 해석해 볼 수 있다. 먼저, 김상호 씨 부부는 창원이라는 지역에서 살고 있으며 아내의 고향인 서울과는 지리적으로 매우 먼 곳이다. 또한 결혼과 함께 남편의 고향으로 이주해 왔기 때문에 아내가 심리적으로 소외감을 느끼고 있는 상황이다. 이는 김상호 씨 가족이 처해 있는 고유한 맥락으로 볼 수 있다.

또한, 김상호 씨나 아내는 각자 남편과 아내로서의 정체감과 자기 자신과 상대방에게 기대하는 역할이 있으며 그 역할이 다르기 때문에 갈등을 경험하고 있다. 아내는 하소연이라는 언어적인 의사소통을 통해 남편과 상호작용하고 있다. 특히, 이 가족에서 아내는 '숟가락' 이라는 도구를 통해 비언어적으로 의사소통을 하고 있으며 이 때 숟가락은 단순한 식사 도구가 아니라 아내의 괴로움과 남편에 대한 원망을 담은 의미 전달의 매개체라고 할 수 있다. 아내는 숟가락을 냉장고에 넣는 행동을 통해 남편에게 '나는 당신을 기다리느라 힘들었다. 내 마음을 알아 달라' 는 의미를 전달하고 있으며, 그 의미를 전달받은 남편은 아내의 마음을 풀어 주고자 노력하게 된다. 이러한 과정을 통해서 이 가족은 아내의 언어적인 표현 없이 상징적인 의미를 담은 도구를 통해 의사소통을 하고 상호작용을 하고 있는 것이다.

김상호 씨 가족뿐만 아니라, 우리 가족에도 우리 가족만이 해석하거나 이해할 수 있는 상징적인 의사소통의 도구들이 있을 것이다. 어떤 것인지 생각해 보고 다른 사람들과 공유해 보자.

2 가족체계이론

가족체계이론(Family Systems Theory)은 가족구성원 개개인의 모든 것뿐만 아니라 가족을 둘러싸고 있는 환경의 모든 요소가 가족 모두에게 상호 영향을 미친다는 가정 하에서 시작된다(윤경자 외, 2008). 가족체계이론은 유기체의 구성 등에 초점을 맞춘 생물학에 근원을 두고 있는 일반체계이론에서 출발하였는데, 버탈란피(Bertalanfy, 1968)는 일반체계이론의 주요 개념과 틀을 소개하였다. 일반체계이론에서는 체계를 유기체 전체와 조화를 이루는 일부로서, 상위체계 및 하위체계와 유기적으로 연결되어 있다고 본다. '전체는 부분의 합보다 크다,' '모든 것은 상호 의존적이다' 등이 일반체계이론으로부터 발생한 주요 명제들이다.

가족체계이론은 이러한 개념과 명제를 가족에 적용하여 가족을 더 큰 상위 체계의 일부로 보고, 가족 안에도 다양한 하위 체계가 존재할 수 있음을 상정하고 있다. 또한 가족 성원은 서로 영향을 미칠 뿐만 아니라, 상호작용하는 개인의 집합체인 '가족'은 개개인을 합한 것보다 훨씬 더 다양하고 역동성을 지닌다고 본다. 가족체계이론은 가족을 대상으로 하는 실천 영역의 전문가들에게는 필수적인 이론으로서 가족을 전체적이고 종합적인 맥락에서 이해할 수 있는 틀을 제공한다. 본 절에서는 가족체계이론의 주요 개념을 소개하고, 그 개념을 적용할 수 있는 사례를 살펴보기로 한다.

1) 주요 개념

(1) 전체성 (Wholeness)

전체성은 일반체계론의 근본적인 가정으로서, 체계는 부분으로서가 아니라 전체로서 이해되어야 하며 절대로 고립된 부분으로서 파악되어서는 안 된다는 것이다. 전체성은 '전체는 부분의 합보다 크다'는 명제에서 잘 드러난다. 어떤 음식을 만들 때(예컨대 비빔밥이나 된장찌개, 나물 무침) 다양한 재료들이 사용되지만 완성된 요리는 그 요리에 사용된 재료들을 각각 먹는 것과는 완전히 다르다는 점이 전체성을 나타낼 때 종종 거론되는 예이다.

이를 가족에 적용하면, 가족이라는 전체는 단순히 아버지, 어머니와 자녀를 합한 것 이상의 역동성을 지닌다고 할 수 있다. 이는 한 개인을 각각 안다고 해서 그 가족을 전체적으로 안다고는 할 수 없는 것과 같은 의미로서, 가족 성원들이 가족 밖에서는 개별 존재로서 각각 달리 행동하기 때문이다(Goldenberg & Goldenberg, 2002).

전체성은 구성 요인 하나하나만을 따로 볼 때에는 파악하지 못하는 체계의 행동이나 특성을 보여주고, 특정 체계를 구성하고 있는 하위체계의 배열과 체계 간의 상호작용을 볼 수 있도록 해 주는 개념이므로 체계이론에서 가장 중요한 관점 중의 하나이다.

(2) 위계 (Hierarchy)

위계는 층을 이루는 체계의 배열인데, 일반체계이론에서 체계의 층(layering), 즉 하위체계와 상위체계 간의 관계를 인식하기 위해 사용되는 개념이다. 예를 들어 핵가족은 각 배우자의 가족이라는 상위체계에 포함되어 있으며, 핵가족 안에는 부부체계, 자녀체계 등의 하위체계가 존재한다. 이는 가족 계통의 근원과 규모에 따라 체계의 위계를 구분하는 것이다.

한편, 가족 내에서 부모라는 하위체계는 자녀라는 하위체계보다 더 권위를 가진 체계로 종종 인식되는데, 이는 권위에 의한 통제력의 차이에 의해서 체계의 위계를 구분하는 것이다.

체계의 위계에서는 상위체계가 하위체계에 영향을 미치기도 하고, 반대로 하위체계가 상위체계에 영향을 미치기도 한다. 부부가 성장 과정에서 경험한 원가족 관계가 현재의 부부관계에 영향을 미치는 것은 상위체계가 하위체계에 영향을 미치는 예라 할 수 있다. 한편, 자녀의 발달상의 문제로 인하여 부모의 부부관계가 악화된다는 것은 하위체계가 상위체계에 영향을 미치는 예라 할 수 있다.

(3) 경계 (Boundary)

경계는 체계를 분리하거나 연결하는 개념으로서, 경계를 통해 체계 내에 포함되는 것과 포함되지 않는 것을 구분한다. 경계는 그것이 구분짓는 체계 사이의 투과성이나 융통성에 따라 세 가지로 나뉘는데, 명확한(clear) 경계, 경직된(rigid) 경계, 모호한(diffuse) 경계가 그것이다(Minuchin, 1974).

명확한(clear) 경계는 하위 체계들 사이에 구분이 분명히 지어지면서도 안정되고 융통성이 있는 특성을 지닌다. 경계가 명확한 가족은 서로 지지하면서도 상호 간의 자율성을 존중한다. 경직된(rigid) 경계는 체계들 사이의 관계가 지나치게 확고히 구분되고 경직된 상태로서 체계 간의 상호 교류가 일어나지 않는 상태이다. 가족체계 내의 경계가 경직되면 의사소통이 이루어지지 않고 가족이 서로에 대한 보호 기능을 하기 어렵다. 모호한(diffuse) 경계는 체계 간의 경계가 명확하지 않고 지나치게 투과성이 많아서 체계의 독립이 훼손되는 상태이다. 가족체계에서 경계가 모호하면 가족 성원들 사이의 경계가 미분화되어 있고 개별적인 프라이버시나 독립성이 결여되며 지나치게 유동적인 특성을 띤다. 그 결과 하위 체계의 자율성이 방해를 받고 문제를 해결하기 위한 자발적이고 자율적인 대화를 하기 어려우며, 한 가족원의 행동은 즉각적으로 다른 가족원에게 영향을 미친다.

경계가 얼마나 유연한가 경직되어 있는가에 따라 개방체계와 폐쇄체계로 구분되는데, 개방체계는 경계가 유연하고 투과성이 높아서 체계의 안과 밖(상위체계, 환경)

의 정보 교환이나 교류, 상호작용이 빈번하게 이루어진다. 반면 폐쇄체계는 경계가 경직되어 있고 투과성이 낮아서 체계의 안과 밖(상위체계, 환경)의 정보 교환이나 교류, 상호작용이 잘 이루어지지 않는다. 이러한 경계는 가시적이라기보다는 비가시적인 경우가 훨씬 더 많으며, 가족의 응집성이나 적응력에 의해 결정되는 경우가 많다(Olson et al., 1979).

(4) 상호의존성 (Interdependence of parts)

상호의존성이란 체계의 각 요소들이 서로 유기적으로 연결되어 있기 때문에 체계의 한 부분이 변화하면 다른 부분도 변화하게 되어 결국은 전체 체계의 변화를 가져오게 된다는 개념이다(Goldenberg & Goldenberg, 2002). 균형을 잡고 공중에 매달려 있는 모빌 조각 중 하나가 움직이면 다른 모빌 조각들도 함께 움직이게 된다. 마찬가지로, 가족 중의 한 사람이 변화하게 되면 가족 전체가 변화하게 된다. 예를 들어, 자녀가 대학 입시에 실패하여 재수를 하게 될 경우, 그 사건은 자녀에게만 영향을 미치는 것이 아니라 자녀와 부모의 관계, 부모의 부부관계에도 영향을 미칠 수 있고, 심지어는 그 가족이 외부와 상호작용하는 방식까지도 달라지게 하는 계기가 될 수 있다. 다른 예로, 늘 비슷한 패턴의 부부싸움이 반복되는 상황에서 한 사람이 다른 방식으로 상호작용을 하게 된다면 부부싸움이 중단될 뿐만 아니라 전반적인 가족관계가 변화할 수 있다. 그렇기 때문에, 가족을 대상으로 실천하는 전문가들은 가족 안에서 일어나는 부정적인 상호작용의 고리를 끊기 위해서 가족 구성원의 작은 변화를 끌어내고자 한다.

2) 가족체계이론으로 풀어 보는 가족 관계

Box 2-3

가족체계이론 적용 사례

"우리 아이가 달라졌어요"

"우리 아이가 달라졌어요"라는 TV 프로그램은 아동의 문제행동 사례를 소개하고, 그에 대하여 아동발달과 가족관계, 사회복지 전문가가 함께 모여서 문제를 해결하는 프로그램이다. 이 프로그램에 소개된 아동의 문제 행동 뒤에는 다른 가족 체계의 문제들이 있었다. 이 프로그램에 소개된 예빈이(가명)의 경우를 보자. 예빈이(6세)는 자기 뜻대로 되지 않으면 심하게 떼를 쓰고 울었다. 어린이집에서는 다른 친구들을 때리는 폭력적인 모습을 보여주었다. 울 때에도 할머니만을 찾는 예빈이의 가족을 좀 더 자세히 들여다보면, 거기에는 직업이 일정하지 않고 집에 잘 들어오지 않는 아버지, 너무 어린 나이에 결혼해서 심하게 시집살이를 한 예빈이 어머니의 정서적인 문제, 예빈이 아버지와 어머니의 잦은 부부싸움, 예빈이를 감싸고 도는 할머니와 예빈이 아버지 사이의 지나친 친밀감으로 인해 예빈이의 어머니가 소외되는 등 예빈이를 둘러싼 상위체계 간의 문제들이 드러난다. 특히 가족의 상위체계(예빈이의 조부모)와 하위체계(예빈이의 부모) 간에 건강한 독립이 이루어지지 못하고 세대 간의 경계가 모호하고 불분명한 점으로 인해 예빈이의 어머니가 권위를 가지지 못한 점이 예빈이가 심하게 어머니에게 떼쓰는 모습으로 나타났다.

예빈이의 문제를 해결하기 위하여 전문가들은 먼저 예빈이의 부모가 조부모로부터 분가하여 물리적으로 생활 공간을 달리할 것을 제안하였다. 그리고 예빈이의 어머니가 스트레스에 대한 반응을 긍정적으로 바꾸도록 하고, 예빈이의 부모가 자신들의 관계를 정립할 수 있도록 도와주었다. 마지막으로 예빈이의 행동을 수정하기 위한 다른 방안들을 제시하였다.

위의 예에서 전문가들은 예빈이의 문제 행동을 고립된 문제로 다루지 않고 가족이라는 전체성의 맥락 위에서 살펴보았으며, 상위체계와 하위체계 간의 위계와 경계, 그리고 가족 내의 작은 변화가 더 큰 변화를 끌어낼 수 있다는 상호의존성을 적용하여 문제를 해결하고자 하였다.

이처럼 가족체계이론은 나의 가족과 주변에서 일어날 수 있는 거의 모든 상황에 적용할 수 있는 개념과 틀을 제공한다.

3 가족발달이론

가족발달이론(Family Development Theory)은 시간이 경과함에 따라 가족이 어떻게 변화하는지에 관심을 두고 가족의 변화 과정을 설명하고 이해할 수 있는 관점을 제공한다(Mattessich & Hill, 1987). 가족발달이론에 근거를 둔 연구자들이나 임상가들은 가족생활주기를 거쳐감에 따라 요구되는 다양한 역할의 변화와 스트레스에 대하여 가족이 어떻게 반응하는지에 관심을 가진다(Klein and White, 2007). 가족발달이론의 기초를 세우는 데 기여한 학자는 E. M. Duvall, R. Hill, R. H. Rodgers, J. Aldous 등이 있다. 이들은 가족이 고정불변의 집단이 아니라, 시간과 환경의 변화에 역동적으로 적응하고 능동적으로 변화를 주도하는 체계라고 보았다(Duvall, 1957; Hill, 1986).

가족체계이론이 시간적으로 현재에 초점을 고정한 채 가족을 둘러싸고 있는 공간적인 측면에서의 환경에 관심을 둔다면, 가족발달이론은 가족이라는 단위에 초점을 고정한 채 가족이 시간적으로 변화해 가는 과정에 관심을 둔다고 할 수 있다. 본 절에서는 가족발달이론의 주요 개념을 소개하고, 그 개념을 적용할 수 있는 사례를 살펴보기로 한다.

1) 주요 개념

(1) 가족생활주기단계 (Family Life Cycle Stages)

앨더스(Aldous, 1978)는 단계의 개념을 '가족의 생애를 구분하는 데 있어서 이전, 이후의 기간들과 뚜렷이 구분되는 기간' 으로 정의하였다. 듀발(Duvall, 1957)은 결혼을 통한 가족의 형성기부터 부부 중 한 사람만 남는 시기까지 가족의 구성과 변화를 8단계로 나눈 가족생활주기를 제시하였다. 이 8단계를 구체적으로 살펴보면, 1단계 신혼기, 2단계 자녀 출산 및 양육기, 3단계 자녀 유아기, 4단계 자녀 학동기, 5단계 자녀 청년기, 6단계 진수기(독립기) 가족, 7단계 중년기 가족, 8단계 노년기 가족으로 구분된다.

'주기' 의 개념은 반복의 의미를 가지고 있는데 이것이 과연 가족에 적용될 수 있는지, '단계' 라는 용어가 예정되고 변동 없는 진행을 뜻하는지, 그리고 적절한 일련의 단계들을 선정하는 준거가 과연 가능한지에 대한 논란은 있지만(Rodgers & White, 1993), 많은 가족들이 경험하는 궤적들 속에서 공통되는 측면을 가족생활주기단계로 부르는 데에는 큰 무리가 없을 것이다.

(2) 전이 (Transitions)

전이의 개념은 단계와 사건, 시간의 개념을 결합한 것으로서, 한 가족이 한 단계에서 질적으로 구분되는 다음 단계로 옮겨갈 때 일어난다. 단계는 시간의 간격이나 기간을 표현하지만, 전이를 특징짓는 사건은 한 시점으로 취급된다. 예를 들어 부부 둘만이 있는 신혼기와 자녀를 출산한 이후의 가족생활은 질적으로 확연히 다르며, 이 두 시기를 구분짓는 '자녀 출산' 은 어느 한 시점에 일어나는 사건이다. "임신한 동안에는 세상이 다 내 것 같았는데, 아기를 낳은 후에는 온 세상이 나한테 등을 돌린 것 같아요" 라는 어느 엄마의 고백은 자녀 출산이 가져오는 변화를 방증한다. '자녀 출산' 이라는 어느 한 시점의 사건을 기준으로 그 이전과 이후의 가족생활은 질적으로 구분되는데, 이 때 가족이 경험하는 변화가 전이이다.

(3) 타이밍 (Timing)

타이밍은 다차원적인 개념으로서 가족이 어느 한 발달 단계를 경험하는 시점이라고 할 수 있다. 타이밍은 규범적 타이밍, 연령의 타이밍으로 구분된다. 규범적 타이밍은 가족의 전이가 "적기에 일어났는가" 그렇지 않은가에 관심을 가질 때 초점이 되는 것이다. 예컨대, 최근 우리나라의 초혼 연령이 점차 높아지고 있는데, 이에 따라서 결혼에 대한 규범적 타이밍 또한 늦추어지는 경향이 있다. 즉, 1980년대에는 29세의 여성이 사회통념상 '노처녀' 로 인식되었다면 2009년에는 '결혼적령기' 로 인식되는 것이 이러한 규범적 타이밍에 해당된다.

한편, 연령의 타이밍은 가장 단순한 시간의 측정인 동시에 가족이 경험하는 전이가 일어나는 때의 개인과 가족의 시기를 의미한다. 예를 들어서 개인의 연령은 태어난 연도 하나로 측정할 수 있지만, 결혼의 지속기간과 경험은 '몇 년도' 에 결혼했느냐 뿐만 아니라, 부부 각각 몇 살에 결혼했느냐에 따라 너무나 다양하게 나타난다.

(4) 경력 (Career)

가족생활 '주기' 나 '단계' 라는 용어들이 가지는 모호함이나 한계를 극복하기 위해 가족 경력(Family Career)라는 용어가 대안으로 제시되기도 하였다(Rodgers, 1962). 경력이라는 개념은 가족이 시간에 따라 경험한 단계를 순서대로 연결한 것으로서, 가족이 연속적으로 경험해 온 과정과 궤적을 포함하는 의미이다.

(5) 지위, 규범, 가족역할 (Position, Norm, Role)

지위, 규범, 역할의 개념은 구조기능론적 관점에서 도입된 개념으로(정현숙, 유계숙, 2008), 규범이란 사회집단의 성원들에 의하여 보편적으로 수용되는 행동에 대한 기대이며 학습된 반응이다. 지위란 부모, 남편, 아내 등의 가족 내 위치를 의미한다. 역할은 이러한 지위에 따라 부여되는 규범을 의미하는 것이다.

2) 가족발달이론으로 풀어 보는 가족관계

Box 2-4

가족발달이론 적용 사례

"부모됨에도 준비가 필요하다"

다음의 사례는 어느 인터넷 게시판에 올라온 사연이다.

"저는 직장에 다니면서 18개월 된 아들을 키우고 있어요. 아이는 집 근처 어린이집에 맡기고 있구요. 아침에 아이를 제가 어린이집에 데려다주고 (남편 출근시간이 너무 일러서) 1시간 넘는거리의 직장에 출근하고, 6시에 퇴근해 아이들 어린이집에서 데려오고, 밥해서 먹이고, 대충 씻기고, 놀아주다가 9~10시쯤 재우고 청소하고, 설거지하고, 빨래라도 돌리는 날이면 정말 하루가 금방 가요. 또 다음날 아침에 먹을 음식을 만드느라 12시나 1시에 자곤 하죠. 남편은 평소 귀가시간이 9~10시구요. 일주일에 한 번 정도는 8시 좀 넘어서 오고, 한 번 정도는 11~12시까지 야근을 해요. 술을 못 마셔서 회식자리에서만 가끔 술을 마시고 늦게 들어오구요. 저도 물론 음주가무를 안 좋아하고 형편도 안 되니 두 달에 한 번 정도만 회식 때문에 늦게 와요. 그런 날은 남편이 먼저 와서 아이를 데려오구요.

그런데 이번에 제 직장 근처로 이사를 왔어요. 운 좋게 직장어린이집에 다닐 수 있게 되어서 직장에서 도보 10분 거리의 어린이집에 아이를 보내고 집도 걸어 다닐 수 있는 거리죠. 남편 회사는 1시간 거리구요.

그런데 남편이 며칠 전부터 운동을 해야겠다고 하더군요. 그래서 제가 집근처에서 하라고 했어요. 아무래도 강남 쪽은 비쌀 테고, 집 근처에서 하면 주말에도 갈 수 있으니까요. 알았다고 하더니, 오늘 아침 일찍 나가더라구요. 웬 일이냐고 했더니 공부한다고 하더라구요. 남편은 이번 학기에 대학원에 새로 등록을 했거든요. '일찍 출근해서 공부했는가?' 했는데, 저녁에 물어 보니 운동을 했다고 하네요. "회원권 끊었어?" 그랬더니, "응" 그러네요. 거기까진 좋았어요. 본인이 운동한다고 용돈에서 아껴서 하니 응원해주려고 했는데, 저녁에도 운동을 한다네요. …

그러니까 아침에도 일찍 가서 운동 한 시간 하고, 저녁에는 근력운동을 해야겠다고, 퇴근하고 한 시간 또 하고 온대요. 본인이 하고 싶은 거 늘 하라고 했었는데, 아침저녁으로 하루에 두 번씩 운동을 한다는 게 이해가 안 돼요. 그 정도의 개인시간을 갖는다는 게 제 입장에선

반갑진 않아요. 저는 새벽부터 출근 준비하랴, 아이 데려다 주랴, 일하랴, 퇴근하고는 아이 보면서 집안일 하랴 힘들어 죽겠는데, 남편은 집안일은커녕 운동을 하루에 두 번이나 한다는게 영 마음에 안 듭니다. 그래서 제가 "그럼, 아침엔 매일 하고 저녁엔 일주일에 이틀만 해라, 나도 일주일에 이틀은 뭐 배우고 싶다" 했더니 삐진 듯하네요. 저도 문화센터에서 배우고 싶은 게 있는데 참았거든요.
지금은 아이를 위해서 내가 희생해야 할 시기라고 생각했고, 가뜩이나 주말 밖에 잘 놀아주지 못하는 게 미안해서 아무것도 못 하고 있는데 … 남편한테도 평일만은 아이를 위해서 함께 하자고 했는데, 야근하는 날엔 일 땜에 늦고, 일 없는 날엔 운동하고 … 그럼 육아는 온전히 저의 몫이 되겠죠. 직장 근처로 이사 왔다고 좀 안심하는 듯한데, 어떻게 말해야 기분 안 나쁘게 설득을 할 수 있을까요? 맞벌이하면서 애 키우느라 힘들어 죽겠는데, 이런 남편을 어떻게 해야 할지 모르겠네요."

위의 〈박스 2-4〉 사례 속 가족은 자녀 출산으로 인한 가족발달단계의 전이를 경험하고 있다. 남편과 아내는 아버지와 어머니라는 새로운 지위와 역할을 경험하고 있을 뿐만 아니라 자녀 양육이라는 발달 과업을 갖게 되었다. 아내는 맞벌이를 하면서 육아와 가사를 거의 전적으로 담당하느라 쩔쩔매는 반면, 남편은 개인적인 시간을 가지고자 하는 상황에서 갈등을 경험하고 있다. 이러한 갈등은 이 부부에게만 한정된 것이 아니라, 우리 시대의 많은 자녀 출산 및 양육기 가족이 경험하고 있는 것이다. 맞벌이 부부가 증가하고 있는 상황에서 부모됨이 아내만의 역할이라는 사회적 규범이 바뀌지 않는다면 이런 문제는 확대될 것이며, 그 다음의 가족 발달 단계로의 전이는 더욱 어려워질 것이다.

가족발달이론은 이와 같이 가족이 규범적이거나 비규범적인 전이를 경험하고 적응하는 과정을 이해할 수 있는 틀을 제공한다. 주변에서 전이를 경험하고 있는 가족을 통해 가족발달이론을 공부해 보자.

생각해 볼 점

1. 제2장에서는 가족관계를 이해하기 위한 틀로서 이론의 필요성과 함께 상징적 상호작용론, 가족체계이론, 가족발달이론의 주요 개념과 적용 가능한 사례들을 살펴 보았다. 각 이론이 가지는 특징과 한계를 생각해 보자.

2. 제2장에서 다룬 가족 이론을 적용할 수 있는 사례(영화, 드라마, 소설, 만화, 상담 사례 등)를 찾아서 분석해 보자.

참고문헌 REFERENCES

윤경자 · 김정옥 · 현은민 · 전영자 · 유계숙 · 김은경(2008). 건강가정론. 경기: 공동체.

정현숙 · 유계숙(2008). 가족관계. 서울: 신정.

Bertalanffy, L. von. (1968). *General System Theory*. NY: George Braziller.

Aldous, J. (1978). *Family Careers: Developmental Change in Families*. NY: Whiley.

Duvall, E. M. (1957). *Marriage and Family Development*. NY: Lippincott.

Goffman, E. (1978). The presentation of self to others. In J. G. Manis & B. N. Eltzer (Eds.), *Symbolic Interaction: A Reader in Social Psychology* (3rd ed.), pp.171-178.

Klein, D. M. & White, J. M. (2007). *Family Theories*. Beverly Hills, CA: Sage Publications.

Larosa, R., & & Reitzes, D. C. (1993). Symbolic interactionism and family studies. In. P. Boss, W. J. Doherty, R. LaRossa, W. R. Schumm, S. K. Steinmetz (Eds.) *Sourcebook of Family Theories and Methods: A Contextual Approach* (pp.141-177). NY: Plenum Press.

Mattessich, P. & R. Hill. (1987). Life cycle and family development. In M. B. Sussman & Steinmetz, S. K. (Eds.), *Handbook of Marriage and the Family* (pp.437-469). NY: Plenum.

Minuchin, S. (1974). *Families and Family Therapy*. Cambridge, MA: Harvard University Press.

Rodgers, R. H., White, J. M.(1993). Family Development Theory. In. P. Boss, W. J. Doherty, R. LaRossa, W. R. Schumm, S. K. Steinmetz (Eds.) *Sourcebook of Family Theories and Methods: A Contextual Approach* (pp.141-177). NY: Plenum Press.

Chapter 03

FAMILY RELATIONS

가족발달

살아 있는 모든 것은 발달한다. 발달의 개념에는 양적인 성장뿐 아니라, 질적인 변화도 포함된다. 모든 인간은 태어나서 죽음에 이르기까지 시간의 흐름에 따라 성장, 발달, 변화해 간다. 평생에 걸쳐 이루어지는 인간의 전 생애 발달은 물 흐르듯이 자연스럽고 연속적인 과정인 동시에 시간이 경과하면서 질적으로 매우 상이한 전환을 이루어가는 단계적이고 불연속적인 과정이기도 하다. 그리고 각 단계마다 민감한 시기를 놓치지 않고 수행해야 하는 발달과업이 있는데, 한 단계에서의 개인의 성공적인 발달과업 수행은 곧 다음 단계로의 성공적인 이행과 직결되어 있다.

이와 같은 인간의 발달 원리를 가족에게도 적용해 볼 수 있다. 즉, 한 생명이 출생의 과정을 거쳐 영아기, 유아기, 아동기, 청소년기, 성인기, 중년기, 노년기의 단계에 따라 발달해 가듯, 결혼을 통해 새로 탄생한 가족도 신혼기를 거쳐 자녀 출산과 양육이 이루어지는 확대기를 거쳐 자녀들의 독립과 결혼으로 그 규모가 줄어드는 축소기를 거쳐 노년에 이르기까지 끊임없이 발달해간다. 이처럼 가족이 시간의 흐름에 따라 거쳐 나가게 되는 발달경로(developmental course)를 가족생활주기(family life cycle) 또는 가족주기(family cycle)라고 하며, 각 주기마다 가족에게 요구되는 다양한 가족발달과업(family developmental task)을 성공적으로 이수하는 것이 가족의 건강한 발달에 필수적인 요건으로 작용한다.

본 장에서는 가족생활주기의 개념을 통해 가족과정(family process)에 대한 이해를 도모하고자 한다. 우선 가족생활주기의 개념을 설명하고, 가족생활주기를 분류하는 대표적인 방법을 소개할 것이다. 그리고 최근 개인과 가족을 둘러싼 사회 환경의 급격한 변화와 함께 두드러지게 나타나고 있는 가족생활주기상의 변화 양태를 분석해보고, 가족생활주기가 가족과 관련된 다양한 연구에 주된 변수로 강조되거나 활용되고 있는 측면에 대해서도 살펴보도록 할 것이다. 끝으로 가족발달단계 곧 가족생활주기별로 가족이 직면하게 되는 발달과업의 내용을 자세히 알아보고자 하는데, 이때 보편적인 일반 가정의 가족발달과업뿐 아니라 그 비율이 증가하고 있는 이혼, 재혼, 입양 가정의 경우도 함께 소개하고자 한다.

Box 3-1

삶을 성숙시키는 만남

우리는 일생 동안 하늘의 별만큼이나 수없이 많은 사람과 만나고 헤어진다. 첫 번째 만남은 가족과의 만남이다. 내가 세상에서 태어날 때 나를 가장 먼저 반갑게 맞아주셨던 어머니, 힘든 일도 묵묵히 하시면서 언제나 웃음으로 안아주셨던 아버지, 하루가 멀다 하고 싸우다가도 금세 웃고 장난치던 형제들과의 만남이다.

그 만남은 사라지지 않는다. 아이가 자라나서 어른이 되면 우리의 부모가 그랬듯이 새로운 가족의 울타리를 만들게 된다. 그리고 그 아이들은 우리가 그랬듯이 따뜻한 가족의 사랑을 가슴속에서 키워 간다. 우리들 인생에서 가족과의 만남은 세월이라는 보이지 않는 시간 속에서 사랑으로 흘러가는 성스러운 릴레이와도 같다.

출처: 박홍석(2005). 삶을 성숙시키는 만남. 샘터, 3월호, p.98.

1 가족생활주기의 개념

생명이 잉태되는 순간으로부터 죽음에 이르기까지 인간은 계속해서 성장하고 발달하며 변화해 간다. 전 생애에 걸쳐 이루어지는 개인의 발달과 마찬가지로 가족도 시간의 흐름에 따라 일련의 발달적 경로를 밟아 나가게 된다. 일반적으로 결혼을 통해 형성된 가족은 자녀 출산 및 양육기를 거쳐 확대되었다가 자녀의 결혼과 독립을 통해 축소되고, 이후 노부부만 남는 시기를 거쳐 부부 중 한쪽 또는 양쪽 다 사망에 이르는 발달적 변화를 경험하게 되는데, 이를 가족생활주기(family life cycle)라 한다.

가족생활주기는 보통 예견할 수 있는 특별한 사건이나 이러한 사건에 대한 가족의 변화 정도에 따라 구분되는 일련의 단계들로 구성되어 있다. 가족의 출범과 동시에 가족생활은 유형화된 단계를 따르기 때문에 가족생활주기는 가족발달(family development)의 척도로 간주되며, 가족생활주기에 따라 가족의 기능과 형태, 역할, 가족 내외의 관계 및 상호작용도 변화하게 된다. 가족생활주기를 이해함으로써 단계별 가족들의 욕구와 기대, 그리고 발생 가능한 문제점과 취약점, 강점 등을 시간적 차원에서 알게 되고, 장기적인 안목에서 가족의 지속적 발달과정을 설명, 예측, 적용하는데 도움을 얻을 수 있다(정현숙 · 유계숙, 2001; 최규련, 2007).

2 가족생활주기의 분류

가족생활주기를 분류하는 전형적인 기준은 결혼, 출생, 사망 등에 의한 가족의 성립 및 가족 구성원의 증감, 자녀의 성장 및 발달단계, 진학, 취업, 은퇴 등 가족이 다른 사회 체계와 관련해 경험하게 되는 발달적 사건 등이다. 이와 같은 분류 기준에 기초하여 가족생활주기의 단계를 구분하는 방법이 학자들마다 서로 다르고 그에 따라 단계의 수도 달라진다. 가장 광범위하게 인용되고 있는 것 가운데 하나는 듀발(Duvall, 1977)의 8단계인데, 6단계까지는 첫 자녀의 연령과 학년을 기준으로, 이후로는 남은 가족이 직면하는 상황에 따라 단계를 구분한 것이다(〈표 3-1〉 참조).

표 3-1 Duvall의 가족생활주기

단계		단계의 시작~단계의 끝
1단계	신혼기 가족	결혼~자녀 출산
2단계	출산기 및 영아기 자녀 가족	첫 자녀 출생~30개월
3단계	유아기 자녀 가족	첫 자녀 30개월~6세
4단계	학령기 자녀 가족	첫 자녀 6세~13세
5단계	십대 자녀 가족	첫 자녀 13세~20세
6단계	진수기 자녀 가족	첫 자녀 독립~막내 독립
7단계	중년기 부부 가족	빈둥지 시기~은퇴
8단계	노년기 가족	은퇴~사망

출처: Eshelman, R.(1994), pp.65–66.

우리나라의 경우 WHO(세계보건기구)의 기준에 기초하여 한국인구보건연구원(1987)에서 2세대를 기준으로 부부의 결혼연령, 첫 자녀 출산, 단산, 막내 자녀의 결혼, 배우자의 사망을 기준으로 6단계의 가족생활주기를 제시한 바 있다(〈표 3-2〉 참조).

표 3-2 한국 가족의 가족생활주기

단 계		단계의 시작 ~ 단계의 끝
1단계	형 성 기	결 혼 ~ 첫 자 녀 출 생
2단계	확 대 기	첫 자녀 출생 ~ 막내 자녀 출생
3단계	확대완료기	막내 자녀 출생 ~ 자녀 결혼 시작
4단계	축 소 기	자녀 결혼 시작 ~ 자녀 결혼 완료
5단계	축소완료기	자녀 결혼 완료 ~ 남 편 사 망
6단계	해 체 기	남 편 사 망 ~ 본 인 사 망

출처: 이소희 · 최덕경 · 강기정 · 김훈(2004), p.44, 재인용.

3 가족생활주기의 변화

본격적인 산업화가 진행되어온 이래로 가족을 둘러싼 사회 환경의 변화는 가족의 구조와 형태, 기능상의 변화는 물론 가족관계, 가족가치관, 가족생활주기의 변화를 수반하고 있다. 특별히 저출산 · 고령화에 따른 인구구조상의 변화와 고학력화, 만혼 경향, 여성의 경제활동 참가 증가, 가족해체 및 재구성의 증가, 다문화 가족의 증가는 현대 한국가족의 가족생활주기를 변화시키는 주된 요인으로 작용하고 있다. 현대 한국가족의 주기상의 변화를 요약해 보면 다음과 같다.

첫째, 평균수명의 연장으로 의해 가족생활주기의 전 기간이 과거에 비해 크게 늘어나고 있다. 둘째, 결혼으로부터 자녀출산이 완료되는 기간인 가족형성기 및 확대기는 고학력화와 직업중심의 사회구조, 만혼 경향으로 인한 초혼 연령의 상승과 출산율 저하로 단축되고 있다. 셋째, 자녀 출산 완료 후 자녀 결혼이나 독립이 시작될 때까지의 자녀양육 및 교육기는 자녀교육 기대 수준의 상승과 취업 및 결혼연령의 상승으로 길어지고 있다. 넷째, 자녀 결혼 후 부부의 사망에 이르기까지 가족 축소기는 자녀 수의 감소와 평균 수명의 연장에 따라 늘어나고 있다(유영주 · 김순옥 · 김경신, 2000). 다섯째, 가족해체와 재구조화가 빈번해지고 있는 가운데 이혼가족, 재혼가족, 입양가족, 다문화가족 등의 기존의 '전형적' 가족생활주기와 다른 발달 경로를 겪는 가족이 증가함에 따라 새로운 가족발달과정을 설명할 수 있는 가족생활주기의 필요성이 강조되고 있다.

특별히 최근 들어 다양한 가족의 출현과 더불어 이들 다양한 가족의 가족생활주기에 대한 관심이 크게 증대되고 있다. 카터와 맥골드릭(Carter & McGoldrick, 1988)은 이혼에 이르기까지 겪게 되는 가족생활주기를 4단계: 이혼결정 → 가족 체계의 해체 계획 → 별거 → 이혼으로 단계화한 바 있고, 올도우즈(Aldous, 1996)는 이혼한 부모의 가족경로를 7단계로 제시한 바 있다(〈표 3-3〉 참조).

표 3-3 Aldous의 이혼가족의 가족생활 주기

단 계	내 용
1	이혼 과도기 · 한가족의 형성
2	부모 역할 수행과 직업생활 지속, 또는 새로 시작
3	초등 학생 자녀 가족
4	청소년 자녀 가족
5	청소년 자녀가 집을 떠나는 가족
6	중년기 부모
7	은퇴 가족 또는 부모 부양 책임을 지는 가족

출처: 정현숙 · 유계숙(2001), p.105.

한편 재혼가족의 발달 경로에 대해 카터와 맥골드릭(Carter & McGoldrick, 1988)은 새로운 관계로의 진입 → 새로운 결혼 생활과 가족에 대한 개념화와 계획 → 재혼 및 가족의 재구성이라는 3단계의 과정을 제시하였고, 페이퍼나우(Papernow,

1993)는 7단계의 발달 단계를 제시한 바 있다(〈표 3-4〉 참조). 이 밖에 슬레이터와 멘쳐(Slater & Mencher, 1991)는 동성애자들의 가족생활주기를 설명한 바 있으며 헤이잘과 로젠버그(Hajal & Rosenberg, 1991)는 입양가족에 대한 가족생활주기를 제안하는 등 다양한 가족의 가족생활주기를 설명하고자 하는 노력이 계속해서 이뤄지고 있다(정현숙, 2001, 재인용).

표 3-4 Papernow의 재혼가족의 가족생활주기

단계		특징
1단계	환상기	• 어른들은 즉각적 사랑과 적응 기대 • 아이들은 이를 무시하고 친부모에게 결합
2단계	유사동화기	• 환상을 깨달으려는 노력 • 친부모 계보를 따른 구분 • 계부모들은 뭔가 잘못되어 가고 있다는 느낌
3단계	인식기	• 계부모들은 무엇이 변해야 할 필요가 있는지를 깨닫기 시작 • 혈연 라인을 따라 그룹이 나뉨
4단계	가동기	• 계부모들은 변화에 대한 명확한 필요성을 가짐 • 혈연 라인을 따라 그룹이 나뉨
5단계	활동기	• 문제해결을 위해 부부가 함께 노력하기 시작 • 변화에 대한 아이들의 저항
6단계	접촉기	• 부부협동 • 계부모는 계자녀에 대해 명확한 바운더리 형성 • 계부모자녀관계에 대한 대처능력 증가
7단계	해결기	• 재혼가족 안정값 형성 • 문제 발생시 앞 단계로 이동

출처: Papernow(1993); 이소희 외(2004), p.161, 재인용.

4 가족생활주기의 활용

가족생활주기는 가족관계를 이해하는 중요한 기준으로서 가족학 연구의 주된 변수로 다뤄지고 있다. 지금까지는 가족생활주기가 가족의 상호작용에 미치는 영향과 관련된 다양한 연구가 수행되어 왔지만 가족발달단계의 개념은 특별히 부부 간 결혼만족 및 적응에 관한 연구에 다양하게 적용되어 왔다.

결혼만족도가 결혼기간에 따라 U자 형의 곡선을 그린다는 사실이 국내외의 연구들을 통해 제시되고 있다. 버어(Burr, 1970)는 부부기 → 학령전기 → 학령기 → 청소년기 → 출가기 → 부부만의 가족 → 은퇴기의 7단계 가족생활주기를 통한 횡단연구에서 U자 형의 결혼만족도 변화유형을 발견한 바 있다. 듀발(Duvall)의 범주를 이용하여 가족생활주기에 다른 결혼만족도의 변화를 살펴본 앤더슨, 러셀과 슈움(Anderson, Russel, & Schumm, 1983)의 연구에서도 U자 형의 결혼만족도 곡선이 발견된 바 있다. 이들의 연구에 기초하여 학령기와 청소년기 자녀가 있는 가족의 결혼만족도에 부정적인 영향을 미치는 요인을 검증하는 연구도 활발하게 이루어졌다. 올슨 등(Olson et al., 1989)은 무자녀 가족 → 미취학자녀 가족 → 학동기자녀 가족 → 청소년기자녀 가족 → 출가기 가족 → 빈둥지기 가족 → 은퇴 후 가족의 7단계로 나누어 가족생활주기에 따른 가족의 유형과 자원, 갈등 및 긴장의 정도, 갈등해결 방법, 가족만족도 등을 횡단적으로 연구한 바 있다.

한편 국내 연구로는 첫 자녀의 연령을 기준으로 신혼기, 학령전기, 초등학생기, 중고교기, 20대 자녀기의 다섯 단계로 가족생활주기를 구분하여 결혼만족도와 우울 수준의 변화양상을 분석한 정현숙 · 서동인(1994)의 연구를 들 수 있다. 이들의 연구에서는 남편과 부인 모두 신혼기에 결혼만족도가 가장 높았고, 남편의 경우 이후로 20대 자녀기까지 계속 낮아지는 경향을 보인 반면, 부인의 경우 중 · 고교기까지 점차 낮아지다가 20대 자녀기에 약간 상승하는 경향을 보였다. 남편의 결혼만족도가 부인의 만족도보다 항상 높게 나타났으며, 아내가 남편보다 결혼만족도의 변화의 폭이 큰 것으로 나타났다([그림 3-1] 참조). 한편, 부부의 우울증은 가족생활주기에 따라 역 U자 곡선을 이루고 있다([그림 3-2] 참조).

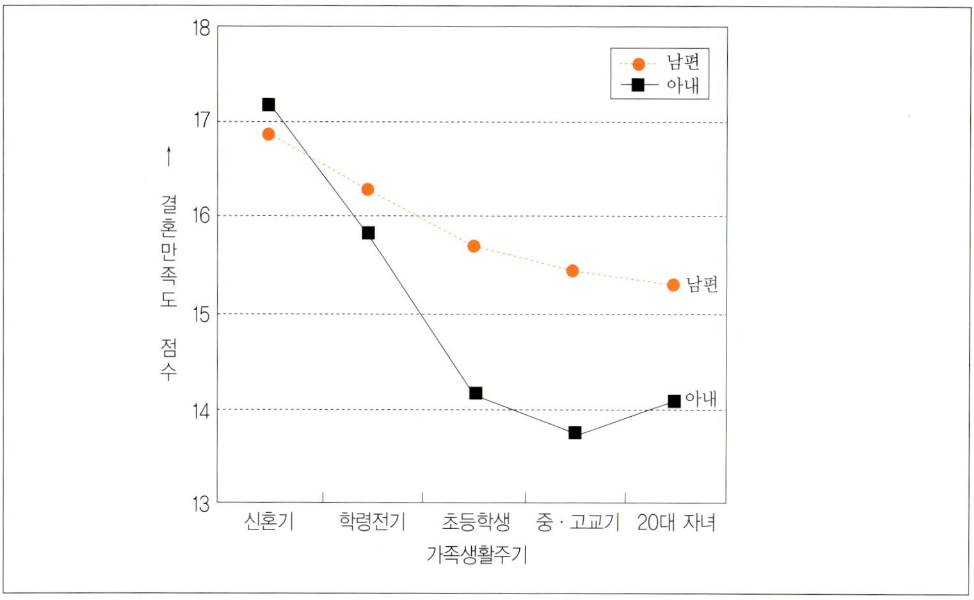

그림 3-1 가족생활주기에 따른 도시부부의 결혼만족도

출처: 정현숙 · 서동인(1994). 가족생활주기에 따른 도시가족의 부부문제.

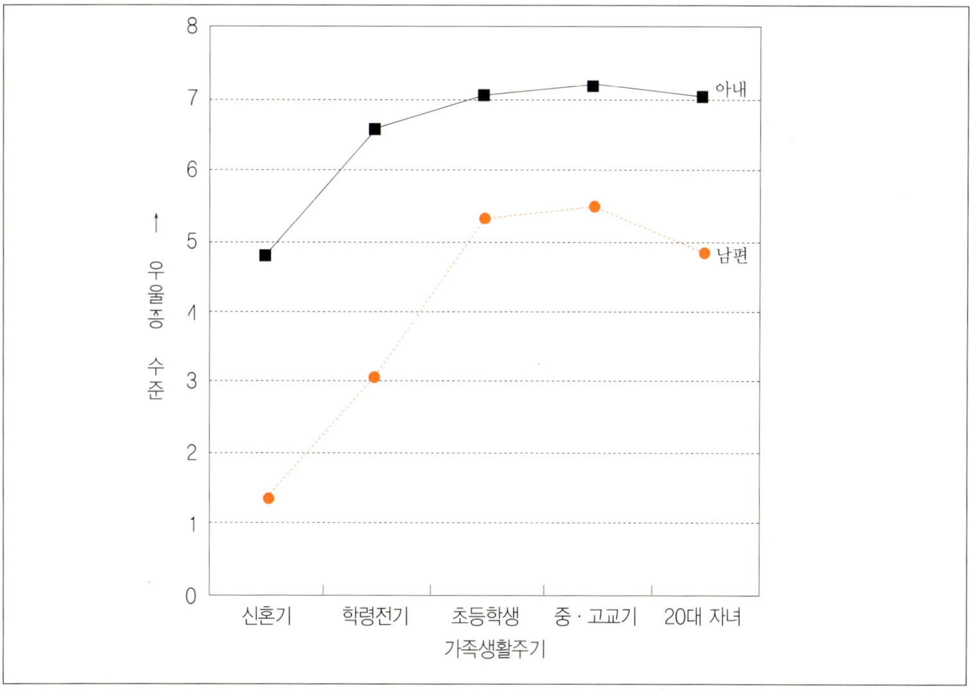

그림 3-2 가족생활주기에 따른 도시부부의 우울증

출처: 정현숙 · 서동인(1994). 가족생활주기에 따른 도시가족의 부부문제.

이처럼 가족생활주기는 시간의 경과에 따른 가족관계의 변화양상을 추적하는 연구의 주요 변수로 널리 활용되어온 외에, 가족발달단계에 따라 변화하는 가족의 기능(function)과 역기능(dysfunction), 관련된 증상이나 징후를 진단하고 분석하여 평가하는 준거가 될 수 있다. 발달적 관점에서 가족을 사정하는 것은 가족사회복지사들에게 가족이 대내외적 기대를 충족시키고 있는지를 이해할 수 있도록 돕는 데 매우 유용하다(성정현 · 여지영 · 우국희 · 최승희, 2004).

또한 가족치료(family therapy)에서는 가족발달단계별 정상적 기능과 비정상적 기능, 증상 등을 비교함으로써 가족발달의 원동력을 되찾도록 돕고 이를 통해 과거의 가족생활, 수행해야 할 과업, 그리고 가족이 지향하는 미래의 맥락에서 문제를 보게 한다. 할리(Haley, 1973)는 가족원에게 어떤 증상이 나타나는 것은 가족이 한 단계에서 다음 단계로 옮겨가는 과정에서 어려움을 겪고 있기 때문이라고 보았다. 사티어(Satir)를 비롯한 많은 가족치료사들도 가족생활주기와 관련된 생활사에 관심을 기울이고 임상적 차원에서 가족문제를 진단하는 준거로 가족생활주기의 특성을 다음과 같이 고려하고 있다.

- 현재의 가족생활주기에 대한 파악
- 현재의 가족생활주기에 대한 가족성원들의 인식 정도
- 발달단계에 따르는 가족성원들의 변화 능력
- 가족생활주기와 관련된 가족 문제 파악
- 가족생활주기에 따르는 치료 계획
- 가족생활주기에 따르는 체계 변화를 위한 치료 실시 등

그리고 이와 같은 내용은 가족에 대한 진단뿐 아니라 치료 계획을 설정하고 개입하는 데에도 도움이 될 수 있다. 즉 가족생활주기적 관점은 특정 가족발달단계에서 일어날 수 있는 문제들을 확인해주기 때문에 가족의 기능을 평가하고 치료적 개입을 계획하기 위한 효과적인 틀을 제공한다(박태영, 2003; 이소희, 2004; Carter & McGoldrick, 1988).

5 가족발달과업

인간은 평생에 걸쳐 헤아릴 수 없이 많은 발달과업에 직면하게 된다. 즉 발달의 단계별로 개인이 수행해야 할 고유의 발달과업이 있으며, 이 과업의 성공적 성취는 개인의 행복과 사회적 인정, 이후 과업의 성공적 이행을 낳는 반면, 실패는 개인적 불행과 사회적 불인정, 이후 과제 수행의 곤란을 가져오게 된다. 개인과 마찬가지로 가족도 가족생활주기를 거치면서 각 단계마다 해결해야 할 가족발달과업을 갖게 되며, 과업의 성공적 성취는 가족의 행복과 만족, 과업수행의 실패는 가족의 불행과 사회적 불인정, 이후 가족발달과업 수행의 어려움과 직결된다.

새로운 가정이 형성되는 단계로부터 자녀들이 출생하고 성장하는 확대기를 거쳐 부부가 중년기와 노년기를 맞이하며 가족이 축소되는 시점에 이르기까지 당면하게 되는 다양한 가족발달과업은 가족 속에서 가족의 안녕과 성장을 위해 수행되는 책임이라 할 수 있다. 이 책임은 가족과 사회가 가족에게 바라는 다양한 요구와 기대에 기인하게 되는데, 이는 가족생활주기별 가족정체감(family identity)과 관련되고 단계별 발달과업의 수행으로 이어진다([그림 3-3] 참조).

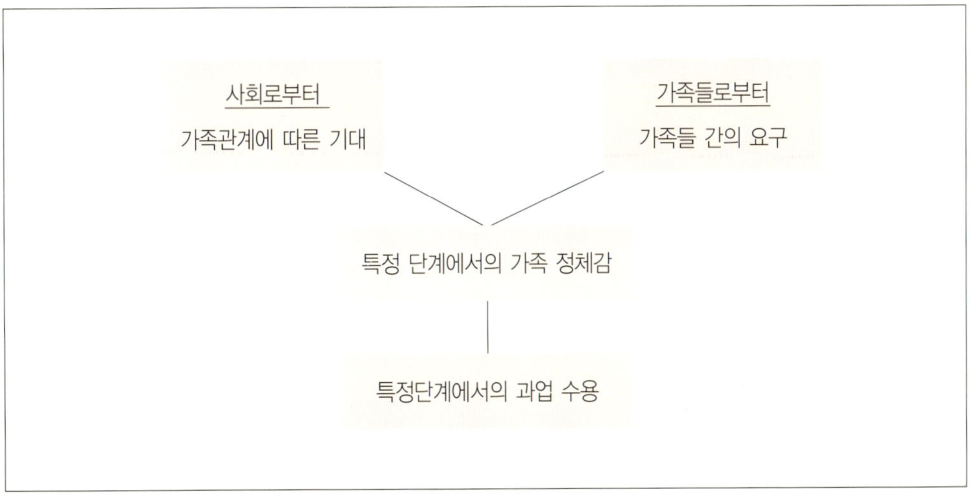

●그림 3-3● 가족발달과업의 근원

출처: 이소희 외(2004), p.46, 재인용.

한편 가족생활과정 전반을 통해 요구되는 기본적인 가족발달과업에는 가족을 위한 물질적 부양, 가족 구성원의 재생산, 자녀양육과 가족사회화, 가족의 동기와 사기 유지, 가족 내 질서, 규율, 규칙의 유지, 가족원의 대외 적응과 사회적 자리매김에 따르는 여러 가지 노력이 포함된다.

이상과 같은 발달과업은 가족발달의 전 과정에 걸쳐 요구되는 기본적인 가족발달과업이며, 가족의 발달단계에 따라 특별히 부각되는 과업의 유형이나 요구 수준, 과제 수행의 제반 여건이 다르게 나타난다. 가족 개인 차원에서의 발달적 요구와 가족 전체 차원에서의 요구, 그리고 사회적 차원에서의 요구와 기대를 충족시키기 위해 가족이 성취하거나 극복해야 하는 구체적인 책임과 역할, 행동규범을 가족생활주기별로 제시해보면 다음과 같다(〈표 3-5〉 참조).

표 3-5 가족생활주기별 가족발달과업

가족생활주기	가족발달과업
신 혼 기	• 역할과 책임관계의 기준 설정 • 만족스런 소득과 지출 체계 수립 • 상호 만족스런 애정 표현과 성생활 체계 수립 • 효과적인 대화체계 수립 • 친척과의 원만한 관계 수립 • 임신과 부모됨에 대한 적응 및 준비
자녀 출산 및 영아기 자녀기	• 영아기 자녀의 부모역할 적응 • 시간과 가사의 재조정 • 만족스런 부부관계 유지
유아기 자녀기	• 유아기 자녀의 효율적 양육 • 공간 · 에너지 · 시간 · 재정의 재조정 • 만족스런 부부관계 유지
학동기 자녀기	• 자녀의 잠재력 개발을 위한 교육적 배려 • 자녀의 학업성취 지원 • 자녀의 정서적 안정과 소속감을 위한 환경 조성 • 만족스런 부부관계 유지

가족생활주기	가족발달과업
십대 자녀기	• 자녀의 자아정체감 형성, 진로선택 및 준비, 학업성취, 정서적 독립 지원 • 자녀와의 생활 적응 • 재정 계획 및 실천 • 만족스런 부부관계 유지, 중년기 준비
진 수 기	• 자녀의 독립지원, 자녀와의 관계 적응 • 재정 계획 및 실천 • 중노년기 준비
중 년 기	• 부부관계 재정비 • 건강대책 세우기 • 중년기 위기감 극복 • 조부모역할 수행 • 노년기 준비
노 년 기	• 노화 및 은퇴 적응 • 건강관리 및 유지 • 부부관계 유지 및 개선 • 가족, 친지와의 유대감 유지 • 배우자 사별과 죽음에 대한 수용

출처: 최규련(2007), p.26.

최근에는 출생률의 저하, 평균수명의 증가, 이혼 및 재혼의 증가 등으로 인해 이상과 같은 일반적인 가족생활주기를 따르지 않는 가족이 크게 늘어나고 있다. 이처럼 전형적인 가족생활주기와는 다른 단계를 경험하는 다양한 가족 유형이 증가함에 따라 이들 가족의 발달단계와 단계별 발달과업에 대해서도 많은 관심이 집중되고 있다. 전통적인 가족생활주기와는 사뭇 다른 발달과정을 경험하게 되는 가족들의 경우 새로운 발달단계를 밟게 되고 단계별로 해결해야 하는 이들의 발달과업도 달라지게 마련이다.

이혼가족의 경우 시간이 경과함에 따라 가족이 이혼을 어떻게 처리하는가 하는 것이 가족의 회복과 적응에 매우 중요하다. 이혼 과정 전반에 걸쳐 가족들이 실천해야 하는 정서적 문제와 가족관계상의 문제가 존재하며 이와 같은 문제들을 적절히 해결하지 않을 경우 가족체계를 위협하고 자녀의 성장과 발달에 위해를 가하는 심각한

위기를 경험할 수 있다. 카터와 맥골드릭(Carter & McGoldrick, 1988)이 제시한 이혼가족의 발달단계와 정서적 전환과정, 단계별 가족발달과업을 살펴보면 다음과 같다 (〈표 3-6〉 참조).

● 표 3-6 ● 이혼가족의 가족발달과업

<table>
<tr><th colspan="2">단 계</th><th>정서적 전환과정 : 태도</th><th>발달과업</th></tr>
<tr><td colspan="2">이혼에 대한 결정</td><td>• 부부관계의 긴장을 해결하고 관계를 충분히 해결할 수 없는 자신의 무능력을 받아들인다.</td><td>• 결혼이 실패했다는 것을 인정한다.</td></tr>
<tr><td colspan="2">가족체계의 해체를 위한 계획</td><td>• 가족체계의 모든 부분에 대해 실행 가능한 준비를 지원한다.</td><td>• 양육권, 방문, 경제문제에 대해 협력을 한다.
• 확대가족과 이혼문제를 다룬다.</td></tr>
<tr><td colspan="2">별 거</td><td>• 협력적 부모관계를 지속하려는 의지와 자녀의 재정적 지원에 합세한다.
• 배우자에 대한 애정을 해결하고자 노력한다.</td><td>• 가족원의 손실에 대해 슬퍼한다.
• 부부관계, 부모자녀관계, 재정을 재구성하고 떨어져서 사는 것에 적응한다.
• 확대가족들과의 관계를 재조정하고 배우자의 확대가족들과도 관련을 맺는다.</td></tr>
<tr><td colspan="2">이 혼</td><td>• 정서적인 이혼을 위해 더욱 노력하며 상처 · 분노 · 죄책감을 극복한다.</td><td>• 가족구성원의 손실을 슬퍼하고 재결합의 환상을 단념한다.
• 결혼생활에서 얻었던 희망, 꿈, 기대를 회복한다.
• 확대가족과의 관계를 유지한다.</td></tr>
<tr><td rowspan="2">이혼 후</td><td>한부모
(자녀교육)</td><td>• 재정적 책임을 유지하고 전 배우자와 부모로서 접촉을 지속하며 전 배우자 및 그 가족과 자녀의 접촉을 돕는다.</td><td>• 전 배우자와 전 배우자 가족들의 방문을 융통성 있게 허용한다.
• 자신의 재원을 재구축한다.
• 자신의 사회관계망을 재구축한다.</td></tr>
<tr><td>한부모
(비양육)</td><td>• 전 배우자와 부모로서의 접촉을 유지하고 자녀에 대해서는 양육적인 부모관계를 지지한다.</td><td>• 자녀와 효과적인 부모자녀관계를 지속하는 방법을 찾는다.
• 전 배우자와 자녀에 대한 재정적 책임감을 유지한다.
• 자신의 사회관계망을 재구축한다.</td></tr>
</table>

출처: Carter, B. & McGoldrick, M.(1988). The changing family life cycle: A framework for family therapy, p.22.

이혼가족의 증가 못지않게 재혼가족의 증가도 현저한 상황이다. 재혼가정은 가족의 구조와 기능, 가족관계, 가족정서 등의 측면에서 초혼가족보다 훨씬 더 복잡한 특성을 지닌다. 이와 같은 복잡성에 따라 재혼가족의 발달경로와 발달과업도 초혼가족의 경우와 다른 양상을 보인다. 카터와 맥골드릭(Carter & McGoldrick, 1988)은 재혼가족의 가족생활주기를 3단계로 나누고 각 단계별로 가족에게 요구되는 태도와 발달과업을 설명한 바 있다(〈표 3-7〉 참조). 당면 과제의 성공적 극복은 순조로운 적응과 발달을 유도하고 과제수행의 실패는 가족 갈등과 위기를 초래하기 쉽다.

● 표 3-7 ● 재혼가족의 가족발달과업

단 계	요구되는 태도	발달과업
새로운 관계로의 진입	• 첫 번째 결혼의 상실감을 회복한다. (적절한 정서적 이혼)	• 결혼과 새로 구성된 가족의 복잡성, 모호성을 다룰 준비와 함께 가족을 형성하기 위해 재헌신한다.
새로운 결혼과 가족에 대한 개념화와 계획	• 재혼 · 복합가정 형성에 대한 자신과 새 배우자, 자녀의 두려움을 수용하고, 다음 세 가지 측면에서 복잡성과 모호성에 적응하기 위해 시간과 인내가 필요하다는 것을 받아들인다. – 새롭고 다양한 역할 – 경계: 공간, 시간, 멤버십, 권위 – 정서적 문제: 죄의식, 부모에 대한 충성심과 관련된 갈등, 상호관계에 대한 바람, 해결되지 못한 과거 상처	• 가식적 관계를 피하고 새로운 관계에 개방적 태도로 임한다. • 전 배우자와의 재정 협력 · 공동적 부모 관계를 유지하기 위한 계획을 수립한다. • 두 가족체계 내에서 겪는 두려움, 충성심과 관련된 갈등, 멤버십을 다룬다. • 새 배우자와 자녀를 포함한 확대가족과의 관계를 재조정한다. • 전 배우자의 확대가족과 자녀와의 접촉을 유지하기 위한 계획을 수립한다.
재혼 및 가족의 재구성	• 전 배우자에 대한 애정과 '완전한' 가족의 이상에 대한 애착을 최종적으로 정리한다. • 침투 가능한 경계를 지닌 다양한 가족 모델을 수용한다.	• 새 배우자와 함께 계부모를 포함할 수 있는 가족 경계선을 재구성한다. • 몇몇 체계를 새로 포함하기 위하여 하위 체계를 통한 관계와 재정적인 조정을 재편성한다. • 친부모, 조부모, 기타 확대가족과 모든 자녀와의 관계를 위한 공간을 마련한다. • 복합가족의 통합을 증진하기 위해 추억이나 역사를 공유한다.

출처: Carter, B. & McGoldrick, M.(1988). The changing family life cycle: A framework for family therapy, p.24.

입양가족은 출산의 과정을 거치지 않고 법률적·사회적 과정을 통해 부모자녀관계를 형성하는 가족으로서, 그 특수한 상황으로 인해 일반 가정의 경우와 다른 발달단계와 발달과업을 갖게 된다. 입양은 일회적인 사건이 아니고 입양아와 입양가족의 전 생애에 걸쳐 이루어지는 장기적인 발달과정으로, 입양 전 준비기를 포함하여 입양 후 자녀의 발달단계에 기초한 가족생활주기와 주기별 발달과업이 있다(〈표 3-8〉 참조). 단계별 발달과업의 성공적 수행은 입양가족의 적응 및 통합에 기여하여 성공적인 입양의 관건이 된다.

표 3-8 입양가족의 가족발달과업

단 계	입양 부모	입양 자녀
입양 전	• 불임 문제에 대처하기 • 입양에 대해 결정하기 • 결연과정과 관련된 걱정과 불확실성에 대처하기 • 입양과 관련된 사회적 낙인에 대처하기 • 입양결정을 위한 가족과 사회의 지지 개발하기	
영유아기	• 입양부모로서의 인식에 착수하기 • 입양에 관한 적절한 역할 모델과 현실적 기대 찾기 • 자녀와 적응하고 애착 형성하기 • 자녀의 친가족에 대한 감정과 생각을 시작하기	• 친부모와 헤어지는 충격을 극복하기 • 입양가족 체계로의 이전에 적응하기 • 입양부모와 애착관계 맺기
학령 전기	• 입양에 대해 이야기하는 과정을 시작하기 • 입양에 대해 이야기하는 것에 대한 걱정과 불확실성에 대처하기 • 개방적 의사소통을 위한 가족분위기 만들기	• 자신의 입양 이야기 알기 • 최초로 공개되는 입양 사실에 적응하기 • 입양에 대해 부모에게 묻기
아 동 기	• 자녀가 입양의 의미를 알도록 도와주기 • 자녀가 상실에 대처하도록 도와주기 • 두 부모의 관계에 대한 합법성을 자녀에게 설명하기 • 자녀의 친가족에 대한 긍정적 사고 키우기 • 입양에 대해 개방적 의사소통 유지하기	• 입양의 의미 알기 • 상실에 대처하기 • 친부모 또는 친자 포기에 대한 감정과 생각 탐색하기 • 입양과 관련된 낙인 다루기 • 입양에 대해 부모와 개방적 의사소통 유지하기 • 자신의 두 부모의 관계에 대해 이해하기

단 계	입양 부모	입양 자녀
청소년기	• 계속되는 상실의 문제에 대처하도록 도와주기 • 친가족에 대한 긍정적 관점 키우기 • 십대의 관심과 계획을 지지하기 • 부모찾기에 대한 현실적인 기대를 개발하도록 도와주기 • 입양에 대해 개방적 의사소통 유지하기	• 입양에서 안정된 정체성 조정하기 • 입양의 상실에 대처하기 • 친부모에 대한 감정과 생각 다루기 • 부모찾기 과정에 대해 탐색하기 • 부모와 입양에 대해 개방적 의사소통 유지하기
성인 전기		• 자아의 성장 및 친밀감의 발달과 관련하여 입양의 의미 탐구하기 • 친가족의 아닌 사람을 대상으로 배우자 선택하기 • 출생한 자녀의 생물학적 배경 직시하기 • 입양인으로서 부모됨에 적응하고 뿌리찾기 고려하기
성인 중기		• 알지 못하는 자신의 뿌리에 현재 자아 조회시키기 • 뿌리찾기를 좀 더 고려하기 • 자녀에게 입양사실 공개하기
성인 후기		• 생애를 돌아보며 입양의 의미 찾기 • 생존 가능성 있는 친가족 찾기를 마지막으로 고려하기

출처: 박인선(1995); 이소희 외(2004), p.262, 재인용; 윤현선(2001), p.32, 재인용.

요 약

가족은 남녀 간의 결혼을 통해 형성되어 자녀의 출생 및 성장과 함께 확장되고 자녀의 독립 및 결혼으로 축소되며 이후 부부가 사망함에 따라 전 발달과정을 마치게 된다. 이처럼 시간의 흐름에 따라 가족이 거치게 되는 일련의 발달 경로를 설명하는 용어가 가족생활주기이다. 가족생활주기는 가족구성원의 증가와 감소, 자녀의 발달단계, 의미 있는 전환적 생활사건 등에 기초하여 가족이 경험하는 일련의 단계로 상정되는데, 가족해체와 다양성을 특징으로 하는 현대가족의 특성을 반영하여 최근에는 다양한 가족의 가족생활주기에 대한 관심이 증대되고 있다.

한편 가족생활주기를 거치면서 각 단계마다 가족이 직면하게 되는 가족발달과업은 가족 내의 생물학적 요구와 가족을 둘러싼 문화적 압력, 그리고 가족원 개인의 열망과 가치의 만족과 관련된 것으로, 가족이 통일된 조직으로 계속해서 성장하기 위해 필요한 일련의 책임으로 풀이할 수 있다. 가족발달과업의 성공적인 수행은 해당 시점에서 가족의 행복과 사회적 인정을 가져오며, 이후로 이어지는 발달단계에서의 성공적인 과제 해결과도 직결된다. 요컨대 가족생활주기별 가족발달과업의 성공적인 수행은 정상적이고 기능적이며 건강한 가족발달을 이끈다.

본 장에서는 가족관계의 기본 개념 가운데 하나인 가족 발달의 개념을 가족생활주기와 가족생활주기별 발달과업에 초점을 맞춰 설명하였다. 즉, '발달하는 가족'에 대한 이해를 도모하기 위해 가족생활주기의 개념을 소개하였으며 가족생활주기를 분류하는 국내외의 대표적인 방법들을 제시하였다. 그리고 최근 들어 개인과 가족을 둘러싼 사회 환경의 급격한 변화로 인해 크게 달라지고 있는 가족생활주기상의 변화를 진단해보고, 가족생활주기가 가족연구에 있어 주요 변수로 강조되고 있는 분야에 대해 언급하였다. 또한 가족생활주기별로 다양한 가족이 직면하는 다양한 발달과업에 대해서도 살펴보았다.

생각해 볼 점

1. 각자 자기 가족의 발달적 특성에 대해 생각해 보자.
 1) 우리 가족의 가족생활주기는?
 2) 우리 가족의 주된 문제와 관심사는?
 3) 우리 가족의 가족 내 · 외 관계망은?
 4) 우리 가족의 가족발달과업은?
 5) 우리 가족의 개별적 발달과업은?

2. 가족생활주기별 가족발달과업의 성공적인 수행을 돕는 사회적 지원체계를 다음과 같은 가족생태학적 환경에 따라 분석해 보자.

	미시체계	중간체계	외체계	거시체계
신혼기				
영아자녀기				
유아자녀기				
아동자녀기				
청소년자녀기				
자녀진수기				
중년기				
노년기				

3. 다양한 가족의 가족생활주기와 가족발달과업에 대해 토론해 보자.
 1) 독신가족
 2) 무자녀가족
 3) 한부모가족
 4) 기러기가족
 5) 다문화가족

참고문헌 REFERENCES

구광현 · 김영숙 · 이수남 · 이은상 · 최양미(2002). 부모역할과 자녀교육. 서울: 교육과학사.

박인선(1995). 해외입양인의 뿌리찾기에 관한 연구. 이화여자대학교 박사학위논문.

박태영(2003). 가족생활주기와 가족치료. 서울: 학지사.

박홍석(2005). 삶을 성숙시키는 만남. 샘터, 3월호, 98-99.

성정현 · 여지영 · 우국희 · 최승희(2004). 가족복지론. 서울: 양서원.

유영주 · 김순옥 · 김경신(2000). 가족관계학. 서울: 교문사.

윤현선(2001). 국내 입양부모의 사회적 지지와 부모역할수행 자신감, 가족 적응력 간의 관계. 가톨릭대학교 석사학위논문.

이소희 · 최덕경 · 강기정 · 김훈(2004). 가족문제와 가족복지. 서울: 대왕사.

정현숙(2001). 가족연구의 발달적 접근. 가족관계학회편, 가족이론. 서울: 교문사.

정현숙 · 서동인(1994). 가족생활주기에 따른 도시가족의 부부문제. 한국가족상담교육연구소, 연구보고서, 제1권.

정현숙 · 유계숙(2001). 가족관계. 서울: 신정.

최규련(2007). 가족관계론. 경기: 공동체.

Aldous, J. (1996). *Family careers: Rebinking the developmental perspective*. CA: Sage.

Anderson, S., Russel, C., & Schumm, W. (1983). Perceived marital quality and family life-cycle categories: A further analysis. *Journal of Marriage and the Family, 45*, 127-139.

Burr, W. (1970). Satisfaction with various aspects of marriage over the life cycle: A random middle class sample. *Journal of Marriage and the Family, 32*, 29-37.

Carter, B., & McGoldrick, M. (1988). Overview: The changing family life cycle-A framework for family therapy: In B. Carter & M. Carter(Eds.), *The changing family life cycle: A framework for family therapy*(2nd ed.) (pp.3-28). Boston: Allyn & Bacon.

Cowan, C., Cowan, P., Heming, G., Garrett, E., Coysh, W., Boles, H., Boles, A. (1985). Transitions to parenthood: His, hers, and theirs. *Journal of Family Issues, 6*, 451-481.

Duvall, E.M. (1977). *Marriage and family development*. NY: J.B. Lippincott Co.

Eshelman, R. (1994). *The Family*(7th ed.). Needham Heights: Allyn & Bacon.

Hajal, F., & Rosenberg, E.B. (1991). The family life cycle in adoptive families. *American Journal of Orthopsychiatry, 61*(1), 78-96.

Haley, L. (1973). *Uncommon therapy: The psychiatric techniques of Milton* H. Erickson, M.D. NY: Norton.

Olson, D.H., McCubbin, H.I., Barnes, H., Larson, A., Muxen, M., Wilson, M. (1989). *Families: What makes them work* (2nd ed.). CA: Sage.

Papernow, P.L. (1993). *Becoming a stepfamily: Patterns of development in remarried families.* San Francisco: Jossey-Bass.

Slater, S., & Mencher, J. (1991). The lesbian family life cycle: A contextural approach. *American Journal of Orthopsychiatry, 61*(3), 372-283.

세대란 무엇인가? 사전적 의미에서 세대(世代, generation)란 ① 어린아이가 성장하여 부모 일을 계승할 때까지의 30년 정도 되는 기간, ② 같은 시대에 살면서 공통의 의식을 가지는 비슷한 연령층의 사람 전체, ③ 한 생물이 생겨나서 생존을 끝마칠 때까지의 기간, ④ 그때에 당면한 시대 등을 뜻한다.

가족을 공부할 때, 세대는 세 가지 측면에서 접근할 수 있다. 첫째, '부모 세대', '자녀 세대', 등 가족 내에서의 구성원을 구분하는 용어로서 사용된다. 이 때 세대는 부모에서 자녀, 손자녀로 이어지는 가족의 계승을 위한 단계이자 상호작용이 일어나는 틀을 의미한다(유계숙, 정현숙, 2008).

둘째, 가족의 고유한 전통, 감정, 가치관, 생활방식과 사고방식 등이 전달되는 과정을 의미하기도 한다(Burr, Day, & Bahr, 1993). 이 때 세대는 부모와 자녀를 연결하는 고리일 뿐만 아니라 부모, 자녀 및 확대된 가족 간의 유대를 포함한다. 일반적으로 가족학자들이 가장 주목하는 세대의 측면은 이러한 과정의 의미로서 세대이다.

셋째, '세대 차이' 등으로 출생 시점과 인생 경로의 차이에 따른 차이와 갈등을 표현하기 위해서도 사용된다. 특히 현재와 같이 변화의 속도가 빠른 사회에서는 세대 간의 경험 차이로 인해 가족 내에서도 부모와 자녀 세대 사이에 생각과 행동이 다를 수 있기 때문에 세대는 가족 내의 변화를 다루는 개념으로 접근된다.

가족관계에서 세대가 중요한 이유는 세 가지로 논의할 수 있다. 첫째, 세대는 가족 영역에 있어서 기초이자 핵심적인 영역이다(Burr et al., 1993). 가족생활의 모든 측면은 세대 간의 계승을 통해 성장해 나오고, 그 과정 위에 형성된다. 또한 세대 과정은 가족에만 존재하므로 가족 영역의 고유한 부분이라고 할 수 있다. 학교, 이웃, 직장 등 개인이 속할 수 있는 다른 사회적 영역에는 세대라는 것이 거의 드러나지 않고 중요하지도 않다. 그렇지만 가족에서는 세대가 매우 중요한 바탕이 된다.

둘째, 가족의 가치관, 의례, 행동 방식, 문화 등은 조부모, 부모를 거쳐 자녀와 손자녀에게로 전달되는 과정에서 개인과 가족의 삶에 명시적이고 묵시적으로 영향을 미친다. 특히 세대 과정은 삶의 가장 초기부터 시작될 뿐만 아니라 개인이 의존하는 체계 내에서 일어나기 때문에 영속적이며 변화시키기가 어렵다(Burr et al., 1993). 세대 과정은 다양한 경로로 가족원들에게 영향을 미치는데, 건강한 세대 과정은 가족원 간에 결속, 친밀감, 자아정체감을 제공하는 등 긍정적인 결과를 창출하며 애정, 사랑, 안정감을 형성하고 삶의 의미와 목적의식을 갖는 데 도움이 되기도 한다(유영주 외, 2008). 그러나 병리적인 세대 과정은 가족관계를 왜곡시키고 폭력이나 학대 등을 통하여 가족원들에게 부정적인 영향을 미쳐, 가족의 건강을 위협하고 가족원의 건강한 발달을 저해할 수 있다. 이러한 영향이 초기에 시작되고 변화시키기 어렵다는 점에서 세대는 중요하다.

셋째, 세대에 따라 서로 다른 가치관이나 행동 방식은 때로 갈등을 일으키고, 이러한 갈등은 개인과 가족뿐만 아니라 그 사회의 가족문화 전체를 변화시킬 수도 있다. 따라서 미시적인 측면에서 현재 개인과 가족의 삶을 이해하고, 거시적인 측면에서 우리 사회의 가족 문화를 이해하기 위한 틀로서 세대를 이해할 필요가 있다.

위와 같은 관점에서 본 장은 세대를 세 가지 측면에서 살펴보고자 한다. 먼저 세대를 이해하기 위한 키워드로 세대 간 경계, 전달, 갈등을 살펴볼 것이다. 경계는 가족 내 구성원을 구분하고 분화 단계를 파악하는 도구로, 전달은 한 세대에서 다음 세대로 이어지는 연결 과정의 의미로, 갈등은 가족원 간의 경험 차이에서 오는 긴장에 초점을 두어 살펴볼 것이다. 그리고 세대를 이해하기 위한 도구로서 가계도를 소개하고자 한다. 가계도를 그리고 해석하는 방법을 익히면서 가족 내에서의 세대를 이해하도록 한다. 마지막으로 세대에 대한 이해를 통해 가족을 건강하게 유지하고 통합하는 방법을 모색하고자 한다.

1 세대를 이해하는 키워드: 경계, 전달, 갈등

1) 세대 간 경계

경계는 체계이론에도 등장하는 개념으로서, 체계를 분리하거나 연결하는 개념으로서, 이를 통해 체계 내에 포함되는 것과 포함되지 않는 것을 구분한다(Burr et al., 1993). 가족체계에서 경계는 체계의 부분들 사이 또는 체계와 환경 사이의 장벽을 뜻하며, 물리적인 면과 정서적인 면을 모두 포함한다. 예를 들어 '가족'을 주제로 그림을 그렸다고 하자. 자신이 살고 있는 집을 그렸다면 그것은 가족의 물리적인 경계를 그린 것이다. 또 부모 중 누군가를 제외하고 그렸다면 그것은 '누가 가족인가?'에 대한 정서적인 경계를 그린 것이다. 한편, 어느 가족에서 명절, 제사, 생신 등에 오는 친척의 범위가 다르다면 그것은 가족체계 내부의 경계를 보여주는 것이다. 즉, 가족체계에서의 경계는 누가 그 범위 안에 속해 있고 누가 속해 있지 않은가에 대한 구분을 짓는 기준이라고 할 수 있다.

세대 간 경계는 부모세대와 자녀세대를 구분하는 기준이라고 할 수 있다. 또한 부모와 자녀의 역할, 권리, 의무 등을 나누는 규칙이라고 할 수 있으며, 이러한 세대 간 경계는 가족의 위계 구조를 만들고 유지하는 역할을 한다. 가족이 건강한 관계를 유지하고 적절한 기능을 하기 위해서는 가족 내 하위 체계 간의 경계가 명확해야 한다(Minuchin, 1974). 체계 간의 경계가 지나치게 경직되어(rigid) 있거나 모호할(diffuse) 경우 부모나 자녀에게 정서적인 문제나 대인관계의 문제가 나타날 수 있다(Burr et al., 1993).

Box 4-1

어떤 가족이 더 문제인가?

다음은 중3 여학생 둘이 자신의 가족에 대해 이야기하는 내용이다. 둘 중 어느 가족이 더 문제라고 생각되는가? 그 이유는 무엇인지 생각해 보자.

A: "우리 어머니 아버지는 저한테 관심이 없으신 것 같아요. 늘 두 분이 우선이지요. 어머니는 내가 먹고 싶다는 반찬보다는 아버지가 원하시는 반찬을 늘 우선으로 만드시죠. 아버지도 늘 어머니 의견을 더 중요하게 생각하시고 … 주말에도 두 분만 외출을 하세요. 그러면 저와 제 동생은 둘이서 식사를 차려 먹거나 시켜 먹어야 하는데, 시험이라도 있는 주말이면 정말 힘들어요."

B: "저희 집은 누가 주인인지를 모르겠어요. 부모님이 너무 아이들 중심으로 매사를 결정하시니까요. 교육 여건이 좋은 이 곳으로 이사를 오고 나서 아버지는 매일 출퇴근에만 네 시간이 걸리는데도 괜찮다 하세요. 제 시험 기간이면 저희 어머니는 완전히 두문불출하시죠. 저나 제 동생이 혹시라도 시험을 잘 못 치면 집 전체가 초상집 분위기에요. 이런 분위기가 때로는 숨이 막히고 힘들어요."

대체로 기능적인 가족에서는 가족원들 사이에 명확한 경계를 유지하는 경향이 있다. 즉, 부모 세대에는 부모가, 자녀 세대에는 자녀가 속해 있고 그 사이에는 분명한 경계가 존재한다. 가족에 있어 이러한 세대 간 경계는 개인의 정체성과 자율적 기능을 향상시켜 가족구성원의 독립성을 유지시킨다. 부부체계가 다른 가족 하위체계(자녀체계 또는 원가족체계)와 분명히 구분되는 자신들만의 경계를 가졌다면, 자녀나 원가족이 부부관계에 간섭하거나 좌지우지할 수 없다. 또한, 자녀체계와 부모체계 사이의 경계가 분명한 가족에서는 부부가 부모로서 자녀교육에 임할 때 리더십과 권위를 가지며, 자녀 양육 및 훈육과 관련된 것들을 효과적으로 다룰 수 있을 뿐만 아니라 부모도 자녀의 프라이버시를 존중해 준다(유영주 외, 2008).

이에 반해 역기능적인 가족의 경계는 지나치게 모호하거나 경직되어 있는 경우가 많다. 가족 간의 경계가 흐려지면 부모가 부모로서의 리더십을 포기하고 자녀를 동료나 친구처럼 여기거나, 자녀의 학업을 위해 또래 친구들과의 우호적이고 친밀한 관계를 손상시킬 수 있다(Walsh, 1998). 이런 가족에서는 부모가 자신의 욕구와 자녀의 욕구를 혼동하기도 한다. 가족 관계에서의 삼각화(triangulation: Bowen, 1978, Minuchin, 1974)는 세대 간의 모호한 경계를 보여주는 대표적인 예이다. 가족 안에서 부부 관계에 갈등이나 긴장이 있을 경우 부부 중 어느 한 쪽이 그 긴장을 피하기 위하여 제3자(대부분 자녀)를 끌어들인다. 남편과 관계가 안 좋은 아내가 자녀에게 "나는 너 때문에 산다"고 하면서 자녀와 밀착하는 경우가 삼각화의 예이다. 삼각화의 다른 예는 시어머니와 남편(아들)이 지나치게 밀착됨으로써 아내(며느리)가 소외되는 경우이다. 위의 두 예에서 부모 세대와 자녀 세대 간의 경계가 모호해지고 부모 세대 또는 자녀 세대의 유대가 깨진 모습이 나타난다. 이 때 부부 사이에 낀 자녀, 어머니와 아내 사이에 낀 남편은 양쪽 세대에 모두 속해 있기 때문에 자신의 위치가 불명확해지고 양 세대에 이리저리 끌려 다니면서 자신의 정체감에 의문을 갖게 된다(Walsh, 1998). 삼각화의 결과는 여기에 관련된 가족원뿐 아니라 다른 가족원에도 영향을 미쳐 가족 전체에 감정적이고 대인적인 문제를 발생시킨다.

세대 간 경계가 경직된 가족에서는 가족 성원들이 서로 관계를 단절하고 관심으로부터 멀어지고자 한다. 알코올 중독자나 약물남용자 가족에서 한 자녀가 부모의 욕구와 갈등에 휘말리면 다른 자녀가 생존 전략의 하나로 스스로를 가족으로부터 분리시키는 경우가 있는데, 이 경우 자녀는 다른 가족원들, 특히 부모 세대에게 마음의 문을 닫는다. 이럴 경우 세대 간 경계가 지나치게 경직되고 세대 간의 전달이 이루어지기 어렵다.

따라서 가족 내부의 세대 간 경계는 분명해야 하지만, 체계는 또한 자율성과 상호의존이라는 충분한 융통성을 가지고 있어야 한다. 이는 가족구성원들의 심리사회적 성장, 체계의 통합성 및 연속성 유지, 그리고 스트레스에 대처하도록 가족 구조를 재구성하는 데 필요하다.

2) 세대 간 전달

세대 간 전달이란 행동, 정서, 관계, 의식, 대처 방식 등이 한 세대로부터 다음 세대로 전달되는 과정을 뜻한다(Troll & Bengtson, 1979). 세대 간 전달은 유형과 무형의 자산과 가치를 모두 포함한다. 가족 내에서는 재산, 지위, 관습, 습관, 신체적 특성 등이 전달된다. 유형의 자산과 재산이 전달되는 것을 상속이라고 하고, 신체적 특성이 전달되는 것을 유전이라고 한다면, 전달은 무형적인 가치, 습관, 의식, 문화 등을 포함하는 개념이다.

가족은 의식적으로나 무의식적으로 자신들의 생활 양식을 다음 세대에 전달한다. 세대 간 전달은 정치이념, 사회계층행동 등의 거창한 것일 수도 있지만, 가족에서 세대 간 전달이라고 할 때에는 생활 습관, 타인과 관계 맺는 방식, 의사소통 방식, 의례 등 일상적이고 사소한 영역에서 더 많이 이루어진다.

세대 과정에서는 긍정적인 면과 부정적인 면이 모두 전달된다. 가족이 친절하고 애정적이며 이해심 많고 편안한 방식으로 관계를 맺는 경우, 이러한 패턴은 자녀 세대에 이어진다. 어려운 문제에 부딪혔을 때, 가족이 서로 조화롭게 상호작용하고 창의적이며 인간적인 방식으로 대처할 경우 이런 패턴 역시 부모 세대에서 자녀 세대로 전달된다. 마찬가지로 폭력, 학대, 편견, 적대감 등의 부정적인 면도 한 세대에서 다음 세대로 전달된다. 개별 가족원이 이러한 영향으로부터 벗어나기는 쉽지 않다.

가족에서의 세대 간 전달을 논의할 때 가장 많이 다루어지는 주제는 이혼, 가정폭력, 정신건강 등이다(유영주 외, 2008; Burr et al., 1993). 미국과 우리나라에서 이루어진 여러 연구들이 이 세 영역에서 세대 간 전달이 이루어짐을 보고하였다. 즉, 부모 세대가 이혼했을 경우 자녀 세대의 이혼율도 높다는 결과(Landis, 1956), 가정폭력을 행사하는 남편의 경우 그 자신이 폭력적인 아버지와 수동적인 어머니 아래에서 자랐을 경우가 많다는 결과(김광일, 1988; 김재엽, 1995), 어머니가 우울하거나 자살성향이 있을 경우 청소년 자녀 또한 우울하고 자살 성향이 있다는 연구 결과(Rueter

& Kwon, 2005)는 가족 내에서의 의사소통 유형, 문제 해결 방식, 분노 조절 방식 등이 세대에 걸쳐 전달됨을 시사하고 있다.

이러한 결과들은 가족의 정서적 문제가 개인뿐 아니라 여러 세대에 걸쳐 영향을 미친다는 것을 보여 준다. 이러한 다세대 전이 과정(multigenerational transmission process)은 가족원 한 개인의 문제는 부모와의 관계성의 결과이고, 이는 또 그 부모와 조부모의 관계성의 결과로 수세대로 거슬러 이어지는 것이다. 다세대 전이 과정은 비슷한 분화 정도의 배우자를 선택함으로써, 그리고 자녀에게 낮은 분화를 가져오게 하는 가족 투사 과정을 통해 일어난다. 그러므로 이 문제는 모든 가족원이 행위자이자 반응자인 다세대적인 연쇄의 결과로 여겨진다. 따라서 세대 간의 전달을 파악하기 위해서는 최소한 3세대의 상호 관계를 살펴보아야 한다(송정아, 최규련, 1997)는 견해도 있다.

Box 4-2

세대 간 전달의 결과?

김형석(38) 씨는 저녁 밥상 앞에서 아내 구은정(38) 씨와 반찬에 대해서 이야기하고 있는 중이다.

"오늘도 반찬이 하나도 없네?"

"무슨 소리야? 생선조림, 시금치 무침, 배추 김치, 깍두기, 콩자반… 다섯 가지나 되는데. 이 정도면 진수성찬이지."

"아니, 오늘 당신이 새로 한 반찬 말이야. 나머지는 전부 어제 먹던 거잖아. 국도 없고…."

"그럼 끼니 때마다 반찬을 새로 하라는 거야? 애 둘 데리고는 그렇게 못해."

"나는 국이 없으면 밥 잘 못 먹는 거 당신도 알잖아. 우리 어머니는 늘 새로운 반찬을 해 주셨는데…. 결혼하기 전에는 늘 한 끼에 새로 한 반찬이 두 가지는 있었는데. 어머니는 이렇게 냉장고에서 꺼낸 반찬 식구들 먹이기 싫어 하셔서 나는 늘 새 반찬만 먹었어. "

"그건 당신 결혼 전 이야기이고. 이제 내가 차리는 음식을 먹어야 하니, 나한테 맞춰야지. 당신도 알다시피, 친정어머니가 직장을 다니셨기 때문에 나는 이렇게 냉장고에서 반찬을 꺼내 먹는 것에 익숙해. "

"나는 당신이 어머니처럼 해 주면 좋겠다는 뜻이지 … 그게 우리 집 문화니까 … 나는 국을 먹는 집에서 자랐으니까 국도 끓이고, 새 반찬도 해 주면 좋겠어." "그럼 앞으로는 당신이 식사 때마다 국이랑 반찬을 직접 만드는 게 좋겠다. 그렇게 예전의 방식을 고수하고 싶다면 말이야."

표시하는 데 있어서는 맏이를 왼쪽에 막내를 오른쪽에 배열한다. 결혼은 두 사람을 연결하는 수직과 수직선으로 표시한다. 가계도를 그리기 위한 프로그램을 www.genopro.com에서 무료로 구할 수 있다.

Box 4-3

가계도 그리는 방법 (Carter & McGoldrick, 1988)

A. 가족의 기본 구조를 나타내는 기호

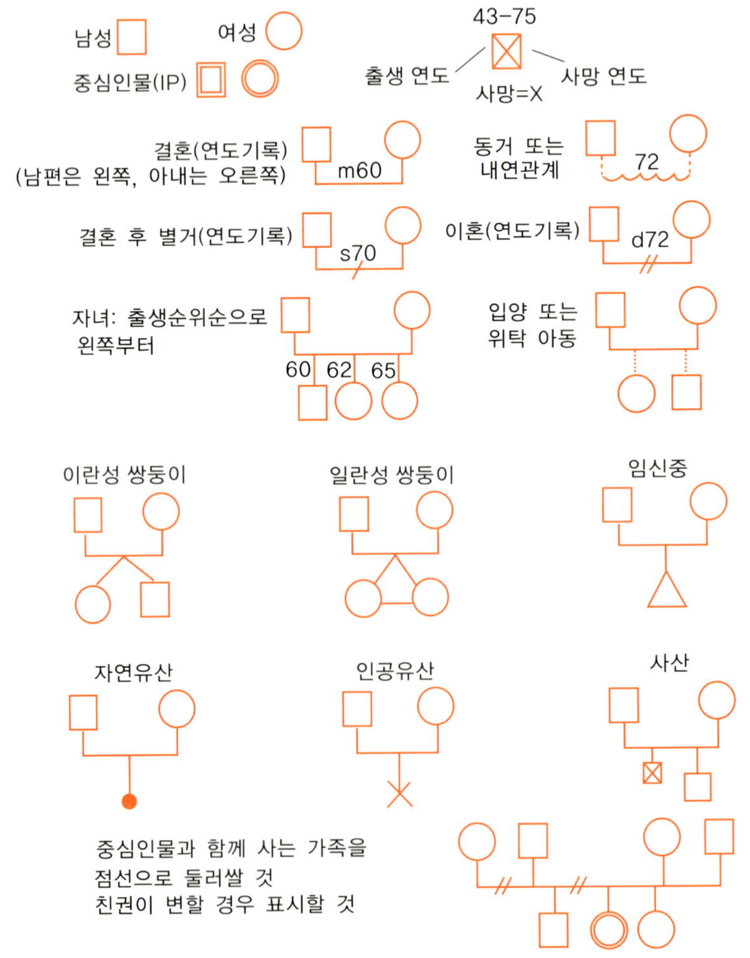

B. 가족의 상호작용을 나타내는 기호

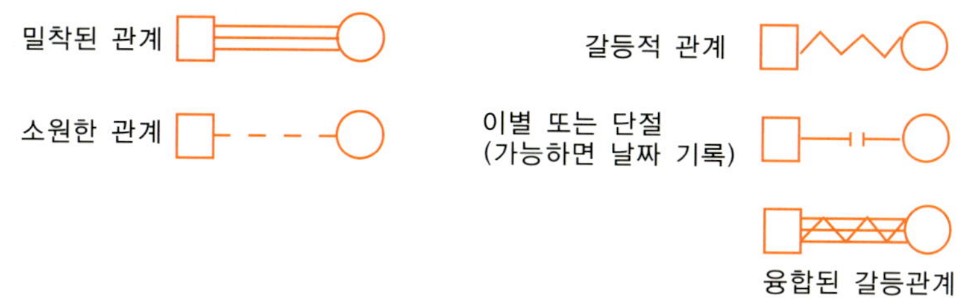

출처: McGoldrick & Carter(1988), 정현숙 · 유계숙(2008), 가족관계론, pp.102-103, 재인용.

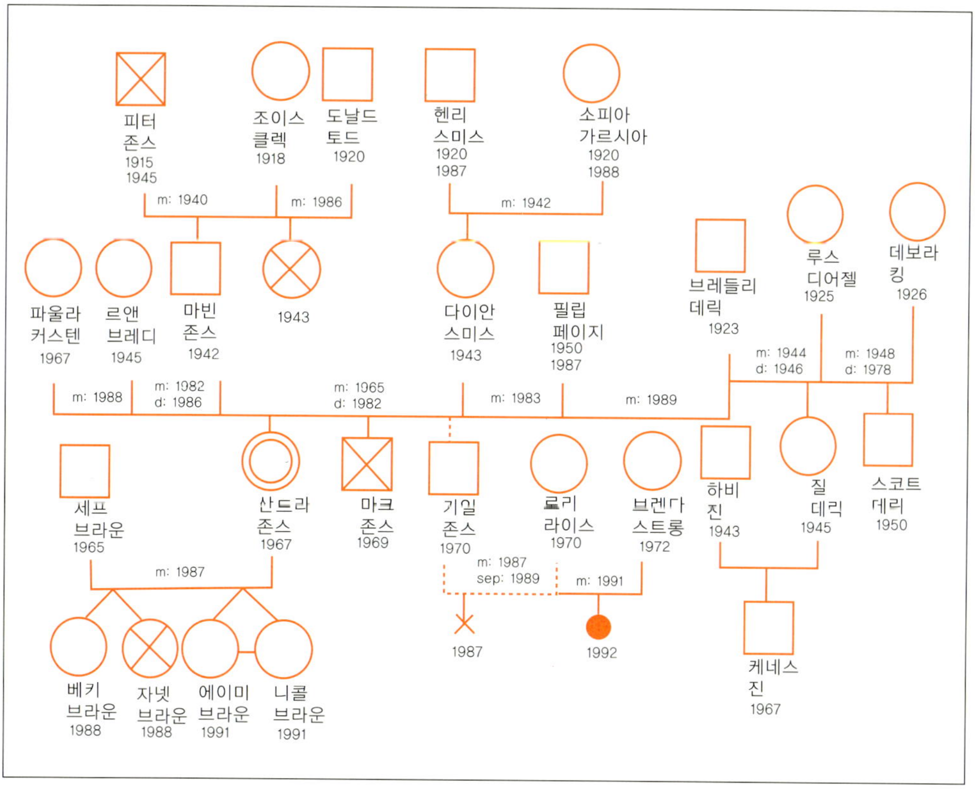

● 그림 4-1 ● 1992년의 산드라 존스 가족 가계도

출처: Burr et al.(1993), 최연실 외 옮김(1995), 새로 보는 가족관계학, p.86.

〈그림 4-1〉은 가장 복잡한 형태의 가계도 중 하나로서, 산드라 존스 가족의 4세대에 걸친 가족 구성과 관계를 보여 준다. 여러 세대에 걸친 가족의 구조와 변화를 이해하는 것이 목적이므로 상호작용을 표시하는 기호는 생략되었다. IP는 산드라 존스로 1967년에 맏딸로 태어났으며, 남동생 마크는 1969년에 태어났고, 막내 카일은 1970년에 태어났으며, 입양되었다.

산드라의 생부모인 마빈 존스와 다이안 스미스는 1965년에 결혼하였다. 아버지 마빈은 1942년 피터 존스와 조이스 클렉(1940년 결혼) 사이에서 태어났는데, 피터 존스가 1945년에 사망한 이후 조이스는 재혼하지 않았으므로 마빈 존스는 3살 때부터 한부모 가족에서 성장하였다. 마빈 존스의 여동생은 1943년 태어난 지 얼마 안 되어 사망하였음을 원 안의 ×표시로 알 수 있다. 산드라의 생모인 다이안 스미스는 세 자녀 중 맏딸로 동갑(1920년생)인 부모에게서 태어났다. 산드라의 생부모는 1982년 이혼하였고, 산드라의 아버지 마빈은 1982년 르앤 브래디와 즉시 재혼하였다. 1986년에는 다시 이혼을 하고 1988년에는 파울라 커스텐과 결혼하였는데, 그녀는 산드라와 동갑이었다. 산드라의 어머니 다이안은 1983년 필립 페이지와 재혼하였다. 산드라의 계부 필립 페이지는 1987년에 사망하였고, 그녀의 어머니는 20살 연상인 브레들리 데릭과 1989년 결혼하였다. 이 결혼이 브레들리 데릭에게는 세 번째 결혼이었다.

산드라는 1987년 제프 브라운과 결혼하였고, 그들은 두 쌍의 쌍둥이를 낳았다. 먼저 태어난 쌍둥이는 이란성 쌍둥이인데, 그 중 자넷은 유아기에 사망하였다. 나중에 태어난 에이미와 니콜은 일란성 쌍둥이이다.

한편, 두 개인이 커플로서 한 쌍이기는 하지만 법적으로는 결혼하지 않은 경우도 있다. 산드라의 막내 동생 카일은 로리 라이스와 동거하는 사실혼 관계로서 1987년에 만나서 1989년에 헤어졌다. 카일은 그 후 브렌다 스트롱과 1991년에 결혼하였고, 브렌다는 1992년에 자연유산을 경험하였다.

가계도를 통해 1986년과 1988년 사이의 기간은 산드라와 가족에게 어려운 시기였으리라 추측할 수 있다. 이 시기에 그녀의 열여덟 살 된 동생과 친외조부모, 계부가 사망하였다. 막내 동생은 동거를 하였고, 인공유산을 경험하였으며, 아버지는 두 번째로 이혼한 후 산드라와 동갑인 여성과 재혼하였다. 그리고 이 결혼에 이어 산드라가 결혼하였다. 이런 일련의 사건들을 겪으면서 산드라와 남편은 많은 감정적 반응을 보였을 것이다.

지금까지 살펴본 것처럼 가계도는 개인과 가족의 세대 관계를 파악하기 위해 보통 3대 이상에 걸쳐 그리는데, 많은 정보를 압축적으로 제공한다. 이를 통해 가족 안에 일어난 사건들을 쉽게 파악하도록 해 주고 개인이 보이는 감정적인 반응을 이해하게 해 준다. 또한 개인과 가족의 생활에서 일어나는 일에 대한 통찰력을 제공해 준다. 아울러 가족생활에서 나타나는 문제에 대처하는 방법을 발견하도록 도와준다.

3 세대에 대한 이해와 통합: 자유로워지기

가족에서 세대가 중요한 이유는 앞에서 밝힌 바와 같이, 가족의 긍정적인 면과 부정적인 면이 모두 다음 세대로 이어져 개인에게 영향을 미치기 때문이다. 그러므로 가족의 긍정적이고 가치 있는 유산은 계승하고, 부정적인 유산은 중단되는 것이 바람직할 것이다. 이처럼 가족 안의 세대와 관련된 문제들을 이해하고, 계승하거나 중단하는 것을 세대 간 통합이라 할 수 있을 것이다. 이를 위해 브로더릭(Broderick, 1988)과 버(Burr et al., 1993)은 한 세대에서 다음 세대로 이어지는 연결 과정을 변화시키는 것이 중요하다고 하였고, 왈시(Walsh, 2002)는 해결되지 못한 문제에 대하여 새롭게 다가서는 것을 강조하였다. 이 두 가지 접근을 중심으로 세대 간의 단절이나 반목을 넘어 세대 간의 통합을 이루기 위해 방법을 살펴보도록 한다.

1) 가족으로부터 자유로워지기

브로더릭(1988)은 바람직하지 않은 양식이 한 세대에서 다음 세대로 전달되지 않도록 하는 것이 중요함을 강조하면서, 과도기적 인물(transmissional character)이 되는 것이 그 방법이라고 주장하였다. 과도기적 인물이란 한 세대 안에서 연결 계통의 전 과정을 변화시키는 인물을 뜻한다. 과도기적 인물은 자신이 폭력적이고 감정적으로 파괴적인 환경에서 성장하였어도 그러한 부정적인 요소들을 해소시켜 다음 세대에는 그러한 환경이 대물림되지 않도록 한다(Broderick, 1988). 브로더릭(1988)과 버(1993) 등은 과도기적 인물이 되기 위한 방법으로 다음과 같은 여덟 가지를 제시하였다.

(1) 의지

세대 간 전달에서 가족정체감, 가족의례, 생활양식을 설계하는 데 있어 의식적으로 애써 노력하는 정도로서 폭력이나 알코올 중독 등의 부정적인 가족 유산이 있을 때, 이것이 자신과 다음 세대에까지 이어지지 않도록 의지를 가지고 노력하는 것이다. Bennett 등(1987)은 알코올 중독의 전달에 관한 연구에서 높은 수준의 의지를 가진 12쌍의 부부 중 75%가 알코올 중독의 세대 간 전달을 단절시킴으로써 과도기적 인물이 되었으며, 의지가 낮은 서른 한 쌍 가운데 77%가 알코올 중독을 물려받았음을 밝혔다.

(2) 가족의례의 구분과 분리

이는 부정적인 가족의 특성이 가족의례를 방해하지 못하도록 분리하는 것이다. 알코올 중독인 아버지가 명절에 친척들이 모두 모였을 때 주사를 심하게 해서 부모 자녀 사이에 왕래를 하지 않는 경우가 있을 수 있다. 이럴 경우 명절에 친척들이 모이는 장소를 변경하거나 하는 방식으로 가족의례를 부정적인 가족 유산으로부터 구분하고 분리할 수 있다. 그렇게 하면 명절에 아버지가 술을 마실 기회가 없어지고 주사를 할 상황이 만들어지지 않음으로써 가족의 세대 관계가 악화되지 않을 수 있다. 즉, 부모의 알코올 중독이 중요한 가족의례를 방해하지 못하도록 함으로써 알코올 중독에 관련된 가족문제를 다음 세대에 전달하지 않도록 하는 것이다.

(3) 정서적 거리 유지

원가족과의 경계를 보다 명확히 설정하고 서로 독립성을 가짐으로써 부정적 요소가 세대 간 전달을 통해 전수되는 것을 막는 방법이다. 감정적으로 분리되기 위해서는 전화 통화 횟수를 줄이거나, 원가족으로부터 멀리 이사를 간다거나 거주지를 달리 하여 물리적으로 거리를 두는 등의 방법이 사용될 수 있다.

(4) 늦게 결혼하기

가족에서의 부정적인 문제들이 세대 간에 전달되는 것을 막을 수 있는 한 가지 방법은 평균 결혼연령보다 늦게 결혼하는 것이다. 20대 초반에 일찍 결혼하는 경우 타인과 자유롭게 상호작용하는 방식에 대해 배울 기회가 적기 때문에 자신이 자라난 가족의 상호작용 방식을 그대로 답습하게 될 가능성이 높다. 따라서 결혼을 늦게 한다면, 결혼을 연기하는 기간 동안 자기 부모의 가족에서 배운 것과 다르게 살고 행동하고 관계 맺는 방식들을 경험하고 배우는 기회로 이용할 수 있다.

(5) 가족생활에 관한 책 읽기

이는 예비 사회화의 방법으로서 행복한 결혼과 효과적인 부모됨에 관하여 의식적으로 배울 수 있는 기회가 된다. 자신이 성장한 가족에서 바람직한 부모의 역할, 건강한 가족의 모습, 원만한 부부관계 유지 방법 등을 배우지 못했다고 스스로 판단되면 건강한 가족생활을 주제로 하는 책을 읽음으로써 도움을 받을 수 있다.

(6) 가족생활에 유용한 조직 활동에 참여하기

'좋은 아버지가 되기 위한 모임', '건강가정지원센터 자원봉사단' 등 가족 내에서의 건강한 관계를 맺기 위해 배울 수 있는 조직에 참여하여 활동함으로써 도움을 받을 수 있다.

(7) 교육 받기

교육을 통해 사고를 넓히고 통찰력을 가질 수 있으며, 관계를 맺거나 의사결정을 하는 능력이 좋아질 수 있다. 가족학, 부모교육, 결혼준비 등에 관한 다양한 수업들이 여러 곳에서 제공되고 있으므로 활용하도록 한다.

(8) 인생철학의 개발과 확립

문제가 있는 가족에서 자란 사람들은 삶에 안정성을 부여하는 인생철학을 개발하기 어렵다. 자신이 추구하는 삶의 진정한 가치를 깨닫고 확고한 신념과 의지로 생활에서 실천한다면 가족에서의 부정적인 경험이 자신이 성장을 방해하는 것을 막을 수 있다.

2) 해결되지 않은 문제에 다가가기

왈시(2002)는 세대 간의 문제를 해결하기 위해서는 해결되지 않은 문제를 새로운 시각으로 보고 이해하고 화해할 것을 권하고 있다.

(1) 다른 시선으로 바라보기

세대 간의 관계 회복과 화해를 위해서 새로운 방식으로 다가서는 것이 필요하다. 가장 중요한 요소는 타인의 삶과 견해를 존중하고 진정으로 알고자 하는 자세이다(유영주 외, 2008). 자신의 가계도, 생활주기표 등을 그려봄으로써 가족문제를 파악하고 이해하는 데 단서가 되는 중요한 특성, 관계, 사건 등에 관해 알 수 있다.

사진을 활용하는 것도 가족을 다른 시선으로 바라볼 수 있는 한 가지 방법이다. 사진이 가족원들과 과거사에 대한 이야기를 꺼내는 계기가 될 수 있기 때문이다. 편지도 관계 회복에 효과적이다. 비난하거나 방해하지 않으면서 하고자 하는 말을 신중하게 표현하는 편지는 과거의 앙금을 털어내는 데 도움이 될 수 있다.

(2) 가족사 이해하기

사람들이 부모의 결함에 대해 부정적인 시각을 고수할 때, 가족사를 좀 더 넓게 상황과 시대적 관점에서 보고, 힘들었던 시기에 보여주었던 가족의 긍정적인 면을 찾도록 할 필요가 있다. 자신의 조상들이 살아온 삶의 과정과 정신적 고통, 부모의 성장 배경과 결혼 과정 등을 통해 고난을 극복하는 힘과 미래에 대한 도전 정신을 배울 수 있다.

(3) 화해하기

가족 안에서 갈등, 복합적 감정, 밀착관계의 변화를 경험하는 것은 드문 일이 아니다. 갈등이 심해지고 지속될 때, 양가감정이 강해질 때, 또는 관계가 모두 단절될 때 가족치료가 화해의 가능성을 제공할 수 있다. 왈시(2002)는 화해를 위해서는 분노와 실망의 표현, 상대에 대한 존중과 배려, 이질적인 부분의 통합, 다가가기 위한 용기, 용서와 기억, 의식에의 참여, 시간이 필요하다고 하였다.

지금까지 가족 관계에서 세대가 중요한 이유, 세대를 살펴보는 키워드로서 세대 간 경계, 전달, 갈등에 대해서 살펴보고, 세대를 이해하기 위한 도구인 가계도를 그리고 해석하는 방법을 알아보았다. 마지막으로 세대 간의 단절이 아닌 통합적 계승을 위한 방법에 대하여 소개하였다. 세대에 대한 이해는 개별 가족과 그 성원에 대한 통찰력을 키우고 가족 전문가로서의 소양을 쌓기 위해 필수적이다.

생각해 볼 점

1. 나의 가계도를 그려 보자. 잘 모르는 정보에 대해 부모님이나 친척들에게 물어보자.
   1) 가계도를 통해 새롭게 알게 된 내용이 있는가? 어떤 내용인가?
   2) 가족원의 기억은 어떠한가? 모두들 일치하는가, 일치하지 않는가? 같은 사실에 대한 기억이 다를 수 있는가?

2. 현재 내가 가족에서 경험하고 있는 문제는 무엇인가? 이는 내 가족의 세대 과정이나 양상과 어떻게 관련되어 있는가?

3. 가족 관계 및 세대 관계를 주제로 하는 책을 조사하고 찾아 읽어 보자. 어떤 주제들이 있는가? 나는 어떤 책을 선택했는가? 나에게 어떤 도움이 되었는가?

참고문헌 REFERENCES

김광일(1988). 가정폭력 - 그 실상과 대책. 서울: 탐구당.

김재엽(1995). 가정폭력의 실태와 임상개입에 관한 연구. 서울: 지식산업사.

송정아 · 최규련(1997). 가족치료 이론과 기법. 서울: 하우.

신용하 · 장경섭(1996). 21세기 한국의 가족과 공동체문화. 서울: 지식산업사.

성현숙 · 유계숙(2008). 가족관계. 서울: 신정.

유영주 외(2008). 새로운 가족학. 서울: 신정.

최연실 외 옮김(1995). 새로 보는 가족관계학. 서울: 도서출판 하우.

Bennett, L. A., & Wolin, S. J., Reiss, D., & Teitelbaum, M. A. (1987). Couples at risk for transmission of alcoholism: Protective influences. *Family Process, 26*, 111-129.

Bowen, M. (1978). *Family Therapy in Clinical practice.* NY: Jason Aronson.

Burr, W. R., Day, R. D., & Bahr, K. S. (1993). *Family Science.* Brooks/Cole Publishing Co.

Carter, B., & McGoldrick, M. (1988). *The Changing Family Life Cycle: A Framework for Family Therapy* (2nd Eds.), NY: Gardner Press.

Landis, J. (1956). The pattern of divorce in three generations. *Social Forces, 34*, 213-216.

McGoldrick, M., & Gerson, R. (1985). *Genograms in Family Assessment.* NY: Norton.

Minuchin, S. (1974). *Families and Family Therapy.* Cambridge, MA: Harvard University Press.

Rueter, M. A., & Kwon, H.-K. (2005). Developmental trends in adolescent suicidal ideation. *Journal of Research on Adolescence, 14*(2), 205-222.

Troll, L., & Bengtson, V. L. (1979). Generations in the family. In W. R. Burr, R. Hill, F. I. Nye, & I. L. Reiss (Eds.), *Contemporary Theories about the Family* (Vol. 1). NY: Free Press.

Walsh, F. (1998). *Strengthening Family Resilience.* NY: Guilford Press.

www.genopro.com

Chapter 05

FAMILY RELATIONS

성(性)과 성역할

성별(gender) 연구의 접근은 주로 개인의 성역할 특성에 초점을 맞추어, 남성성(masculinity), 여성성(femininity), 양성성(androgyny) 그리고 미분화(undifferentiation)를 측정함으로써 개인차를 연구해 왔다(Deaur, 1984). 남성성은 심리적으로 건강한 남성을, 여성성은 건강한 여성을 나타내는 것으로 믿어 왔고(Bem, 1975), 성 고정관념과 일치하는 성역할이 올바른 성격 발달과 기능에 필수적이라고 생각하였다(Broverman et al., 1972). 최근 남성의 '남성성'과 여성의 '여성성'이 과연 각 성에 올바른 건강한 성역할 특성인가에 관해 비판이 제기되면서, 성역할 특성을 양분하는 것이 이상적인 인간을 묘사하는 것으로는 부적절하다는 견해를 갖게 된다. 벰(Bem, 1974)은 '바람직한 남성성과 여성성을 모두 가지고 있는 것'을 의미하는 양성성(androgyny)이란 개념을 제안하였다. 이때, 양성성이란 개인이 상황에 따라 도구적 또는 표현적이며 자기 주장적임과 동시에 양보적인 성향을 갖고 있는 것으로 가장 바람직한 성역할 특성으로 간주한다.

특정한 성에 한정적으로 역할을 고정시키는 것은 편견이다. 남성은 적극적 · 독립적 존재이며 여성은 수동적 · 의존적 존재라든가 남성은 사회인, 여성은 가정주부라는 것 등은 성역할 편견의 대표적 예이다. 남녀 간 편의상의 역할구분 자체를 부정하자는 것은 아니다. 다만 역할구분이 이루어질 경우 그것은 그 시대나 사회의 필요와 관계된 개개인의 취향과 능력에 따른 선택과 정당한 경쟁과정을 통해 결정될 일이지 어떤 고정관념에 의거해서 강요되어져서는 안될 것이다.

1 성(性)의 의미

자녀가 태어나게 되면 가까운 친척이나 친구들에게서 아이의 성별을 묻는 전화를 받게 된다. 아이가 돌을 맞이하거나 사람들에게 소개할 때, 아이의 숨어 있는 성을 아이가 입고 있는 옷의 색상이나 리본으로 나타내기도 한다. 여자아이는 붉은 계열, 남자아이는 푸른 계열의 색을 선호한다. 어느 새 우리들에게 전형적인 남녀를 규정하는 색이나 이름이 그 형태를 굳혀 가고 있다.

1) 성

성(性)이란 성별을 구분하는 성(sex), 성역할로서의 성(gender), 성적 자아를 나타내는 성정체성(gender identity), 성욕(sexuality) 등으로 떠올릴 수 있다. 섹스(Sex)와 젠더(gender)는 상호 교환적으로 사용되어 오고 있지만, 두 용어는 서로 다른 특징을 나타낸다. 섹스는 내부와 외부의 해부학적 구조인 생식기, 염색체, 호르몬과 같은 생물학적 특성에서 남성과 여성을 구별하는 데 쓰이는 용어로 복잡한 수술과정과 인위적인 호르몬의 보충없이 쉽게 변할 수 없다. 젠더(gender)는 사회적인 분류로 발달 과정에 따른 경험을 통해 쌓아가는 성에 대한 인식의 일환이다.

- 성역할(Gender role): 문화적으로 정해진 행동, 태도, 신념, 그리고 가치에 따른 남녀의 행동을 말한다.
- 성정체성(Gender identity): 그가 속한 문화에서 규정하는 성역할을 개인이 어떻게 수용하는가를 의미한다. 성정체성은 개인이 성역할에 적응하는 기준이기도 하며 각 개인에 따라 매우 주관적일 수 있다.
- 성적 표상(Gender presentation): 성격, 습관, 행동을 통해 개인의 성정체성을 어떻게 나타내는가를 말한다.
- 성 고정관념(Gender stereotypes): 성별에 따른 역할에 대한 문화적 신념으로 남녀 행동의 틀을 마련해 두고 거기에 맞추어 가려는 사회적 제약의 일종이다. 이로 인하여 남녀의 행동은 좀 더 다른 경계를 가진다.

성(性)이란 한자는 '마음 심(心)' 과 '낳을 생(生)' 의 합성어로서 마음과 몸을 합쳐 인간 전체를 이룬다는 의미이다. 이는 단순한 성행위나 성적 쾌락만을 나타내는 용어가 아님을 뜻한다. 성은 생물학적 · 심리학적 · 사회학적 · 교육학적 의미 모두를 포괄한 총괄적 개념으로, 성범죄를 다룰 경우에도 남녀 어느 한쪽에 치우치기보다 양성 모두의 문제라는 전제를 기초로 한다.

Box 5-1

너는 양성이야

나는 이전에 성별(gender)에 대해 별로 생각해보지 않았다. 사회적 관념을 받아들여 온 나로서는 달리 준비할 필요를 느끼지 못했다. 나는 지금 그것에 대하여 생각하고 있고 궁금해 한다. 나는 나의 딸 제니아(Xenia)에게 그녀가 양성이라 말하고, 이 세상에는 빌리(Billy)와 같은 남자와 엄마와 같은 여자, 그리고 일부이기는 하나 그녀와 같은 양성이 있음을 설명한다. 양성에 관한 문제는 나만의 문제가 아닌 사회적 관심이 필요하다. '나의 아이가 가진 유전적 질환'은 단순한 외과적 문제가 아니다. 우리 사회 속에 하나로 수용되어져야 하는 요소인 것이다.

출처: 양성 아동의 아버지 피터의 수기 중(中)

2 성차

남녀의 성차는 외부적인 모습에서부터 이미 다르게 보여진다. 그런 성차는 언제부터 나타나는 것이며 어떤 것들이 있는지 살펴보기 위해 생물학적 · 인지적 · 문화적인 측면으로 나누어 살펴보기로 하자.

1) 생물학적 성차

(1) 태내에서의 생물학적 성차

난자와 정자가 결합하여 수정란이 되었을 때 개체의 자성과 웅성이 결정된다. 사람의 경우는 XX염색체이면 여자, XY염색체이면 남자가 된다. 실제로 성차가 나타나는 것은 성장 과정부터이며 먼저 태생 4개월 정도에 생식기관이 명확한 성적 차이를 나타낸다. 이를 제1차 성징이라고 한다.

유전적 성이 결정되면, 호르몬 성(안드로겐과 에스트로겐)이 결정되고 이로 인해 생식선 성(난소와 고환)에서 차이가 있게 되며, 결국 생식기 성(음경과 음핵)이 구분되는 순서로 생물학적 성이 결정된다.

유전적 성이 비정상적인 경우, 또는 유전적 성은 정상이나 성호르몬이 이상인 경우에 아기는 출생시 비정상적인 생식기를 가지고 태어난다. 예를 들면, 터너 증후군(Turner syndrome)은 하나의 X만을 가지고 태어난 불완전한 여성이고 클라인펠터 증후군(Klinefelter' s syndrome)은 XXY로 불완전한 남성의 특징을 지닌다. 또한 이러한 호르몬 분비의 이상 가운데는 안드로겐을 흡수하지 못하여 여성의 외부 성기를 가지고 태어나는 안드로겐 내성 증후군(Androgen resistance syndrome), 안드로겐에 노출되어 남성적인 외부 성기를 가지고 태어나는 안드로겐(남성호르몬) 불감성 증후군(Androgen Insensitivity Syndrome) 등이 있다. 남성호르몬 불감성 증후군(Androgen Insensitivity Syndrome: AIS)은 어림잡아 100명 중에 1명 정도 출생되는 X성 염색체 기형에 의해 특정지워진 장애에 관한 것으로, 일반적으로 3분의 2가 어머니로부터 전해진다. AIS(남성호르몬 불감성 증후군)인 유아의 신체 발달은 몸에서 생성된 안드로겐에 반응하지 않아 외부적으로 고환을 갖고 출생하나 자궁과 자궁기관은 없거나 흔적만 남아 있어 출생 당시 외부고환은 제거되는 경우가 대부분이다. 이들은 사춘기가 되면 여성성징이 발달하지만 월경은 일어나지 않는다.

(2) 출생 후의 생물학적 성차(2차적 성 특징)

출생 후의 생물학적 성차란 사춘기 동안에 발달되어 나타나는 남녀의 신체적 · 해부학적 차이를 말한다. 10세까지 키, 몸무게, 가슴둘레 등은 크게 성차가 나타나지 않지만, 10~20세까지는 오히려 여자가 남자를 능가하는 예가 많다. 사춘기는 성호르몬의 활동에 의해 시작되어, 남성은 고환에서 테스토스테론을 분비함으로써 변성이 되고, 근육이 발달한다. 여성은 난소에서 에스트로겐과 프로게스테론을 분비해서 유방발달을 돕고 자궁발달을 촉진시킨다. 이를 제2차 성징이라고 한다. 제1차 성징의 형성이 없을 경우 제2차 성징은 나타나지 않는다. 즉 성호르몬 분비가 없을 때 성인에게서 볼 수 있는 성차는 나타나지 않는 것이다. 생물학적 요소들이 여성과 남성의 행동에 얼마나 많은 영향을 미치는가? 유전적 요소는 성격, 인지적 능력, 사회적 행동에서 몇몇 성차의 원인이 된다. 예를 들면, 코린 헷(Corrine Hutt, 1972)은 남자아이들 사이에서 흔하게 더 많이 볼 수 있는 여러 발달적 장애들은 X염색체와 연결된 열성의 특성일 수 있다고 주장했다.

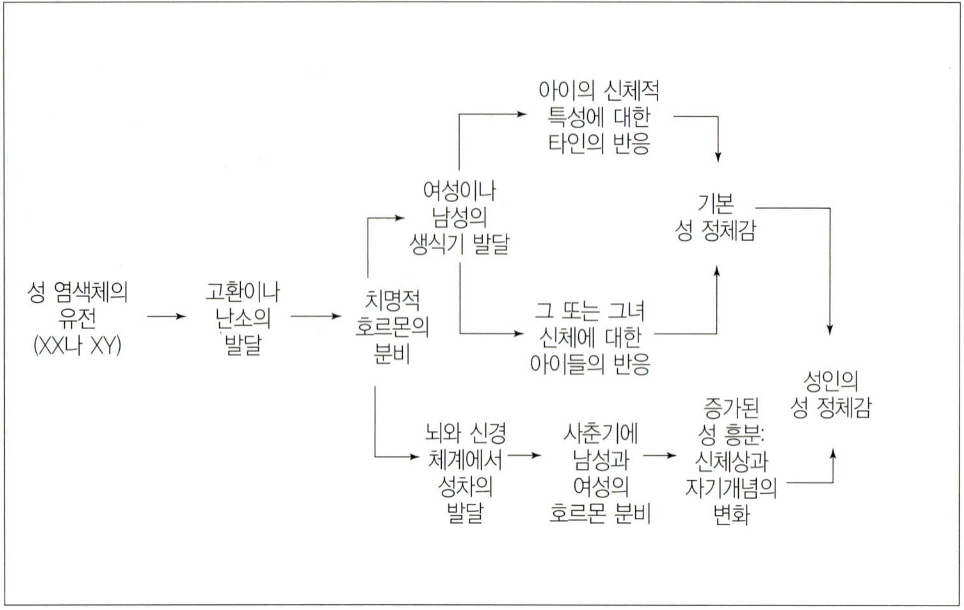

● 그림 5-1 ● Money와 Ehrhardt의 성유형의 생물학적 이론에서 중요한 사건

출처: Money & Ehrhardt(1972).

2) 인지적 차이

인지적 발달이 성 형성 과정에 영향을 미쳐 그것이 행동의 차이로 연결된다. 전반적인 인지능력을 의미하는 IQ(Intelligence Quotient) 테스트에서 여성과 남성은 성적인 차이를 유의미하게 보이지 않았다. 이는 순수한 인지적 능력만을 측정하려고 했던 지능검사의 근본적 목적과 부합되는 결과인지 모른다. 그러나 인간의 인지능력은 다중 차원으로 이루어져 있고 남녀가 보이는 인지적 능력의 차이는 특정의 요인들로 나누어 볼 경우 성에 따른 차이를 보여준다(Spearman & Thurston, 1910).

여성과 남성을 비교하는 1,500개 이상의 고전적 연구들을 검토해보고, 일리노아 맥코비와 캐롤 잭클린(Eleanor Maccoby & Carol Jacklin, 1974)은 단지 4개 영역(언어, 수리영역, 시각/공간 능력, 공격성)에서 작은 차이만을 지적하기도 했다. 인지적 능력의 차이는 앞선 3가지를 보기로 하고 공격성은 정서적 차이로 나누어 볼 것이다.

(1) 언어능력

남성과 비교하여 여성들은 언어능력에서 뛰어난 것으로 알려져 있다. 맥코비와 잭클린(Maccoby & Jacklin, 1974)에 따르면 이러한 능력의 차는 발달단계의 초기에서부터 나타나 여자아이들은 남자아이들보다 더 어린 연령에서 언어를 습득하고, 언어기술을 발달시키며, 언어 이해력 검사에서 언어적 우월을 보여주고, 발음 등에서 대체로 우수하다고 한다. 그러나 다른 그룹의 연구들은 언어능력에서의 성차는 일반인들이 인식하는 것처럼 크지 않음을 지적한다. 하이드(Hyde)와 린(Linn)은 그들의 연구를 통해 언어능력의 몇몇 하위 영역들에서 여성이 남성에 비해 우수하기는 하지만, 전반적 언어능력에서의 성차는 수리능력에서의 성차만큼 두드러지지 않다고 밝혔다. 또한, 일반적으로 알려져 있는 여성의 우수한 언어능력은 실제 나타나는 검사결과를 비교해보면 남성과의 근소한 능력 차이에 있을 뿐이라고 한다. 하지만 여성들은 남성들에 비해 비언어적 소통 기술에서 뛰어나 더 적은 노력을 들이고도 남성들보다 쉽게 타인들의 감정을 알아낼 수 있다. 비언어적 소통능력에 관한 검증은 대부분의 수행 연구에서 제외되어 왔고, 이는 언어능력에 대해 보다 실제적인 성차 검증을 어렵게 했던 하나의 원인으로 지적되고 있다.

여성은 10% 정도 더 두꺼운 뇌량 덕분에 남성보다 뛰어난 언어적 · 감성적 능력을 지닌다. 뇌손상으로 좌뇌의 언어중추가 손상되었을 때도 여성은 양쪽 뇌를 골고루 사용하는 덕분에 실어증에 걸릴 확률이 낮다. 언어는 주로 좌측 뇌가 관장하는데, 좌측 뇌를 다친 남성은 언어능력을 상실할 가능성이 높은 반면 여성은 양쪽 뇌를 다쳐야만 언어능력을 상실하는데 이는 양쪽 뇌를 연결해서 사용하기 때문이다.

텐넌(Tannen)은 이러한 남녀 간 의사소통의 차이를 남성과 여성이 살고 있는 서로 다른 문화 때문으로 해석한다. 즉, 남성들은 승자가 아니면 패자의 자리로 물러서야 하는 위계적이며 비동등한 문화에 사는 반면, 여성들은 배려, 동조, 관계성이 강조되는 비위계적인 문화 속에 살기 때문에 언어과정에서도 양보와 배려를 최대한 표현한다는 것이다.

(2) 수리능력

1970년대까지의 연구 결과들에서는 대체로 소녀들은 사춘기 이전까지의 소년들에 비해 수리능력이 우수하나 사춘기를 전후로 하여 이 양상은 바뀌고 청년, 성인기 동안 줄곧 남성들은 여성들보다 우수한 수리능력을 보인다(Maccob & Jacklin, 1974). 즉 수량개념 획득이나 산술의 학습능력에서 초등학교 시기까지는 별다른 차이가 없으나 12~13세경부터 남자의 수리능력이 여자보다 빨리 발달한다. 사춘기 때부터는 남녀 간의 차이가 나타나기 시작했다. 미국의 대학수학능력시험(SAT)에서 지난 30여 년 동안 언어능력 평균 점수는 남녀가 비슷했지만 수학에서는 남자 평균이 30~35점 가량 앞섰다.

그러나 최근의 몇몇 연구들은 상반되는 결과들을 보고하고 있다. 이들은 남성과 여성은 제한된 시간에 대한 불안이나, 위험을 감수하는 정도, 혹은 자신의 능력에 대해 상이한 감정을 갖고 있기 때문에 수리능력에 나타난 성차는 이러한 조건들을 모두 통제하였을 때 줄어들 수 있다는 것이다(Eccles & Jacobs, 1986).

수리능력의 성차에 대해 밝혀진 또 다른 점은 수리능력의 결과와 적성 간에 성차의 정도가 다르다는 점이다(Hogrebe, 1987). 수리능력시험을 통해 그 능력의 수행을 측정하였을 때 남성들은 여성들에 비해 월등하였으나, 수리능력에 대한 잠재된 적성을 측정하였을 때는 그 결과가 이전의 기대와는 다르게 근소한 차이를 보일 뿐이었다. 수리능력의 성차에 대한 최근의 연구들은 남성과 여성은 수리능력의 각기 다른 영역에서 강세를 보인다는 점에 주목한다.

(3) 공간능력에서의 성차

시각-공간능력에 대한 검사는 주로 집단 잠입도형 검사(Group Embedded Figures Test: GEFT)에 의해 이루어지는데 검사 결과, 여성에 비해 남성이 더 높은 점수를 받고 있다. 이러한 현상은 아동기보다 청소년기와 성인기에서 더욱 명확히 나타난다. 분석적인 접근을 요하는 그림 속의 숨은 도형 찾기, 막대기와 틀 검사 등과 같은 인지 양식에 관한 능력, 비분석적인 공간능력인 토막짜기 검사, 미로의 탈출구 알아맞히기, 도형판에 있는 도형 알아맞히기 등에서 차이를 보인다.

공간능력은 형태와 이미지를 지각하거나 정신적으로 조작하는 능력이다. 방 안의 가구를 이리저리 옮기며 가장 적절한 배치를 찾고, 집을 찾거나 길 찾기, 모형도를 보고 실제 물건을 맞추어 보는 등과 같은 일상적인 행동에 필수적일 뿐만 아니라 기계의 조작, 건축 도면의 설계, 표적을 정확히 겨누기 등과 같은 직업적 행동에도 필요한 능력이다. 실제로 공간능력이 요구되는 직종인 건축 및 기계 설계, 오리엔티어링 등은 남성 고유 영역이라 여겨져 여성의 진출이 저조하다.

3) 문화 · 정서적 차이

생물학적인 차이나 인지적인 차이를 제외하고도 남녀에게는 다르게 이해되는 부분들이 있다. 이는 그들이 속한 문화적 환경 차이에서 빚어지는 정서반응의 차이라고 해석되는데 남자는 스트레스 상황이나 압력 상황에 놓이면 남자의 두뇌 기능 중 공간지능과 논리기능이 활발하게 작용하기 때문에 해결책을 제시하거나, 직접 문제를 해결해 달라고 요청하는 식으로 여기기가 쉽다. 그러나 여성의 경우는 스트레스 상황을 해결하기보다는 자신의 상황이 아니기를 더욱 간절하게 바라는 경우가 많으며 이를 회피하려 하고 인정하려 들지 않는 경우가 많다. 분노 반응의 경우 여성은 남성을 비난하게 되거나 그들이 자기 행동에 대해 죄책감을 느끼도록 만들려는 경향이 있고, 남성은 자기 배우자나 여성의 감정을 비난하려는 경향이 있다. 부정적인 감정이 솟아오를 때 남자들은 특히 상대를 배려하고 이해하고 존중하는 태도를 유지하기 어려워진다. 또한 남자는 터널과 같이 좁고 긴 레이저 포인트와 같은 시야를 지녀서 멀리 있는 것까지도 볼 수가 있다. 여자는 남자에 비해 넓은 주변 시야를 가지고 있지만, 가까운 것을 보는 데에 그친다.

여자는 언어기능이 활발하게 작용되어 말을 하기 시작하므로, 자신의 문제를 친구와 의논하는 것은 신뢰와 우정의 표시라고 생각하는 경향이 크다. 때문에 여자들은 시원하게 털어놓고 난 뒤에 기분이 한결 편해지는 것을 느낀다. 남의 말을 듣고 자신의 말을 하는 동시다발적인 일이 가능하기 때문에 그러하다고 볼 수도 있다. 남성은 어떠한 사건을 경험하게 되면, 자신의 범주 안에서 해결하려고 최대한 노력하며, 남에게 조언을 요청하는 것은 가장 마지막으로 하게 된다. 남성은 여성이 자신을 변화시키려 한다는 것에 불만을 갖게 된다. 여성은 남성을 사랑하게 되면 그가 조금이라도 나아지게 하는 것이 자기가 할 일이라고 느끼고, 남성의 생활을 개선시키려고 할 일을 일러주고 도움을 제공하려 든다. 그러면서 여성은 자기가 그를 보살피고 있다고 생각한다. 하지만 남성은 조종당하고 있다고 느끼며 인정받기를 원한다. 어떤 사건에 대한 반응도 남녀의 차이가 다르게 나타나는 데 남자는 사건에 대해 종합적 · 사실적 관점으로 반응하며, 최대한 감정을 배제하려 한다. 여자는 사건에 대해 감정 이입적인 관점, 모성애적 관점으로 반응하며, 감정에 호소적이다(Barbara

Pease & Allan Pease, 2000). 다음의 〈표 5-1〉은 성차에 대한 '사회에서 사회화된 5가지 태도' 에 대한 아동들의 반응을 조사한 것이다.

● 표 5-1 ● 성차에 대한 사회에서 사회화된 5가지 태도

교회를 포함한 사회화의 압력에 대한 사회집단 비율		
태도	**소년**	**소녀**
애정 어린 양육	0	82
복종	3	35
책임감	11	61
성취	87	3
자기의존	85	0

주: 각각의 태도에 대한 비율은 더해서 100이 되지 않는데, 그 이유는 태도 측면에서 소년과 소녀에 대한 사회적 압력이 몇몇 사회에서는 나타나지 않았기 때문이다. 예를 들면, 해당하는 자료에 대해 사회집단의 18%는 애정 어린 양육에 대한 사회화에서 성 사이에 차이가 없었다(출처: Bacon & Child, 1957).

베리(Barry)의 연구에서 5가지 태도는 사회화가 되는 과정에서 남녀 어린이의 반응을 본 것으로 남자, 여자 아이 모두에게 장려되어지는 것이었지만, 아이의 성에 따라 각 태도의 반응은 차이를 보였다(Zern, 1984). 사회화의 첫 번째 목표는 아이들이 그들이 속한 사회 구성원으로 기여하고, 잘 행동할 수 있게 하기 위한 특성을 습득하는 것이며, 두 번째 목표는(하지만, 성인에게도 역시 중요한 견해) 여자아이들에 대해 관계지향적(또는 표현적인) 태도의 중요성을 강조하며, 남자아이들에게는 개인주의적(또는 도구적) 태도의 중요성을 강조하는 것이다. 이는 성에 따라 다른 유형화를 시도하는 것이라 볼 수 있다.

비록 몇몇 변화들이 청소년과 젊은 성인들 사이에서 일어났지만, 여전히 남성과 여성에 대한 전통적인 틀은 지지되고 있다(Bergen & Williams, 1991; Twenge, 1997).

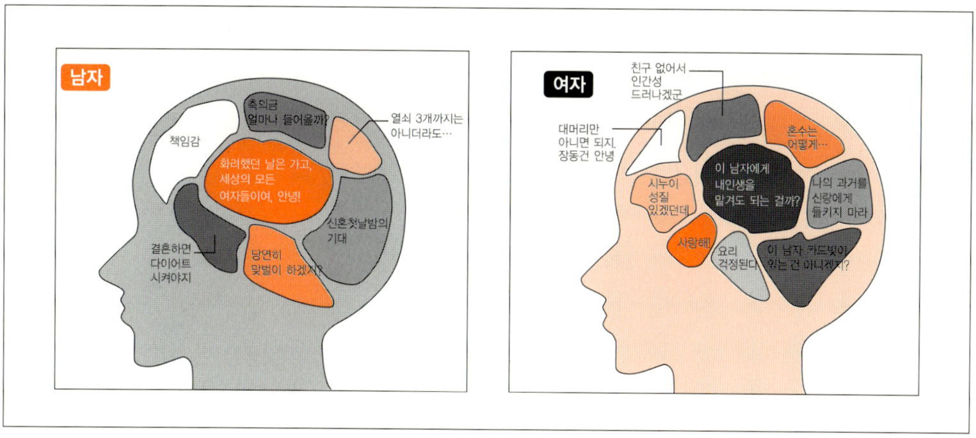

그림 5-2 결혼을 앞둔 남녀의 머릿속 생각 차이

출처: 콩쥐넷(http://www.congg.net)

4) 성(性)연구

성(性), 성역할에 대한 연구가 우리나라에서 시작된 것은 1980년대 이후라고 할 수 있다. 국회도서관의 검색을 통하여 성이나 성역할에 대한 논문자료 검색에 들어가면 국내학위논문과 학술지에 게재된 논문으로 20여 편이 검색되어진다. 그러나 서울대학교 교육 연구소 편(1998) 『교육학 대백과사전』에는 성이나 성교육에 대한 제목이 없을 정도로 무관심하다고 할 수 있다. 우리나라 실정보다는 좀 더 풍부한 미국의 경우도 대부분 성역할 연구가 백인 중산층에 중점을 두고 조사 연구한 것이라 아프리카계 · 아시아계 · 라틴계 미국인 등 다른 민족의 성역할에 대해서 알려진 것이 부족하다. 성에 관한 연구가 민족과 피부색을 초월하고 다양한 계층을 넘나들며 비교할 수 있다면 성 · 성역할의 차이에 있어 문화적 성향이 좀 더 강한 것인지, 원래의 남성적 또는 여성적 성향에 의한 것인지 좀 더 풍부한 이론을 전개할 수 있을 것이다.

Box 5-2

성전환 희망학생을 위한 별도 화장실 마련

세계 어디를 가든 화장실은 신사용, 숙녀용 그리고 때로는 장애인용으로 나눈다. 그러나 태국 동북부의 캄팡 중학교에는 특별한 화장실이 있다. 반은 남자이고, 반은 여자인 그림이 붙어 있는 이 화장실은 남자이되 여자가 되고 싶은, 성전환을 희망하는 남학생들을 위한 화장실이다.

교장은 각 학년마다 남학생의 10~20%가 성전환을 통해 여자가 되고 싶어 하는 학생들이라고 말했다. 남학생이지만 여학생처럼 보이고 싶어 하는 이 학생들은 여자처럼 꾸민 외모때문에 남자용 화장실에서 다른 남학생들의 놀림을 받거나 추근거림을 당해야 했다. 그래서 교장은 이 학생들에게 여자용 화장실을 사용하도록 했지만 이번에는 여학생들이 질겁을 했다. 결국 이 학생들을 위한 별도의 화장실을 만들었다.

여자가 되고픈 남학생들은 이 화장실에서 거울을 보며 머리를 다듬거나 얼굴에 크림을 바르고 옷매무새를 바로잡기도 한다. 이들은 자신들을 위해 별도의 화장실을 새로 만든 교장의 결정에 매우 만족해하며 자신들은 남자가 아니라는 점을 강조하면서 언젠가는 결국 여자용 화장실을 사용할 것이라고 단호하게 말했다.

태국의 다른 중 · 고등학교도 이와 별반 다르지 않다. 다른 많은 학교들이 캄팡 중학교의 사례를 연구하며 성전환 희망 학생들을 위한 화장실을 새로 만들 것을 검토하고 있다.

출처: 뉴시스(2008. 7. 30.)

3 성역할

인간은 누구나 남자 또는 여자로 태어나 가정, 학교, 사회 속에서 각각의 성에 따라 다른 역할을 하도록 보호 · 양육받고 배우며 성장한다. 그가 속한 문화, 사회의 독특한 전통과 관습에 따라 성역할에 대한 기대 역시 다르게 나타난다. 사회가 개인에게 여성 혹은 남성으로서 어떻게 행동하기를 기대하는가, 또 개인이 자기가 속한 문화 속에서 남자 혹은 여자로서 성역할을 어떻게 감지하는가는 그의 성역할 행동의 방향과 자기 평가에 중요한 영향을 미친다. 인류 역사상 국가가 형성된 이래 남성들에 의해 제도화되고 운영되어 왔던 사회구조는, 남성과 여성의 차이를 생물학적 요인만으로 이해하며, 가정과 학교에서도 이런 관점에서 여성과 남성의 역할을 습득시킴으로써 가부장권 사회를 유지해 왔다고 볼 수 있다.

1) 성역할

(1) 성역할의 의미

성역할이란 남성이든 여성이든 각 성의 특성을 나타내는 사회적 역할 내지는 행위를 말한다. 각각의 성에 대해 적절하다고 생각되는 행위에 관한 사회의 문화적 기대라 할 수 있다. 이런 역할은 한 개인이 그가 속해 있는 사회에서 규정하는 성에 적합한 행동, 태도 및 가치를 학습함으로써 얻어질 수 있다.

성역할은 일차적으로 신체 생리적인 차이에 의해 규정되지만, 이러한 생물학적 차이보다는 오히려 사회 문화적 요구와 기대, 그리고 자신의 경험을 통한 인식유형에 의해 결정된다고 볼 수 있다. 모든 사회마다 규범이 있으며, 그 범주에서 이탈한 것은 부정적인 것으로 인식되기 때문에 성역할에 있어서 사회 문화적 요인은 상당한 영향력을 미치게 된다.

성인 쌍둥이의 여러 행동학적 유전 연구들의 결과에서, 사람들의 남성적 자아개념 유전형에서의 가변성은 약 50%의 설명력을 가지는 반면, 여성적인 자아개념에서의 가변성은 단지 0~20%의 설명력을 가진다(Loehlin, 1992; Michell, Baker, & Jacklin, 1989). 그래서 유전인자가 우리의 생물학적 성을 결정하고, 유전형의 결과에 대해 어떤 영향을 미칠지라도, 사람들의 남성적 혹은 여성적 자아개념의 가변성에 있어서 적어도 50%는 환경적 영향에 기인한다는 것으로 나타났다.

머니와 에르하르트(Money & Ehrhardt, 1972; Ehrhardt & Baker, 1974)는 외부 기관들이 외과적으로 대처되고, 남자로서 성장하게 되는 여성을 남성화시키는 여러 연구들을 추적했다. 다른 자매와 여자아이들을 비교하면, 더 많이 남성화되는 여자아이들이 자주 남자아이들과 노는 말괄량이이고, 남자아이의 장난감을 선호하고, 전통적으로 여성적인 활동들을 거부했다(Berenvaum & Snyder, 1995; Hines & Kaufman, 1994). 청소년이 되면서 다른 여자아이들보다 다소 늦게 교제를 시작하고, 그들의 경력이 성취될 때까지 결혼을 미루어야만 한다고 느꼈다. 그들은 자신들을 동성연애자나 양성애자로 묘사하는 것에 높은 비율(37%)을 나타냈다(Money, 1985; Dittman, Kappes, & Kappes, 1992). 남성화된 여성들은 또한 공간능력 검사에서 대부분의 여자아이와 여성들보다 더 잘 수행했으며, 더 나아가 일찍이 남성호르몬에 노출되면 여성태아의 뇌에 '남성화하는' 효과를 가질 수 있음을 암시한다(Kimura, 1992; Resnick et al., 1986). 하지만, 이러한 여자아이들이 보여주는 남성적인 관심과 능력이 그들의 태아기에 안드로겐에 노출된 직접적인 결과라는 것은 아직도 분명하지는 않다.

대부분의 사회에서 남성에게는 도구적 특성과 여성들에게는 표현적 특성을 촉진한다는 몇몇 이론가들이 주장하는 전통적 성역할은 자연 질서의 한 부분이라는 결론을 가지게 한다(Archer, 1996; Buss, 1995). 하지만, 사람들이 남자와 여자 아이들에게 무엇을 기대하는지는 비교문화에서 꽤 큰 차이가 있다(Whiting & Edwards, 1988). 마가렛 미드(Margaret Mead, 1935)의 뉴기니아에 있는 세 부족 사회의 고전연구를 생각해보자. 아라페쉬(Arapesh) 사회에서 남성과 여성들은 둘 다 협동적이고, 공격적이지 않으며, 다른 사람의 필요에 민감하도록 교육을 받는다. 이런 행동적 측면은 서구 문화에서는 '표현적인' 이거나 '여성적인' 것으로 여겨질 수 있다. 반대로, 문드그므르(Mundugumor) 부족의 남성과 여성 모두는 독단적이고, 공격적이며, 감정적으로 그들의 대인 관계는 반응이 없는 것으로 설명되어진다. 챔블리족(Chambuli) 남성은 수동적이고, 정서적으로 의존적이고, 사회적으로 민감한 반면, 여성은 지배적이고, 독립적이며, 독단적이다. 그래서 이러한 세 부족의 구성원들은 그들의 문화에서 사회적으로 설명하고 있는 성역할과 조화를 이루어 발달시키고 있고, 어떠한 사람도 서구사회에서 보여지는 여성적/표현적인-남성적/도구적인 유형과 일치하지 않는다. 분명히, 사회적 압력은 성유형에 있어 큰 원인이 된다.

(2) 여성성과 남성성의 성정형화

성정형화(sex typing)란 아동이 문화적으로 자신의 성에 적절하다고 규정된 행동, 태도, 성격특성, 정서적 반응 등을 획득해 나가는 과정을 말한다(Bem, 1984). 벰(Bem)의 주장에 의하면 아동의 성역할 사회화 과정에서 남자아이들은 여자아이들보다 더 어린 나이에 자신의 성별에 적합한 행동을 하도록 사회적 압력을 받는 경향이 있다. 즉, 여자아이들은 남성적 행동을 할 경우에 부정적인 처벌을 덜 경험하는 반면, 남자아이들은 성에 부적합한 역할을 할 경우에 처벌을 더 많이 받게 되고(Hartley, 1959), 초등학교 교사들도 여성적이고 의존적인 남자아이보다는 남성적 행동을 하는 여자아이를 더 관대하게 받아들이고 선호하는 경향이 있다(Levitan & Chananie, 1978).

따라서, 남자아이들은 여자아이들보다 자신의 성별에 부적합한 행동을 피하거나 반항하려는 경향이 강하고(Ross, 1971; Ross & Ross, 1972), 연령이 증가하면서 소녀들은 고정관념이 유동적으로 되는 반면 소년들은 계속해서 강한 고정관념을 지속시키는 경향이 있다(Berndt & Heller, 1986). 또한, 에델브룩과 슈가와라(Edelbrock & Sugawara, 1978)의 연구에 의하면, 취학 전의 여자아이들은 넓은 범위를 선택하여 양성에 모두 적합한 활동과 장난감을 선호하지만 남자아이들은 이성적 활동의 경험이 많지 않고 이성적 활동을 하는 것에 대한 타인의 부정적 평가를 우려하여 그 선택범위가 좁았다.

리어리와 도노휴(Leary & Donoghue, 1978)의 성정형화에 대한 연구는 전반적으로 남성 성역할을 여성 성역할보다 더 좁게 정의하고 성역할에서 벗어난 남성을 평가절하한다는 일반적인 가정을 재검토하였다.

성정형화된 사람은 자신을 남성 또는 여성으로서 자기 정의를 하게 되므로 행동을 성에 규정시키게 된다. 그리고 이러한 사람들은 성에 맞는 자기 이미지를 유지하려고 하기 때문에 반대 성행동(cross sexual behavior)에 개입되는 것을 동기적으로 피하려고 한다(Kohlberg, 1966).

벰과 레니(Bem & Lenney, 1976)는 양성적 · 남성적 · 여성적인 성인에게 다양한 남성적 행동과 여성적 행동을 할 기회를 주고 피험자가 어떤 행동을 하느냐에 따라 받을 수 있는 보수를 달리 하였는데 보수는 이성의 행동을 하면 동성의 행동을 할 때보다 돈을 더 많이 주었다. 그러나 성별로 정형화된 피험자는 이성의 행동을 하지 않았으며 남성적인 남성은 더욱 성일치 과제를 선호하였다(Helmreich et al., 1979).

우리 사회에서는 성에 적합한 역할을 하도록 아이들에게 강요하는 것을 성인기 이후에도 요구하며, 또한 남자들이 성역할에서 벗어났을 경우 이들을 부정적으로 평가한다는 선행 연구들에 의하면, 사람들은 '남자들이 성 고정관념에서 벗어난 행동을 하는 것이 가능하다고 생각하면서도 이것을 수용하지 않는다'는 것을 알 수 있다.

그러므로 남자들은 전통적으로 규정된 남성 성역할로 인하여 심리적인 문제나 행동적인 속박과 제약을 느끼게 되는데, 이것은 남자들에게 가해지는 사회적 압력과 더불어 남자 자신들도 성역할에서 벗어나면 역시 부정적 평가를 받게 될 것이라는 남자들의 믿음 때문이다(Leary & Donoghue, 1978).

남녀 평등주의를 지향하고 있는 서구사회에서도 성 고정관념이 사회전반에 걸쳐 지속적으로 존재하고 있음을 감안하면, 우리나라와 같이 전통적인 성역할 기준이 지속되고 있는 문화에서는 성 고정관념의 영향이 더 강하게 작용할 것이다. 대부분의 발달학자들이 현재 지지하는 고정화된 성역할은 사실에 근거하지 않는 '문화적 신화' 라는 맥코비와 잭클린(Maccoby & Jacklin, 1974)의 주장이다. 대부분 폭넓게 받아들여지는 이러한 신화는 〈표 5-2〉에 나타나 있다.

표 5-2 성차에 대한 신화

믿음	사실
1. 소녀들이 소년들보다 더 '사회적' 이다.	두 성에서 동등하게 사회적 자극에 관심이 있고, 사회적 강화에 동등하게 반응하고, 사회적 모델로부터 동등하게 배움에 숙달된다. 어떤 연령대에 있어, 소녀들이 소년보다 친구들과 노는 데 확실히 더 많은 시간을 보낸다.
2. 소녀들이 소년들보다 더 '제안적' 이다.	아이들의 순응에 대한 대부분의 연구들은 성차를 발견하지 못했다. 하지만, 때때로 소년들이 소녀들보다 그들 자신과의 충돌에 또래집단의 가치를 더 잘 수용하는 것 같다.
3. 소녀들이 소년들보다 자기존중감이 낮다.	성에서 아동기와 청소년기를 통해 자기만족감과 자신감은 전체적으로 매우 비슷하다. 더 많은 소년들이 소녀들보다 청소년기 과정을 통해 자기존중감을 얻는 것으로 보이나, 어쩌면 남성들이 도구적 역할을 따르는 것을 받아들이는 촉진과 더 큰 자유를 반영하는 것일 수 있다.
4. 소녀들은 단순 반복적인 일을 더 잘 하는 반면, 소년들은 더 높은 수준의 인지과정을 요구하는 일에 탁월하다.	증거는 이러한 주장을 지지하지 않는다. 성은 기계적인 배움에 우위도 아니고, 개념을 형성하거나 배움의 가능성도 아니다.

출처: Maccoby & Jacklin(1974)

고정적인 성역할은 우리가 남성과 여성의 행동을 자주 왜곡하고, 해석하는 데 사용되는 잘 심어진 인지도식이다(Martin & Halverson, 1987). 사람들은 유아의 행동을 분류하는 데조차도 이런 도식을 사용한다.

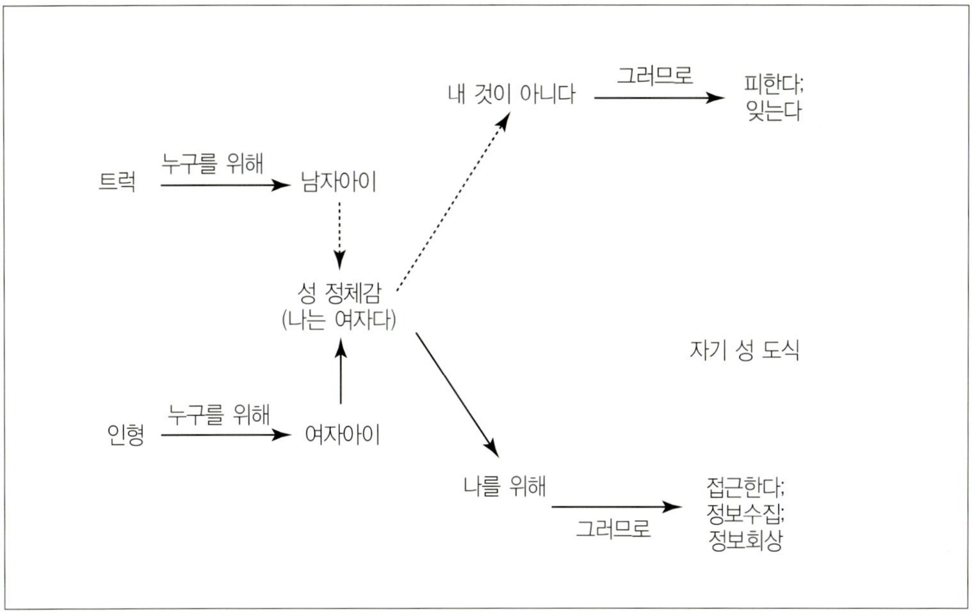

●그림 5-3● 고정화된 성역할 기준 주입이 아동의 성정체감 형성에 미치는 영향

출처: Martin & Halverson(1987)

한 연구에서(Condry & Condry, 1976), 남자아이로 태어나서도 '나는 여자다' 라는 성 정체감을 가질 경우 트럭에 대해 '내 것이 아니다' 라는 비수용적인 태도를 보이게 되며 '당연히 인형은 내 것이다' 라는 관념으로 받아들인다. 이는 성이 정형화된 하나의 단면으로 보일 수 있다.

(3) 양성성

양성성(androgyny)이란 '남성(andro)' 과 '여성(gyn)' 이라는 그리스어의 합성이며 따라서 남성성과 여성성의 균형과 통합을 의미한다.

다이언 핼펀(Diane Halpern, 1997)은 성유형 특성의 발달에 본능과 양육이 함께 얼마나 영향을 주는지를 설명하는 정신사회생물학적 관점을 주장했다. 이 모델에 의하면, 남성이나 여성의 호르몬에 노출된 태아는, 예를 들면, 공간적 활동에서 다소 더 많은 이해력을 형성하는 남자아이들과 편안한 언어적 교환에 어느 정도 더 이해력이 있는 여성들의 방식에서 남성과 여성의 뇌를 조직하는 데 영향을 준다. 이러한 높은 민감성은 남자아이와 여자아이에 대해 가장 적절한 경험의 종류에 대한 타인들의 신념과 협력을 형성한다. 남자아이들이 공간적 경험에 대해 더 풍부한 배열을 받는 반면 여자아이들은 종종 언어적 놀이의 활동에 더 많이 노출되는 것 같다. 이러한 차별적 경험은 신경 경로들이 어린아이들의 미숙과 높은 창조적인 두뇌에 의존되어 영향을 받고, 그래서 남자아이들은 공간적 활동과 공간적 재능에 더 수용적인 반면, 여자아이들은 언어적 활동과 언어적 기술을 습득하는 데 더 수용적이게 된다. 정신사회생물학적 관점에서 보면 본능과 양육이 서로에게 받아들여지는 것이다. 이를 이분법으로 나누려고 하는 것에 무리가 따른다.

여성해방 운동과 함께 남성성 및 여성성이란 양분된 기준은 이상적인 인간형으로 볼 수 없다는 견해가 제시되면서 벰(Bem, 1974)은 양성성(androgyny)의 개념을 제안하였다. 따라서 양성성이란 바람직한 남성성과 여성성을 모두 가지고 있는 것으로써 상황에 따라 도구적 또는 표현적이고, 또한 자기 주장적이면서도 양보적인 성향을 갖고 있는 것으로 정의된다.

콘스탄티노플(Constantinople, 1973)은 남성성과 여성성을 양극으로 이루어진 단일 차원으로 보았다. 그러므로 개인은 단일 선상에서 어느 쪽 극에 가까운 역할을 취하느냐에 따라 그의 성역할이 결정된다. 이러한 관점은 두 극은 서로 부적으로 상관되어 있음을 가정하고 있다. 그러나 그 후에 나타난 연구결과들은 두 특성 간의 부적 상관을 발견할 수 없었고, 오히려 상관이 0에 도달하는 것을 보면서 두 특성 간의 독립성을 제안하였다(Bem, 1974; Spence et al., 1975; Heilbrun, 1976; Berzin et al., 1978; Heibrun & Bailey, 1986).

따라서 남성성과 여성성은 한 개인에게서 독립적으로 발달하게 된다는 주장이 우세해지게 되었다. 물론 남자와 여자는 그들의 남성성, 여성성의 평균점에서 다소 차이가 있을 것이나 이것이 결코 그러한 특성들이 남자와 여자의 상호 배타적인 영역을 의미하지는 않는다(Bem, 1977). 그러므로 두 가지 차원의 성역할에서 개인은 4가지 형태 중 하나를 취하게 된다. 그 4가지 형태는 남성성, 여성성이 모두 높은 양성적인 사람(androgynous person), 남성성은 높고 여성성은 낮은 남성적인 성역할을 가진 사람(masculine sex typed person), 남성성은 낮고 여성성은 높은 여성적인 성역할을 가진 사람(feminine sex typed person), 둘 다 낮은 미분화된 사람(undifferentiated person)이다.

이러한 입장에서 양성성은 성역할 심리학의 문제들을 체계화할 수 있는 바람직한 일반적인 모델로서 제시되고 있는데 이러한 양성성의 관점은 결코 남성에게로 치우쳐 있지 않으며 행동을 이해할 때 생물학적 요인과 정신내부 요인, 환경적 요인들을 모두 포함하며, 또한 양성성은 상황에 따른 융통성과 일생동안의 의미 있는 선택을 가능하게 하는 상황 적절성을 강조한다.

양성적인 사람이 지니는 몇 가지 중요한 특징으로는 첫째 다양한 반응 레퍼토리(repertoire)를 가지고 있는 것, 둘째 상황의 요구에 따라 유연하게 반응하는 것, 셋째 환경에 효과적으로 대처하는 것 등을 들고 있다(Kaplan & Sedney, 1980). 이 심리적 양성성은 현재의 성역할 연구에서 가장 중심이 되고 있는 주제로서 이 유형이 높은 자존감(Spence et al., 1975; Bem, 1977), 사회적 안정도와 지적 능력이 높으며, 부모와의 관계가 좋고(Kelly & Worell, 1976), 불안도가 낮으며(Cosentino & Heilbrun, 1964), 학교에서는 상을 많이 받고, 유아기 병력이 적으며, 학교 상담실에 의뢰되는 경우가 더 적다는(Heilbrun, 1976) 등의 연구결과가 보고되고 있다.

2) 성역할 사회화 이론

성역할 사회화는 성에 대한 사회적 가치, 신념, 규범, 행동양식, 상징 등 모든 성문화 내용을 사회성원에 내면화시켜 다음 세대로 전승시키는 과정이다. 이러한 성역할 사회화, 성역할 사회화 과정을 통해 개인의 성은 대부분 정형화된다. 시얼스는 '한 개인이 태어난 문화권에서 그의 성에 타당하다고 생각되는 행동방식, 성격, 감정, 태도, 신념 등 일체의 속성을 형성하는 과정' 을 성정형화라고 하였다. 성정형화 과정을 설명하는 이론적 틀에는 정신분석이론, 사회학습이론, 인지발달이론이 있다.

(1) 정신분석이론

정신분석이론은 프로이드(Freud)의 주장에 집약되어 있으며, 남성과 여성은 그들이 지니는 생물학적 특성에 의해 심리적 특성이 파생되는 결과라는 것이다.

Ⅰ 프로이드(Freud)의 동일시이론

프로이드는 동일시가 가능한 것은 두 가지 동기의 작용 때문이라고 한다. 첫째는 사랑의 상실에 대한 두려움으로, 이를 의존적 동일시라고 한다. 둘째는 강한 존재로부터의 보복에 대한 두려움으로, 이를 방어적 동일시라고 한다. 이 두 동일시 과정 모두 부모에게 아동이 의존할 것을 요구하는데 남아는 방어적 동일시, 여아는 의존적 동일시를 통해 인성이 발달한다.

동일시이론은 아동의 무의식적인 내적 동기가 결국 동성부모를 동일시하게 하고, 성역할을 모방하도록 하는 것으로 설명할 수 있다.

2 동일시(Identification Theory) 이론의 기본 개념과 비판점

초기 동일시 이론가들은 아동이 동성부모와 동일시한다고 주장하였으나, 초도로우(Nancy Chodorow)는 아동의 초기양육자인 어머니가 동일시의 대상이라고 주장한다. 그리고 10대 소녀들이 어머니와 적대감을 느끼는 것은, 격리의 욕구 때문이라고 설명한다.

동일시(Identification)란 동일화 또는 고정(固定)이라고도 하며 타인과 관계에서 타인의 반응 경향을 받아들이는 경우이다. 타인을 자기 대신이라고 보거나, 타인의 목적이나 가치를 자기의 것으로 받아들여 그것이 마치 자기 가치나 목적이 되는 것이다.

사회학습이론은 사회적 행동을 환경이라는 자극에 대한 인간의 반응으로 보는 행태주의에 입각하여, 동일시이론을 과감하게 비판한다. 사회학습이론은 정서적 유대가 없어도 모방이 강화되는 사회에서 성역할 학습이 일어날 수 있다고 보기 때문에, 부모만이 유일한 모델은 아니며 아동은 다양한 모델을 모방함으로써 적합한 성역할 행동을 학습한다고 본다.

프로이드(Freud)의 이론에 또 다른 영향력 있는 반기를 든 사람은 캐롤 길리안(Carol Gillgan)이다. 그녀는 『In a Different Voice』(1982)에서 프로이드(Freud), 초도로우(Chodorow), 에릭슨(Erickson), 콜베르그(Kohlberg) 등의 심리학자들이 여성을 수동적이고 도덕성이 낮고 감정의 안정성이 적다고 특징지은 것은 이들이 여성을 남성의 시각에서 바라보고 남성에게 유리한 잣대로 재었기 때문임을 지적하며, 기존의 철학, 심리학 문헌에서 사용한 실험, 조사, 통계적 분석 등의 방법이 아닌 여성의 실체를 파악할 수 있는 '다른 목소리' 의 이론적 틀이 필요하다고 주장한다.

(2) 행동주의적 사회학습이론

사회학습이론은 사회적 행동을 환경자극에 대한 인간의 반응으로 보는 행태주의에 입각해 있다. 행태주의는 타인으로부터의 지속적인 강화과정에 의해 어떤 특정행동을 학습하게 된다는 것이다. 아동의 성정형화는 후천적으로 가족, 특히 부모로부터 학습되어진다고 보며, 이때 성역할이 학습되는 기제는 강화와 모방이다.

1 주요 개념

관찰학습이론은 자신의 행동에 대한 직접적 보상이나 벌을 받지 않더라도, 다른 사람의 보상이나 벌을 받는 것을 관찰함으로써 간접적으로 강화를 받기 때문에 학습이 이루어진다는 이론으로 모방학습이라고도 한다. 사회인지이론은 뱀에 대한 공포를 가진 사람들을 치료하였던 알버트 반두라(Albert Bandura)의 임상 치료를 통해 나타난 것이다. 다른 사람의 관찰이나 설득보다 앞서 환자 스스로 관련된 동료를 관찰하고, 그들의 행동으로부터 정보를 얻고, 행동의 실행에 관한 결정을 하고, 행동을 하는 것이 치료에 도움을 주었다는 것이다.

행동에 대한 기능적 분석은 특별히 역기능적 행위를 자주하고 유지하는 요인을 찾아내는 데 가치가 있으며 행동주의에 의한 행동수정은 목표를 설정하고 체결하는 데에 큰 공헌을 하였다. 반두라(Bandura)는 이런 힘들의 상호작용을 '상호 결정주의(reciprocal determinism)' 라 부른다.

2 사회학습이론의 기본 가정과 비판점

사회학습이론의 중심요소는 관찰, 모방 그리고 강화(Observation, Imitation and Reinforcement)이다. 아동은 시행착오적 방식을 통해 여성, 남성의 행동(action)을 포함해서 여러 범위에 걸친 행동과 제도를 관찰하고 모방한다(Maccoby & Jacklin, 1974).

부모나 다른 가족들에 의해 아동들의 성역할 학습이 이루어지는 경우는 매우 다양하고 세부적인 영역에까지 나뉘어져 있다. 놀이, 언어형태, 화내는 법, 웃는 법 등 대부분 일상생활을 통해 남성성, 여성성을 의식하지 못한 상황에서 습득하게 된다.

학교생활을 시작하면서 선생님과 친구들로부터 아이들은 그들의 성역할 고정화를 강화받는다. 또래집단을 통해 서로의 행동을 인정받기도 하며, 놀림받기도 한다. TV나 영상광고물 또한 성역할 정형화에 지대한 영향을 미친다. 종합적 이미지로 영상을 통해 각인되는 여성성이나 남성성의 이미지 고정화는 자연스럽게 성역할에 대한 인식을 갖게하므로 매체를 통하여 전달하는 이들의 좀 더 책임 있는 태도가 요구된다.

성역할에 대한 내면화 과정에는 직접적인 처벌이나 강화만이 중요한 것은 아니다.

사회학습이론에서 성유형적인 행동에 대한 아동들의 관찰과 모방은 남녀의 성유형화에 중요한 역할을 한다. 아이들은 자신들이 모델로 삼은 사람이 보이는 행동들을 통해 대리 경험(varicarious experience)을 함으로써 남성과 여성에게 서로 다른 적절한 성유형적 행동들이 존재함을 배운다. 이렇듯 사회학습이론은 성이란 생물학적 원인으로 정해진 속성이 아니라, 역사적 · 사회적 맥락 속에서 생겨나는 하나의 과정임을 주장한다(김태련 외, 1996). 그러나 사회학습이론은 사회적 세계를 조직하고 그로 인해 환경을 이해하려는 능동적 주체로서의 인간이 아니라 인간을 사회적 압력에 대해 수동적으로 대처하는 존재로 설명하고 있다는 점에서 비판받기도 한다(Walsh, 1987).

(3) 인지발달이론

'인지발달' 이란 성숙의 각 시기에 얻는 아동의 정보처리과정의 방법을 말하는 것으로(Kohlberg, 1966, 1969), 사회학습이론과 다른 점은 성역할 사회화 과정에서의 중심을 사회 환경으로부터 개인들로 이동시켰다는 점이다. 월쉬(Walsh, 1987)는 성역할이나 이에 대한 정체감의 형성은 각 개인 스스로가 일관된 정체감 형성의 방향으로 나아감으로써 만들어진다고 설명한다. 남아와 여아(약 2~3세)들은 자신을 남자와 여자로 분명하게 인지하게 되는 성정체감(sex identity)을 형성하게 되고, 이러한 성에 대한 정체감은 개인으로 하여금 자신의 성에 대한 정보들을 조직하고 자신의 성과 부합되는 특성들을 선택하게 하는 기초가 된다.

3~5세 시기의 아동은 성별 항상성(gender constancy)을 발달시킨다. 성별 항상성이란 성별은 바꾸고 싶을 때 바뀌는 것이 아니고 변하지 않는 특성이라는 것을 재인하게 되는 것을 말한다. 6세가 되면, 아동은 그가 속한 문화에 적합하다고 간주되는 소년과 소녀의 행동을 상세하게 말할 수 있다. 6~7세경 성별 역할에 대한 어느 정도 고정된 관점을 가지면, 여성과 남성 행동의 명확한 차이를 알게 된다. 아동이 성숙해짐에 따라, 그들은 성별 역할이 어릴 적보다 융통성 있다는 것을 알게 되고, 여성과 남성 행동에도 서로 중복되는 부분이 있다는 것을 허용하게 된다(Kohlberg, 1966; Vogel et al., 1991).

인지발달이론에서 대표적인 것은 성별 쉐마(gender schema) 형성이다. 아동이 역할모델을 관찰하고 모델의 행동을 흉내냄에 따라 그들은 성별 쉐마를 짓게 된다. 쉐마란 어떤 한 개인이 정보를 처리해 가는 정신적 구조(mental structure)를 말하며,

성별 쉐마는 아동이 어떤 특별한 성별에 중심을 이루는 것으로 모든 일반적인 특성의 집합체이다.

(4) 양성성이론

양성성이론은 남성성과 여성성이 한 개인 내에 공존할 수 있다는 사실을 간과한 과거의 입장들에 의문을 제기하며 심리적 양성성(psychological androgyny)의 가능성을 소개한다(Bem, 1974). 심리적 양성성이란 남성과 여성이 갖고 있는 바람직한 특성들을 함께 지닌 것을 의미하며 사회적으로 인정받지 못하는 특성들은 양성성에 포함시키지 않고 있다.

양성성이론에 따르면, 여성성과 남성성의 개념은 일직선상의 양극에 존재하는 상반된 개념이 아니라 별개의 독립적 차원으로 존재하는 개념이다. 따라서 이 입장에서는 '남성적이지 않으면 여성적' 혹은 '여성적이지 않으면 남성적'이라는 이분이 아니라 한 개인 내에 여성적 특징과 남성적 특징을 동시에 가질 수 있고 그 정도만 다를 수 있음을 강조한다.

그러나 양성성이론은 인간 행동에 생리학적 성별이 구속의 힘을 갖지 않아야 한다고 수장함으로써 신선한 시각을 열어 주었나.

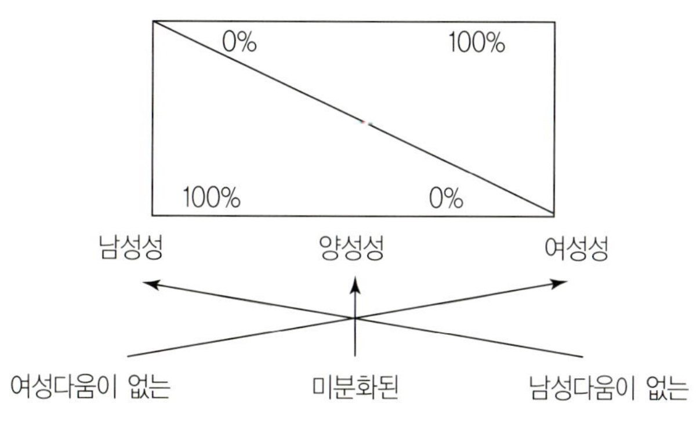

그림 5-4 Becoming a sexual person.

출처: R. T. Francoeur(1984).

Box 5-3

탈사회화 사례

나의 학생인 사라(Sarah)는 한때 그녀의 세 살짜리 아들 이든(Ethan)과 관련된 흥미로운 이야기를 나와 나누었다. 결혼한 적이 없는 미혼모 사라의 삶은 대학생으로서의 상태와 그녀의 아들을 지원하고 돌보기 위한 일을 하는 것으로 그녀의 모든 시간은 돌아갔다. 그녀 아들 삶에서 남성의 영향은 전혀 없었기 때문에, 사라는 이든이 '남자아이'로서 행동하는 법을 '배우지' 못할 것이라 걱정하였다. 그러나 모든 것이 너무나 신기했던 어느 토요일 오후 도시공원으로 여행은 그녀의 걱정을 진정시켰다.

그들은 공원 주변의 세 번째 골짜기에서, 어린 소년이 거리의 맨홀 뚜껑 근처에서 실종되었다는 공고를 보았다. 이든은 말하였다. "엄마, 저 큰 구멍을 보세요." 그의 어머니가 대답하였다. "저것은 매우 위험해 보이는구나. 이든, 저것과 같은 것들 근처에는 가지 말거라."

조숙한 세 살짜리가 대답하였다. " 엄마, 여기로 와서 저 구멍 위를 다시 안전하게 막아줄 크고 힘센 남자가 필요해요." 사라는 어안이 벙벙해졌다 ."이든, 엄마가 저걸 고정시킬 수 없을까?" 그는 대답하였다, "안 돼요. 엄마! 오직 크고 힘 센 누군가만이 저걸 고정할 수 있어요. 그리고 엄마들은 크고 힘이 세지 않아요."

그녀는 후에 나에게 물었다. "그는 어디에서 오직 크고, 힘센 남자만이 그것을 다시 안전하게 만들고 문제를 해결할 수 있을 것이라는 것을 배웠을까요?" 아마도 그는 텔레비전, 디즈니 영화들, 서적들 또는 빌보드로부터 영향을 받았을 것이다. 성별에 대해 영향을 미치는 것들은 모든 곳에서 찾을 수 있다.

"만약 그들에게 성에 관련된 것들이 없었다면, 만약 우리가 성적 분류에 기초하여 아이들에 대한 기대가 없다면, 성별 일반화 행동들은 사라질 것인가?" 만약 성별 같은 것들이 없다면, 사라와 같은 경우 그의 아들 이든에게 무엇이 예측되는가? 블랜드(Bland)의 질문에 대답하기 위해서는, 우리는 성별 일반화 행동을 지지하는 사회학으로부터 그 과정에 대한 설명을 시도하는 일부 이론을 고려할 필요가 있다.

3) 변화하는 성역할

남성과 여성의 생활모습에 대한 추측은 약 10만 년 동안 유럽, 아시아, 아프리카에 살았던 네안데르탈인과 마지막 빙하기 동안 출현한 호모 사피엔스의 화석을 통해 가능하다. 싸움이나 사냥이 생활의 기반이었다면 그 지휘권을 가진 자가 집단의 우두머리가 되었을 것이다. 벽화 속의 남성은 사냥과 전쟁을 하고 여성은 아이를 안고 있다. 여성들이 출산하고 기른 자식들은 자력으로 생활해 갈 수 있게되기까지 어머니에게 구속되었다. 어머니는 자식에게 먹을 것을 주고 위험으로부터 보호하였다. 이러한 어머니와 함께하는 안락한 보금자리 속에서 최초의 가족이 생기기 시작했다.

(1) 전통적인 성역할

전통적인 남성의 성역할은 강하고, 이성적, 진취적, 사회적, 외향적, 적극적이고 주도적이어야 한다고 기대된다. 즉 신념이 강하고 용단을 잘 내리며 지도자가 될 수 있는 의지력과 자립심이 강한 사람이 되기를 요구한다. 또한 저돌적이고 강압적으로 밀어붙이는 위험한 존재로, 그리고 감수성이나 모성애적 역할은 없다고 보고 있는데, 이 같은 남자에 대한 고정관념은 감정보다는 행동에 많은 비중을 차지하고 있다.

여성의 성역할은 순종적 · 수동적 · 의존적이며 감정적이어야 한다고 기대되고 있다. 이는 상호 관계적 측면에서는 성숙함을, 문화적 기대 측면에서는 여리고 의존적이며 수동적이기를 요구한다. 따라서 전통적 역할은 특정한 스트레스를 가져오기도 한다(고정자, 2008).

(2) 현대의 성역할

현대는 변화의 물결로 이루어지고 있다고 해도 과언이 아닐 만큼 빠르게 변화하고 있다. 그에 발맞춰 사람들의 사고방식도 예전과는 많이 바뀌어 가고 있고, 그 중 가장 대표적으로 손꼽히는 문제가 성에 대한 인식일 것이다. 전통적인 성역할 개념 즉 사회적 통념은 대체로 남녀 간의 실제적 차이를 과장하고 왜곡하는 경향이 있어 청소년들에게 많은 문제와 갈등을 안겨 준다. 최근에 와서 여성의 사회적 진출과 성의 해방, 여성해방 운동, 가족구조 및 크기의 변화 등은 지금까지 엄격하게 지켜온 전통적 성역할의 규범을 약화시켰고 가정과 사회에서의 성역할 변화를 초래하였다.

바람직한 성역할 양성성(androgyny)이란 성역할에 대한 사회의 고정관념 중에서 바람직한 여성적 특성과 바람직한 남성적 특성이 결합되어 공존하는 것으로, 기존의 성역할에 얽매이지 않는 건강한 개념이다. 따라서 양성적인 사람은 여성적인 행동과 남성적인 행동을 융통성 있게 수행함으로써 더욱 다양한 행동을 수행해 낼 수 있고 그로 인해 상황에 따라 유연한 반응을 보이며 적절하게 그리고 효과적으로 대처할 수 있다.

Box 5-4

성 고정관념을 극복할 수 있는 방안

1. 개인적 차원에서 여성다움이나 남성다움의 고정관념이 하나의 편견임을 인식한다.
2. 성역할은 어떤 고정관념에 의하여 강요된 결과임을 인식한다.
3. 기본적인 성관, 가족관, 사회관을 포함하는 가치관의 재정립이 필요하다.

● 그림 5-5 ● 성역할 변화

4) 성역할이 남녀에게 미치는 영향

(1) 여성화의 결과

여아의 경우 성장하면서 여성이라는 성정체감의 확립과정에 있어 오히려 성에 대한 내적 갈등이 생기기도 하며 이것이 콤플렉스로 나타난다. 여성이 가질 수 있는 콤플렉스에 대하여 살펴보자.

- 신데렐라 콤플렉스: 동화 속의 신데렐라처럼 착하고 열심히 살게 될 경우 언젠가 백마 탄 왕자가 나타나 자신을 데려갈 것이라 믿는 것으로 자신의 욕망을 사회적인 규범에 억눌린 채 다른 사람에 의해 자신의 욕구실현을 시도하게 되는

유형이다.

- 슈퍼우먼 콤플렉스: 1980년대 미국 직장 여성들에게서 발견되기 시작한 콤플렉스로 여자이자 회사원에게 기대되는 모든 품성을 전부 충족시키려는 강박관념의 결과이다.
- 착한 여자 콤플렉스: 여자는 착하고 순종적이어야 한다는 도덕관념을 지나치게 잘 습득한 경우라고 할 수 있다.
- 된장녀 콤플렉스: 자신의 실제 여건과는 상관없이 최첨단 유행을 따르는 라이프 스타일을 영위하는 여성들을 지칭한다.
- 도브 콤플렉스: 암컷 비둘기는 수컷에게 매우 헌신적이지만, 일찍 죽는다. 그것은 수컷에게 사랑만 주고 정작 자신은 사랑받지 못하기 때문인데 그만큼 더 많이 사랑받고 싶어 하기 때문이다. 이 외에도 성 · 외모 · 지적 · 맏딸 콤플렉스가 있다.

(2) 남성화의 결과

우리 사회에서 남성의 역할에 대해 강요하는 부분은 남성으로서 누리는 보상도 있지만 불리함도 함께 가지고 있다. 불리함은 남성에게 억압적인 요소로 작용하며, 이것이 콤플렉스로 나타난다.

- 사내대장부 콤플렉스: 남자는 강하고 대범하며, 가족을 먹여 살려야 하고, 성공해야 한다는, 즉 '사내대장부'가 될 것을 강요받는 콤플렉스이다. 국내 6대 대기업 사무직 남성 500명을 대상으로 조사한 결과 64.2%가 남자다워야 한다는 사내대장부 콤플렉스에 시달리고 있는 것으로 밝혀졌다(정혜신, 2001).
- 만능인 콤플렉스: 현대의 남자는 직장에서, 가정에서, 취미 활동, 어느 자리에서든지 유능한 인물로 인식되기를 바란다. 즉 모든 측면을 경쟁으로 삼고 여유를 갖지 못하는 태도에서 비롯된다고 본다.
- 성 콤플렉스: 그릇된 성규범과 성문화를 받아들여 성을 통해 남성을 과시하고 성적 욕구와 능력에 집착하는 심리 또는 능력이 부족하다고 생각하여 위축되는

심리이다. 올바른 성교육을 시키지 못했을 때, 성은 남성의 정복과 소유, 여성의 대상화이며 남성 권력의 과시가 되어 버릴 수 있다.

- 지적 콤플렉스: 남성의 지적인 우월성이 중시되므로, 남성들은 자신의 지적 우월감이 손상될 때 자신의 '남성다움'에 불안을 느끼며, 같은 남성끼리 또는 여성과 겨뤄서라도 꼭 이겨야 한다는 강박관념에 사로잡히게 된다. 심지어 가장 공정해야 할 교과서 내용의 상당 부분이 성 차별적인 내용을 담고 있다.
- 외모 콤플렉스: 남성다움을 나타내기 위해 남성은 키가 커야 하고, 근육이 발달한 건장한 체격을 가져야 하며, 좋은 인상에 세련되지만 여자 같지 않은 외모를 가져야 한다는 생각이다. 이외에도 온달, 장남 콤플렉스가 있다.

요 약

이 장을 요약하면 다음과 같다. 사람은 누구나 남자 또는 여자로 태어나 가정, 학교, 사회 속에서 각각의 성에 따라 다른 역할을 하도록 보호 · 양육받고 배우며 성장한다. 그들이 속한 사회의 문화와 전통과 관습에 따라 여성 혹은 남성으로서 행동의 기대가 달라지고, 이러한 행동방식 차이는 각 개인의 자기평가에 중요한 영향을 미치게 된다. 남녀의 성차 에 역할에 따른 차이에 대한 연구의 관심이 높아지고 있는 것도 여기에 기인한 것이다.

성에 대한 정체감과 성역할에 대한 학습은 어린 시절부터 자연스럽게 익혀가게 되는 것이다. 현대사회는 아동이 동일시하면서 성장하게 되는 대상이 양성의 무게가 기울어지지 않게 배려해야 한다. 대부분의 아동은 유치원과 학교를 통해 그들의 정체감을 완성하는데, 가장 큰 환경의 하나인 교사의 성이 한쪽으로 기울어지고 있는 것이 현실이다. 또한 현대사회는 남성성, 여성성으로 나뉘는 양분화된 단순한 개념으로 살아가기에는 매우 복잡하며 다양한 사회이다. 따라서 매 순간 융통성 있는 대처와 적응력을 높이기 위해 사회는 양성적인 사람을 요구하고 있다.

생각해 볼 점

1. 대부분의 아이들은 유치원(유아교육기관)과 초등학교를 통해 어린 시절의 교육을 완성해 간다. 더불어 그들의 성역할을 학습하게 된다. 그러나 그들이 자연스럽게 학습하고 모방할 대상이 한쪽 성에 치우치는 것은 아닌가 한다.

2. 나 자신이 가지고 있는 성역할의 고정관념이 무엇인가? 그리고 미래의 나의 자녀들에게도 그러한 성역할을 갖도록 교육시킬 것인가에 대하여 생각해보자.

3. 현대사회에서 양성성이 대두되는 이유는 무엇일까?

참고문헌 REFERENCES

고정자(2008). 변화하는 결혼과 가족. 서울: 형설출판사.

유영주 외(2004). 새로운 가족학. 서울: 신정.

이기숙 · 공미혜 · 김득성 · 김은경 · 손태홍 · 오경희 · 전영주(2001). 결혼의 기술. 서울: 학지사.

이정덕 · 홍연애(1984). 성역할 개념형성과 교육에 관한 이론적 연구. 한국가정관리학회, 2(1).

장휘숙(2008). 가족심리학. 서울: 박영사.

정현숙 · 유계숙 · 최연실(2003). 결혼학. 서울: 신정.

정혜신(2001), 남자 VS 남자. 서울: 도서출판 개마고원.

한국여성개발원(1986). 여성과 성차별.

Abrahams, George and Sheila Ahlbrand (2002). *Boy V. Girl: How gender shapes who we are, what we want, and how we get along*. Minnesota: Free Spirit Publishing.

Bem, S. L. (1984). Androgyny and gender schema theory: A Conceptual and empiricalintegration. In Dienstbier, R. A. & Sonderegger, T. B. *Psychology and Gender* (Nebraska Symposium on Motivation) Lincoln, NE: University of Nebraska Press.

Casper, Lynne & Suzanne Bianchi (2001). *Continuity and change in the American family.* CA: Sage Puldications.

Eccles, J. S. & Jacobs, J. E. (1986). Social forces shape math attitudes and performance sings: *Journal of Women in Culture and Society, 11*(2), 367-380.

Furstenberg, F. (2001). The fading dream: Prospects of marriage in the inner city. In *Problems of the century.* New York: Russell sage Foundation.

Kohlberg, L. (1963). Moral development and identification. In H. Stevenson(Ed.), *Child Psychology.* Chicago: Chicago Univ. Press.

Sommers, Christina Hoff (2001). *The war against boys: How misguided feminism is harming our young men.* New York: Touchstone Books.

Strong, Bryan, Christive Devault, Barbara W. Sayad, Theodore F. Cohen (2001). *The marriage and family experience: Intimate relationships in a changing society.* Wadsworth publishing.

Welch, Kelly J. (2007). *Family life now: A conversation about marriages, families, and relationships.* Kansas State University. Pearson Education, Inc.

Chapter 06

FAMILY RELATIONS

가족사랑

가족이 다른 사회집단과 다른 것 중의 하나는 '사랑에 대한 기대' 때문이다. 우리는 가족이란 이름으로 묶인 관계에서 본능적으로 사랑하고, 본능적으로 사랑받을 것을 기대한다. 때로 이 사랑이 우리를 다치게도 하지만, 그럼에도 불구하고 우리는 끊임없이 가족 속에서 사랑을 찾는다. 그래서 가족사랑은 규범적이라고 한다. 즉, 가족이라면 마땅히 서로 사랑해야 하고 그렇게 행동하도록 기대되어진다는 의미이다. 그러므로 사랑이 풍부한 가족은 행복하고, 사랑이 결여된 가족은 불행하며 병리적이라는 생각이 일반적이다. 이토록 중요한 가족사랑이 사실 학문적으로 잘 다루어지지 않았다. 관련 논문도 부족하다. 그러나 경험적으로 우리는 가족사랑을 실감하며 그것이 부족할 경우 가족관계가 삭막해진다는 것도 잘 알고 있다. 이 장에서는 가족사랑에 관한 이론을 통해 가족사랑의 특성을 파악하고, 가족사랑을 키우고 유지시켜 나가는 전략에 대해 살펴보기로 한다.

1 왜 우리는 가족사랑에 무관심하였던가?

"왜 가족이 중요한가?"라는 질문을 받는다면 우리 대부분은 나를 있는 그대로 사랑하는 사람이 있기 때문이라고 답하기가 쉽다. 즉, 사랑을 인용하지 않으면 우리는 가족을 설명할 수가 없다. 가족사랑은 무엇으로도 대신하기 힘든 생명력을 우리에게 공급하며, 그 생명력이 바로 삶의 의욕이며 생존의 동기이다.

그러나 가족사랑이 이토록 중요한 삶의 원천임에도 불구하고, 우리는 공기의 고마움을 잊고 살듯이 가족사랑을 잊고 산다 하여도 과언이 아니다. 21세기에 살고 있는 현대인의 특징 중 하나를 설명할 때 누구나 지적하는 것이 옛날 사람보다 점점 이기주의화되면서 사랑을 잃어간다는 것이다. 즉, 가족이 사랑의 원천으로서의 중요성을 상실했다고까지 표현하기도 한다. 때로 부모와 자녀도 서로를 적대시하며, 부부관계는 쉽게 해체되며, 심지어 어린 자녀나 늙으신 병약한 부모를 유기하는 사람까지 생기고 있는 등 가족사랑이 현대사회에서 점점 상실되어가고 있다는 증거를 우리는 쉽게 찾을 수 있다. 그러나 달리 생각하면, 그래서 각박한 현대사회일수록 훈훈한 삶의 온기를 얻기 위해 가족사랑은 더욱 필요하고 더욱 중요한 것이 아닌가 하고 주장된다. 그러나 사랑이 가족성원의 마음과 정신에 그토록 중요한 것임에도 불구하고 가족학자들이 가족 내의 사랑에 대한 연구를 외면해 왔다는 것은 참 이상한 일이다.

가족의 사랑에 대한 연구와 저서들이 희귀한 첫째 이유는, 사랑(affection, love)을 정의하기가 어렵고 더욱이 측정하기가 어렵기 때문이다.[1)] 사랑은 느낌이고 정서이다. 즉, 신비롭고 철학적이며 영적이고 내면적이며, 도덕적이고 감정적인 매우 복잡한 어떤 것이다. 그래서 사랑을 연구하기는 어렵다. 둘째 이유는 그 동안 가족연구를 이끌어 온 많은 이론적 관점은 역기능적이거나 문제 있는 가족에 대한 연구들에 초점을 두었다. 즉, 가족전문가들은 건강하고 잘 기능하는 가족들이 어떻게 살아가고 있는지를 이해하는 것보다는, 우선 문제가족의 병리가 무엇이며 어떻게 치료해 주어야 하는가에 주목해 왔었다. 그 결과 가족사랑이 가족문제보다도 중요한 연구주제가 되지 못하였다(Burr, 1993).

그러나 다양한 사회적 변동과 위기 속에서도 우리는 훌륭한 가족관계를 유지하고 살아가는 풍성한 가족애를 지니고 있는 가족들이 있다는 사실에 주목할 필요가 있다. 사회가 빠르게 변화하면서 미처 원만한 가족관계를 구성할 지혜, 지식들을 습득하지 못한 사람들을 도와 주기 위해서라도 행복한 가족에 대한 연구는 필요하다. 그런 연구에서 밝혀진 행복한 가족의 비법 등이 알려져야 하고, 그런 가족이 모델이 되어야 하기 때문이다. 그래서 가족학자들은 가족사랑에 주목하게 되었다. 가족사랑을 얻기 위해서 어떤 전제가 먼저 필요한 것은 결코 아니다. 가족사랑은 우리의 일상적 노력과 가치 존중으로 얻어지는 것이다. 그래서 우리는 노력하면서 사랑하는 법을 쉽게 배울 수 있다. 그래서 사랑을 나누는 지혜를 학습해야 한다.

1) 가족학자들은 '사랑'이라는 모호한 개념보다는 보다 구체적이고 측정이 용이한 개념인 '적응(adjustment)', '친밀감(intimacy)', '유대감(ties)' 등으로 사랑을 대체해 왔다.

Box 6-1

사랑을 배워 봐요

하나. 5가지 이야기를 통해 가족 간의 사랑을 전해주는 따뜻한 그림책. 엄마가 뱃속에서 10달 동안 사랑으로 키워 세상에 나온 아기. 무엇보다 가장 소중한 아기에게 전해주는 엄마의 사랑의 메시지가 담겨 있는 이야기와 형이 하는 일이라면 어떤 일이든 따라 하고 싶어 하는 동생과 형의 우애 이야기가 담겨 있다. 그리고 무더운 여름날 밤잠을 못 이루는 딸을 위해 산책을 나가서 여러 가지 이야기를 들려주는 아버지의 이야기까지. 칼데콧 상 수상작가인 샬롯 졸로토가 글을 쓰고 캐롤 톰슨이 따뜻한 그림을 그려냈다. 소중한 아이를 바라보면서 엄마, 아빠가 해주고 싶었던 이야기와 형제들의 소중함을 느낄 수 있는 동화가 담긴 이 그림책(샬롯 졸로토(2008), 『내 손을 꼬옥 잡아요』, 삼성당아이 출판사)은 가족 간의 사랑을 전해준다.

둘. '청소년기의 연애관계 발전'이라는 책의 편집자이자 심리학자인 캔디스 페이링 박사는 청소년의 남녀 관계를 자세히 들여다보면 어른들의 구애 행동들이 그대로 관찰된다고 주장한다. 맘에 드는 이성이 자신에게 관심을 갖게 하기 위해 구애 행동을 하기도 하고 때로 그들은 자신이 미래에 '좋은 남편' 혹은 '좋은 아내'가 될 자격이 있음을 드러내기도 한다. 그들은 은밀히 어른들의 사랑을 흉내 내고 시뮬레이션하면서, 짝사랑에 애가 끓고, 배려하며 거절하는 법을 배우고, 거절당하는 아픔을 감당하는 법을 배우고, 이성에게 매력적으로 보이는 법과 쿨하게 헤어지는 법을 배운다.

그러나 남학생과 여학생이 이성에 대해 이야기하는 방식과 내용은 매우 달랐다. 남학생은 좀 더 노골적인 언어 표현을 통해 자신의 성적 욕망을 드러내며 성적 영역을 넓혀 간다. 더 심한 표현, 더 노골적인 표현들을 '시도'해봄으로써 사랑에 대한 관심을 표현한다. 반면 여학생들은 이 시기에 성적 환상에 깊이 빠진다. 이성에 대한 환상을 구체적으로 형성하며 멋진 남자와의 근사한 사랑을 꿈꾼다. 숱한 시행착오를 겪으면서 사랑을 배워 나간다.

출처 : 한겨레 21, 제728호(2008. 9. 24.), '정재승의 사랑학 실험실'에서 발췌

2 가족사랑의 특성

가족사랑의 특성을 찾기 위해, 우선 일반적으로 사랑이라고 여기는 낭만적 사랑을 고찰해 보자. 그러나 가족사랑은 지속적이어야 하기 때문에 그 낭만성만으로는 유지되지 않는 한계를 가진다. 그 사랑에 현실적 사랑이 가미된다면 보다 오래 공동체로서 가족은 유지된다. 그러면 그 현실적 사랑을 설명하기 위해 우리가 차용해야 되는 가치는 무엇인가? 그건 이타주의이다. 그리고 그 이타적 사랑에 강요되는 규칙이 있다. 또 가족사랑 중 대표적인 것이 위 세대(부모, 조부모 등)의 아래 세대(자녀, 손자녀 등)에 대한 무한한 사랑이다. 이 모성적 사랑이 대해 살펴보고, 마지막으로 현대 자본주의 사회(보다 이기적인 인간들을 필연적으로 양산하는)에서 인간관계의 형성과 유지에 가장 쉽게 적용되고 이해되는 교환의 논리를 보고, 그러나 가족사랑이 결코 교환으로만 설명되지 못하는 부분을 증여로 설명하고자 한다.

1) 사랑의 낭만성과 현실성

사랑은 '상대의 안녕을 갈망하며 나타나는 기분 혹은 감정상태' 로 정의되며, 보통은 그 상대의 존재 자체에 기뻐하고 그 사람에게 인정받고 싶어 하는 감정과 애착으로 설명된다(Giddens, 1991). 사랑에는 낭만적 사랑과 현실적 사랑이 있다.

낭만적 사랑(romantic love)은 '느낌(feeling)' 에 기초한다. 그것은 강한 감정상태, 사로잡힘과 같은 특성을 가진다. 실제 연애감정이란 대부분이 낭만적 사랑이다. 배우자 선택의 실제에서 계산적인 면도 어느 정도 포함되지만, 대중적인 이상에는 낭만적 감정이 지배적이다. 그러나 불행하게도 감정이란 원래 불안정하기 때문에 낭만적 사랑의 지속에 대해서는 항상 의문이 제기된다. '정말 사랑하고 있는 것인가' 라는 스스로의 의문과 상대에 대한 의문이 가시지 않는다. 그래서 낭만적 사랑에는 사랑하는 관계를 오래 유지케 하는 지지력, 힘이 부족하다(Rubin, 1973).

이에 비해 현실적인 사랑(realistic love)이란, '안녕(well-being)' 에 기반을 두는 감정으로 안정된 관계에 있는 사람들 간의 사랑을 묘사할 때 사용된다. 대표적인 것이 오랜 세월을 함께해 온 부부 간의 사랑, 부모가 자녀에 대해 가지는 책임과 헌신적 감정 등이 그것이다(Knox, 1979).

가족학적 관점에서 볼 때, 가족의 형성(결혼)은 사랑의 낭만성에서 시작되나, 가족의 유지는 사랑의 현실성에 기반하고 있는 것이 가족사랑의 특징이다. 부부 간의 낭만적 사랑이 최근 길어진 결혼생활을 유지하는 한 방법으로 강조되기는 하지만, 그건 가정이라는 공동의 선을 위한 상호 간의 현실적 사랑을 가진 다음에 더 깊은 즐거움을 만들기 위한 방안으로 강조된다고 본다.

Box 6-2

중년기 부부의 낭만적 사랑

52세의 이기철 · 한정숙 부부는 동갑이다. 캠퍼스 커플로 만난 이 부부는 두 딸을 낳고 살면서 무던히 많이 싸웠다고 한다. 얌전한 남편과 활달한 아내이기 때문에 이 부부의 성역할은 다소 다른 사람과 반대였다. 늘 아내가 먼저 제의하고 행동도 빠르다. 남편은 늘 아내가 제의하는 것들을 수동적으로 따라 왔을 뿐이다. 그러다 보니 남편은 자기가 무시당하는 것 같아 섭섭하여 트집을 잡을 때가 많았고, 아내는 자신이 더 많은 수고를 하는데 이걸 인정하는데 인색한 남편에 화가 나기도 했다. 그렇게 티격거리면서 살다 보니 중년의 나이에 접어들었고, 어느 날 덜컥 아내가 유방암 진단을 받게 되었다. 아내는 아내대로 남편과 이이들을 두고 죽을 수 없다고 생각했고, 남편은 남편대로 아내의 소중함을 새삼 깨달았다. 부부는 많은 이야기를 나누면서 서로에게 서로가 너무나 소중한 존재임을 인식하게 되었다. 이 부부는 지금 다시 연애를 하면서 살고 있다. 눈 뜨면 인사하고, 낮에도 보고 싶어 전화를 건다. 좋은 노래 가사가 있으면 그걸 적어서 상대에게 바친다. 자녀들이 닭살 돋는다고 놀리지만, 이 부부는 그런 낭만성으로 새로운 부부애를 높혀 가고 있다.

2) 호혜적 이타주의와 친선의 규칙

이타주의(altruism)는 '타인의 안녕을 증진시키기 위한 비이기적인 행동과 타인에 대한 사심 없는 관심' 을 가리키는 말로, 이기주의(egoism)의 반대말이다(Burr, 1993).[2)]

2) 이타주의와 이기주의의 차이는 행동에서 관찰되는 것이 아니고 동기에서 구분된다. 이타주의적인 행동이 되려면, 반드시 사랑이나 관대함 혹은 법이 정한 최소한의 범위를 넘어서는 자발적인 마음에 대해 동기가 유발되어야 한다. 자신의 손해를 감수하고 집단의 보호를 위해 애쓰기보다는 자기만의 이익을 챙기려는 '적자생존' 의 경향, 그것은 이기적 행위이다. 거의 모든 문화권에서 다 이타주의를 장려하고 이기적 행동에 대해서는 눈살을 찌푸리는 도덕적 부호들을 가지고 있다(Sorokin, 1971).

이타주의적 행동이 가족에게만 국한되는 건 아니지만 우리는 이타적 행동을 당연히 가족이란 이름으로 기대한다.

포르테스(Fortes, 1969)는 이타주의에는 의무적인 행동이나 생각도 포함되며, 특히 가족을 확장한 친인척 사이에는 그러한 '기대된 이타주의', 즉 '상호 기대되는 이타주의(호혜적 이타주의, reciprocal altruism)'가 있다고 했다. 이 기대되는 이타주의는 때로 친족 간의 도리, 친족 윤리라고도 말해진다. 가족과 근친 간에는 친선의 법칙이 존재하며 이것이 바로 돌봄, 사랑 등이다. 친족집단은 서로 사랑하며, 관대하며, 서로에게 준 만큼 정확하게 되돌려 받으려 하지 않을 것이 기대되는 집단이다. 실제적으로 친족들은 서로 친절하고 지지하고 염려해 주고 보호해야만 한다는 저항할 수 없는 요구를 상호 가지고 있는 셈이다. 그래서 가족을 비롯한 가까운 친인척은 서로 주는 자이자 동시에 서로 받는 자이다(상호 호혜적이다). 주기만 해서도 안 되고 받기만 해서도 안 된다. 그건 희생이지 사랑이 아니다. 가족이란 이름으로 모든 사람들은 받는 자뿐 아니라 주는 자가 될 것이 기대된다. 생태학적 관점에서 호혜적 이타주의는 가족의 생존을 보장하는 데 도움이 되는 적응적 관점이다. 캠프벨(Campbell, 1975)은 이타주의적 행동이 인간사회의 생존을 보장하는 데 도움을 줄 뿐만 아니라 집단과 개인 모두의 생활향상에 기여한다고 말했다. 가족과 같은 통합적 체계에서는 가족의 안정과 문화의 지속을 위해 이기주의보다는 이타주의가 더 필요하다.

Box 6-3

영화 '집으로'에서 발견한 친족 사랑

이정향 감독의 '집으로'(2002년)는 어쩔 수 없이 함께 살게 된 할머니와 어린 손자(상우)와의 생활을 보여주면서, 가이없는 할머니의 사랑과 그 사랑에 차츰차츰 새로운 인간사랑을 배워 가는 어린 상우의 관계를 가족사랑이란 주제로 잘 보여주고 있다.

상우 어머니는 도시의 어려운 생활 때문에 할 수 없이 상우를 잠시 시골 할머니 집에 맡긴다. 의논 없이 불쑥 맡겨진 손자이지만 할머니는 에미가 거둘 수 없는 사정이라면, 나라도 거두어야지라는 마음으로 손자를 기꺼이 받아들인다. 도시에서 자란 일곱 살짜리 상우는 시골 생활이 무료하고 자신의 말을 다 알아듣지 못하는 할머니가 답답하기만 하여 온갖 투정을 다 부린다. 그러나 할머니는 진심으로 손자가 원하는 것을 들어주려고 노력한다. 차츰차츰 상우는 할머니가 자기를 진심으로 사랑하고 있다는 것을 알게 되고 상우도 할머니가 좋아지기 시작한다.

3) 모성적 사랑

모성적 사랑(maternal love)은 자기보다 어린 세대를 돌보는 윗세대의 사랑으로, 이 사랑은 아버지와 어머니 모두에게 적합하다(Ruddick, 1989).

그러나 어머니의 사랑과 아버지의 사랑은 다소 다르다고 우리는 믿고 있다. 자녀를 다 사랑하지만 그 사랑의 질은 다를 것이라고도 한다. 그리고 우리는 비록 맞벌이 부부가 증가하고 있음에도 불구하고, 사랑과 양육적인 돌봄의 경험에 보다 더 연관이 있는 것은 아버지보다는 어머니라고 믿고 있다. 아버지가 어머니보다 자녀를 덜 사랑한다는 말은 결코 아니겠지만, 자녀의 보호와 양육의 우선적 책임은 아버지보다는 어머니에게 더 자주 부여된다는 의미일 것이다. 그래서 우리는 어머니의 사랑은 아버지의 사랑보다 좀 더 강하고 깊다고 가정하기도 한다. 어머니의 사랑이 아버지 사랑보다 더 깊고 믿음직한 것으로 보이는 것뿐 아니라 행위로서의 '어머니됨'이 여성의 삶에서 차지하는 부분은 '아버지됨'이 남성의 삶에서 차지하는 것보다 훨씬 크다. 아버지는 날마다의 아이돌보기에 최소한의 참여도 하지 않은 경우에라도 좋은 아버지로 인정받을 수 있다. 반면 사람들은 양육에 참여하지 않은 어머니에 대해 비난하기가 훨씬 더 쉽다. 그러나 아버지됨에 대한 사회의 고정관념은 부모됨의 어떤 면에 대한 아버지들의 참여를 제한해 왔다. 이 말은 남성에게는 아이들을 사랑할 수 있는 능력과 삶의 표현적이고 정서적인 풍부성이 억압당해 왔다고 볼 수 있고 이것은 남성에게도 바람직한 것은 아니다.

루딕(Ruddick, 1989)은 모성적 사랑의 두 유형을 제시하고 있다. 아버지이든 어머니이든 부모의 사랑은 자녀성장에 따라 보호적 사랑과 주의 깊은 사랑으로 나누어져야 한다는 것이다. 보호적 사랑(preservative love)은 자기가 낳은 존재나 책임져야 할 생명을 보호하기 위한 헌신이며, 그의 생존기회를 증진시키려는 행동이다. 보호적 사랑은 부모의 의무와 헌신과 아이와의 일체감과 더 관련이 있다. 그리고 실제로 부모가 자녀에 대해 갖는 느낌은 복잡하고 양가적일 때도 자주 있다. 사랑에 미움, 슬픔, 참을 수 없음 등의 감정이 섞여 있을 수도 있으며, 갈등적인 정서를 가질 수도 있다. 아이들을 보호하기 위한 헌신이 모든 부모에게 담보되어 있다고 우리는 믿지만 보호적 사랑의 양가성을 간과하기가 쉽다.

주의 깊은 사랑(attentive love)은 아이가 자라도록 내버려두는 것이다. 부모는 주의 깊게 참고(분리), 사랑하는 눈으로(애착), 아이의 현실을 볼 수 있는 충분한 심리적 거리를 두고 사랑하여야 한다. 주의 깊은 사랑은 아이가 무엇을 경험하고 있으며 성장을 촉진하는 최상의 도움은 무엇인지를 이해하려고 하면서 인내하는 감정이입적 사랑이다. 주의 깊은 사랑은 자세히 지켜보는 것을 요구하지만 지나치게 가까이 있어서는 안 된다. 부모의 이기심을 위해 아이를 사용하는 일이 없는 사랑이어야 한다. 자녀가 청소년기에 들어서는 즈음부터 부모사랑은 점차 보호적 사랑에서 주의 깊은 사랑으로 옮겨 가야 된다.

Box 6-4

주의 깊은 사랑으로 청소년 자녀 대하기

일곱 명의 아이를 둔 한 아버지는 지금 모든 아이들이 기저귀를 벗었지만, 자신이 아이들을 키우면서 행복했고 감정적으로 풍부하였던 황금기는 아이들이 사춘기에 도달하지 않았던 시기였다고 고백한다. 어린 자녀를 돌본다는 것은 기저귀를 여러 차례 갈아줘야 하는 등, 실제 힘들지만 보호하는 사랑으로 주는 기쁨이 컸다. 그러나 청소년이 되어 버린 자녀들에게는 이 보호적 사랑이 오히려 갈등만을 가져오고 있음을 아버지는 느끼게 되었다. 사춘기 자녀의 도전은 복잡하고 어려웠다. 아이들은 세상 속에서 자신들만의 길을 찾기 시작하며, 부모의 말 외에 다른 데서 오는 어떤 말들에 더 귀를 기울였다. 부모는 그들을 어떻게 대해야 하는지, 여전히 한결같은 부모의 사랑을 어떻게 표현해야 되는지 막막하였다. 부모가 여전히 자녀의 길잡이 역할이 되어야 할 필요는 잊지 않고 있었지만.

자녀들의 십대 시절은 고요함을 회복하기 직전의 한바탕 폭풍과 같다고 한다. 이 시기 자녀들의 세상은 부모가 아는 세상과 다를 수밖에 없음을 인식해야 한다. 부모들은 자신들의 많은 인생 경험을 살려 아직은 미숙한 자녀들에게 시도 때도 없이 충고를 하게 되고 가르치려 든다. 하지만 자식들은 부모들이 항상 무언가를 요구하고 사사건건 참견하며 비판만 한다고 생각한다. 이 시기 부모의 사랑은 어떤 방식으로 자녀에게 전달되어야 하는가? 물론 따뜻한 대화는 기본적으로 필요하지만, 그 위에 필요한 것은 그들을 믿고 지켜보는 것이다. 이때 일상적으로 주고받는 대화 속에 그런 기대와 신뢰가 묻어 나와야 한다. 소소한 것들도 스스로 대처하도록 지켜보고, 자녀들이 도움을 요청할 때에는 적극적으로 그들을 지지해 준다. 이젠 보호해야 될 자녀라기보다는 작은 친구 같은 마음으로 그들을 대한다.

출처 : 오마이뉴스(2006. 2. 14.), '가족간의 대화, 원만하세요?' 에서 발췌한 후 수정

4) 사랑의 경제학적 모델

보울딩(Boulding, 1973)은 가족의 삶에서 어떻게 사랑이 창조될 수 있으며 그것이 어떻게 유지될 수 있는지를 증여와 교환으로 설명했다. 증여와 교환은 둘 다 이 사람에서 저 사람으로 자원이 이전되는 과정을 포함하는 개념이다. 증여(grants)는 자원의 일방적 이전이다. 되돌아올 것을 기대하지 않고 주는 선물이다. 가족 안의 증여에는 경제적인 것(돈이나 물건을 주는 것, 음식과 쉴 곳을 제공하는 것, 특별한 일에 선물을 하는 것), 대인적인 것(시간투자, 정보의 공유, 지지의 제공, 애정표현), 그리고 두 가지에 다 속하는 것이 있다.

이에 비해 교환(exchange)은 자원의 양방적 이전을 말한다. 교환은 자원의 주고받음이 자신에게 이익이 되거나 교환되는 자원들이 대충 같은 가치의 것이라는 확신이 있을 때 취해지는 이기적인 이익 추구 행위이다. 사람들은 교환관계에서 자기가 준 것에 대한 공정한 보답을 기대한다. 교환은 주는 자와 받는 자의 만족스러운 자기이익 확보를 위해 형식 혹은 무형식의 계약을 요구한다. 가족 내의 교환의 한 예는, 가사노동의 공정한 분담 같은 것이다. 가끔 보상이 있긴 하지만 일반적으로 증여는 보상을 기대하지 않는다. 그러나 교환은 항상 보상을 기대한다. 모든 구성원은 주는 자가 되는 동시에 받는 자가 된다.

증여에도 호혜적이고 상호적인 증여가 있다. 즉, A는 순수하고 좋은 마음과 자비심으로 B에게 무엇을 준다. 그리고 B도 순수하고 좋은 마음과 자비심으로 A에게 무엇을 준다. 그러나 그 두 행동들 각각이 상대행동의 어떤 조건들에 영향을 받지 않기 때문에 양자는 형식적인 관계를 맺고 있는 것이 아니다. 가족 내 호혜적 증여의 한 예는 자녀에 대한 부모의 희생이다. 아이들이 커서 그들의 나이 든 부모를 돌보게 될 때 그 이득은 호혜적으로 돌아올 수도 있을 것이다. 그러나 부모의 희생이 자녀로부터 부양을 확신하고 있는지 여부에 따라 결정되는 것은 아니다. 부모의 희생은 호혜성이 발생할 것이라는 계약적인 의무 없이 무조건적으로 주어진다. 그래서 가족은 서로 보호하고 서로 사랑한다. 이것이 증여가 갖는 통합적인 힘이다. 사랑으로 주어지는 자발적 증여는 인색하게 주어지는 비자발적 증여보다 특히 짧은 시간 내에서 통합적 힘이 더 클 것이다. 외출한 부모들을 깜짝 놀라게 해주려고 집안 청소를 하고 있는 아이들은 엄마나 아빠가 벌을 줄까봐 청소를 하는 아이들보다 부모에 대해 사랑하는 마음과 통합적 감정을 분명히 더 많이 느낄 것이다. 이러한 자원의 이전은 선의와 사랑으로 행해질 것이 기대된다.

Box 6-5

부모부양-효도인가 교환인가?

전통적으로 부모부양은 자녀의 의무이었다. 즉, 부모의 조건이 어떻느냐에 관계없이 부양은 자녀에게 주어진 의무이었고, 부양받음은 부모의 권리이었다. 그러나 요즘 세상에서는 부모부양이 의무만으로 설명되지 않는다. (중략) 부모를 어떻게 모실 것인가도 전적으로 개인적 가치 혹은 가족환경적 특성에 의해 결정되지 전통적 효 의식에 매여 있지 않다. 이러한 분위기에서 도저히 모실 수 없는 형편임에도 여전히 부모 돌봄에 지극 정성인 가족도 있지만 대체로 부모와 자녀는 상호적 관계의 연장에서 돌봄 기능을 해결하고 있기도 하다. 이 상호작용에 내포되어 있는 효도와는 다른, 그것이 무엇일가?

노후에 자녀의 부양을 더욱 필요로 하는 사람들은 아마도 경제적 자원이 부족하고 건강이 좋지 않는 노인(부모)일 것이다. 반대로 다소 경제적으로 안정되어 있고 건강이 좋은 노부모들의 경우에는 자녀로부터의 부양이 반드시 필요하지는 않을 것이다. 그런데 주변을 살펴보면 과연 어느 노부모의 경우가 자녀부양(지원과 같은 의미로 경제적, 정서적, 일상생활 지원을 다 포함함)을 실제적으로 더 많이 받고 있는가라는 의문이 생긴다. 건강이나 거주형태에서 도움이 덜 필요하다고 여겨지는 조건의 부모일수록 자녀로부터 더 많은 지원을 받고 있었으며, 실제 자녀의 도움이 필요한 부모는 자녀로부터 소외되고 있었다. 이때 가난한 자녀가 가난한 부모를 도우는 경우 그것이 바로 진정으로 효도일 것이며, 넉넉한 자녀는 당연히 가난한 부모를 도와야 하기에 그런 경우 효심이라고 보기는 어렵지 않을까? 그런데 이상한 것은 넉넉한 부모일수록 자녀로부터 넉넉히 받고 있는 현상이다. 도움이 덜 필요한 부모에게 도움을 주려는 자녀의 동기는 무엇인가를 생각할 때 나오는 단어가 호혜적 교환이다. 받을 것을 기대하고 준다는 의미이다. (중략) 어떻게 주고 어떻게 받을 것인가? 그 과정에 포함된 자녀의 효심과 정당한 교환을 어떻게 결합할 것인가? 이미 투자한 부모의 입장으로, 언젠가 닥칠 허약할 때를 고려하면 과제인 것만은 틀림없다.

출처 : 부산일보(2008. 8. 20.)에서 발췌

3 가족사랑법

가족을 사랑한다는 맹세는 마음으로만 혹은 말로만 되는 것이 아니라 일상의 소소함을 함께 나누는 행동적인 요소를 포함한 것이어야 한다. 부부 간의 사랑이나 부모 자녀 간의 사랑, 그리고 친인척 간의 돌봄 등은 다 이런 전제에서 벗어날 수 없다. 이 가족사랑의 4가지 특성은 버어(Burr, 1993)의 저서 『Family Science』에서 발췌 정리한 것이다.

1) 가족사랑은 타인지향적인 것이다

타인지향적이라는 것은 주의 깊은 이타주의적 차원으로, '다른 가족에 대한 신체적 정신적 돌봄을 포함하는 희생적 태도를 지닌다' 라는 뜻이다. 자신이 하고 싶고, 먹고 싶은 것을 뒤로 미루며 다른 가족들의 욕구를 먼저 채워주는 행동, 자신의 소중한 장기를 가족에게 제공하는 사랑 등은 그 좋은 예이다. 이런 타인지향적 태도는 가족 속에서 학습되며 그 다음 점점 다른 사회관계로 확장된다. 벨라(Bellah, 1985)는 "누군가에게 주는 것은 받는 것보다 더 기쁜 일이다. 그 대상이 가족일 경우 그것은 주는 행위를 통해 내가 살아 있음이 더 강하게 표현되는 것이다" 라고 하여, 가족들에게 보다 이타적인 돌봄을 제공하는 것은 결코 빼앗김 같은 감정은 아니라고 하였다.

부모는 자녀가 자기 자녀이기에 돌보는 것뿐 아니라, 아이를 낳고 키우면서 함께 성장해 왔었기에 더욱 사랑하는 것이다. 또 자녀는 부모가 자기를 위해 희생했기 때문만이 아니라, 함께 일상을 공유하면서 서로가 서로에게 필요한 존재이었기 때문에(때로는 부모가 자기를 도왔기 때문에) 부모를 사랑한다. 한 가족원으로 공유된 경험과 희생이 있을 때 타인지향성은 가능한 것이다.

그러나 때로 우리는 친척이라 하더라도 함께 일상을 공유하지 않으면 기꺼이 사랑하기가 어렵다. 이때 물리적으로 가까이 있지 못해 실제적 돌봄이 어렵다면, 정신적 함께함(같은 조상을 가진 공동체 의식 등)이나 추억을 통한 그리움 등도 포함되기 때문에 떨어져 사는 가족일 경우 정신적 공유를 유지해야 되는 노력이 필요하다. 이런 정신적 공유 없이 후일 실제적 돌봄이나 관계형성은 어렵다고 보여진다.

2) 가족사랑은 행동지향적이다

느낌으로서의 사랑은 행동으로서의 사랑에 비해 깨지기 쉽고 쓸모가 없다. 사랑의 행위에는 자기의 손과 마음으로 만든 것을 주는 행위가 포함된다. 즉 아기를 직접 돌보는 것, 연로한 부모나 조부모의 일상(옷 입기, 식사 시중, 외출하기 등), 부부의 가사노동 함께하기(청소, 요리, 설거지 등) 등과 같은, 생활을 위해 필수적인 너무나 인간적이고 평범한 행동 등이다.

스티넷(Stinnett, 1983)은 건강한 가족들이 공유하는 가장 중요한 특징 중의 하나로 도와줌에 대한 감사를 들었다. 다른 가족들(타인)로부터 주어지는 선물(물질이 아니라 실제 일상의 편리함을 위해 서로 도와주는 행동들)은 가족사랑의 통합적 힘을 형성하는 데 매우 중요하고, 그것이 가족을 편하게 만든다고 하였다. 행복한 부부는 무엇이 배우자에게 진정한 선물인지를 서로 아는 사람들이며, 서로 공유된 이해가 있는 사람들로, 적극적으로 도와주는, 그리고 감사한 마음으로 그것을 인정하는 사람들이다.

3) 가족사랑은 무조건적이다

무조건적 사랑은 '조건적'이지 않는 사랑, 즉 그 관계가 자기 자신의 이익을 만족시키는 정도에 구애받지 않는 사랑이다. 사람은 존경받을 만한 개인적 특성이나 성취가 있기 때문이 아니라 그가 존재한다는 이유만으로, 그리고 그가 가족이라는 이유만으로도 사랑받을 가치가 있다. 무조건적 사랑은, 위에 언급한 주의 깊은 사랑을 포함한 타인의 성장과 양육적 필요에 기민하게 대처하는 사랑이다. 무조건적 사랑은 의무에 우선성을 두는 것이 특징이다. 즉, 가족성원들은 자기가 그렇게 하고 싶을 때만 사랑하는 것이 아니라, 또 타인이 사랑받을 가치가 있다고 느낄 때만 서로 사랑하는 것이 아니라 가족이란 이름으로 한 공동체이기 때문에 사랑해야 하는 것이다. 이런 정신은 가족집단만이 가진 유일한 특성이다.

4) 가족사랑은 지속적이다

가족사랑은 지속적일 것이 기대된다는 점에서 특징이 있다. 친족관계나 결혼선언 등은 실제 무한한 관계를 전제로 한다. 조부모나 조카 등과 같은 혈연(입양이라 하더라도), 혹은 혼인에 의해 만들어진 가족관계도 상징적인 측면에서 그 지속성이 전제되기는 하나 실제 돌봄이 필요할 때 돌보아 주어야 할 책임을 서로 가진다는 측면에서 지속적이기를 기대한다. 가족이란 미래뿐 아니라, 이미 과거와도 연결되어 있다. 가족유대라고 표현되는 부모와 자녀, 조부모와의 관계, 다른 근친들과의 관계 등은 세대를 통해 다 연결되어 있음을 부인하지 못한다. 그 연결성, 유대성은 무한하고 그런 가족의 영속성이 바로 인류의 연속성을 가능케 하는 것이다. 영구적인 관계가 되기를 소망하는 것은 모든 인간관계의 속성이지만 어려운 것도 사실이다. 결혼, 친족, 친구, 심지어 이웃까지도 서로의 편안함만을 추구하는 것이라면 평생 지속될 수는 없을 것이다. 지속적이어야 된다는 것은 우리에게 책임과 의무를 동시에 강요하는 것이다. 가족사랑은 개별 가족구성원이 어떤 환경에 처해 있든 우리에게 그들을 내 생명이 다 할 때까지 사랑하라고 말하는 것이다. 어렵지만 이런 실천을 통해 가족사랑은 사회로 확산되고, 그래서 우리는 보다 평화로운 세상을 만든다고 자부할 수 있다.

Box 6-6

가족사랑의 힘-대화

대화란 무엇인가. 상대방에 대하여 가지고 있는 마음을 더하지도 보태지도 말고 그대로 온전하게 전하기란 얼마나 어려운 것인가. 때로는 온전히 전하지 못한 아쉬움에, 때로는 굳이 전하지 않아도 될 마음을 내보인 후회스러움에 한 번쯤 대화가 참 어렵다는 것을 느껴보았을 것이다. 믿고 기대한 만큼 사소한 감정 다툼이 말싸움으로 번지기도 하고 그 때문에 생긴 상처가 가족 간의 관계에 풀 수 없는 매듭으로 남을 수도 있다. 그렇다면 왜 세상에서 가장 친밀한 가족 간의 대화가 겉돌기만 하는 것일까. 왜 점점 가족 개개인이 따로 떨어진 섬처럼 고립된 채 살아가고 있는 것일까.

조지타운 대학의 언어학과 교수인 데보라 태넌은 대화의 중요성을 이렇게 말하고 있다. 가족은 서로 너무 가깝기 때문에 보여주고 싶지 않는 어두운 면도 볼 수밖에 없다. 무슨 일이든 언제나 아낌없는 격려로 응원을 보내주는 것도 가족이지만, 결점에 대하여 낱낱이 파악하고 일일이 토를 다는 참견쟁이도 또한 가족인 것이다. 이 문제를 해결하는 방법은 심금을 터놓고 대화하는 것이라 한다. "내가 하는 일마다 당신이 못마땅해 하는 게 불만이다"라며 솔직히 자신의 의견을 표현해야 한다고 한다. 즉, 각자 말하는 방식의 장단점이 무엇인지 따져 보면서 서로 비난하지 않고, 상처를 주지 않는 대화 방법을 찾아야 한다는 것이다.

출처 : 오마이뉴스(2006. 2. 14.), '가족 간의 대화, 원만하세요?' 에서 발췌

생각해 볼 점

1. 어려운 여건 속에서도 가족을 위해 헌신한 사례들을 수집하여 함께 나누고, 그런 헌신 아래 숨겨져 있는 가족가치에 대해 논의해 보자.

2. 가족사랑을 주제로 한 영화 등을 찾아 감상하며, 그 사례에서 가족사랑이 구체적으로 어떤 행동으로 표현되고 있는지 찾아보자.

3. 가족사랑을 주제로 가족캠프를 기획해 보자. 어떤 활동 등으로 그것을 표현할 수 있을 것인가를, 실제 프로그램에 포함될 수 있는 구체적 활동 등으로 디자인해 보자.

참고문헌 REFERENCES

최연실 외 역(1995). 새로 보는 가족관계학. 서울: 하우.

Bellah, R. N., Madsen, R., Sullivan, W. M., Swindler, A., & Tipton, S. M. (1985). *Habits of the heart*. NY: Harper & Row.

Boulding, K. E. (1973). *The economy of love and fear*. CA: Wadsworth.

Burr, W. R. (1993). *Family science*. CA: Wadsworth.

Campbell, D. T. (1975). On the conflicts between biological and social evolution and between psychology and moral tradition. *American Psychologist 30*: 1103-1126.

Fortes, M. (1969). *Kinship and the social order*. Lodon: Routledge & Kegan Paul.

Giddens, A. (1991). *Introduction to sociology*. NY: Norton.

Knox, D. (1979). *Exploring marriage and the family*. IL: Scott, Foresman.

Rubin, Z. (1973). *Liking and loving: An invitation to social psychology*. NY: Holt, Rinehart and Winston.

Ruddick, S. (1989). *Maternal thinking: Toward a politics of peace*. Boston: Beacon Press.

Sorokin, P. A. (1971). *The reconstruction of humanity*. Boston: Beacon Press.

Stinnett, N. (1983). *Strong families: A portrait*. In D. R. Mace (Eds.). Prevention in family services: Approaches to family wellness. CA: Sage.

Chapter 07

FAMILY RELATIONS

의사소통

의사소통은 좋은 관계를 만들어주는 활력소이며, 대부분의 사람들이 매일 겪는 장애물을 제거해 준다. 사람들은 관계에서 효과적인 의사소통이 중요하다는 것은 알고 있지만, 정말 필요할 때 의사소통을 잘 하는 방법에 대해서는 알지 못하는 경우가 많다.

이 장에서는 가트만(Gottman)이 실험실 연구를 통해 지난 30년 동안 발표한 결과를 중심으로, 부부 간의 의사소통과 감정코치 부모되기에 관한 핵심 내용을 발췌하여 기술하고자 한다.[1)]

1 부부 간의 의사소통

부부갈등이 심화되는 것은 문제가 된 의사소통 내용 자체보다 대화를 나눌 때 부부가 보이는 태도 때문이다. 대화 내용이 중요하지만 그것을 어떤 방식으로 표현하는지가 더욱 중요하며, 이러한 태도는 부부의 내면적 관계를 적나라하게 드러내는 숨길 수 없는 지표가 된다.

1) 부부 간의 역기능적 의사소통 유형: 결혼생활을 위협하는 위험신호

가트만은 갈등상황에서 부부들이 의사소통할 때, 비난, 방어, 경멸 그리고 냉담의 네 가지 해로운 상호작용 방법이 있다고 하였다. 비난에서 냉담으로 옮겨갈수록 결혼생활에 더욱 치명적이다. 각 유형의 특성은 다음과 같다.

1) 부부 간의 의사소통은 『부부를 위한 사랑의 기술』(정준희 역, 2007)과 『우리 아이를 위한 사랑의 기술』(최성애 · 조벽 역, 2008) 및 그 외 가트만(Gottman)의 저서를 참고하였고, 감정코치 부모되기는 『내 아이를 위한 사랑의 기술』(남은영 역, 2007)을 참고하여 정리하였다.

(1) 비 난

비난은 배우자의 성격이나 인격을 전면적으로 공격하는 것이다. "당신은 항상", "당신은 한 번도"라는 말로 시작되는 경우가 많다. 대화 중에 "게으르다", "이기적이다", "생각이 없다", "부주의하다" 등의 표현이 나오면 비난한다는 것을 알 수 있다. "당신은 한 번도 청소를 안 하잖아"는 "당신은 정말 게으르다"라는 뜻이다.

비난의 해독제는 불평을 말하는 것이다. 불평은 구체적인 행동을 책망하는 것이다. "당신은 항상 쓰레기를 버리지 않아. 쓰레기통이 꽉 차 있는데" 대신에 "(나는) 당신이 쓰레기를 버리지 않아서 속상해요"라고 말하는 것이다. "당신은 항상 저녁식사 시간에 늦어서 매번 우리가 함께 식사하는 걸 망치잖아요" 대신에 "(나는) 당신과 함께 저녁식사를 못해서 실망했어요"라고 말하는 것이다. 따라서 불평은 "나는"이라는 말로 시작되며, 비난은 "당신은"이라는 말로 시작된다.

(2) 방 어

방어는 자신의 결백을 뒷받침하기 위해 혹은 문제의 책임을 회피하기 위해 사람들이 사용하는 반격이다. 방어는 종종 상대방의 불평에 역으로 불평하는 형태를 띤다. 한 사람이 비난이나 경멸할 때 상대방은 자연스럽게 방어하게 되는데, 이것은 결혼생활을 더욱 어렵게 만든다. "나를 가만히 내버려둬. 무엇 때문에 나를 괴롭히는 거지? 난 아무것도 잘못한 게 없어. 이건 내 잘못이 아니야." 이것은 마치 벌레가 바로 눈앞에서 윙윙거릴 때 눈을 깜박이는 것과 같은 반사작용이다.

방어하는 방법은 다음과 같다: ① 맞공격("그래, 내가 늦긴 했지만, 당신이 만든 음식은 형편없잖아") ② 자신은 아무 잘못이 없다고 주장("난 늦은 적이 거의 없어") ③ 정당 분노("이제 6시 30분밖에 안 됐잖아") ④ 희생자처럼 징징댐("상사 때문에 어쩔 수 없었어. 당신도 내 입장이라면 그랬을 거야"). 자신은 그 문제에 대해 아무 책임이 없다고 변명하면서, 서로 상대방 때문에 희생되었다고 느끼고 아무도 일을 바로잡을 책임을 지지 않는다. 방어하는 태도는 갈등을 해결하기보다 오히려 단계적으로 상승시키는 경향이 있다. 만약 습관적으로 방어하거나 자기 입장이 전적으로 옳다고 느끼는 사람이 있다면, 그 사람의 결혼생활은 어려워질 것이다.

방어의 해독제는 일을 그르친 데 대한 자신의 역할을 솔직하게 인정하는 것이다.

"여보, 미안해. 내가 좀 늦었어"라고 말하는 정도로 간단하다. 그러나 그렇게 하는 것이 쉽지 않다. 또한 방어하고 싶은 욕구를 진정시키고, 배우자와의 관계가 고통스럽다는 생각을 바꾸려고 노력하는 것이 필요하다.

(3) 경 멸

경멸은 비난에 모욕이 부가된 것으로, 배우자를 심리적으로 학대하는 것이다. 경멸에는 종종 빈정거림, 조롱, 욕설 혹은 호전적인 태도가 포함된다. 즉 말과 신체를 사용하여 배우자에게 모욕을 준다. 가시 돋친 말로 모욕하거나, 조롱하거나, 배우자에게 나쁜 별명을 붙이거나, 상대방을 애처럼 취급해서 훈계하는 것이다. "바보같이, 왜 쓰레기통 비우는 것을 늘 잊어버리는 거야?", "정말 정 떨어진다", "이 바보멍청이", "매일 늦는 것을 어떻게 보상할래?" 등 매우 다양하다.

또한 경멸은 코웃음 치기, 눈동자 굴리기, 입 삐죽거리기, 왼쪽 입술 끝을 들어올려 왼뺨에 보조개 만들기, 눈을 위로 치켜뜨기 등 얼굴 근육의 빠른 변화로 미묘하게 전달된다. 경멸은 관계를 망칠 뿐만 아니라 자존감도 파괴시키고 심지어는 배우자의 면역체계도 파괴한다. 경멸은 이혼의 가장 큰 예측인자이다. 따라서 경멸은 부부 상호작용에서 금지되어야 한다.

경멸의 해독제는 매일 작게나마 서로의 노고와 가치를 인정하고 존중해주는 것이다. "설거지 해줘서 고마워", "당신이 아기에게 젖을 줄 때 사랑스러워"와 같은 말을 자주 할 필요가 있다. 이런 말들을 마음속에만 담아두어서는 안 된다. 감사와 존중은 밖으로 표현될 때 행복한 결혼생활을 만드는 촉진제 역할을 하게 된다. 경멸을 자주 하는 배우자는 진심으로 존중하는 표현을 하는 습관을 길러야 하고, 칭찬 대 불평의 비율을 의도적으로 조절하는 훈련을 해야 한다.

(4) 냉 담

냉담은 상대방이 듣기만 할 뿐 대화에 동참하지 않거나 이야기를 듣고 행동 또는 말로 아무 반응도 보이지 않는 경우를 의미한다. 즉 배우자가 말하는 것이 마음에 들지 않을 때 '습관적으로' 돌담처럼 어떤 반응도 보이지 않는 것이다. 일반적으로 청자는 화자가 말할 때 쳐다보거나, "음-", "아-"라고 말함으로써 자신이 듣고 있다는 것을 알게 한다. 하지만 냉담자는 돌처럼 차갑게 침묵으로 일관함으로써 이런 표현을 하지 않는다.

냉담자의 85%가 남자이기 때문에 냉담은 아내가 남편에게 느끼는 주요한 문제이다. 남자들은 냉담할 때 가만히 앉아 있거나 말을 하지 않는데도 맥박이 1분에 100회가 넘게 뛴다. 이것은 브레이크와 엑셀레이터를 동시에 밟는 것처럼 신체적으로 불편한 상태이다. 즉 냉담은 스스로 자기진정을 위해 외부에서 들어오는 모든 자극(배우자의 음성 등)을 제거하려고 하는 행동이다.

그러나 냉담은 상대방을 매우 화가 나게 만든다. 배우자는 문 밖으로 밀쳐진 느낌이 들기 때문에 대화를 다시 시도하고 말 또는 행동으로써 담을 허물려고 한다. 그러나 바로 이러한 행동이 높은 담 쌓기를 유발시킨다. 배우자와의 관계가 고통스럽다고 지속적으로 생각할 때 돌처럼 굳어지게 된다. 의사소통이 이 정도까지 악화되었다면 부부는 관계의 부정성에 압도되어 이혼이나 별거로 끝나는 아주 위험한 지점에 와 있는 것이다. 냉담이 정기적으로 일어나는 결혼생활을 구제하려면 아주 힘든 작업이 필요하다.

냉담의 해독제는 잠시 휴식을 취하여 진정한 후 적당한 시간 내에 다시 배우자에게 돌아가는 것이다. 이렇게 함으로써 배우자와 함께 주파수를 맞출 수 있을 것이며, 배우자와 좀 더 조용히 말을 할 수 있게 된다. 더 바람직한 방법은 처음부터 차분할 수 있는 것이다. 기분이 상하기 시작할 초기에 자신의 호흡이 고르도록 신경을 쓰면 좋다. 냉담에서 벗어나는 마지막 방법으로, 배우자의 말에 고개를 끄덕이거나 눈을 바라보기만 해도 관계가 변화하게 된다. 이런 몸짓은 상대방에게 동의하지 않더라도 상대방의 말을 끝까지 듣기 원한다는 것을 배우자에게 확신시켜 준다.

냉담자는 진정하는 법을 배우고, 냉담이 아닌 다른 방식으로 말하고 듣는 것이 필요하며, 배우자와의 관계가 고통스럽다는 생각을 변화시킬 필요가 있다.

Box 7-1

부부 간 역기능적 의사소통 행동 척도

부부싸움을 할 때 당신은 다음의 행동을 하셨습니까? 해당하는 숫자에 ○표해 주십시오.

나는…	전혀 아니다	대체로 아니다	보통 이다	대체로 그렇다	매우 그렇다
1. 길게 잔소리 한다.	1	2	3	4	5
2. '당신은 항상, 또 문제' 라는 식으로 말한다.	1	2	3	4	5
3. '당신은 한번도 ~한 적이 없다' 는 식으로 말한다.	1	2	3	4	5
4. 남편의 성격이나 인간성을 비판한다.	1	2	3	4	5
5. 남편이 잘못한 것을 알아야 한다는 말투로 말한다.	1	2	3	4	5
6. 경멸(멸시)하는 표정을 짓는다(예: 코웃음 치기).	1	2	3	4	5
7. 가시 돋친 욕설과 모욕을 주는 말을 한다(예: '정말 정 떨어진다', '멍청하다').	1	2	3	4	5
8. 이혼, 별거를 하자고 위협한다.	1	2	3	4	5
9. 남편의 기를 꺾거나 자존심 상하게 하는 말을 한다.	1	2	3	4	5
10. 남편의 약점을 일부러 공격한다.	1	2	3	4	5
11. 변명하거나 거짓말을 한다.	1	2	3	4	5
12. 남편이 하는 말에 놀라 펄쩍 뛰면서 전부 부인한다.	1	2	3	4	5
13. 내 입장만 반복해서 설명한다.	1	2	3	4	5
14. 남편의 말에 '모두 다 당신 때문' 이라고 하면서 나무란다.	1	2	3	4	5
15. 남편의 말에 '그럴 수도 있지, 그게 무슨 문제야' 라고 따지고 든다.	1	2	3	4	5
16. 대화하지 않겠다는 신호를 보낸다(예: TV 음량 높이기, 홱 돌아눕기).	1	2	3	4	5
17. 굳은 표정으로 침묵한다.	1	2	3	4	5
18. "됐으니까 그만 말해"라고 한 후 더 이상 말을 듣지 않는다.	1	2	3	4	5
19. 갑자기 자리를 박차고 나가 버린다.	1	2	3	4	5

문항은 아내용 설문지 형태로 제시함. 각 문항 내용은 비난: 1~5번, 경멸 : 6~10번, 방어 : 11~15번, 냉담 : 16~19번에 해당됨.

출처 : 권윤아 · 김득성(2008), 부부 간 역기능적 의사소통 행동 척도 개발-Gottman의 네 기수(騎手) 개념을 중심으로, 대한가정학회지, 46(6), 101-113.

2) 갈등을 관리하기

(1) 감정이 범람하지 않도록 진정하기

사람들은 마음이 혼란스러울 때, 종종 감정의 '범람(flooding)'을 경험한다. 즉, 몸에서 스트레스를 유발하는 호르몬이 분비되고, 호흡이 가빠지며, 심장이 더 빨리 뛰기 시작한다.

감정의 범람이 스트레스에 대한 자연적인 반응이라고 하더라도, 이것은 부부관계에 전혀 도움이 되지 않는다. 감정이 범람하면 효과적으로 의사를 전달하고 생각하고 경청하는 것이 더 어려워진다. 배우자가 농담을 하거나 화해의 제스처를 취해도 알아듣지 못할 수 있다. 공감대를 형성하거나 문제를 제대로 해결하는 것이 힘들어질 수도 있고, 통제가 불가능하다고 느낄 수도 있다. 스트레스를 받았을 때 감정적으로 자주 범람하는 부부들이 이혼하거나 가정불화를 겪을 가능성이 높다. 이혼한 부부들과 행복한 부부들을 비교했을 때, 이혼한 남자들은 안정된 생활을 하고 있는 남자들보다 심박수가 분당 17회 더 높게 나타났다.

범람을 피할 수 있는 한 가지 방법은 둘 중 한 사람이라도 흥분을 하면 잠시 '휴식'을 하기로 약속하는 것이다. 이렇게 하면 단지 갈등을 피하기보다는 마음을 진정시키고 창의적으로 갈등을 해결하는 데 도움이 된다. 다음과 같은 방식으로 부부에게 어울리는 논의 방식을 확립할 수 있다.

첫째, 갈등이 증가할 때 신체적인 변화에 주의를 기울인다.

턱이나 이마, 목, 어깨, 또는 다른 신체 부위에 힘이 들어가는가? 호흡이 얕아지거나 가빠지는가? 배우자의 이야기에 주의를 잘 집중할 수 없는가? 심박수가 평소보다 빨라지는가? 이러한 현상들은 감정이 범람하고 있음을 암시하는 신호들이다.

둘째, 감정이 범람했을 때는 휴식을 요청한다.

비난하거나 비판하지 말고 휴식을 요청한다. 휴식을 긍정적인 해결책의 일부로 간주한다. 두 사람만의 간단한 신호나 단어를 만들어, '중간 휴식을 갖자'는 뜻을 정중히 전달할 수도 있다.

셋째, 논의를 재개할 시간을 구체적으로 정한다.

휴식 시간은 최소한 30분은 되어야 한다. 왜냐하면 스트레스 호르몬이 분비되었다가 몸이 정상 상태를 되찾는 데 그 정도의 시간이 걸리기 때문이다. 구체적으로 언제 논의를 재개할 것인지 배우자와 합의한다. 다시 대화를 계속할 것이라는 사실을 안다면 배우자는 기다려줄 마음이 생길 것이다.

넷째, 휴식 시간 동안 마음을 진정시키는 데 도움이 되는 활동을 한다.

예를 들면 산책을 하거나, 뜨거운 물로 목욕하거나, 음악을 듣는다. 마음을 진정시키기 위해 다음과 같은 과정을 밟을 수도 있다.

- 심호흡을 한다. 몇 차례 숨을 깊이 들이쉬었다가 내쉬기를 반복한다. 숨을 들이쉴 때는 배를 불룩하게 만들고, 숨을 내 쉴 때는 배를 당겨 넣는다.
- 각 근육을 부분별로 긴장했다가 이완한다. 근육이 긴장된 부위를 찾아낸다. 긴장된 부위에 일부러 힘을 주고, 그 상태를 1분 동안 유지한다. 그리고 나서 근육에 주었던 힘을 완전히 뺀다.
- 힘이 빠진 근육이 무거워진다고 느껴본다.
- 무거워진 근육이 따뜻해진다고 느껴본다.
- 이제 몸의 긴장이 풀렸으므로, 마음을 진정시킬 이미지나 생각(조용하고 평화로운 장소에 있는 것)을 떠올려본다.

다섯째, 휴식 시간 동안 배우자와 관련한 고통스런 생각을 삼간다.

마음속으로 '남편에게서 이것을 빼앗을 필요는 없어' 또는 '아내는 왜 항상 내게 이렇게 하는가?' 라는 생각을 되풀이할 경우 스트레스가 점점 심해지고 마음이 진정되지 않을 것이다.

여섯째, 마음이 진정되었으면 배우자와 함께 제자리로 돌아가서 문제점을 정중하고 주의 깊게 논의한다.

(2) 문제에 대해 안전하게 대화하는 방법

대부분의 부부는 일상생활에서 의견이 맞지 않거나 민감한 문제에 대해 이야기할 때 대화하기를 두려워한다. 즉 갈등에 대한 두려움, 좌절에 대한 두려움, 거부당할 것에 대한 두려움 또는 이 세 가지 감정이 복잡하게 얽힌 두려움이 있을 수 있다. 이러한 두려움에 대한 해독제는 안전감이다(김득성 외, 2004). 부부가 안전하게 이야기할 수 있는 방법을 안다면. 행복한 결혼생활을 하는 데 큰 도움이 될 것이다.

사회학자 라파포트(Rappaport)가 제시한 방법을 사용하면 도움이 될 수 있다.

- 1단계: 갈등을 빚고 있는 '한 가지' 현안에 대해서 충분히 논의할 시간을 마련한다.
- 2단계: 한 사람은 화자(話者), 다른 한 사람은 청자(聽者) 역할을 한다.
- 3단계: 화자가 그 현안에 대해 이야기하기 시작한다. 자신의 견해를 바탕으로 하고 싶은 이야기를 충분히 한다. 이때 청자는 필요에 따라 질문도 하고, 메모도 할 수 있다. 화자의 말을 들으면서 청자가 기록을 할 경우, 화자의 이야기가 중요하다는 인상을 화자에게 심어줄 수 있다. 이것이 핵심이다. 청자가 질문을 하는 것은 화자의 뜻을 정확히 이해하기 위함이다. 청자는 성급하게 해결책을 제시하거나, 화자를 설득하려 해서는 안 된다. 청자는 화자의 주장에 반하는 질문을 해서는 안 되고, 자신의 견해를 이야기해서도 안 된다. 청자는 화자의 이야기 가운데 잘못된 부분을 바로잡으려 해서도, 화자의 주장을 반박해서도 안 된다. 청자의 역할은 그저 화자의 말을 들어주는 것이다. 처음부터 끝까지 두 사람 사이에는 예의 바르고 공손한 대화가 오가야 한다.
- 4단계: 화자의 이야기가 완전히 끝나면, 청자가 화자로부터 들은 이야기를 요약 · 정리하여 말한다. 화자는 주의 깊게 듣고, 청자가 잘못 이해한 부분이 있으면 다시 명확하게 설명한다. 그리고 나서 청자가 들은 이야기를 다시 정리한다. 화자가 만족해하고, 청자가 완전히 이해할 때까지 이 과정을 반복한다.
- 5단계: 이제 두 사람의 역할을 바꾸어, 1단계부터 다시 시작한다.

이 과정은 상대방을 설득하기 위해서가 아니라, 상대방이 만족할 만큼 상대방의 시각을 정확히 이해하기 위한 것이다. 이 과정을 통해 상대방의 시각을 정확히 이해했으면, 이제 그 다음 단계인 설득의 단계로 넘어가도록 한다. 두 사람은 서로 다른 시각에 대해 논의하며 타협점을 찾을 수도 있고, 아니면 서로 시각이 다를 수밖에 없다는 것을 인정하고 수용할 수도 있다. 어느 쪽이든 상대방이 자신의 이야기를 듣고 있으며 자신을 정확히 이해하고 있다고 느끼는 것이 무엇보다 중요하다. 그렇게 함으로써 상대방에게 보다 친밀감을 느끼게 되고, 부부 사이는 더욱 돈독해질 것이다.

(3) 지속적인 문제 때문에 교착상태에 빠지지 말기

모든 부부는 지속적인 문제, 즉 성격이나 생활방식의 차이 때문에 영원히 사라질 수 없는 갈등을 갖고 있다. 예를 들면 지출, 거주지 혹은 집안일 분담을 놓고 계속 마찰이 있을 수 있다. 행복한 부부들이 지속적인 문제들과 평화롭게 공존할 수 있는 것은 그러한 문제를 솔직하게 그리고 생산적으로 논의하기 때문이다. 그러나 그러한 지속적인 문제 때문에 오도 가도 못 하는 상황에 빠지게 된다면, 두 사람 사이는 악화될 수 있다.

지속적인 문제 때문에 교착상태에 빠진 부부들의 특성은 다음과 같다.

- 문제를 논의할 때, 즐거움이나 애정을 거의 표현하지 않는다.
- 이 문제가 제기되면 그것을 개인적인 공격으로 받아들인다.
- 이 문제를 논의할 때, 상대방을 '악당'으로 만들어버린다. 자신은 전적으로 옳고, 상대방은 전적으로 틀렸다고 생각한다.
- 자신의 입장을 고수한다. 결코 양보하지 않는다.
- 논의는 제자리걸음을 면하지 못한 채, 갈등만 심화된다.
- 결국 마음이 점점 멀어진다.

지속적인 문제로 교착상태에 빠지지 않기 위해 할 수 있는 방법은 다음과 같다.

- 완벽한 해결책을 찾기보다 공동의 목표에 대해 이야기를 나눈다.
- 문제를 '제3자'로 본다. 배우자가 문제 그 자체는 아니다.
- '옳은' 해결책도, '그른' 해결책도 없음을 이해한다.
- 시각 차이를 인정하고, 타협과 양보를 통해 평화롭게 공존할 방법을 찾는다.
- 갈등을 빚고 있을 때도 유머를 잃지 않는다.

Box 7-2

합기도 정신을 이용하여 타협점을 찾기

상대방의 의견을 존중하지 않는 부부는 말싸움을 자주 하고 방어적인 태도를 취한다. 한 배우자가 어떤 제안을 하면, 상대방은 그것을 거절하거나 거부한다. 두 사람 다 자신이 틀린 것은 인정하지 않으려 한다. 어느 쪽도 부끄러운 '패배자' 가 되고 싶어 하지 않는다. 여기서 문제는 지속적인 말싸움 때문에 두 사람 사이가 점점 멀어진다는 것이다.

이런 교착상태에서 벗어날 한 가지 방법은 상대방의 의견을 존중하는 것이다. 이것은 '지는 것이 이기는 것이다' 라는 기본원칙 차원에서 합기도 정신과 비슷하다. 이기려면 공격하는 사람과 마주 보고 서지 말고, 나란히 서야 한다. 그러기 위해서는 먼저 배우자의 견해를 물어보고, 새로운 시각에서 문제를 바라보려고 노력해야 한다. 배우자에게 다음과 같이 말할 수 있다.

- 당신은 어떻게 생각해요?
- (이 문제 때문에) 기분이 어때요?
- 이 일이 당신한테 그렇게 중요한 이유가 뭔가요?
- 혼자서 이 문제를 해결한다면, 당신은 어떻게 할 건가요?
- 당신과 시각 차이가 나네요. 이 문제를 그렇게 보는 이유가 뭔가요?
- 당신이 이 문제에 대해 두려워하는 게 뭔가요?
- 어떤 파괴적인 결과를 피하려는 건가요?
- 이 문제에서 당신이 가치를 두는 건 뭔가요?
- 당신한테는 이 일이 중요한 것 같아요. 그 이유를 말해 줄 수 있어요?

이런 식으로 말한다면 배우자는 흥분했던 마음이 가라앉을 것이다. 특히 배우자가 달려들 태세였다면 더욱 그렇다. 이것은 대화의 분위기를 바꾸고, 동일한 관점에서 문제에 접근함으로써 서로를 이해하는 데 도움이 될 것이다. 심지어는 타협점을 찾아낼 수도 있다.

합기도 정신을 이용해 좋은 결과를 얻어낼 수 있는 이유는 대화 가운데 서로의 위엄과 자존심을 살려주기 때문이다. 이런 대화에서는 승자도 패자도 없다. 두 사람의 시각이 서로 다르다는 것이 아무 문제도 되지 않는다.

출처: 존 가트만, 줄리 가트만 & 조앤 디클레어(2006), 정준희 역(2007), 부부를 위한 사랑의 기술, 해냄.

다음 〈표 7-1〉에서는 불평이나 공격에 응하는 여러 가지 방법을 제시하고 있다. 배우자의 불평에 정면으로 맞서느냐 아니면 배우자에게 수긍하느냐에 따라 대화의 결과가 크게 달라질 수 있다.

표 7-1 배우자의 불만과 공격에 응하는 방법

배우자가 당신을 공격하거나 불만을 토로한다.	배우자의 주장에 맞선다.	배우자의 주장에 수긍한다.
퇴근하고 나서 매일 술 마시러 가는 거, 정말 마음에 안 들어요.	매일 그러는 건 아니잖아. 금요일에만 그러는 거잖아.	그래서 걱정인가 보네. 걱정되는 게 있으면 언제든 말해 줘.
정월대보름에 뭘 하고 싶은지 내게 물어보지도 않고, 당신 어머니께 정월대보름을 함께 보내자고 하면, 어떻게 해요?	미안해. 그렇지만 정월대보름이 어머니에게 얼마나 중요한지 당신도 알잖아.	미안해. 내가 잘못한 것 같네. 벌써 말해 버렸는데, 이제 어떻게 하면 좋지?
당신이 승진에서 또 누락됐어요. 그걸 그냥 참고 있으면 어떻게 해요?	내가 할 수 있는 게 아무 것도 없어. 그러니 잊어 버려!	나도 그 때문에 기분이 나빠. 무슨 방법이 없을까?
당신이 욕실을 얼마나 엉망으로 만들어 놓았는지 보세요. 이 때문에 내가 미치겠어요!	바닥에 타월을 떨어뜨려 놓은 것 가지고, 화가 난 거야? 어이가 없군!	무엇 때문에 그렇게 화가 난 것인지 말해 줘.

출처: 존 가트만, 줄리 가트만 & 조앤 디클레어(2006), 정준희 역(2007), 부부를 위한 사랑의 기술, 해냄.

3) 의사소통을 증진시키는 긍정적인 행동들

(1) 부드럽게 말을 시작하기

가트만은 이야기를 어떻게 시작하는가에 따라 부부 사이가 크게 달라질 수 있다고 하였다. 거칠게 문제를 제기하면 상대방은 방어적이 되고 뒷걸음질치게 되며, 그로 인해 마음에 거리감이 생기고 외로움을 느끼게 된다. 반대로 부드럽게 문제를 제기하면 불평이나 문제점을 정중하게 제기할 뿐 상대방을 비난하거나 모욕하지 않는다. 한 사람이 이렇게 행동하면 다른 사람도 더 귀를 기울여 들을 것이고 보다 쉽게 타협점을 찾을 수 있을 것이다.

부드러운 말을 사용하여 문제를 제기하는 방법은 다음과 같다.

첫째, 예의 바르고 정중한 태도를 취하고, 이야기를 꺼낼 적절한 시기와 장소를 선택하는 지혜가 있어야 한다.

둘째, '나'로 시작하는 말로 문제를 중립적으로 말한다.

셋째, 그 상황에 대한 자신의 기분(느낌)을 말한다.

넷째, 자신이 (원하지 않는 것이 아니라) 원하는 것을 말한다.

부부가 불만을 토로하는 것은 보통 부부관계가 개선 또는 회복되기를 바라기 때문이다. 이를 위해 배우자의 불평 뒤에 자리하고 있는 '소망'에 귀를 기울일 필요가 있다. 다음은 부부의 일반적인 불평과 그 뒤에 자리하고 있는 긍정적인 소망의 예이다.

불평: 당신은 어째서 항상 이처럼 쓰레기를 쌓아놓는 거예요?

소망: 집안일을 할 때, 우리가 한 팀처럼 느껴지면 좋겠어요.

불평: 당신은 하루 종일 내게 전화하지 않았어요.

소망: 우리가 서로 떨어져 있어도, 가까이 있는 느낌이 들면 좋겠어요.

불평: 매일 저녁 식사 준비를 하려니 힘들어요.

소망: 옛날에 데이트할 때처럼 당신과 함께 외식하고 싶어요.

다음은 거칠게 시작하기와 부드럽게 시작하기의 예이다.

- 휴일이 다가오고 있다. 경제적 능력 이상으로 가족에게 돈을 쓰는 배우자 때문에 걱정이 된다.

  거칠게 시작하기: "나는 크리스마스 시즌이 싫어! 당신이 선물을 너무 많이 사서 항상 적자야."

  부드럽게 시작하기: "올해는 정말 당신과 즐거운 연휴를 보내고 싶어. 하지만 돈이 걱정이야. 어떻게 예산을 세우면 좋을지 함께 상의해 볼까?"
- 배우자는 매주 친구들과 함께 놀러 가고 싶어하지만, 당신은 집에서 단둘이 있는 것을 좋아한다.

  거칠게 시작하기: "항상 친구들과 외출하는 데, 나는 신물이 나."

  부드럽게 시작하기: "우리 둘만의 시간을 갖고 싶어. 토요일에 내가 맛있는 저녁식사를 준비할 테니 집에서 즐거운 시간을 보내는 게 어때?"
- 직장에서 힘든 하루를 보내고 집에 돌아와 보니 집은 엉망이고, 아이들은 둘이서 싸우고 있다. 당신은 두통으로 머리가 아픈데, 배우자는 퇴근하여 야구 게임

을 보며 "저녁은 뭐야?" 라고 묻는다.

거칠게 시작하기: "내가 어떻게 알아요? 왜 항상 내가 저녁을 준비해야 하죠?"

부드럽게 시작하기: "글쎄요. 오늘은 컨디션이 좋지 않아요. 당신이 저녁 준비를 해주면 좋겠는데."

(2) 배우자에게 호응하기

평소에 부부는 수많은 언어적 · 비언어적 '말 걸기(bid)'를 통해 친밀감이 쌓이게 된다. 말 걸기는 배우자가 가까워지려고 당신에게 말을 건네거나 질문을 하거나, 표정과 몸짓으로 무언가를 요청하는 것을 의미한다.

마음을 나누려는 배우자의 말 걸기에 당신은 다음과 같이 반응할 수 있다.

- 외면하기: 그러한 말 걸기를 무시한다.
- 시비걸기: 화를 내거나 적대적인 태도를 취한다.
- 호응하기: 마음을 열고, 상대방의 말을 경청하며, 관심을 귀울인다.

배우자의 말 걸기에 습관적으로 외면하거나 반발할 경우 배우자는 마음이 상하거나 소심해져서 더 이상 그런 시도를 하지 않게 되고 관계가 소원해지게 된다. 반대로 그러한 시도에 지속적으로 호응할 경우 서로 더 가까워지고 우정과 로맨스가 강화된다.

다음은 부부가 마음을 나누기 위해 흔히 하는 말 걸기이다. 당신은 그것에 호의적인 반응을 보일 것인가, 적대적인 반응을 보일 것인가, 아니면 그냥 무시해 버릴 것인가?

- 말 걸기: 컴퓨터에 앉아서 일하고 있을 때, 배우자가 커피 한 잔을 가져다준다.
  외면하기: 침묵. 아는 척하지 않는다.
  시비걸기: "또 너무 연하게 탄 것 같은데."
  호응하기: "고마워. 그렇지 않아도 마시고 싶었어."
- 말 걸기: 재미있어 보이는 농담을 배우자가 (당신이 들을 수 있게) 큰 소리로 읽는다.
  외면하기: "내 검정색 신발 못 봤어?"
  시비걸기: "그렇게 큰 소리로 읽으면, 방해되잖아."
  호응하기: "하하 재미있네!"

배우자가 자신의 욕구를 말하거나 관심을 끌려고 하는 그 작은 순간이 부부 간의 우정을 유지하는 데 매우 중요하다. 그리고 당신이 어떻게 반응하는가가 거의 모든 것을 의미한다. 당연히 매번 완벽하게 응답하지는 않는다. 그러나 말 걸기와 호응하기의 새로운 과정을 시작하기 위해 기준을 높게 가질 필요는 없다. 단지 배우자가 어떻게 자신의 욕구를 표현하는지 알아차리기만 하면 된다.

호응하기는 더 많은 호응하기를 이끌어낸다. '티끌 모아 태산' 인 것이다. 그리고 배우자에게 고마움으로 더 많이 호응할수록 부부 간의 우정 또한 더 강하고 오래 유지될 것이다. 호응하는 모든 순간이 관계에 있어서 투자이며 그것은 그 무게만큼 가치가 있다. 사소하지만 긍정적인 행동을 자주 되풀이하면 장기적인 측면에서 결혼생활의 성공에 중대한 역할을 하게 된다.

(3) 회복시도 하기

회복시도는 긴장감을 완화시키고, 보다 마음 편하도록 대화에 유머를 가미하거나 미소를 지어보이거나 상대방의 기분이 상하지 않게 사과하는 것을 의미한다. 즉, 갈등이 있을 때 상대방에 대한 부정적 감정을 약화시키려는 노력이다. 회복시도에 가장 으뜸인 표현은 '미안해' 이며, 이 말을 할 때는 진정으로 미안하다고 느끼고 변화할 의지가 있어야 한다. 회복시도가 성공하려면 두 명이 필요하고, 시도가 반드시 수용되어야 한다.

(4) 상대방의 영향력 받아들이기

상대방의 영향력을 받아들이면 상대방이 사려 깊으며 좋은 의도가 있는 사람으로 인식하게 되고, 상대방의 명예를 지켜주게 된다. 열린 마음으로 상대방의 설득을 받아들이는 부부가 더 행복하고 사이가 좋다. 고압적이거나 완고한 태도는 정반대의 결과를 가져온다. 특히 아내의 영향을 받아들이는 남편의 열린 태도는 부부 사이가 돈독해지고 행복해지는 데 큰 도움이 될 수 있다.

(5) 우정을 만들고 유지하기

가트만의 연구에서 행복한 결혼생활을 하는 부부들은 우정을 매우 소중하게 다루었고 인생의 모든 것인 듯 우정에 매달렸다고 하였다.

1 사랑의 지도 만들기

사랑의 지도(love map)는 배우자의 내면적 심리세계의 지도라는 의미이다. 자기 자신으로부터 출발하여 배우자의 마음에 도달하기 위해서 배우자의 마음속 지형을 따라가는 것이다. 그러려면 배우자가 누구인지 아는 것이 필요하다.

배우자가 가장 좋아하는 음식, 가장 사랑하는 영화, 가장 좋아하는 친척, 가장 싫어하는 사람을 아는가? 일에 대해서는? 배우자가 직업에서 무엇에 가장 열광하며 무엇을 참기 어려워하는지 아는가? 남편이 어렸을 때 쥐구멍에라도 숨고 싶었던 가장 수치스러웠던 순간은 언제였는가? 아내의 가장 깊은 곳에 있는 꿈과 가치는 무엇인가?

사랑의 지도는 자신이 배우자로부터 깊이 인식되고 있다는 느낌을 갖게 해준다. 사랑의 지도는 배우자가 누구인지, 그리고 세월의 흐름 속에서 어떻게 변해가고 있는지 자세하게 알고 싶다는 갈망을 보여준다. 그러므로 배우자에게 "당신은 지금 누구인가요?"라고 묻는 것은 매우 중요하다.

어떻게 사랑의 지도를 그릴까? 열린 질문으로 이야기를 이끌어 내고, 더 크고 깊은 답을 유도한다. "아빠가 되어서 가장 좋은 점은 뭔가요?", "엄마가 되어서 가장 힘든 점은 뭔가요?", "아이가 가졌으면 하고 바라는 재능이 있다면 무엇인가요?"와 같은 질문을 한다. 그런데 질문을 할 때에는 진지해야 한다. 정말 그 답이 듣고 싶어야 되고, 또한 잘 들어야 한다.

2 감사, 애정, 칭찬의 표시

행복한 부부는 서로에게 감사(appreciation)와 애정(affection) 및 칭찬(admiration)을 매일 말로 표현한다. 이것은 그리 어려운 일은 아니다. "사소하지만 긍정적인 행동을 자주 하라"가 핵심이다.

사람들은 흔히 배우자의 공헌은 무시하면서 실수는 잘 찾곤 한다. 배우자의 사랑스러움은 벙어리처럼 말하지 않으면서 비난은 자주 한다. 그러므로 마음의 습관을 바꿔야 한다. 남편의 실수를 탐지하려 하지 말고 그의 성취를 확대해서 보아야 한다. 마찬가지로 아내가 하지 않은 일에 초점을 두지 말고 그녀가 이룬 일에 감사해야 한다. 아기가 태어난 후에는 많은 일 때문에 시간이 매우 부족하다. 그래서 배우자가 몹시 지치고 녹초가 되었는데도 가까스로 해놓은 일들에 감사해야 한다. 그러나 감탄하고 감사하는 생각만으로는 충분하지 않다. 생각이 말을 통해 나와야 하고 접촉으로 전달되어야 한다.

그러므로 배우자가 무엇인가 바르게 할 때를 포착하여, "고마워요", "훌륭해", 또는 "당신은 대단해"라고 말하는 것이다. 그리고 어떤 식으로든 "사랑해요"를 가능한 한 자주 말하자. 이것이 모든 일 중에서 가장 중요하다.

Box 7-3

좋아하는 마음 기르기-7주 프로젝트

배우자에게 불만이 있어도, 또는 배우자 때문에 화가 났어도 그것을 표현할 수 없었던 적이 있는가? 배우자와 말다툼을 하고 나서, 배우자에 대한 부정적인 생각이 머릿속을 떠나지 않을 수도 있다. 아니면 다른 일로 화가 나거나 우울한 것임에도 불구하고, 배우자에 대한 부정적인 생각이 계속 떠오를 수도 있다. 배우자에 대해 부정적인 생각을 계속하다 보면, 부부 사이는 멀어지고 고립감을 더 느끼는 악순환이 일어날 수 있다.
괴로움을 더하는 배우자에 대한 부정적인 생각을, 배우자와의 관계를 호전시킬 수 있는 생각으로 바꾸도록 마음 훈련을 하는 것이 한 방법이 될 수 있다. 물론 그러기 위해서는 시간과 노력이 필요하다. 그렇지만 그것은 충분히 그럴 가치가 있는 일이다. 이 훈련을 통해 배우자를 좋아하고 칭찬하려는 마음을 북돋울 수 있기 때문이다.

생각하기	행동하기
첫째 주	
1. 나는 진심으로 배우자를 좋아한다.	가장 사랑스럽고 매력적인 특징 한 가지를 기록한다. 그리고 배우자에게서 그러한 특징을 볼 수 있었던 사건을 기록한다.
2. 결혼생활에서 즐거운 추억을 쉽게 떠올릴 수 있다.	즐거웠던 순간을 한 가지 골라서, 그에 대해 간단히 설명한다.
3. 결혼생활에서 로맨틱한 추억을 쉽게 떠올릴 수 있다.	그러한 추억을 한 가지 골라서 그에 대해 보다 자세히 설명한다. 배경, 분위기, 그리고 그때 느꼈던 감정을 기억하는가?
4. 나는 육체적으로 배우자에게 끌린다.	당신이 좋아하는 배우자의 육체적 특징을 생각한다. 그러한 특징을 마음으로 그려본다.

생각하기	행동하기
5. 배우자는 내가 자랑스럽게 생각하는 특징을 갖고 있다.	그러한 특징을 적어도 한 가지 기록한다. 보통 어떨 때 그런 감정을 느끼는가?
둘째 주	
1. 결혼생활에서 나는 '나' 라는 생각보다 '우리' 라는 생각이 많이 든다.	배우자와 자신의 공통점을 한 가지 생각한다. 그것을 기록하거나, 그에 대해 배우자와 이야기를 나눈다.
2. 우리에게는 공통된 신념과 가치관이 있다.	두 사람의 공통된 신념이나 가치관을 한 가지 설명한다. 자신과 배우자가 한 마음을 갖고 있다는 것이 어떤 기분인지 생각해 본다.
3. 배우자가 내 가장 절친한 벗이다.	자신과 배우자는 어떤 비밀을 공유하고 있는가?
4. 배우자를 처음 만난 순간을 쉽게 회상할 수 있다.	배우자와의 로맨틱한 첫 만남 중 기억에 남는 일을 상세히 기록한다.
5. 결혼생활을 통해 많은 힘을 얻고 있다.	배우자가 진정 내 편이라고 느껴졌을 때를 생각해 본다.
셋째 주	
1. 가정은 편안한 곳, 스트레스를 풀어주는 곳이다.	자신이 스트레스를 받았을 때, 배우자 덕에 스트레스를 풀 수 있었던 일을 생각한다.
2. 공동의 목표가 있다.	공동의 목표를 두 가지 적는다. 그것을 함께 달성하면 기분이 어떨지 생각해 본다.
3. 결혼하기로 결심했던 순간이 정확히 기억난다.	하나의 문단으로 그 순간에 대해 자세히 설명한다.
4. 배우자에게 단점이 있지만, 그것을 눈감아 줄 수 있다.	배우자의 사소한 단점 가운데 묵인할 수 있는 단점 한 가지를 적는다.
5. 생활에 대한 책임을 나누어 갖는다.	정기적으로 집안일을 분담할 방법을 생각해 본다.
넷째 주	
1. 삶을 함께 관리하고 있다고 느낀다.	두 사람이 함께 계획한 중요한 일 가운데 효과를 거둔 일을 생각해 본다.

생각하기	행동하기
2. 내 결혼을 자랑스럽게 생각한다.	결혼생활 가운데 매우 자랑스럽게 생각하는 부분을 설명한다.
3. 내 가족이 자랑스럽다.	그러한 감정을 느꼈던 순간을 구체적으로 설명한다.
4. 결혼식과 신혼여행에서 행복했던 일을 떠올릴 수 있다.	그런 기억 가운데 적어도 한 가지를 설명한다.
5. 내 결혼생활이 주위의 다른 결혼생활보다 대부분 훨씬 낫다.	끔찍한 결혼생활에 대해 생각해 본다. 과거에 갖고 있었던 문제에 대해 생각해 본다.
다섯째 주	
1. 배우자를 만난 것은 내게 행운이었다.	배우자와 결혼함으로써 얻은 이익 한 가지를 기록한다.
2. 결혼생활에서 고군분투할 때도 있지만, 그것은 가치 있는 일이다.	살면서 두 사람이 함께 견디어낸 어려운 사건이나 순간을 적어본다.
3. 두 사람 사이에는 깊은 애정이 있다.	오늘밤 배우자를 위해 깜짝쇼를 계획한다.
4. 서로에게 진심으로 관심이 있다.	두 사람 다 관심 있어 하는 것을 하거나, 그것에 대해 이야기를 나눈다.
5. 서로 좋은 친구다.	배우자와 소풍이나 여행을 계획한다.
여섯째 주	
1. 배우자에게는 모든 비밀을 털어놓을 수 있다.	배우자가 자신의 이야기를 진심으로 들어주고 조언해 주었던 일에 대해 생각한다.
2. 배우자는 흥미로운 사람이다.	두 사람 다 흥미 있어 하는 주제를 생각한다. 다음에 이야기 나눌 때 그 이야기를 꺼낸다.
3. 서로에게 성실히 대답한다.	배우자에게 연애편지를 써서 우편으로 보낸다.
4. 처음으로 되돌아간다고 해도 같은 사람과 결혼할 것이다.	기념일이나 다가오는 다른 행사를 위해 로맨틱한 탈출을 계획한다.
5. 우리는 함께 하는 활동이 있다.	동일한 강좌를 함께 듣도록 계획한다(골프, 요리, 볼룸댄스 등).

생각하기	행동하기
일곱째 주	
1. 배우자와의 섹스는 보통 매우 만족스럽다.	둘만의 로맨틱한 저녁을 계획한다.
2. 우리는 함께 성공을 거두었다.	하나의 팀으로 우리가 이루어낸 모든 것을 목록으로 만든다.
3. 어떤 폭풍우가 닥쳐도 함께 견뎌낼 수 있다고 생각한다.	어려운 시기를 잘 극복해 냈던 일을 떠올린다.
4. 서로의 유머 감각을 즐긴다.	코미디 영화를 빌려 함께 본다.
5. 배우자가 매우 근사해 보인다.	저녁에 멋지게 차려입고 외출한다.

출처: 존 가트만, 줄리 가트만 & 조앤 디클레어(2006), 정준희 역(2007), 부부를 위한 사랑의 기술, 해냄.

요 약

이 절의 내용을 요약하면 행복한 부부의 특성은 다음과 같다. 첫째, 행복한 부부는 좋은 친구처럼 우정을 나눈다. 그들 사이에는 존중과 사랑 그리고 공감이 존재한다. 상대방에게 어떤 일이 일어나고 있는지 세심한 주의를 기울이고, 서로 마음과 마음이 연결되어 있다고 생각한다. 둘째, 행복한 부부는 갈등을 긍정적이고 정중한 태도로 해결한다. 어떤 결혼생활에서든 갈등은 피할 수 없으며, 일부 문제는 결코 해결되지도 사라지지도 않는다는 것을 인정한다. 대신에 갈등이 있을 때 지속적으로 대화를 나눈다. 존중하는 마음으로 상대방의 시각에 귀를 기울이고, 두 사람 모두에게 효과적인 타협점을 찾아낸다.

가트만은 행복한 결혼생활에는 긍정적 행동(감정의 양)과 부정적 행동(감정의 양) 사이에 5 : 1의 마법의 비율이 있다고 하였다. 즉 남편과 아내 사이에 긍정적인 면이 부정적인 면보다 다섯 배 더 많은 결혼이 행복하다는 것이다. 불행한 결혼생활에서는 이 비율이 0.8 : 1 이었다.

2 감정코치 부모되기

가족관계를 비롯해 모든 분야의 성공과 행복을 좌우하는 것은 지능지수보다 감정 인식과 감정대처 능력이다. 감정지수란 부모 입장에서는 자녀의 기분을 알아채고 공감하며 다독거리고 바른 길로 이끄는 능력을 의미한다. 자녀 입장에서는 충동을 조절하고, 자기 충족의 순간을 뒤로 미루며, 스스로에게 동기를 부여하고, 친분관계가 있는 사람의 기분을 읽어내며, 인생의 희노애락에 대처하는 능력을 의미한다.

가트만은 부모와 자녀 사이의 상호관계를 연구하여 자녀에게 감정의 세계에 대한 길잡이 역할을 하는 부모와 그렇지 않는 부모의 특성을 밝혔다. 그는 자녀의 감정에 관여하는 부모를 '감정코치' 라고 명명했다. 스포츠 팀 코치처럼 감정코치는 자녀에게 삶의 희로애락에 대처하는 방법을 가르친다. 감정코치는 아이가 분노, 슬픔, 두려움 등 부정적인 감정을 인생의 참모습으로 인정하고, 그것을 통해 중요한 교훈을 배우도록 가르친다. 그리고 아이와 더 친밀한 관계를 맺을 수 있는 기회로 활용한다.

1) 부모의 자녀양육 방식

가트만은 부모의 자녀양육 방식을 축소전환형, 억압형, 방임형 그리고 감정코치형의 네 가지로 분류하였다.

(1) 축소전환형 부모

자녀가 느끼는 분노, 두려움, 슬픔 같은 감정을 무시하는 경향이 있고, 감정의 세계가 아이들에게 해롭다고 생각한다. 부모는 자신이 느끼는 감정을 대수롭지 않게 느끼고, 자기감정을 적절한 단어로 표현하기도 어려워 한다. 그렇기 때문에 자기 내부의 감정을 인식하지 못하고, 결과적으로 자녀가 느끼는 감정 또한 인식하지 못한다.

부모는 자녀가 슬프거나 화낼 때 자녀의 주의를 전환하고 기분을 좋게 만드는 일에 능숙하다. 비록 좋은 의도지만 이런 방법은 아이에게 혼란스러운 메시지를 전할 수 있다. 자신의 감정이 무시되었다고 느낀 자녀는 부모가 안아주고 다독여주는 상황에서 자기감정을 숨기는 법을 배우게 된다. 그러면 부모와의 정서적인 연결가능성이 차단되는 것이다. 분명하게 짚고 넘어가야 할 것은 축소전환형 부모는 매우 따뜻하고 애정이 많다는 사실이다. 정말 따뜻한 부모지만 사실은 아이에게 슬퍼하지 말라는 명령을 전달하고, 아이에게 웃으라고 명령하는 것이다. 축소전환형 부모의 자녀는 자신이 슬프다는 사실이나 다른 감정을 부모에게 알리기 위해서 자기감정을 크게 부풀려야만 한다. 눈물이나 부정적인 감정보다는 웃음이나 즐거운 기분만 중시하는 경향이 있다.

(2) 억압형 부모

부모는 자녀가 슬퍼하거나 화내면 비난하거나 벌을 준다. 아이의 부정적인 감정을 전환시키려 할 뿐만 아니라, 그것을 잘못이라며 비난하기까지 한다. 이러한 부모는 아이의 감정 특히 슬픔이나 분노, 두려움 같은 감정을 마치 독극물처럼 매우 유해하다고 여기는 경향이 있다. 그래서 어떤 부모는 아이가 나쁜 행동을 하지도 않았는데 체벌을 하기도 한다. 물론 부모는 자녀가 현실을 직시하고 올바로 대처하기를 원해서, 아이가 "엄마, 혼자 자기 무서워"라고 하면 "뭐가 무섭니. 그곳에는 괴물도 아무것도 없어."라고 말한다. 하지만 부모가 보내는 이런 말에는 "네 감정을 믿지 마! 네가 느끼는 감정은 옳지 않아!"라는 내용이 내포되어 있다.

슬픔, 두려움, 분노와 같은 감정은 어린 자녀에게는 생소한 것일 수 있다. 자녀의 이러한 감정을 허용하지 않고, 오히려 그러한 감정을 느낀다고 해서 벌을 준다면 아이는 이런 감정을 느낄 때 올바르게 대처하는 법을 배울 기회를 잃어버린다. 축소전환형과 억압형 부모의 자녀는 자기감정을 믿지 말라고 배운다. 아이는 자기가 느끼는 감정에 적절히 대처하기 어려워질 것이고 따라서 점차 자신감을 잃을 수도 있다.

(3) 방임형 부모

부모는 자녀의 감정을 중요하게 여기고 전적으로 받아준다. 하지만 감정과 관련된 행동에 적절한 지도를 해주지는 못한다. 방임형 부모는 감정코치로 발전되기도 하지만 자녀에게 한계를 정해주지 않고 문제해결도 함께 해주지 않는다. 이런 부모의 자녀는 성장할수록 여러 가지 문제가 생길 수 있다. 사실은 자녀도 부모의 적절한 제한과 감독을 원하기 때문이다. 자녀는 부모의 생각을 알고 싶어 한다.

방임형 부모는 모든 종류의 감정을 다 허용한다. 그래서 자녀는 자신이 느끼는 감정을 표현하는 것을 당연하게 생각한다. 하지만 자녀는 자기감정을 제대로 이해하거나 어떻게 다루어야 하는지 잘 모른다. 방임형 부모의 문제는 자녀에게 무엇이 적절한 행동인지, 화나거나 슬프거나 무서울 때는 어떻게 마음을 가라 앉혀야 하는지 가르치지 않는 것이다. 결과적으로 이런 아이들은 집중력이 떨어지게 된다. 자기감정에만 관심이 있는 아이는 다른 아이들과 함께 하는 사회성이 저하된다. 결국 친구 사귀기도 어렵고 친구관계를 유지하기도 어렵게 된다.

(4) 감정코치형 부모

자녀가 느끼는 감정을 중요하게 생각한다. 자녀가 자기감정을 이해하고, 그런 감정과 관련된 문제를 해결하는 법을 배우도록 돕는다. 우선 부모 자신이 경험하는 일반적인 감정을 잘 인식하고, 따라서 자녀가 느끼는 감정도 쉽게 파악한다. 그러므로 아이는 자신이 슬프거나 화나거나 당황했다는 감정을 부모에게 알리기 위해서 과장하거나 부풀릴 필요가 없다. 그리고 부모는 아이가 겪는 감정의 순간들을 해로운 것이 아니라고 가르쳐주고, 오히려 아이와 친밀한 관계를 맺을 수 있는 계기라고 생각한다.

감정코치란 자녀의 감정을 같이 느끼고 방향을 안내해 주는 것이다. 그렇기 때문에 더 많은 시간과 인내심이 필요하지만 아이는 자신이 느끼는 감정을 신뢰하고 잘 대처하며, 더욱 확신을 가지고 문제를 해결할 수 있다. 이런 감정코치형 부모 밑에서 자란 아이들은 다른 유형의 아이들보다 여러 방면에서 우수하다.

2) 감정코치의 효과

부모의 감정코치를 받는 아이와 그렇지 않은 아이는 어떻게 다를까?

감정코치를 실천한 부모를 둔 아이는 그렇지 않은 부모의 아이보다 훨씬 건강하고 학업성적도 우수했다. 교우관계도 원만하고 행동장애를 보이는 경우도 드물며 폭력성도 적었다. 감정코치를 받은 아이는 전반적으로 부정적 감정을 덜 경험하면서 긍정적 감정은 너 많이 경험했다. 즉 정서적으로 훨씬 더 건강한 것이다.

그러나 무엇보다 가장 놀라운 결과는 부모가 감정코치법으로 자녀를 양육할 때 자녀의 회복력이 훨씬 뛰어났다는 사실이다. 즉 감정코치를 받은 아이는 정서적으로 매우 똑똑했다. 물론 그 아이도 당연히 슬퍼하거나 분노하거나 무서워하기도 한다. 하지만 스스로를 안정시키고, 정신적 고통에서 벗어나 제자리를 찾고, 생산적인 활동을 지속하는 능력이 매우 뛰어났다.

많은 결혼이 이혼으로 끝나는 요즘, 수많은 아이들이 가족해체에 따른 문제에 봉착할 위험에 놓여 있다. 퇴학, 자퇴, 왕따, 우울증, 건강상의 문제, 반사회적 행동 같은 문제는 부모가 이혼하지 않더라도 갈등이 많은 불행한 가정에서 자란 아이에게 나타날 수도 있다. 계속 싸우는 부모 밑에서 자란 아이는 친구 사귀는 능력도 떨어진다. 또한 가정불화는 아이의 학교생활에 악영향을 미칠 뿐 아니라 질병 발생률도 높인다.

그러나 감정코치 부모의 경우, 부부 사이가 나빠서 별거나 이혼을 해도 아이에게 미치는 영향은 달랐다. 감정코치는 부모의 불화를 경험한 아이들 상당수가 겪는 악영향으로부터 자녀를 보호해 주었다. 이혼과 부부갈등이 자녀의 학업부진, 공격적인 성향, 또래 집단과의 문제 등을 일으킨다고 입증되었지만, 감정코치를 받은 아이들에게는 이런 악영향이 나타나지 않았다. 이 모든 결과는 감정코치가 부모의 이혼으로 인한 정서적 충격을 덜 받게 하는 완충제라는 점을 시사한다. 이는 부부갈등과 이혼의 후유증으로 현재 고통 받는 가족에게 매우 가치 있는 결과다.

가트만의 연구결과 중에 또 하나 놀라운 사실은 아버지의 역할이다. 아버지가 감정코치법을 사용하면 자녀의 정서발달에 매우 긍정적인 영향을 준다는 사실이 밝혀졌다. 아버지가 자녀의 기분을 이해하고 문제를 해결할 수 있도록 노력하면, 아이의 학교생활과 대인관계가 원만해진다. 반면에 지나치게 엄격한 아버지나 아이의 감정표현을 비난하거나 대수롭지 않게 생각하는 아버지는 매우 부정적인 영향을 미친다. 그런 아버지를 둔 자녀는 학교생활이 원만하지 않고, 친구들과 더 많이 싸우며, 건강도 나쁠 가능성이 훨씬 크다. 그렇다고 어머니가 아이의 정서지능에 영향을 미치지 않는다는 뜻은 아니다. 어머니는 자녀에게 상당한 영향을 미친다. 하지만 이 연구는 아버지의 영향이 나쁜 것이든 좋은 것이든 간에, 훨씬 극단적일 수 있다는 결과를 보여준다. 아이의 인생에 아버지의 존재가 갖는 중요한 의미는 결코 간과될 수 없다. 정서적으로 가까운 아버지는 아이의 인생에 어마어마한 득이 될 수 있지만 냉정하고 잔인한 아버지는 큰 해가 될 수 있다.

감정코치를 하는 부모는 자녀가 더 건강하고 성공적인 사람으로 성장하는 데 큰 힘이 될 수 있지만, 그러한 양육방식이 결코 모든 가족문제의 해결책은 되지 못한다.

가트만은 다른 많은 양육이론의 주창자들과는 달리 감정코치가 가정에서 나타나는 일반적인 문제를 모두 해결하는 만병통치약이라고 공언하지 않는다. 감정코치를 실천한다고 해서 가족의 모든 분쟁이 끝난다거나 슬픔도 괴로움도 모두 사라지는 것은 아니다. 갈등은 가정생활의 일부분이다. 단, 부모가 감정코치를 활용하면 분명히 자녀에게 더욱 가까이 다가갈 수 있다.

'훈육'을 하지 말라는 뜻이 아니다. 부모와 자식 사이가 정서적으로 가까울 때 부모는 자녀의 삶에 훨씬 많은 시간과 노력을 투자하고, 그렇기 때문에 더욱 강한 영향력을 행사할 수 있다. 부모는 엄격함이 필요할 때는 엄격한 모습을 보여야 한다. 자녀가 실수하거나 게으름을 피우면 주의를 주어야 하고, 주저 없이 한계를 그어 줘야 한다.

자녀와의 정서적 유대감이 있기 때문에 부모의 말이 의미가 있는 것이다. 자녀는 부모의 생각에 관심을 가지며 부모를 기쁘게 해주고 싶어한다. 결과적으로 부모는 감정코치 덕분에 자녀를 바른 길로 인도하고 동기를 부여할 수 있다.

감정코치는 상당한 헌신과 인내심이 필요하다. 자녀가 감정을 잘 다스리고, 스트레스를 이겨내며, 건강한 대인관계를 발전시켜 나가는 모습을 보고 싶다면, 아이가 부정적인 감정을 표현하는 것을 막거나 무시해서는 안 된다. 대신에 적극적으로 아이를 이해함과 동시에 바른 길을 제시해 주어야 한다.

3) 감정코치의 다섯 단계

감정코치의 다섯 단계는 다음과 같다.

첫째, 아이의 감정을 인식하기

자신과 자녀의 여러 가지 감정을 인식하는 데서 시작된다. 자녀의 감정을 잘 이해하는 부모는 자녀가 슬프거나 화나거나 좌절할 때 도와주고 이해할 수 있는 훨씬 더 좋은 위치에 있다.

둘째, 아이의 감정이 격해지는 순간을 친밀감 조성과 교육의 좋은 기회로 삼기

자녀가 겪는 감정적 순간이야말로 가까이 다가가서 아이가 겪는 감정이 중요하다는 사실을 이해하도록 도와줄 수 있는 가장 좋은 기회다. 이때 아이와 감정에 대해 이야기하고 서로의 기분을 나눌 수 있다.

셋째, 아이의 감정이 타당함을 인정하고 공감하며 경청하기

아이는 자기 감정을 털어놓고 함께 문제를 해결하려고 한다. 아이의 감정을 사소하거나 중요하지 않은 것으로 여기지 말고, 주의 깊게 들어주어야 한다. 아이의 기분을 이해한다는 사실을 보여준다. 몇 분 동안만이라도 자녀의 말을 열심히 들어주는 것은 아이의 감정이 중요하다는 사실을 알려주는 좋은 방법이다.

넷째, 아이가 자기 감정을 표현하도록 도와주기

각각의 감정에 이름을 붙임으로서 아이가 감정을 표현할 수 있는 어휘를 배우는 것을 도와준다. 그렇게 되면 아이는 자신을 도와줄 수 있는 사람에게 자기감정을 더 잘 표현할 수 있다. 때때로 이 단계에서는 여러 가지 감정이 뒤섞여 있기 때문에 이를 골라내기 위한 노력이 필요하기도 하다. 자신이 느끼는 기분에 이름을 붙이게 하면, 아이가 마음을 가라앉힌 후 자기기분을 표현하여 전달할 수 있게 된다.

다섯째, 아이가 스스로 문제를 해결하도록 이끌면서 행동에 한계를 정해 주기

아이의 문제를 부모가 대신 해결해주지 않으며, 행동의 한계를 정해주어야 한다. 자녀가 불가능한 해결책을 말하면 더 좋은 다른 방법을 찾을 수 있게 도와주어야 한다. 자신이 내놓은 방법이 채택되면 아이는 뿌듯함을 느낄 것이다.

가트만은 일상생활에서 40% 정도만 감정코치를 해도 아이가 훌륭히 자란다고 하였다. 그런데 감정코치가 적절하지 못한 상황도 있다. 즉, 시간이 바쁠 때, 다른 사람이 있을 때, 너무 피곤하거나 화가 나 있을 때, 정말 심각한 상황을 짚고 넘어가야 할 때, 그리고 아이가 감정을 이용해 부모를 교묘히 속이려고 할 때는 사용하지 않아야 한다. 한편 부모가 잘못한 것에 대해 아이가 부모의 사과를 듣는 것은 큰 도움이 된다. 바로 이런 작은 순간을 통해 아이의 자아존중감이 성장하고 아이에게 힘이 되는 것이다.

Box 7-4

감정코치형 부모

- 아이의 부정적 감정은 부모자녀 간의 친밀감을 높일 기회를 제공한다고 생각한다.
- 슬퍼하거나 화를 내거나 두려워 하는 아이와 시간을 보내는 것을 참을 수 있다.
- 아이의 감정에 인내심을 보인다.
- 아이의 감정을 파악하고 그것에 초점을 맞춰 대응하는 일이 의미 있다고 생각한다.
- 아이의 부정적 감정의 세계가 양육방식의 중요한 영역이라고 생각한다.
- 아이의 감정 상태를 알기 힘들 때도 예민하게 감정을 포착한다.
- 아이의 감정 표현에 당황하거나 걱정하지 않는다. 어떤 행동을 취해야 하는지 잘 알기 때문이다.
- 아이의 감정을 존중한다.
- 아이의 부정적 감정을 놀리거나 무시하지 않는다.
- 아이가 어떻게 느껴야 하는지 지시하지 않는다.
- 아이를 위해 자신이 모든 문제를 해결해야 한다고 느끼지 않는다.
- 감정적인 순간을 다음과 같은 기회로 본다.
  - 아이의 말에 귀를 기울일 기회
  - 위로의 말과 애정으로 공감대를 형성할 기회
  - 아이가 자신이 느끼는 감정에 이름을 붙이도록 도울 기회
  - 감정조절에 대한 지침을 제공할 기회
  - 한계를 정하고, 수용 가능한 감정 표현이 무엇인지 가르칠 기회
  - 문제해결 기법을 가르칠 기회

이런 유형의 양육방식이 아이에게 미치는 영향
아이는 자신의 감정을 신뢰하게 된다. 또한 감정을 조절하고 문제를 해결하는 방법을 터득한다. 자아존중감이 높고 학습능력이 뛰어나며, 다른 사람과의 관계도 원만하다.

출처: 존 가트만(1997), 남은영 역(2007), 내 아이를 위한 사랑의 기술, 한국경제신문.

Box 7-5

감정코치 부모의 예

감정코치를 하는 부모와 그렇지 못한 세 유형의 부모가 아이를 대할 때 얼마나 다른 모습을 보일까?

다이앤은 아침마다 세 살인 아들 조슈아와 실랑이를 벌인다. 어린이집에 가지 않으려 떼쓰는 아들을 달래는 시간이 길어지는 날이면 지각하게 마련인 것이다. 어떤 신발을 신을지 엄마와 한바탕 전쟁을 치른 조슈아 역시 화가 잔뜩 났다. 엄마는 아침 회의에 늦을지도 모르지만, 아이는 그런 건 안중에도 없고 그저 집에서 놀고 싶다며 생떼를 쓸 뿐이다. 그러다 결국 조슈아는 바닥에 털썩 주저앉아 서러운 울음을 터뜨린다.

다이앤이 축소전환형 부모라면 어린이집에 안 가겠다고 버티는 아들을 '어이없다' 고 생각하며 "도대체 어린이집에 가는 게 왜 슬프다는 거니?"라고 말할지 모른다. 그러고는 아이가 더는 슬퍼하지 못하게 하려고 과자로 살살 달래거나 어린이집 선생님이 준비한 재미있는 놀이에 대해 이야기할 것이다.

억압형 부모라면 투정부리는 아들을 혼내면서 "네가 고집부리는 데 질렸어. 말 안 들으면 맞을 줄 알아!"라고 엄포를 놓을 것이다.

방임형 부모라면 슬프고 화난 아들을 껴안고 "그래, 어린이집에 가기 싫어하는 네 맘을 이해해. 집에 있고 싶은 것이 당연한 거야."라고 위로할 것이다. 하지만 그 다음에는 어떻게 해야 할지 몰라 당황할 것이다. 아들을 혼내거나 때리거나 과자로 유혹하는 것 말고 혼자 집에 두는 것이 대안이 될 수는 없다. 결국에는 거래를 할지도 모른다. "10분간 놀아줄 테니까 울지 말고 어린이집에 가는 거야." 나쁜 방법은 아니지만 이것도 하루 이틀이지 언제까지 그럴 수 있겠는가?

그렇다면 감정코치를 하는 부모는 어떻게 할까? 시작은 방임형 부모와 비슷하다. 아들의 불만에 공감하면서 "네 기분을 이해해."라고 분명히 알려준다. 하지만 거기서 그치지 않고 아들에게 불편한 감정을 어떻게 다스려야 하는지 방법을 일러준다. 다음 대화가 그 예이다.

엄마: 조슈아, 옷 입자! 어린이집에 가야지.
아들: 싫어! 가기 싫단 말이야!
엄마: 가기 싫다고? 왜?
아들: 엄마랑 집에 있고 싶단 말이야!
엄마: 정말?
아들: 응! 엄마랑 집에 있을래.

엄마: 그래, 엄마도 네 맘 잘 알아. 엄마도 우리 조슈아랑 소파에 앉아서 같이 책을 읽으면 얼마나 좋겠니. 하지만 오늘은 엄마가 중요한 약속을 했거든. 9시까지 가기로 했어. 그 약속을 깰 수는 없어요.

아들: (울기 시작한다) 왜 안돼? 싫어, 싫어! 싫단 말이야!

엄마: 조슈아, 이리 온. (아들을 무릎에 앉힌다.) 아가야, 엄마가 미안해. 하지만 우리는 집에 계속 있을 수 없어. 엄마 말에 실망했구나, 그렇지?

아들: (끄덕이며) 응.

엄마: 그래서 슬퍼?

아들: 응.

엄마: 엄마도 슬퍼. (잠시 아이가 울도록 내버려두고 계속 안아준다. 아이가 울음을 그칠 때까지 기다린다.) 이렇게 하면 어떨까? 내일 엄마와 함께 있자! 엄마가 회사에 안 가니까 너도 어린이집 안 가도 되고, 그럼 하루 종일 같이 있을 수 있어. 내일 엄마랑 같이 뭐할까?

아들: 핫도그 먹고 만화책 보고 싶어.

엄마: 그래, 그거 좋겠다. 또 뭐할까?

아들: 공원에 가서 놀자!

엄마: 그러자꾸나.

아들: 해리도 같이 가도 돼?

엄마: 좋아! 해리 엄마한테 물어보자. 그러나 지금은 어린이집에 가야 해. 알지?

아들: 응.

언뜻 보면 감정코치 부모나 축소전환형 부모나 상당히 비슷해 보인다. 양쪽 모두 아들의 생각을 집에서 다른 것으로 돌리도록 했다. 그러나 중요한 차이점이 있다. 감정코치로서 다이앤은 ① 아들의 불만을 인정하고, ② 아들이 자기 감정에 이름을 붙이도록 도와주었고, ③ 감정을 그대로 느끼도록 했으며, ④ 아이가 우는 동안 곁에 함께 있었고, ⑤ 결코 슬퍼하는 아이의 관심을 딴 데로 돌리려고 노력하지 않았다. 억압형 부모처럼 슬퍼한다고 혼내지도 않았다. 아이의 감정을 존중하고, 아이의 소망이 타당하다고 분명히 알려줬다.

방임형 부모와 달리 감정코치 부모는 한계선을 분명히 긋는다. 다이앤은 아들의 감정을 진정시키는 데 몇 분을 소요했지만 회사에 지각하지 않을 것이고, 회사 동료와의 약속도 깨뜨리지 않을 것임을 분명히 알려줬다. 이는 조슈아가 약간 실망하긴 했지만 엄마와 아들 모두 대처할 수 있는 감정이었다. 일단 조슈아가 자신의 감정을 식별하고 인정하자 다이앤은 슬픈 감정을 뛰어넘어 다음날의 즐거운 하루를 기대할 수 있다는 점을 아들에게 일러줬다.

출처: 존 가트만(1997), 남은영 역(2007), 내 아이를 위한 사랑의 기술, 한국경제신문.

요 약

이 절의 내용을 요약하면 다음과 같다. 부부의 행복한 결혼생활이 부모가 자녀에게 줄 수 있는 최고의 선물이며, 감정코치는 부모의 사랑을 자녀에게 전달하는 가장 좋은 방법이다. 자녀가 부모에게서 존중받는다는 느낌을 받는 것이 중요하며, 부모로부터 존중받은 아이만이 다른 사람을 존중해 줄 수 있다. 부모가 아이의 감정에 공감하고 아이가 분노, 슬픔, 두려움 등의 부정적 감정을 잘 표현하도록 이끌 때, 부모와 자녀 사이에는 지지와 애정이라는 유대관계가 형성된다. 특히 아버지가 정서적으로 자녀에게 다가갈 때 어마어마한 잠재력을 나타낼 수 있다. 그러므로 마음으로 다가가는 양육법이 가장 중요하다.

생각해 볼 점

1. 자신과 가족의 의사소통 유형을 분석하고, 부드럽게 말을 시작하기와 거칠게 시작하기 연습을 해 본다.

2. 갈등을 일으키지 않을 주제를 선택하여 화자–청자의 역할을 연습해 보고, 다음에는 약간 갈등이 있는 주제에 대해 갈등해결 연습을 해본다.

3. 자신이 주로 사용하는 부정적 감정을 표현하는 방법을 검토해보고, 더욱 잘 할 수 있는 새로운 방법을 찾아본다.

참고문헌 REFERENCES

권윤아 · 김득성(2008). 부부 간 역기능적 의사소통 척도 개발-Gottman의 네 기수 개념을 중심으로. 대한가정학회지, 46(6), 101-113.

마게리 로젠, Ladies' Home Journal의 편집자(2002), 김정옥 · 옥선화 · 김태현 · 김득성 · 박충선 · 구향숙 · 류도희 역(2003). 행복한 결혼의 일곱 가지 비밀. 서울: 신정.

송정아 · 전영자 · 김득성(1998). 가족생활교육. 서울: 교문사.

웨슬리 버어 외, 최연실 외 역(1995). 새로 보는 가족관계학. 서울: 하우.

이기숙 · 공미혜 · 김득성 · 김은경 · 손태홍 · 오경희 · 전영주(2009). 결혼의 기술(개정판). 서울: 신정.

정현숙 · 유계숙(2001). 가족관계. 서울: 신정.

존 가트만 & 줄리 가트만(2007). 최성애 · 조벽 역(2008). 우리 아이를 위한 사랑의 기술. 서울: 해냄

존 가트만(1997), 남은영 역(2007). 내 아이를 위한 사랑의 기술. 서울: 한국경제신문.

존 가트만, 줄리 가트만 & 조앤 디클레어(2006). 정준희 역(2007). 부부를 위한 사랑의 기술. 서울: 해냄.

최규련(2007). 가족관계론. 경기: 공동체.

하워드 마크맨, 스코트 스탠리 & 수잔 블룸버그(2001). 김득성 · 김정옥 · 김영희 · 박충선 · 송정아 · 권윤아 역(2004). 행복한 결혼생활 만들기. 서울: 시그마프레스.

Dorherty W. J. (1997). *The Intentional Family*. NY: Addison-Wesley Publishing Company, Inc.

Gottman J. M., Gottman J. S. (2008). *And baby makes three*. NY: Three Rivers Press.

Gottman J. M., Gottman J. S. (2007). *10 Lessons to transform your marriage*. NY: Three Rivers Press.

Gottman J. M., Declaire, J., & Goleman, D. (1997). *Raising an emotionally intelligent child: The heart of parenting*. NY: Simon & Schuster.

Gottman, J. M. (1994). *Why marriage succeed or fail*. NY: Simon & Schuster.

Gottman, J. M. (1999). *The marriage clinic: A scientifically-based marital therapy*. NY: W.W. Norton & Company.

Gottman, J. M., Katz, L. F., & Hooven, C. (1997). *Meta-emotion: How families communicate emotionally*. Lahwah, NJ: Lawrence Erlbaum Associates, Inc.

Markman, H. J., Stanley, S. M., & Blumberg, S. L. (2001). *Fighting for your marriage*(New & Revised), San Francisco, CA: Jossey-Bass, Inc.

Olson, D. H., DeFrain, J., & Olson, A. K. (1999). *Building Relationships: Developing Skills for Life*. Minneapolis, MN: Life Innovations, Inc.

FAMILY RELATIONS

PART III
가족관계의 발달

Chapter 08

FAMILY RELATIONS

가족형성기

인생의 반려자인 배우자를 만나 혼인을 하면 우리의 인생은 안정된 상태에 들어갈 것이라고 기대한다. 이러한 기대는 많은 노력을 기울일 때만 실현 가능하다. 인간의 발달을 다양한 발달단계로 나누듯이 가족의 발달단계 역시 다양하게 나뉠 수 있다. 본 저서에서는 가족의 발달을 형성기, 확대기 그리고 축소기의 3단계로 나누어 그 특성을 살펴본다. 신혼기 혹은 결혼 초기로도 불리는 가족형성기는 두 성인이 혼인하여 부부관계를 형성한 후부터 첫 자녀의 출생까지의 기간을 포함한다.

혼인을 앞둔 두 사람은 서로 잘 맞는다고 판단하여 혼인을 결심하지만 부부로서의 적응이라는 과업을 수행해야 한다. 부부로 맺어진 두 사람은 서로의 개인적 욕구와 가족이라는 집단에게 기대하는 사회적 요구를 적절히 조절하여 받아들여야 한다. 서로 믿고 의지할 수 있는 배우자가 되기 위해서 부부는 서로 부단히 노력해야 한다. 화목한 가정이란 부부 두 사람이 적응을 위해 노력한 결과이다. 본 장에서는 부부로서 적응해야 할 다양한 영역 중 성, 경제 그리고 친족관계에서의 적응을 살펴보겠다.

부부적응과 더불어 가족형성기에서 부부가 해결해야 하는 중요한 과제는 가족계획이다. 언제 몇 명의 자녀를 낳을 것인가는 두 사람의 인생에 큰 변화를 가져오는 일이다. 부부에게 부모가 된다는 일은 보람되지만 어려운 일이다. 하지만 한 사람을 잘 길러낸다는 일은 가족과 사회의 발전을 위해 매우 중요하다.

> 나는 가정이 성소, 즉 재미와 즐거움만이 넘쳐나는 장소라고 보지 않는다. … 함께 사는 사람에게 자신을 완전히 드러내고 동시에 한 사람이 그의 개성, 인간사, 희망과 공포를 알아감으로써 그가 만들어 내었던 이미지를 수천 개의 조각들로 깨버리는 일은 … 오래 걸리고 매우 고통스러운 경험이다.
>
> 벡과 벡-게른하임(Beck & Beck-Gernsheim, 1990)의
> 『사랑은 지독한 그러나 너무나 정상적인 혼란』 서문에서

1 가족의 시작

우리가 흥미 있게 지켜보는 드라마를 향한 주된 관심은 저 두 사람이 맺어질 것인가에 있다. 서로 다른 차이와 장애를 극복하려는 두 사람의 노력은 눈물겹다. 결국 두 사람은 혼인에 이르고 그 후 오랫동안 행복하게 잘 살 것이라고 기대한다. 하지만 드라마에서 그려지는 두 사람의 혼인 후 생활은 우리의 기대를 배반한다. 두 사람은 이미 극복했던 예전의 차이로 인해서 고민하며, 큰 문제가 아닌 일들로 다투며 점점 불행해진다. 가족에서의 화해와 용서는 명절특집 드라마에서만 볼 수 있는 주제이다. 아니면 가족원들 중 한 사람이 불치의 병에 걸려야 한다는 조건이 충족되어야만 한다.

혼인 후 대부분의 사람들은 서로 잘 안다고 생각했던 너무나도 낯선 사람과 살고 있음을 깨닫는다. 혼인결정을 후회하는 사람들은 '내가 무엇에 홀렸었지!' 라는 변명을 늘어놓는다. 사랑은 열병(熱病)과 같은 지독한 병으로 비유되기도 하는데 벡과 벡-게른하임(Beck & Beck-Gernsheim, 1990)은 사랑을 정상적인 혼돈상태라고 표현한다. 이 모진 병을 잘 이겨야만 얻어지는 것이 화목한 가족이다. 가족은 취약하다. 특히 현대의 가족은 그러하다. 쉽게 상처받고 잘도 깨진다. 혼인을 행복시작의 출발점으로 만들기 위해서는 두 사람의 쉬임 없는 노력이 필요하다. 현대 부부들은 예전보다 더 많은 노력을 기울여야 한다.

1) 혼 인

(1) 법적 혼인

한 남자와 한 여자가 만나 부부가 되었음을 알리는 일은 법률과 의례로 정해져 있다. 우리나라에서 두 사람이 부부가 되었음은 신고주의 혹은 법률혼주의에 근거하여 신고함으로 혼인의 법적 효력이 발생한다. 법적 절차를 수행하지 않고 두 사람이 일정기간 동거하는 경우에는 사실혼 관계라고 인정받는다. 한 지방법원에서 내린 사실혼에 대한 법적 근거는 다음과 같다. "사실혼이 성립하기 위해서는, 주관적으로 당사자 사이에 혼인의 의사가 있고, 객관적으로 사회관념상 가족질서적인 면에서 부부

공동생활을 인정할 만한 혼인생활의 실체가 있어야 할 것이며, 혼인의 의사라 함은 사회적, 실질적으로 부부로서의 공동생활을 영위할 의사를 말하고, 당사자 사이에 혼인의 의사가 있다고 함은 쌍방 간에 혼인 의사의 합치가 있음을 의미한다" (http://cafe.daum.net/gkrcjf2/KosF/94).

(2) 혼 례

남자와 여자가 혼인해 부부가 되는 의식인 혼례는 중요한 의례들 중 하나이다. 공자는 남녀가 예로써 사귀지 않는 것을 음(淫)이라 하여 혼례 없는 관계를 불륜으로 취급하였다(정종수, 2008). 혼례를 인생의 출발점으로 생각하여 혼례를 치르지 않으면 어른 취급을 받지 못했고, 혼례를 하지 못하고 죽었다면 상여를 탈 수 없었고, 부모에게 불효했다 해서 제사상도 받지 못했다고 한다. 혼례 때 벼슬아치들이나 입을 수 있는 관복을 입고 사모관대를 하는 것은 그만큼 혼례가 중요하다는 것을 말해준다(정종수, 2008).

정종수(2008)는 남녀가 부부의 연을 맺는 것을 결혼이라 하지 않고 혼인이라 해야 맞는 표현이라고 주장한다. 혼(婚)이란 여자의 집이란 뜻으로 남자가 여자에게 장가든다는 말이기 때문에 결혼이란 남자가 여자에게 장가가는 것만을 강조하는 표현이라는 주장이다. 인(姻)이란 여자가 의지하는 곳이란 뜻으로 남자의 집을 가리키기 때문에 혼인이야말로 장가들고 시집가는 두 사람을 모두 포함하는 표현이라고 한다. 우리가 흔히 결혼식에 가서 축의금을 전달할 때 '축 결혼' 혹은 '축 화혼'이라고 쓰는 것은 남자가 여자집에 장가가는 것을 축하한다는 말이기에 신부 측에 전달하는 봉투에 적는 것은 옳지 않다고 설명한다. 그렇기에 장가가고 시집간다는 뜻을 함께 담은 '축 혼인'이나 혼인을 밝게 비추어 축하한다는 뜻이 담긴 '화촉'이라는 어휘를 쓰는 것이 예의에 맞다는 것이 그의 설명이다.

혼인이란 여자가 남자 집으로 가서 사는 것이 상식이었지만 이러한 풍속은 조선시대에 들어서야 자리잡기 시작하였다. 예로부터 우리나라는 신랑이 신부 집에 가서 혼례식을 치렀다. 그러나 중국은 우리와 달리 『주자가례』에 근거하여 신랑 집에서 혼례를 치르는 친영례를 행하였고 조선시대 왕실에서도 친영제를 시도하려고 노력하였다.

> 세종께서 김종서에게 물었다. … "남자 집에서 혼인을 행하기가 어려웠기 때문이다. 그 어려운 이유가 무엇인가?" 이에 김종서는 "우리나라의 풍속은 남자가 여자 집으로 가 혼례를 치르는

것으로, 그 유래가 오래되었습니다. 만일 여자가 남자 집으로 들어가게 된다면, 거기에 필요한 노비와 의복, 기구와 그릇 등을 모두 여자 집에서 바로 마련해야 하기 때문에, 그것이 곤란하여 어렵게 된 것입니다. 남자 집이 만일 부자라면 곧 신부를 맞는 것이 어렵지 않겠지만, 가난한 사람은 부담하기가 매우 어렵기 때문에, 남자 집에서도 이를 꺼려 왔습니다." 하고 아뢰었다.

정종수(2008), 사람의 한평생, p.140

친영례는 16세기 명종 때부터 반친영(反親迎)이란 이름으로 변형되어 시행되었다. 반친영이란 혼인날 저녁에 신랑이 신부 집에 도착해서 그날 밤 동침하고 3일째 올리던 혼례를 도착 첫날 저녁에 올리고 혼인 다음날 시부모를 뵙는 혼례절차를 의미한다. 이와 같이 남자가 여자 집에 가서 혼례를 치르는 습속은 1970년대에 들어서면서 혼례를 예식장에서 거행하면서 소멸되었다(정종수, 2008).

Box 8-1

혼례 비용

중요민속자료 8호인 전남 구례군 문화 유씨 종가 운조루에서 발견한 옛문서들 중 자녀 혼인 때 들어간 비용을 기록한 혼수물목으로 혼수에 대해 살펴보면 다음과 같다.
1920년 11월 20일 큰아들이 15세 장가갈 때 들어간 품목은 채단을 비롯하여 장롱, 은비녀, 바늘, 연지 등 54종으로 총 308원 99전이었고 집값은 포함되지 않았다. 이 금액을 현물시세로 환산하면 대략 3,090만 원이다. 1923년 큰딸을 시집보내는 데 든 비용은 모두 93원 13전으로 9백여 만원이라는 계산이다(정종수, 2008).

1997년 보건복지부에서 제시한 건전혼례모형에 따른 혼례비용은 1,624만 원이다. 포함된 항목은 다음으로 구성되는데 예물 100만 원, 예단 80만 원, 살림 640만 원, 예식 148만 원, 피로연 125만 원, 신혼여행 188만 원, 지참금 138만 원 기타 205만 원이다(한정화, 1999).

출처: 한정화(1999), 남녀대학생의 혼례비용의식에 관한 연구, pp.177-201.

2) 부부의 탄생

사랑하는 두 사람은 함께 살고 싶어서 혼인을 결정한다. 혼인을 하여 가정을 책임져야 하는 부부가 되면 두 사람은 본인과 상대방의 욕구 충족뿐 아니라 가족과 사회에서 기대하는 역할들과 가정을 유지하는 데 필요한 역할들을 모두 수행해야 한다. 개인과 가족과 사회가 혼인한 성인에게 갖는 기대는 서로 일치하기도 하지만 그렇지 않기도 한다. 가족형성기에 들어선 두 사람은 우선 이러한 기대를 이해하고, 차이를 조절하는 과정을 거쳐서 자신만의 가족을 만들어가는 과업을 갖는다. 각 가족은 이러한 과정을 거쳐 각자의 고유한 가족을 형성해 간다. 그리하여 모든 가족들이 매우 비슷한 모습으로 살고 있는 것처럼 보이지만, 똑같은 모습으로 살고 있는 가족은 또한 하나도 없는 것이다.

두 사람이 부부가 되기로 결정하는 것은 큰 의미를 지닌다. 사람들은 두 사람이 함께 살고 싶어서 혼인을 하였다고 말하지만, 혼인을 한다는 것은 두 사람이 한 공간에서 같이 생활하는 것 이상의 의미를 지닌다. 두 사람이 혼인을 하면 부부라는 지위를 당연하게 습득한다. 동서양 사회 모두에서는 부부에 대한 기대와 규범을 갖고 있다. 이러한 기대와 규범은 부부의 역할로 구체적으로 나타난다. 부부의 역할은 사회와 문화에 따라서 매우 다양하게 나타난다. 또한 부부의 역할은 시대의 요청을 받아들여 꾸준히 변화한다.

오랫동안 우리나라 부부에게 기준을 제공하던 부부유별(夫婦有別)이라는 전통적 가치는 많은 도전에 직면해 있다. 가정 내에서의 부부 역할분담을 설명하는 개념인 도구적(instrumental) 그리고 표현적(expressive) 역할은 더 이상 설득력을 지니지 못한다. 소집단에서의 지도자의 역할을 연구하는 과정에서 베일즈와 슬레이터(Bales & Slater, 1955)는 어떤 집단에서든지 집단이 당면한 과제수행을 위해서는 계획을 수행하는 도구적 지도자와 집단원들을 격려하고 집단의 분위기를 긍정적으로 이끌어가는 표현적 지도자가 있을 때 효율적이라고 주장했다. 소집단인 가족에게도 이러한 역할분담이 적용될 수 있는데 가족을 부양하는 역할을 담당하는 아버지가 도구적 역할을 담당한다면, 자녀를 양육하고 가족원들의 관계를 가깝게 이어주는 역할인 표현적 역할은 어머니의 역할로 나뉜다고 설명한다(Zelditch, 1955). 현대의 부부들은 예전보다 훨씬 성별로부터 자유롭게 역할을 분담하여 가정생활을 꾸려나가고 있다. 집안을 관리하는 주부를 지칭하는 'housewife(主婦)' 란 개념은 'househusband(主夫)' 라는 새로운 개념과 더불어서 사용되고 있다. 이제 부부가 된 두 사람이 어떻게 역할을 분담하여 가정을 이끌어갈 것인가는 사회의 기대에 두 사람 개인의 가치관을 반영하여 결정할 일이다.

Box 8-2

부부유별(夫婦有別)

'부부유별' 이란 유교 도덕사상의 기본이 되는 3가지 강령인 삼강(三綱)과 5가지의 인륜인 오륜(五倫) 중 오륜에 해당된다. 부부유별의 뜻은 '지아비와 지어미 사이에는 서로 침범 못할 인륜의 분별이 있음' 으로 해석된다.

소학(小學) 수신(修身) 편에는 '부부의 인륜은 두 성씨가 합한 것이니 남편과 아내는 분별이 있어서 서로 공경하기를 손님처럼 하라(夫婦之倫 二性之合 內外有別 相敬如賓)' 고 부부유별에 대해 설명하고 있다.

부부유별에 대한 또 다른 해석으로 다산 정약용은 그의 저서에서 부부유별이란 부부 사이에 서로 다름이 있음으로 해석하기보다는 특별함으로 해석하는 것이 바람직하다고 주장하고 있다. 즉 부부관계에는 다른 사람들과의 관계에서는 찾을 수 없는 특별한 애정을 갖추어야 한다는 뜻이다.

한 가정 내에서 어떤 역할들이 이루어져야 하는가에 대해서는 학자들마다 서로 다른 의견을 제시한다. 나이(Nye, 1976)는 가정에서 부부들이 담당해야 할 일들을 경제 활동, 가사 관리, 성적 욕구충족, 오락, 치료적 역할, 자녀 양육과 사회화, 그리고 친족관리라고 정리하였다. 가족에서 담당해야 하는 역할을 가사 관리, 가계담당, 치료적 역할, 친족관리, 오락, 성, 그리고 자녀양육과 자녀교육으로 분류하기도 한다(Chadwick, Albrecht, & Kunz, 1976). 조금씩 차이를 보이지만 부부는 경제적 활동과 가사 관리를 통하여 자원을 관리해야 하고, 성적 욕구충족, 여가, 치료적 역할을 통하여 정서적 안정과 만족을 제공해야 하며, 자녀양육과 사회화 및 친족관리를 통하여 가족원들을 돌보는 역할을 담당해야 한다.

가정에서 부부들이 담당하는 역할이 예전처럼 성별에 따라 엄격하게 지켜지는 것은 아니지만 영역에 따라서 많은 차이를 보인다. 가장 많은 변화를 보인 영역은 경제 활동이다. 예를 들어 기혼여성의 취업률은 1970년 36.9%에서 2003년 48%로 증가하고 있다(통계청 2003). 2007년 이상적인 배우자에 대한 한 설문조사 결과, 혼인 적령기에 있는 남성들 중 63.6%는 장래의 배우자가 혼인 후 직장생활을 계속 할 것을 기대하고 있으며, 남성 응답자의 51%는 배우자의 이상적인 연봉으로 2~3천만 원이 적당하다고 대답했다(프라임경제, 2008. 8. 20.).

가족이 필요한 경제적 자원을 누가 벌어올 것인가에 대해서는 많은 변화가 있는 것과 비교할 때 혼인한 여성들이 담당했던 가사 관리에 대한 역할은 그만큼 변화하지 못하고 있다. 한국여성개발원(1997)의 연구에 의하면 기혼 여성 취업자 가정에서 가사는 여전히 부인들이 담당하고 있으며 남편들이 담당한다는 비율은 매우 낮게 나타난다. 자녀가 태어나면서 부부에게 주어지는 자녀양육의 부담은 가사담당과 더불어 여성에게 주어지는 주요 역할이고 이 또한 가사담당과 마찬가지로 남편들이 참여하는 비율은 별로 변화가 없는 것으로 보고되고 있다.

2004년 통계청에서 실시한 생활시간조사 결과에 의하면 맞벌이 가구의 주부가 가정관리에 사용한 시간은 하루 2시간 47분이었으나 남편은 겨우 20분에 불과한 것으로 나타나고 있다. 주말이 되면 주부의 가정관리 시간은 하루 3시간 2분(토요일)에서 3시간 26분(일요일)로 늘어나지만 남편은 25분(토요일)에서 36분(일요일)에 그치는 형편이다. 2006년 통계청의 기혼가구 특성별 가사분담 형태 자료에서도 아내가 가사와 육아를 전담한다는 비율은 33.6%를 차지하고 있으나 가사와 육아를 남편과 분담한다는 비율은 단지 4.2%에 머무르고 있다(문화일보, 2006. 7. 12.). 이러한 역할분담의 불균형은 여성들로 하여금 혼인을 기피하게 만들고, 우리나라의 출산율을 세계 최하위로 낮추는 원인으로 작용하며, 혼인한 여성들의 결혼만족도를 떨어뜨린다.

3) 부부의 적응

사랑하기 때문에 헤어진다는 말은 참으로 많은 사람들을 어리둥절하게 만든다. 흔히 믿고 있는 사랑은 그 어떤 역경도 헤쳐 나갈 수 있는 힘의 근원이기 때문이다. 사랑하지 않기 때문에 혼인생활을 더 이상 지속할 수 없다는 이혼을 앞둔 부부들의 변명은 그래서 당연하게 받아들여진다. 두 사람의 사랑이 두 사람을 혼인으로 이끄는 역할을 할 수는 있어도 행복한 혼인생활을 이어가게 하는 역할은 적응을 위한 노력 정도에 달려 있다. 앞에서 살펴본 여러 역할들을 누가, 어떻게 수행할 것인가에 대한 결정 과정을 겪는 신혼부부들은 앞으로의 결혼생활이 행복할 수 있을지에 의문을 제기한다. 적응이란 어느 기간에만 해결하면 끝나는 과업이 아니라 두 사람이 살아가면서 끊임없이 당면해야 하는 과업이다. 한 부분의 적응이 다른 부분의 적응에 영향력을 행사할 수도 있으나 반드시 일치하는 것도 아니다. 그만큼 부부는 꾸준히 그리고 다양한 부분에서 적응을 위해 노력을 기울여야 하는 것이다.

(1) 성생활의 적응

예전과 비교해서 부부의 성생활이 혼인생활에서 차지하는 비중은 높아지고 있다. 부부의 성생활이 갖는 목적이 자녀출산에서 부부의 성적 욕구 충족으로 그 비중이 옮겨가고 있기 때문이다. 부부가 가장 친밀한 관계를 유지할 수 있는 것은 두 사람의 기본 욕구인 성적 욕구의 충족을 책임지고 있기 때문이다. 혼인생활에서의 성적 욕구 충족은 단순히 신체적인 욕구의 충족만을 의미하지 않는다. 배우자와의 성관계는 상대방을 배신할 때 갖는 죄책감에서 자유롭고, 혼외 임신이나 성병 전염 등을 염려할 필요가 없으며, 배우자를 잃을지도 모른다는 불안에서 자유롭기 때문에 훨씬 더 자유롭고 만족스러운 성생활을 즐길 수 있어서 신체적 욕구와 심리적 욕구를 충족시킬 수 있다(Cox, 1999).

혼인 초기 부부들에게 성생활이 갖는 비중은 매우 높다. 과거 부부생활에서는 남편의 성적 만족에만 관심을 기울였으나, 현대에 들어서 아내의 성적 만족 또한 중요하게 다루어지고 있다. 원만한 성적 적응을 위해서는 무엇보다 부부가 솔직하게 자신의 의견을 개방해야 한다. 부부생활에서 성이 차지하는 비중이 높아지고 있음에도 아직도 성을 이야기하는 일은 쉽지 않다. 성이란 가정 밖에서는 얘기할 수 있어도 가정 내에서는 얘기할 수 없는 영역으로 남아 있기 때문이다.

성생활이 부부생활에서 차지하는 비중이 크긴 하지만 부부생활의 모든 것을 좌우하지는 않는다. 혼인생활이 행복하다고 대답한 사람들 중 그 원인을 성적 만족이라고 지적한 비율은 불과 전체의 10% 미만에 그치고 있다(Lauer & Lauer, 1985; Cox 1999, 재인용). 행복하지 않거나 이혼의 사유가 성적 불만족으로 나타나는 결과를 성적 만족이 행복한 혼인생활을 보장한다고 해석하는 것은 위험하다는 충고는(Cox, 1999) 되새길 필요가 있다. 그럼에도 신혼기 부부가 서로의 성적 취향과 관심을 이해하고 충족시키려는 노력은 중요하다.

Box 8-3

섹스리스 부부

외부인이 보기엔 다른 부부와 다르지 않지만 실제 성생활은 너무도 달라 한 달에 한 번 또는 한 번도 하지 않는 기간이 두세 달 이상 지속되는 부부를 '섹스리스 부부' 라고 한다. '성과학연구소' 에서 20~50대 사이 주부 1,000명을 대상으로 시행한 설문 결과 '한 달에 한 번 이하' 가 28%나 되었고, '두 달에 한 번 미만' 인 부부도 6%나 되는 것으로 나타났다. 다시 말해 10쌍의 부부 중 세 쌍은 한 달에 한 번 겨우 하고, 20쌍에 하나는 거의 안 하고 산다는 말이다. 쑥스러워 솔직한 답을 못 쓰신 분들까지 포함한다면 더 많으리라 짐작된다. 섹스리스 부부의 증가는 두 사람만의 문제가 아니다. 외도와 매매춘의 증가, 가정의 불화와 파괴에 따른 자녀문제, 생활만족도 감소에 따른 생산성 문제 등 전체 사회에 미치는 영향이 만만치 않다.

출처: 헬스코리아(2008. 8. 9.)

(2) 경제생활의 적응

현대인들이 기대하는 만족스러운 경제생활에 대한 기대는 예전보다 훨씬 높아지고 있다. 쾌적한 생활이란 넓은 주거 공간, 쾌적한 생활환경, 편안하고도 안전한 자동차, 만족스러운 여가생활, 해외에서의 휴가 등등 예전에는 생각할 수 없는 요인들을 포함하고 있으며 거의 경제적인 자원이 있어야 해결이 가능하다. 우리들은 예전보다 훨씬 풍요롭고 편안한 생활을 하고 있으면서도 상대적 박탈감으로 인하여 더 많은 불만과 부족함을 느끼면서 생활하고 있다.

경제가 차지하는 비중이 높아지고 있으나 가정 내에서 이를 조절하고 협상하기 위해 기울이는 노력은 매우 소극적이다. 서구사회에서 돈에 대해 얘기하는 것은 성(sex)보다 더 문화적으로 금기시되는 부분이라고 설명한다(Cox, 1999). 이러한 상황은 우리나라 사회에서도 큰 예외는 아닐 것이다. 혼인 전 연인들은 돈에 대해서 별로 얘기하지 않는다. 일상적인 일을 다루기보다는 낭만적인 주제에 관심을 기울인다. 그러다 혼인생활에 접어들면서 두 사람은 돈과 관련된 일로 가장 많은 얘기를 하고, 돈으로 인해서 가장 많은 갈등을 겪는다(Cox, 1999).

바람직한 경제생활을 위해 신혼기 부부는 소비지출에 주의해야 한다고 유영주(1984)는 충고한다. 가족형성기의 부부는 소득이 적으나 가족 수 역시 적어서 수입과 지출을 신축성 있게 운영할 수 있는 장점을 지닌다고 한다(홍향숙, 1989). 신혼기에는 부부가 함께 여가활동에 적극적으로 참여할 수 있어서 저축보다 소비가 차지하는 비율이 높아질 수도 있다. 신혼 초 부부들의 가계관리가 20년 후 행복을 좌우하는 역할을 담당한다고 한 경제전문가는 충고한다. 내 집 마련과 함께 노후생활을 위한 목돈 만들기에 성공하기 위해서는 신혼 초에 씀씀이를 아끼고 저축하는 습관을 들여야 한다는 것이다. 우리나라 신혼기 부부들은 앞으로 늘어나게 될 가족원의 증가를 대비하고 주택자금을 마련하는 데 많은 관심을 기울인다고 한다(범수인, 1992).

신혼 초 부부들은 부모들이 제공하던 일정 수준의 경제적 안정을 누릴 수 없다. 그렇기에 가족형성기 부부들은 경제적 수준의 급락을 예비해야 한다고 충고한다(Cox, 1999). 경제적으로 안정된 상태에 이르기까지는 오랜 기간 절약하며 생활해야 한다. 현대사회에서는 소비를 미덕이라 강조하며 빚을 질 수 있는 것도 능력이라고 우리를 유혹한다. 실제로도 현재 수중에 돈을 갖고 있지 않지만 신용을 담보로 소비가 가능하다. 신용카드의 사용이 우리 생활을 편리하게 해주는 장점도 안고 있지만 계획성 없는 과도한 사용은 가계의 파탄을 가져온다는 것을 명심해야 한다.

(3) 친족들과의 적응

카터와 맥골드릭(Carter & McGoldrick, 1989)이 주장하는 가족형성기의 중요한 과업은 고유한 부부의 체계를 형성하는 것이다. 이것이 가능하기 위해서는 가족형성기 이전 단계인 혼인전기의 발달과업인 원가족으로부터의 독립이 이루어져야 한다. 원가족으로부터의 독립은 경제적 측면과 심리적 측면을 모두 포함한다. 교육기간이 점차 연장되고 있는 현대인에게 경제적 독립은 예전보다 늦게 이루어지고 있으며 자연히 부모에게 경제적으로 의존하는 기간도 늘어나고 있다. 경제적 독립을 이루지 못한다면 가족형성기에 이루어야 할 중요한 적응 중 하나인 경제생활에서의 적응은 어려워진다. 경제적 의존상태에 있는 자녀들의 경우 부모로부터의 심리적 독립은 어려울 수밖에 없는 일이다.

부모와의 관계가 유난히 친밀하고 가문(家門)에 대한 소속감이 매우 강하게 발달된 우리나라에서 자녀들이 부모로부터 심리적 독립을 이룬다는 것은 매우 어려운 과업이다. 정문사(2000)는 우리나라 부부들이 부모들로부터 완전한 독립을 이루어내기 어렵다고 설명한다. 우리나라의 부모들이 자녀에게 갖는 사랑은 남다르다. 특히 어머니들은 자녀들과 매우 강한 유대관계를 형성하며 자녀들의 성장과 발달을 위하여 혼신의 힘을 기울인다. 혼인을 앞둔 성인자녀들은 부모와의 관계를 친밀히 유지하면서도 배우자와 자신의 고유한 가족체계를 형성하는 데 노력을 기울여야 한다. 부모와 적절한 독립을 이룬 부부들은 결혼안정성이 높고(정은희, 2004), 부모와의 관계 조절에서 실패하여 단절을 한 경우 부부갈등이 높게 나타나고 있다(한미향, 1999).

우리보다 부모와의 관계가 훨씬 독립적인 서구에서조차도 '혼인한 부부들의 싸움은 두 사람의 싸움이 아니라 여섯 사람의 싸움' 이라는 속담을 갖고 있다. 부부싸움 과정에서 "다른 것은 다 참아도 부모님 얘기를 나쁘게 하는 것은 참을 수가 없다"라는 말이 종종 나온다. 부모에 대한 충성심을 유지하면서 강한 부부체계를 형성하는 것은 혼인 전에는 별로 어려운 일이 아니라고 생각한다. 하지만 최근 연구결과들은 독립적인 가족문화를 지닌 서구문화에서도 부부체계의 형성이란 과업이 어렵고도 중요함을 보여준다. 결혼 후 배우자나 본인의 부모들과의 관계가 원만할 때 부부관계가 좋게 유지될 수 있으며(Bryant et al., 2001; Marotz-Baden & Cowan, 1987) 특히 신혼기 부부의 경우 배우자 부모와의 원만한 관계가 행복한 부부관계를 가져온다고 한다(Timmer & Veroff, 2000).

혼인한 사람들은 배우자의 충성심을 떠보기 위해서 "나와 엄마가 물에 빠지면, 누구를 먼저 건질 거야?"라는 우매한 질문으로 상대방을 곤혹스럽게 한다. 배우자에게 제일 중요한 존재임을 확인하기 위해서 부모와 겨루어야 한다는 생각은 어리석은 일이다. 성숙하지 못한 상태에 있는 사람들은 부모를 떠난다는 것이 부모를 배우자의 대신이라고 생각하기도 한다. 부모와 배우자는 가장 사랑하는 사람들이지만 그 관계의 특성은 매우 다르다. 자녀는 부모에게 자라면서 많은 것을 받았고 어른이 되어서는 심리적으로 그 은혜를 갚아야 한다는 의무감을 갖는다. 그러나 부부는 상호 협조와 보완에 기초한 상호 의존성을 기반으로 하는 관계라고 할 수 있다. 그렇기에 부모님이 베풀어 준 사랑과 보살핌은 배우자로부터 얻는 사랑과 지지와는 전혀 다른 속성을 갖는다. 어렸을 때 부모님의 사랑으로 잘 자랄 수 있었다면 성인이 되어서는 배우자와의 협력으로 훌륭하게 성장할 수 있는 것이다.

혼인을 통해서 얻게 되는 확대가족 내에서의 지위는 매우 다양하다. 부인은 며느리, 새언니, 조카며느리 등과 같은 지위를 받고, 사위, 형부, 조카사위 등의 지위는 남편에게 내려진다. 특히 가부장의 권리가 강조되었던 가족문화는 시집온 부인에게 많은 역할을 기대한다. 확대가족원들과 적절한 관계 형성이 부부관계에 미치는 영향에 대해서는 주로 고부갈등을 통해서 많이 알려져 왔다. 오래 전부터 시집온 며느리와 시어머니 간의 갈등인 고부갈등은 부부갈등의 주요인으로 지적되곤 한다.

최근 재혼 비율이 높아지면서 친족과의 관계를 포함한 가족관계는 더욱 다양하고 복잡해지고 있다. 한국 재혼가족의 경우에는 친족관계를 중시하는 특성으로 인하여 적응에 훨씬 어려움을 겪는다는 보고이다(장혜경 · 민가영, 2001). 유난히 혈연중심의 친족관계를 중요하게 생각하는 가족문화는 친자녀에 대해 집착하고 친족들의 과도한 개입을 허용하고 있기 때문이다. 특히 성과 친족서열에 따른 친족의 호칭은 재혼가족의 경우에는 그 적용이 애매하고 적당하지 못하며 혹은 부정적이다. 우리나라의 가족문화에서 친족들과 잘 지내는 일은 아직도 중요한 위치를 차지한다.

부부관계가 원만하다면 친족과의 관계도 편안할 수 있지만 그것만으로 충분하지 않다. 우리나라에서 친족과의 관계를 형성한다는 일은 까다롭지만 친족으로부터 받는 지원은 또한 그만큼 특별하다.

Box 8-4

가족의 탄생!

'가족의 탄생' 의 제목은 '가족' 의 '탄생' 이지만, 그 탄생은 '남녀가 사랑하고, 결혼하고, 집안과 집안이 만나고, 새로운 아기가 태어나고' 와 같은 일반적인 가족의 탄생 과정과는 거리가 멀다. 피 한 방울 안 섞인 사람들의 얽히고 설킨 관계에 대한 이야기로 시작한 '가족의 탄생' 은 오히려 '연애의 탄생' 이라는 제목이 더 어울릴지도 모르는 이야기이다.
김태용 감독은 우연히 라디오에서 어느 청취자의 사연을 듣게 되었다. 오빠가 결혼해 함께 살게 된 올케와 갑작스런 교통사고로 오빠가 죽은 후에도 여전히 같이 살게 된 시누, 그리고 그녀들의 입양녀에 관한 이야기였다. '그녀들은 같이 살면서 어떻게 서로를 불렀을까? 왜 둘이 같이 살기로 했을까? 그녀들의 입양녀는 후에 자라서 그녀들을 어떻게 부르게 될까? 그리고 그 딸이 남자친구를 데려온다면 어떻게 소개를 할까?' 등등 감독의 머릿속에 호기심과 궁금증 가득한 질문들이 꼬리에 꼬리를 물었고, 그렇게 '가족의 탄생' 이 시작되었다.

출처 : http://movie.daum.net/moviedetail/moviedetailStory.do?movieId=41400

4) 적응결과

사랑해서 혼인을 하여 부부가 서로에게 잘 적응하는 일은 쉬운 일이 아니다. 예전에는 맞지 않아도 참고 사는 것이 일반적이었으나 이제는 나에게 더 잘 맞는 사람이 있을 것이라는 생각을 많이 하는 것 같다. 결혼생활에 잘 적응하고 있는가를 가장 쉽게 측정할 수 있는 질문은 "당신의 결혼생활에 만족하십니까?" 일 것이다. 이를 나타내는 개념이 결혼만족도이다. 또 다른 하나의 척도는 두 사람이 아직도 결혼생활을 하고 있는가이다. 이를 결혼안정성이라고 한다. 적응을 잘 한 두 사람은 서로의 역할과 상대방의 역할에 대해서 만족하겠지만 적응이 잘 안 되면 만족도는 낮아지고 가족의 안정성은 위협을 받는다. 안정성이 깨어질 경우 부부는 별거나 이혼을 결정한다.

(1) 결혼만족도 (marital satisfaction)

결혼만족도에 대한 초기 연구결과는 가족형성기 즉 신혼기에 가장 만족도가 높다가 중년기에 가장 낮아져 노년기까지 지속된다고 알려졌다(Blood & Wolfe, 1960). 그러나 결혼만족도는 일반적으로 U자형의 변화를 보이는 것으로 수정되어 이해되고 있다. 즉 혼인 초기에 높은 결혼만족도를 보이다가 계속 떨어져 자녀가 청소년기에 이를 때 가장 낮은 상태를 보이고 서서히 다시 상회하는 과정을 거친다는 것이 결혼만족도에 관한 일반적 정설이다. 가족형성기의 결혼만족도를 연구한 일부 국내 연구들의 결과는 부부의 결혼만족도가 U자형으로 나타나지 않는다고 지적한다(김민녀, 2003; 이기숙, 1984). 그러나 대부분의 연구들은 혼인 초기 부부들의 결혼만족도가 그 어느 시기보다 제일 높게 나타난다는 것에는 일치된 결과를 보고한다(김민녀, 2003; 도미향 · 최외선, 1990; 이기숙, 1984).

(2) 결혼안정성 (marital stability)

결혼만족도가 결혼생활의 질에 관심을 두는 개념이라면 결혼안정성은 결혼의 해체가능성에 초점을 두고 있다. 부부관계에 만족하고 있으며 별거나 이혼을 생각하지 않는 부부가 68.4%를 차지하고 있으므로 만족도와 불안정성은 비교적 높은 상관관계를 보여주고 있다. 연구에서는 결혼만족도가 낮은 사람이 높은 사람보다 3년 후 이혼하게 될 확률이 4~5배로 높다는 결과(Booth, Johnson, & Edwards, 1983)는 만족도가 안정성을 보장하는 요인임을 보여주고 있다. 특히 이혼이나 독신생활이 불행한 결혼생활을 마감하는 하나의 대안으로 자리 잡는 사회적 추세는 안정성의 유지를 위해서는 만족도가 더 큰 비중을 차지할 것이라는 예측이 가능하다.

하지만 결혼생활에 만족한다면 결혼을 계속 유지할 확률이 높을 것이라고 생각하지만 반드시 일치하지는 않는다는 결과가 제시되었다. 우리나라 부부들을 대상으로 한 연구에서도 부부관계에는 불만족하지만 배우자와 별거 혹은 이혼을 생각한 적이 없는 부부들이 전체의 17.1%, 부부관계에는 만족하지만 배우자와 별거 혹은 이혼을 생각한 적이 있는 부부가 6.2%를 차지하는 것으로 나타났다(최선희 · 전명희, 1999).

2 가족의 확장

가족이 지닌 중요한 기능 중 하나는 자녀의 출산과 양육 및 훈육이다. 물론 최근에는 가족을 형성하지 않고서도 입양이나 의료기술에 힘입어 자녀를 갖기도 한다. 하지만 건강한 부부가 함께 생활하는 과정에서 임신은 자연스럽게 나타나는 결과이다. 성에 대한 과학적 지식이 없던 과거에 임신은 매우 신비한 축복이었다. 그러나 현대에서는 건강상의 문제가 없다면 임신은 대체로 계획적으로 이루어진다.

자녀를 갖는 데 적절한 나이가 있는가에 대해서는 개인적인 가치에 따라서 다른 의견이 있을 것이다. 대부분 임신은 신체적으로 가능한 연령에 따라 가능하다. 우리나라에서도 최근 중년부부들이 뒤늦게 임신을 하는 경향이 높아지고 있다. 최근 의학의 놀라운 발달은 배란이 끝나 임신을 할 수 없는 여성들에게도 임신의 가능성을 제공하기도 한다.

혼인연령이 늦어지면서 첫 자녀를 출산하는 여성들의 연령도 높아지는 경향이다. 건강한 자녀를 낳기 위해서 너무 이르거나 너무 늦은 임신은 바람직하지 않다고 충고한다. 산모가 너무 이른 나이라면 신체적 미성숙보다는 심리적 미성숙으로 인하여 뱃속 아기를 충분히 돌볼 여유가 없다. 또, 부모의 나이가 많을수록 태아가 정상적이지 않을 확률은 높아진다. 물론 임신을 하기에 적절한 나이라는 것은 개인에 따라서 다르다. 하지만 임신과 출산이란 적어도 20년 이상의 돌봄을 필요로 하는 의무가 뒤따른다는 것을 늘 염두에 두어야 한다.

Box 8-5

부모가 되기 전 점검할 사항들

- 우리 부부는 아이가 필요로 하는 보살핌, 관심 그리고 사랑을 충분히 줄 수 있을 만큼 신체적, 심리적으로 건강한가?
- 앞으로 18년 혹은 그 이상 자녀에게 필요한 음식, 옷, 교육을 제공할 수 있는 형편인가?
- 우리 서로를 위해서 그리고 가정을 꾸리기 위해서 얼마나 많은 시간을 요구하는가?
- 우리가 원하는 직업과 수입을 위해서 얼마나 더 많은 교육을 필요로 하는가?
- 우리에게 좋다고 생각하는 생활양식에 자녀가 성공적으로 적응할 수 있는가?
- 우리가 원하는 성별의 자녀를 갖지 못하면 어떻게 할 것인가?
- 만약 장애가 있는 아이가 태어나게 되면 어떻게 할 것인가?

출처 : Cox(1999), Human Intimacy, p.323에서 재인용

대부분의 가족학자들은 부부들에게 첫 자녀를 갖기 전에 충분한 부부만의 시간을 가질 것을 충고한다. 대체로 2년 정도 부부가 서로 적응할 기간이 필요하다고 한다. 서로에게 적응하고, 또 개인적인 관심을 충분히 즐기고, 경제적으로 안정된 상태에 이르기 위해서는 일정 기간이 필요하다. 하지만 우리나라에서 2년 동안 자녀를 갖지 않는다면 염려와 의심의 대상이 되기 쉽다. 여성의 평균 결혼연령이 2007년 28.1세이고 첫자녀 출산 평균연령은 29.4세라는 수치는 결혼 후 6개월 이내에 임신을 한다는 것을 보여준다. 이는 우리나라의 가족에서 자녀가 차지하는 비중이 아직도 크다는 것을 보여주는 간접적 증거로 해석할 수도 있다.

1) 가족계획

(1) 피 임

언제 자녀를 가질 것인가에 대해 결정이 내려지면 부부는 시기를 조절하기 위하여 피임을 계획한다. 주위에서 생각지도 않게 자녀를 가졌다는 말을 하는 부모들을 쉽게 만난다. 피임방법에 대한 지식이 널리 제공되고 또한 그 방법이 다양해지고 편리한 방법들이 있음에도 여전히 피임에 실패하여 자녀를 갖는 경우가 흔하다. 다양한 피임방법들이 확실하게 임신을 방지할 수 있는 것도 아니다. 부부가 임신 시기를 조절하기 위하여 피임을 실시하는 경우에는 선택한 피임방법이 믿을 만하고, 신체에 해가 없으며, 부작용이 없고, 간단하며, 비용이 많이 들지 않고, 성관계를 방해하지 않는가 등을 고려해야 한다(Cox, 1999).

우리나라 기혼 여성들의 피임실천을 살펴본 연구결과, 피임을 실행하는 부부는 전체 응답자의 68.2%를 차지하고 있었다(임현경, 1994). 피임을 하는 목적으로는 더 이상 자녀를 원치 않기 때문이 81.7%로 가장 높았고, 그 다음으로 자녀의 터울 조절을 위해서가 11.2%인 것으로 나타났다. 피임을 실행하는 대상은 부인이 59.3%로 가장 높았고, 남편이 하는 경우는 30.7% 그리고 함께 실천한다는 응답자도 10%를 차지하였다. 부인이 피임을 하는 경우 그 방법으로는 난관수술(35.4%), 자궁 내 장치(13.9), 월경주기법(4.1%), 질정제(2.9%), 경구피임약(2.7%), 질점액법(0.3%) 순이었고, 남편의 경우에는 정관수술(3.6%), 콘돔(15.6%), 질외 사정법(1.5%)의 순으로 나타났다.

가임기 여성(14~39세) 800명을 대상으로 한 최근 피임실태 및 인식조사 결과 응답자들은 피임효과가 확실한 피임법으로 정관수술, 난관수술, 자궁 내 장치의 순으로 응답하였다. 또한 가장 많이 사용하는 피임방법으로는 콘돔, 질외 사정법, 먹는 피임약, 자궁 내 장치, 정관수술 순이라고 응답하였다(서울경제, 2008. 10. 13.). 피임법에 대한 기본적인 지식수준을 알아본 결과, 콘돔(33%)과 정관 수술(36%)에 대한 오답 비율은 낮은 편이나 난관수술(65%)과 자궁 내 장치(45%), 먹는 피임약(44%)에 대한 오답 비율이 높게 나타났고, 먹는 피임약의 경우 복용법을 잘 모르는 여성들이 많았다고 보고한다(데일리메디, 2008. 12. 9.). 전문가들은 아직도 피임방법에 대해서 정확한 지식 없이 사용하는 경우가 많다고 지적하고 있다.

Box 8-6

사후 응급 피임약, 응급 시에만 복용해야

최근 서울 시내 30개 산부인과를 대상으로 조사한 결과에서 우리나라 여성들은 바캉스 철과 연말, 월요일 오전 시간대에 응급 피임약을 가장 많이 처방받는 것으로 나타났다. 또한, 응급 피임약을 주로 처방받는 여성들의 연령대는 20대가 66.7%를 차지했고, 미혼 여성(80%)이 기혼 여성(6.7%)에 비해 훨씬 많았으며, 여성 10명 중 3명꼴은 응급 피임약을 한 번 이상 복용해 보았다고 응답했다.

그러나 사후 응급 피임약은 첫 복용시 평균 75%의 피임효과가 있지만, 반복해서 복용하면 피임효과가 현저히 감소된다. 또한 응급 피임약은 먹는 피임약의 20~30배에 달하는 고용량의 호르몬을 함유하고 있고, 오심, 구토, 두통, 피로, 유방통 등의 부작용이 있을 수 있으므로 반드시 전문의의 처방을 받아야 한다.

출처 : http://media.daum.net/(2009. 1. 8.)

(2) 인공유산

원치 않는 임신이 되었다면 부부는 심각하게 어떻게 할 것인가를 고려해야 한다. 두 가지 방법이 있는데 우선 아이를 낳기로 하는 것과 아이를 낳지 않기로 하는 결정이다. 아이를 낳기로 결정하였다면 계획하지는 않았지만 자녀를 받아들일 준비를 해야 한다. 만약 아이를 낳지 않기로 결정하였다면 인공유산을 이용하여 임신을 중단시킬 수 있다.

모자보건법 14조에는 인공유산을 허락하는 범위를 임신한 여성이나 배우자가 우생학적 또는 유전학적 정신장애나 신체질환이 있는 경우, 전염성 질환, 강간 또는 강간범에 의해 임신된 경우, 법률상 혼인할 수 없는 혈족, 인척 간의 임신, 임신의 지속이 보건의학적 이유로 모체의 건강을 심히 해치고 있거나 해칠 우려가 있는 경우로 제한하며 이러한 경우에는 28주 이내에 인공임신 중절이 가능하다고 밝힌다. 이러한 범위를 벗어난 인공유산은 불법으로 간주되며, 일단 적발되면 의사와 산모 모두 처벌을 받는다고 명시되어 있다. 하지만 우리나라는 인공유산에 대해서 매우 너그러운 문화를 갖고 있는 편이다. 물론 한 가정에 1자녀만을 허락하는 중국의 경우에는 인공유산이 언제든지 가능하다. 미국이나 이탈리아의 경우 인공유산은 12주 이

내에서만 가능하고 프랑스에서는 10주 이내의 임신에 한해서 인공유산이 허락된다. 하지만 이집트의 경우 산모의 생명을 위협하지 않는 경우가 아니라면 인공유산은 원칙적으로 불법으로 취급한다(김용미 외, 2004).

인공유산은 원치 않는 임신을 무효화시키는 데 유용한 방법이지만 이에 따르는 부작용 또한 유의할 필요가 있다. 우선 불임의 원인인 자궁 내 유착증이나 자궁경관 무력증의 원인이 되고, 골반 내 염증이나 다음 번 임신에서의 합병증과 같은 신체적 문제를 일으킨다. 또한 정신적으로는 산모에게 죄책감과 우울증을 가져오기도 한다. 특히 종교를 갖고 있는 경우에는 도덕적인 죄의식을 갖게 한다.

Box 8-7

우리나라의 높은 임신중절률!

2008년 피임연구회 조사 결과에 의하면 기혼여성 3명 중 1명은 원하지 않는 임신으로 인한 임신중절수술을 경험한 것으로 나타났다. 산부인과 전문의들로 구성된 피임연구회는 피임 홍보 '러브미 캠페인' 홈페이지(www.loveme.or.kr)를 통해 기혼여성 1,209명을 조사한 결과 404명(33.4%)이 원하지 않은 임신으로 임신중절수술을 받은 적이 있다고 13일 밝혔다.
출처: 서울경제(2008. 10. 13.)

김을동 의원은 우리를 슬프게 하는 세계 1위 통계수치 중 하나로 낙태수술을 포함시켰다. '각국의 출생아 대비 낙태 건수'를 비교해 보면 미국의 경우 B/A는 83.5가 아닌 8.35로서 잘못 표기되어 미국의 출생아 대비 낙태건수는 매우 낮은 편, 따라서 우리나라가 출생아 대비 낙내선수가 1위인 것은 확실한 것으로 조사되고 있다. 혼전 임신에 대한 부정적 시각과 태아 생명 경시 경향 때문에 우리나라에서는 매년 태어난 신생아의 80%에 육박하는 34만 명의 태아가 임신중절을 통해 희생되는 것으로 추정됐다. 이 같은 비율은 미국, 일본 및 유럽 국가 등 세계 주요 국가와 비교했을 때 3~4배나 높은 것이다.
출처: 프라임경제(2008. 12. 21.)

(3) 불 임

부부가 1년 동안 피임을 하지 않고 정상적으로 부부생활을 하고 있음에도 임신이 되지 않는 경우를 불임으로 정의한다. [그림 8-1]에서 보여주고 있듯이 불임으로 고통 받는 부부들의 수는 점차 증가추세에 있다. 보건사회연구원 2003년 정책보고서 결과에 의하면 15~39세에 해당하는 기혼여성 중 13.5%(63만 쌍)가 불임으로 추정되는 것으로 나타났다. 이러한 수치는 여성 가임연령을 44세로 연장할 경우 140만까지 늘어날 수 있다고 한다(세계일보, 2008. 9. 7.).

불임의 원인은 다양하다. 우선 생식기 질환이 그 원인인데 여성의 난관이 질병이나 장애로 기능을 하지 못하는 경우이다. 남성의 경우에도 요도나 정관이 막혀 있거나 좁은 경우 불임을 초래한다. 신체적 이상은 성형수술 등을 통하여 치료가 가능하다.

난자와 정자의 형성이 어려운 경우도 불임의 원인으로 꼽힌다. 여성의 경우 난자를 배란하는 데 문제가 생겨 임신이 어려울 수 있다. 무월경, 무배란 주기, 산발성 무배란, 과다난포기형 등이 배란을 어렵게 하는데 일반적으로 호르몬 요법으로 치료한다. 남성의 경우에는 정자 형성의 문제로 불임이 있을 수 있다. 정자를 전혀 만들어내지 못하는 무정자증이나 정자를 만든다 하더라도 그 수가 매우 적은 경우에는 호르몬 요법을 통하여 정자형성을 돕는다.

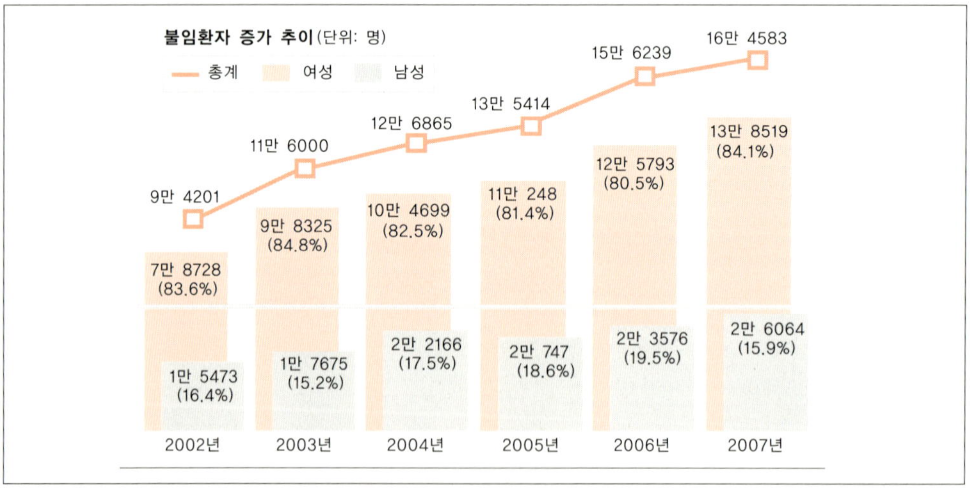

● 그림 8-1 ● 남성 · 여성 불임증 진료내역에 따른 건강보험 진료환자 (단위: 명)

출처: 세계일보(2008. 9. 7.)

수정란의 착상이 어려워 임신이 되지 못하는 경우도 불임의 한 원인이다. 과립막이라는 부분과 황체의 기능부진으로 수정란이 자궁에 착상을 하지 못하거나, 난관을 통과하지 못하여 수정란이 착상하지 못하는 경우 등이 이에 해당된다. 이러한 경우에는 자궁이 아닌 난관에 수정란을 주입하거나, 대리모와 같은 다른 여인의 자궁에 수정란을 이식하여 임신을 유도할 수 있다.

신체적으로 아무런 문제가 없더라도 임신이 되지 않는 경우가 있는데 주로 부부가 긴장이나 불안이 높아져서 임신이 늦추어지는 경우가 있다. 특히 남성의 경우 발기불능은 주로 심인성인 경우가 많으므로 내과나 신경정신과의 도움을 받아 임신을 유도할 수 있다. 또한 인위적으로 정자와 난자를 수정시키는 인공수정을 통하여 불임을 해소할 수 있다. 생리주기를 기준으로 임신이 가능한 배란일에 맞추어 자궁에 정자를 주입하는 것을 체내수정이라고 한다. 난자와 정자를 시험관에서 수정시켜 자궁에 넣는 방법을 체외수정이라고 한다.

2) 임 신

(1) 태아의 발달

수정 후 280일까지 태아는 어머니의 몸에서 자란다. 태아는 발아기, 배아기, 태아기를 거쳐서 성장한다. 발아기란 수정에서 시작하여 자궁벽에 착상하기까지의 2주간에 해당하는 기간이다. 수정이 되면 세포분열이 시작되면서 수정란은 점차 커 나간다. 수정란이 난관을 통과하는 데 약 3일, 자궁강에서 착상 전까지 약 4일이 지나넌 수성란이 자궁에 도달하고 자궁벽에 착상하게 된다.

배아기는 수정 후 2~8주간에 해당하는 기간이다. 이 기간에 태아는 신체기관과 신경계를 형성한다. 배아기가 끝날 무렵 태아는 사람의 형태를 갖추게 된다. 배아기 동안 태아가 불리한 환경에 노출된다면 이목구비나 심장과 같은 신체구조의 장애를 일으킬 확률이 높다. 임신 초기에 특히 조심해야 한다는 말은 배아기가 그만큼 태내발달에서 차지하는 비중이 높음을 알려 준다고 하겠다.

태아기는 수정 후 3개월~출산까지인데 배아기에 형성된 각 기관의 구조가 정교해지고 기능이 원활해진다. 수정된 지 30주 후면 자궁에서 분리되어도 의학적인 도움으로 생존이 가능하다고 알려졌으나 최근 의학의 발달은 24주 된 태아도 생존하게 만들었고 곧 20주 된 태아의 생존도 가능할 것이라고 예측한다(Cox, 1999).

(2) 건강한 태아의 성장

산모의 건강은 태아의 건강에 가장 큰 영향력을 행사한다. 임신기간 산모는 태아의 건강한 성장을 위하여 필요한 영양분을 충분히 섭취하도록 노력한다. 또한 건강을 유지하여 질병에 감염되지 않도록 조심해야 하는데 산모가 앓는 질병이 태반을 통해 태아에게 옮겨 가기도 한다. 산모의 흡연이나 음주는 태아에게 불리한 환경을 제공하며 방사선 노출이나 약물사용도 태아의 건강을 위협한다. 신체적 조건이나 물리적 자극과 더불어 산모의 정서적 안정성이 태아의 신체적, 심리적 건강에 중요한 역할을 담당하는 것은 일반적으로 널리 알려진 상식이다. 따라서 우리나라에서는 부모의 태교를 매우 중시하였다.

최근 의학의 발달은 건강하게 태아를 키우는 데 필요한 지식에 대해서 매우 많은 부분들을 예비 부부에게 제공한다. 태어날 아이의 최적의 환경을 위해서 예비 부모에게는 다양한 교육프로그램이 제공되고 있다. 관심만 있다면 전문서적이나 인터넷을 통해서 예비 부모가 어떤 준비를 해야 하는가에 대한 지식을 얻을 수 있다. 더군다나 부부가 계획하는 자녀 수가 대체로 한 명 혹은 많아야 두 명에 그치면서 건강한 자녀를 낳겠다는 의지는 예전보다 훨씬 강렬하다. 독일에서도 이러한 현상을 '부모노릇 마니아' 라는 신종 바이러스라고 지적하는 것을 보면(Beck & Beck-Gernsheim, 1990) 이러한 세태는 비단 우리나라에만 국한되는 것은 아니다. 적당한 관심은 중요하지만 과도한 관심은 상업적인 이익에 의해서 부추겨지기도 한다는 사실도 유념할 필요가 있다.

Box 8-8

아빠도 한달 간 출산 휴가 가능

아빠도 한 달간 출산휴가를 갈 수 있게 됐다. 고용노동부는 29일 서울고용센터에서 진행된 2013년 업무보고에서 '아빠의 달' 제도를 도입하겠다고 박근혜 대통령에게 보고했다. '아빠의 달' 이 도입되면 남성도 배우자 출산일로부터 3개월 이내에 1달 동안 출산휴가를 사용할 수 있게 된다.

육아휴직 사용 대상 자녀의 연령도 확대할 방침이다. 현행 6세까지 가능했던 육아휴직 가능자녀 연령을 초등학교 3학년까지 확대한다. 또 여성의 임신 · 출산 후 고용 유지와 경력단절

예방을 위한 중소기업 대체인력채용 장려금 지원 수준을 월 30만원에서 40만원으로 인상할 계획이다.
이날 업무보고에서 고용노동부는 일 · 가정 양립을 위한 방안으로 임신 12주 이내와 36주 이후 일일 근로시간을 2시간 단축하는 방안도 내놓았다. 또 선택적 · 탄력적 · 재량근로시간제, 재택근무나 스마트 워크 등도 활성화할 방침이다. 고학력 여성이 선호하는 '반듯한' 시간제 일자리 마련도 추진된다. 고용이 불안정한 시간제 일자리를 고용이 안정된 전일제 근로와 불합리한 차별이 없는 '반듯한' 시간제 일자리로 전환 시 참여 사업장에 2012년에 40만원이던 지원금을 올해 60만원으로 인상한다.
경력단절 여성들의 재취업을 위해 새일센터와 공공훈련기관 등 협력체계를 구축해 취업상담과 숙련진단을 거쳐 직업훈련을 실시하고 재취업까지 연결한다. 일과 육아, 훈련을 병행할 수 있는 여성친화적 훈련방식도 개발, 시행한다. 연령별 맞춤형 취업지원 서비스도 제공된다. 30대를 위해 육아정보와 '반듯한' 시간제 일자리를, 40대를 위해 사전 상담과 직장적응 과정, 사후관리까지 포함된 패키지형 직장적응 프로그램을 지원한다.
김수희 기자

출처: 여성신문(2013. 3. 1. 제1232호)

3) 출 산

분만 또는 해산이라고도 하는 출산은 자궁강 내에 있던 태아와 그 부속물이 산도를 통해 모체 밖으로 나오는 것을 말한다. 출산일은 평균 임신 후 266일로 알려져 있고, 분만예정일은 최종 월경을 시작한 날에 280일을 더하여 계산한다. 하지만 예정분만일을 전후해서 일주일 이내에 아이를 낳는 경우는 전체 출산의 50%에 불과하고 (Cox, 1999), 예정일을 전후하여 2주간의 분만을 대체로 정상분만이라고 한다.

분만시간은 개인에 따라서 매우 다양하게 나타나는데 일반적으로 초산의 경우 12시간에서 15시간 정도가 필요하다. 분만과정은 개구기, 만출기, 후산기의 세 단계로 나뉘어진다. 개구기는 자궁의 규칙적 수축으로 진통이 시작된 후 자궁이 충분히 열리기까지의 시기로 흔히 이 단계에서 양수가 터진다. 만출기는 자궁의 입구가 완전히 열려 태아의 몸이 산도를 따라 밖으로 나오는 시기이다. 후산기는 태아가 나온 후 태반이 나오는 시기로 5~20분 정도가 소요되며, 자궁의 수축이 시작된다.

우리가 정상분만이라고 부르는 것은 개구기, 만출기, 그리고 후산기의 과정을 정상적으로 거쳐 태아가 출산하는 것을 말한다. 모든 부부가 정상분만을 원하지만 태아가 산도는 통과하는 과정 중에 문제가 생겨 분만이 순조롭게 진행되지 못하는 난산, 분만이 시작되기 전 양수가 미리 터져서 유도분만을 하는 경우, 태아가 어머니의 뱃속에서 38주 이전에 나오는 조산과 그 이후에 나오는 만산 등으로 흡입적출 분만, 겸자 분만 그리고 제왕절개 분만 등의 이상 분만으로 태아를 출산하기도 한다.

생각해 볼 점

1. 부모님이 어떻게 결혼을 하셨는지 그 과정에 대해서 알아봅시다. 본인이 결혼한다면 어떤 과정들은 포함되고, 어떤 과정들은 포함되지 않을까요? 왜 그러할지에 대해서 생각해봅시다.

2. 본인이 결혼하게 된다면, 어떤 역할을 해야 할까요? 그러한 역할을 잘 담당하기 위해서는 어떤 준비가 필요합니까? 현재 그 역할에 대해서 담당할 준비가 되어 있나요? 더 잘 준비하기 위해서는 어떻게 노력해야 하나요?

3. 본인이 결혼하면 자녀는 몇 명을 둘 생각입니까? 언제 둘 생각인가요? 만약 배우자와 서로 의견이 다르다면 조절하는 기준은 무엇이 될까요?

참고문헌 REFERENCES

김민녀(2003). K-MSI를 활용한 기혼자의 결혼만족도: 가족생활주기를 중심으로. 성신여자대학교 대학원 석사학위논문.

김용미 · 서선희 · 옥경희 · 정혜정(2004). 결혼과 가족의 의미. 서울: 양서원.

도미향 · 최외선(1990). 비전문직 취업주부의 결혼적응과 부부간 의사소통양식 및 그 상호관계에 대한 연구. 한국가정관리학회지, 8(2), 69-85.

문화일보(2006. 7. 12.). 맞벌이 가정 가사 · 육아 분담 달라진 줄 알았더니….

문화일보(2006. 5. 27.). 축의금부터 잘 활용 … 신혼 재테크가 20년 뒤 행복 좌우.

범수인(1992). 가족생활주기에 따른 가계의 투자계획에 관한 연구. 이화여자대학교 대학원 석사학위논문.

여성신문(2013. 3. 1.). 아빠도 한달 간 출산 휴가 가능.

유영주(1984). 한국도시가족의 가족생활주기 모형 설정에 관한 연구. 한국가정관리학회지, 2(1), 111-129.

이기숙(1984). 가족주기에 따른 부부적응의 변화. 부산여대논문집, 17, 601-617.

임현경(1994). 일부 기혼부인의 가족계획실천에 관한 연구-현존 자녀의 성과 수를 중심으로. 이화여자대학교 대학원 석사학위논문.

장혜경 · 민가영(2001). 재혼가족의 적응실태와 지원방안에 관한 연구. 서울: 한국여성개발원 연구보고서 240-11.

정종수(2008). 사람의 한평생: 민속으로 살핀 탄생에서 죽음까지. 서울: 학고재.

정은희(2004). 원가족분화, 자아존중감과 부부 갈등대처방식에 따른 결혼안정성 연구. 성신여자대학교 대학원 석사학위논문.

통계청(2003). 혼인 상태별 경제활동 참가율.

통계청(2004). 2004 생활시간조사.

최선희 · 전명희(1999). 우리나라 부부갈등과 부부관계 유형과의 관계에 관한 연구. 한국사회복지학, 38, 284-308.

프라임경제(2008. 8. 20.). 미혼남성 34%, 나와 비슷한 연봉 배우자 원해.

한국여성개발원(1997). 여성취업 실태조사. 서울: 한국여성개발원.

한미향(1999). 부부의 자아분화와 부부갈등 및 갈등대처방안과의 관계. 서강대학교 대학원 석사학위논문.

한정화(1999). 남녀대학생의 혼례비용의식에 관한 연구. 한국여성교양학회지, 6, 177-201.

홍향숙(1989). 가족생활주기에 따른 가계의 소비생활문제에 관한 연구. 서울대학교 대학원 석사학위논문.

Bales, R. F., & Slater, P. E. (1955). Role differentiation in small decision-making groups. in T. Parsons,, & R. F. Bales, *Family, Socialization and Interaction Process*. pp.259-306. NY: The Free Press.

Beck, U., & Beck-Gernsheim, E. (1990). Das ganz normale Chaos der Liebe. Suhrkamp Verlag, Frankfurt am Main. 강수영 · 권기돈 · 배은경(2002) 역. 사랑은 지독한 그러나 너무나 정상적인 혼란. 서울: 새물결.

Blood, R. O., Jr. & Wolfe, D. M. (1960). *Husbands and wives: The dynamics of married living*. NY: Free Press.

Bryant, C. M., Conger, R. D., & Meehan, J. M. (2001). The influence of in-laws on change in marital success. *Journal of Marriage and Family, 63*(3), 614-626.

Carter, B., & McGoldrick, M. (1989). *The changing family life cycle-A framework for family therapy*(2nd ed.). 정문자 역(1996) 가족생활주기와 가족치료. 서울: 중앙적성출판사.

Chadwick, B. Q., Albrecht, S. L., & Kunz, P. R.(1976). Marital and family role satisfaction. *Journal of Marriage and the Family, 38*, 431-440.

Nye, F. I. (1976). *Role structure and analysis of the family.* Beverly Hills, CA:Sage.

Cox, F. D. (1999). *Human intimacy: Marriage, the family, and its meaning*(8th ed.). Belmont, CA: Wadsworth Publishing Co.

Marotz-Baden, R., & Cowan, D. (1987). Mothers-in-law and daughters-in-law: The effects of proximity on conflict and stress. *Family Relations, 36*, 385-390.

Timmer, S., & Veroff, J. (2000). Family ties and the discontinuity of divorce in black and white newlywed couples. *Journal of Marriage and the Family, 62*, 349-361.

Zelditch, M. Jr. (1955). Role differentiation in the nuclear family: A comparative study. in T. Parsons,, & R. F. Bales, Family, *Socialization and Interaction Process.* pp. 307-352. NY: The Free Press.

Chapter 09

FAMILY RELATIONS

가족확대기

01 부부관계

02 부모자녀관계

03 형제자매관계

04 조부모손자녀관계

05 친족관계

앞서 제2부 3장 '가족발달'을 통해 시간의 흐름에 따른 가족의 발달 과정을 가족생활주기와 가족발달과업의 개념을 중심으로 설명한 바 있다. 이어 제3부에서는 가족생활주기의 각 단계별 가족관계의 특성이나 주된 가족문제들을 본격적으로 다루고 있다. 본 장에 앞서 소개된 8장에서는 결혼의 과정으로부터 부모됨을 준비하는 시점에 이르기까지 가족발달의 첫 단계인 가족형성기의 발달에 대해 자세히 알아보았다. 본 장에서는 자녀 출생 이후로 자녀 영아기, 자녀 유아기, 자녀 아동기, 자녀 청소년기에 이르기까지 확대기 가족이 경험하는 가족관계 및 가족발달의 특성에 대해 살펴보고자 한다.

가족확대기는 자녀의 탄생으로 인해 가족이 양적으로 확대되는 시기일 뿐 아니라, 기존의 비교적 단순했던 부부 중심의 2인 체계에서 보다 복잡해진 가족 체계로 가족관계와 가족생활이 확장되고 변모되는 시기이다. 이 시기에는 부부관계뿐만 아니라 부모자녀관계, 형제자매관계, 조손관계 등과 같은 다양한 하위관계로 가족관계가 구성되며, 각 하위관계는 전체 가족체계와 서로 영향을 주고받는 역동성을 지닌다. 가족확대기에는 전보다 훨씬 복잡해진 가족 구도 속에서 보다 다양한 역할과 책임의 수행이 요구되며, 성공적인 가족발달과업의 수행이 다음 단계로의 순조로운 발달을 이끈다.

본 장에서는 확대기의 가족관계를 구성하는 하위관계별로 그 발달적 특성과 주된 이슈들에 대해 알아보고자 한다. 부부관계에서는 부부역할의 조정과 관련된 문제와 부부 간의 만족도를 높이기 위한 부부관계의 질적 관리에 대해, 부모자녀관계에서는 부모자녀관계의 중요성과 자녀의 발달단계별 부모역할 및 발달과업에 대해 알아볼 것이다. 형제자매관계에 대해서는 형제자매관계의 특성과 유형을, 조부모손자녀관계에 대해서는 조손관계의 가치와 유형을 살펴보도록 하겠다. 이외에 확대기 가족의 친족관계의 변화 양상과 건강한 가족관계 발달을 위한 출생가족과의 분화 문제에 대해서도 다뤄보고자 한다.

1 부부관계

1) 부부역할의 조정

Box 9-1

이 부부가 사는 법

아이를 낳고 회사에 복직한 지 열흘이 지났다. 그 사이 내 생활은 참 많이 달라졌다. 일어나자마자 서둘러 출근 준비를 하고 잠든 아이를 깨워서 짐보따리를 챙겨 시댁으로 행한다.
시댁에 아이를 맡겼지만 그렇다고 아이에게서 완전히 자유로울 수는 없다. 모유가 분유보다 좋다고 하니 회사에서도 쉬는 틈틈이 젖을 짜야 한다. … 입덧으로 힘들 때는 아이만 낳으면 좀 괜찮을 줄 알았는데 막상 아이를 낳고도 지금껏 잠 한번 제대로 자본 적이 없다. 참 이상하게도 여전히 내가 해야 할 일은 해도 해도 끝이 없다. 몸이 고달프니 본의 아니게 신랑에게 화도 내고 밤낮없이 우는 아이에게 있는 대로 인상도 써본다. 신랑은 정 힘들면 회사 그만두고 전업주부나 하라고 하지만 그 말이 실은 더 속상하다. 어떻게든 더 나은 생활을 하려고 일을 하는 건데 용기를 주지는 못할망정 그렇게 별것 아니라는 투로 대꾸하면 더 지치고 힘들다는 것을 알아줬으면 싶다. 나도 가끔은 신랑처럼 회사에서 동료들과 술 한 잔에 피로를 풀고 집에 돌아오면 하루쯤은 만사를 제쳐 두고 누워 채널을 맘껏 돌리고 싶다는 걸 왜 모를까?

출처: 최은숙(2005). 이 부부가 사는 법: 아이가 가져다 준 행복. 샘터, 9월호, pp.86-87.

자녀의 출생으로 인해 남편과 아내 두 사람으로 성립된 기존의 가족구도가 남편과 아내, 아이로 이어지는 보다 복잡한 3인 구도로 바뀌게 된다. 그러면서 지금까지 지내온 비교적 단출했던 결혼생활에 큰 변화가 생기게 된다. 특별히 자녀 출산과 더불어 증폭된 역할이나 가사일은 부부들에게 스트레스로 다가오기 쉽다. 부부관계와 함께 부모자녀관계가 새로 성립되면서 남편과 아내로서, 며느리와 사위로서, 그리고 직장인으로서 그동안 수행해온 역할 외에 아버지와 어머니로서 감당해야 할 많은 일들이 부과되면서 부부 간에 적절한 역할 재분배와 조정이 요구된다. 이제 부모가 된 부부들은 자녀 출산과 양육, 교육 등의 부모 역할을 잘 수행하기 위해 부모로서의 정체감을 정립하고 필요한 자녀양육 기술을 습득해야 한다. 또한 자녀를 돌보는 데 필요한 가사노동의 관리 패턴을 적절히 선택해야 하고, 역할 확대에 따라 시간, 물질, 에너지의 사용 계획을 알맞게 조정해야 하며, 재정적 지출 증가에 따르는 가정경제 관리도 재설계해야 한다(최외선 외, 2006). 요컨대 부부 간에 새로운 역할분담이 이루어져야 하는 것이다.

아이가 태어나면 기존의 가사 외에 아이를 먹이고 입히고 씻기고 재우며 아이와 함께 놀아주거나 아이를 위해 쇼핑을 하는 등의 일들이 새로 추가된다. 한편 이러한 상황에서도 현대 가족이 추구하는 평등적인 가족 이미지, 곧 부부가 부모 역할을 공유하는 모습은 좀처럼 찾아보기 힘들다. 아직도 많은 가정에서 이분적인 전통적 성 역할을 고수하고 있다. 맞벌이 가족이라 하더라도 가사와 자녀양육은 고스란히 여성의 몫으로 떠넘겨진다. 여성들은 남성들에 비해 보통 서너 배 이상의 시간동안 가사 활동을 하는데, 이러한 현실은 곧 부부 간의 갈등을 일으키는 원인이 되고 있다. 기혼여성의 취업은 보다 나은 부모노릇을 하기 위한 경제적인 이유가 주된 동기로 작용하고 있지만, 적절한 역할 분담이나 역할 재편이 이루어지지 않으면서 여성에게 지워지는 역할 부담이 가중되어 결국 부부관계와 부모자녀관계에 갈등과 긴장을 유발하게 된다(정옥분 · 정순화, 2000). 따라서 자녀양육으로 인해 역할과 책임이 폭증되는 시기인 확대기 가족의 경우 역할 수행의 균형적 안배와 배우자의 역할에 대한 이해와 협조, 배려, 파트너십이 원만한 부부관계 유지에 필수적이다.

한편 가사 분담과 아울러 현명한 관리가 필요한 분야가 가정경제이다. 즉, 재정 관리 영역에서도 부부가 서로 협력적인 관계를 유지하는 것이 매우 중요하다. 자녀를 낳고 기르는 과정은 곧 끊임없이 비용이 소모되는 과정이라고 할 수 있다. 자녀를 기르는 데 드는 비용에는 식비, 피복비, 교육비와 같은 직접적인 비용뿐만 아니라 출산과 양육으로 인한 기회 비용과 같은 간접적인 비용도 포함되며, 자녀양육에 따르는 경제적인 부담은 특별히 생계를 책임지고 있는 남편들에게 심리적인 부담감 내지 압박감으로 작용하여 자녀를 부정적으로 인식하게 만드는 결과를 초래할 수 있으며, 그로 인해 결국 아내와 자녀들 간의 관계마저 악화되게 하는 부정적인 결과를 가져올 수도 있다. 이러한 문제에 대한 성공적인 해결책 가운데 하나는 자녀 출산과 양육으로 인한 역할과 책임에서 벗어날 수 없게 되는 확대기에 이르기 이전인 가족형성기나 결혼을 준비하는 시기 동안 서로 만족할 만한 의사소통과 의사결정 체계를 확립하는 것이다(정현숙 · 유계숙, 2001).

2) 부부관계의 질 관리

Box 9-2

가족의 달을 맞아 부모님과 아이들에게 신경을 쓰느라 정작 가장 중요한 서로의 동반자를 잊고 있지는 않은가? 5월 21일은 둘(2)이 하나(1) 된다는 부부의 날이다. 부부관계의 소중함을 되새기고 그 날만큼은 서투른 애정이라도 서로에게 진심을 전달해보는 것은 어떨까? 부부의 날은 화목한 가정을 일궈내자는 의미로 2004년 법정기념일로 제정되었다.

출처: 전영혜(2006). 둘이 하나되어. 리더스다이제스트, 5월호, p.22.

아이들 생일에 나는 아내에게 '출산 기념증'을 만들어준다. 또 가사로 늘 바쁜 아내의 생일에는 아이들과 함께 상장 용지에 축하와 감사의 사연을 적어 '공로증'을 만들어주기도 한다. '출산 기념증'이나 '공로증'을 만드는 데는 단돈 1천 원도 들지 않는다.

출처: 주호창(2005). 정보품앗이: 다정다감 선물이야기. 샘터, 2월호, p.50.

확대기 가족의 부부들은 자녀를 낳고 기르면서 적절한 부모자녀관계를 발달시켜야 하는 동시에 자신의 부부관계도 잘 유지하고 관리해야 하는 과제에 직면하게 된다. 특별히 부모에 대한 의존도가 매우 높은 어린 자녀를 둔 확대기 가족의 경우 자녀의 기본적인 욕구를 충족시켜 줘야 하는 책임과 의무로 자녀를 돌보는 데 보다 많은 시간과 노력을 할애하게 된다. 이 과정에서 배우자에게는 상대적으로 신경을 덜 쓰게 되는데, 이로 인해 배우자는 소외감 내지 박탈감을 느끼거나 부부 간의 관계가 소원해진 듯한 느낌을 갖기도 하고 서로에게 기대하는 바가 달라 갈등을 겪기도 한다. 또한 부부만의 사생활이 침해당하는 듯한 느낌도 가질 수 있기 때문에 부부 간의 상호작용과 결혼만족도가 감소하는 경향을 보이게 된다. 이처럼 자녀가 부모의 복지와 만족에 부정적인 영향을 미치는 것은 부모역할의 긴장에서 비롯되는 것이다(정현숙, 1997). 즉, 부모역할로 인한 긴장이 높을수록 결혼만족도와 개인적 복지감이 낮아진다는 것이다. 따라서 이 시기에는 부부가 아버지와 어머니인 동시에 남편과 아내로서의 관계를 계속해서 유지하고 발전시키는 것이 중요한데(김혜숙, 1997), 동료애와 친밀감, 의사소통을 지속적으로 유지하면서 부모로서의 책임감과 조화를 이룬 부부들이 성공적인 전이(transition)를 맞이하는 것으로 보인다(Cowan et al., 1985).

한편 부부는 배우자로서, 그리고 부모로서의 책임감뿐만 아니라 자신의 독립을 추구하는 욕구나 개별성에 대한 욕구도 균형 있게 발달시켜야 한다. 부모로서 그리고 배우자로서 그들에게 가해지는 요구가 증가함에 따라 자신만의 시간이나 활동이 줄어들게 되는데, 특히 부인들의 경우 대부분의 시간과 노력을 자녀에게 쏟게 되면서 개인적인 차원의 성장과 발달은 뒷전으로 미루기 쉽다. 그러나 부부 간의 관계 재정립 또는 부부관계의 질(marital quality) 관리에는 부모로서의 자신과 배우자로서의 자신 간의 균형 외에 자신이 그동안 해오던 개인적인 일이나 취미생활, 친구관계 등 개인으로서의 자기 영역을 적절히 관리하는 것도 포함된다. 새로 부모가 된 사람들의 경우 자신의 개인적인 욕구와 배우자의 개인적인 욕구를 이해할 때 부모기(parenthood)로의 전환을 성공적으로 맞이할 수 있기 때문이다(Cowan et al., 1985). 부부관계는 가족관계의 핵심을 이루는 만큼, 부부관계의 질을 관리함으로써 부부체계를 견고히 하고자 하는 일련의 노력은 건강한 가족관계와 가족생활을 유지하고 발전시켜 나가는 데 있어 중요한 관건이 된다. 한편 부부관계의 질을 관리하기 위한 구체적인 실천 지침으로 결혼만족도의 제고나 만족스런 성생활의 유지, 여가활동의 개발, 새로 출현하는 갈등의 관리 등을 생각해 볼 수 있다.

먼저 확대기 가족에게서 현저하게 낮아지는 경향을 보이는 결혼만족도를 높이는 노력을 부부가 함께 기울일 필요가 있다. 결혼만족도의 변화에는 자녀출산 후의 의사소통 유형의 변화, 친밀감 수준의 변화, 부부 간의 동료적 활동의 변화 등이 포함된다. 선행 연구들에 따르면, 자녀를 출산하기 전에 부부 간에 친밀도가 높고 결혼생활을 위해 서로 헌신해 왔으며 평등적인 의사결정과 상호 개별성을 존중하면서 서로 만족할 만한 시간을 보내온 부부들이 자녀출산 이후에 더욱 만족스러운 부부관계를 유지한다고 한다. 또한 부부가 배우자로서의 역할이나 부모로서의 역할에 대해 같은 기대와 책임을 인식하고 있을 때 부부관계의 질이 높으며, 맞벌이 가족의 경우 아내가 배우자의 지지를 얻고 자신의 일과 삶에 대해 만족할 때 부모역할을 보다 잘 수행한다고 한다. 이러한 연구 결과에 비추어 볼 때, 부부 간의 친밀감이나 상호 존중, 지지, 평등적인 의사결정 등이 부부 간의 만족도를 높이는 주요 요인임을 알 수 있고, 바람직한 부부관계를 유지 · 증진시키기 위해 확대기 가족의 부부들이 특별히 유념할 필요가 있는 요인임을 알 수 있다.

또한 자녀의 출산으로 부부 간의 성생활에도 부정적인 영향이 있을 수 있음을 알고 서로 만족스러운 성생활을 유지하기 위한 노력을 기울일 필요가 있다. 확대기 가족의 경우 보통 부부중심 체계에서 자녀중심 체계로 전환이 이루어지게 된다. 아내의 경우 엄청난 에너지를 요하는 자녀양육으로 인한 육체적 · 정신적 피로와 시간 부족 등으로 인해 성적 욕구가 저하되기 쉽고, 남편은 부인의 성적 반응 감소에 실망하게 될 수도 있다. 이 시기 부부 간의 성생활의 불만은 곧 부부관계의 불만과 결혼생활의 불만으로 이어지기 쉽다. 이러한 상황에서 부부 간의 관계의 질을 유지하기 위해서는 만족스러운 성생활을 유지하기 위한 노력이 필요하고, 특별히 자녀 출산 직후의 성생활 변화에 대한 부부 간의 이해 또는 인식 전환이 필요하다. 즉, 이러한 현상은 일시적인 것이라는 인식을 가지고 부부가 현재 경험하는 신체적 · 정서적 욕구와 상황을 서로 존중하고 이해할 필요가 있다. 이것이 바탕이 될 때 부부는 부모가 되는 경험을 서로 공유하고 부부 간에 새로운 친밀감을 쌓아가며 자녀의 성장을 함께 즐기면서 부부관계의 질도 관리할 수 있게 된다.

한편 부부가 함께 하는 취미나 여가 활동을 개발할 필요가 있다. 확대기 가족의 부부가 자신에게 주어진 다양한 역할을 수행하는 데만도 시간과 노력, 지원체계가 절대적으로 부족한 상황에서 부부만의 시간을 따로 보내는 것이 현실적으로 또 경제적으로 결코 쉬운 일은 아니다. 그러나 부부 공동의 만족감과 개인의 복지감 증진을 위해 부부가 동료로서 함께 하는 시간과 활동을 갖는 것이 필요하고, 아울러 부부가 각각 개인적인 흥미를 고려한 시간과 활동을 갖는 것이 유익하다. 성공적인 부모기로의 전이를 위해 직장일과 가사, 자녀양육에 따르는 다양한 때로는 상충되는 요구 간의 균형을 유지하면서 여가의 욕구도 충족시킬 수 있어야 하며, 궁극적으로 부모로서의 발달과 부부로서 발달, 그리고 개인으로서의 발달에 조화로운 균형이 필요하다는 것을 주지해야 한다. 그리고 이에 부응하는 실천적 · 행동적 노력이 뒤따라야 할 것이다.

이외에도 확대기에 새로 부상하게 되는 갈등을 효과적으로 관리함으로써 부부관계의 질을 관리할 필요가 있다. 예컨대 딸을 낳은 며느리에게 노골적으로 언짢은 내색을 표하는 시부모에게 아내가 불만을 가질 수 있고, 산후조리를 위해 머물고 있는 장모와 남편 간에 갈등과 긴장이 싹트는 등, 자녀 출산으로 인해 가족체계 내에 세대관계의 변화와 그로 인한 다양한 문제들이 발생할 수 있다. 이 때 출생 가족(family of origin)에의 연결(togetherness) 욕구와 분리(separation) 및 개별화(individualization) 욕구를 조정하는 과정에서 갈등이 생길 수 있다. 자신의 부모 및 출생 가족으로부터 제대로 분화되지 못하고 심리적으로 서로 엉켜 있거나 단절된 상태에 있다면 건강하지 못한 가족관계를 맺게 될 뿐 아니라 자녀에게 미성숙과 미분화의 유산을 물려주게 된다(Freeman, 1992). 따라서 원가족으로부터의 적절한 분화(differentiation)가 이루어져야 하고 부부관계를 확고히 하기 위한 의사소통과 파트너십이 요구된다. 그리고 합리적인 가족 규칙과 의사소통 패턴을 부부가 이전 단계에서부터 꾸준히 준비하는 것이 필요하다(정현숙 · 유계숙, 2001).

Box 9-3

긴 결혼 생활이란 두 사람이 동시에 듀엣과 솔로 댄스를 추려고 하는 것이다.

출처: Anne Taylor Fleming(2005). 명언록. 리더스다이제스트, 11월호, p.141.

2 부모자녀관계

1) 부모자녀관계의 중요성

Box 9-4

부모기를 보내는 동안 부모는 자기 자신에 대해, 삶의 주기에 대해, 인간 그 자체에 대해 더 많이 알게 된다. 대부분의 부모는 자녀를 갖기 이전보다 자신이 더 책임감 있고 수용적이며 더 관용적이 되었다고 묘사한다. 부모가 된 사람은 모르는 사람의 아이일지라도 아이가 울면 항상 격렬한 감정의 변화를 느낀다. 부모는 전과 같지 않다. 그들은 부모기를 통해 더 풍부해지고 성장하였다.

출처: Galinsky 저, 김세희 외 편역(1992). 자녀와 더불어 성장하는 부모, p.213.

오늘날 우리 사회에 공존하는 다양한 형태의 가족 가운데는 부모가 되는 것을 자발적으로 미루거나 거부하는 무자녀 가족이나 불임 등의 이유로 비자발적으로 무자녀 가족이 된 가족이 증가하고 있다. 그러나 결혼한 부부의 대부분이 임신과 출산을 통해, 때로는 입양을 통해 부모가 되며 부모자녀관계라는 새로운 가족관계를 경험하게 된다. 부부가 자녀를 낳고 부모역할을 하게 될 때 비로소 전형적인 가족이 시작되는 것으로 여겨지고 있으며, 왜 자녀를 가져야 하는가 하는 이유와 동기를 묻기 전에 부부 간의 결혼생활은 자녀가 있음으로써 완성되고 부모자녀관계의 성립을 통해 가족으로서의 의의가 있는 것으로 여겨지고 있다. 즉, '정상적인 가족발달'의 개념 가운데 부모자녀관계의 성립과 발달을 빼놓을 수 없을 정도로 부모자녀관계는 가족관계 가운데 핵심적인 관계로 인식되고 있다. 한 생명이 잉태되는 순간으로부터 출생과 성장에 이르기까지 개인을 둘러싼 일차적 환경체계로서의 부모자녀관계는 개인의 일생에 걸쳐 가장 중요한 영향을 미치는 환경체계로 작용한다. 특별히 부모와 자녀는 다음과 같은 상호관계적 특성을 지니고 있기 때문에 자녀에게 있어 부모와의 관계가 중요하고 자녀의 성장과 발달에 미치는 부모의 영향력이 지대하다.

- 부모자녀관계는 개인이 경험하는 최초의 관계이다. 태내로부터 시작되는 부모자녀 간의 상호작용은 개인의 발달에 가장 큰 영향을 미치며, 부모와의 관계를 통해 어린 시절 경험한 인생의 초기 경험은 이후 발달에 절대적인 영향력으로 작용한다.
- 부모와 자녀 간의 관계는 일시적으로 맺어지는 관계가 아니고 오랜 세월에 걸쳐 장기적으로 지속되는 관계이다. 특별한 경우를 제외하고 부모와 자녀는 출생한 자녀가 영유아기와 아동기, 청소년기를 거쳐 성인기에 이르기까지 계속해서 상호작용한다.
- 부모는 자녀에 대해 주된 책임을 지는 인물이다. 부모는 다른 어느 누구보다도 자녀에 대해 관심과 애정을 가지고 있는 사람이며, 자녀의 건강한 성장과 발달을 지원하기 위해 기꺼이 자기 자신을 희생하고 헌신한다.
- 부모와 자녀는 많은 양의 상호작용을 한다. 일반적으로 자녀양육에 주된 책임을 맡고 있는 어머니와 자녀 간에 직접적이고 긴밀한 대면적(face to face) 상호작용이 많기 때문에 어머니로부터 받는 영향이 크다.

- 부모는 자녀와 밀접한 관계를 유지하면서 자녀의 일상적인 의사결정과 문제해결 방법에 큰 영향을 미친다. 자녀들은 자신의 사회적 관계나 진로 선택 등과 관련된 중요한 결정을 내릴 때 그들 부모의 영향을 받는다.
- 부모와 자녀는 다양하고 광범위한 경험을 함께 한다. 특히 어린 시절에는 주로 어머니와 여러 가지 경험을 하면서 어머니의 영향을 많이 받지만, 아버지와 함께 하는 활동을 통해서도 긍정적인 영향을 받는다.

어린 자녀에게 미치는 부모의 영향력을 생각할 때 부모는 영향을 '주는' 사람으로, 그리고 자녀는 영향을 '받는' 사람으로만 생각하기 쉽다. 즉, 부모자녀관계를 일방적인 관계로 생각하기 쉬우나, 사실 부모자녀관계는 다른 모든 관계와 마찬가지로 호혜성(reciprocity)을 바탕으로 한 역동적 상호작용이 이루어지는 관계로서, 부모가 자녀에게 영향을 미치는 동시에 자녀가 부모에게 영향을 미치는 쌍방적인 관계라고 할 수 있다. 부모자녀 간에 이루어지는 상호작용의 일면으로 자녀가 부모자녀관계에 미치는 여러 가지 측면에 대해 살펴보면 다음과 같다.

- 자녀를 낳고 기르는 과정을 통해 부모가 관심과 흥미를 갖게 되는 영역이 확대된다. 즉, 부모들은 자녀의 성장과 복지와 관계되는 다양한 문제에 폭넓은 관심을 갖게 된다.
- 부모는 자녀를 기르면서 부모감이라는 만족감을 가지게 된다. 이는 자신이 죽은 후에도 후손을 남기게 된다는 일종의 정서적 안정감으로 부모들이 느끼는 행복한 감정이다.
- 자녀는 부모들로 하여금 지도력을 기르도록 한다. 부모는 자녀를 양육하면서 여러 가지 문제에 봉착하게 되고 문제 해결을 위해 애쓰는 과정에서 리더로서의 역량을 길러 간다.
- 자녀는 부모에게 인생의 의미를 부여한다. 부모는 자녀를 기르며 개인과 가족의 생활 주기를 경험하고 그 의미를 이해하며 자신의 역할과 책임에 대한 깨달음을 얻게 된다.

2) 자녀의 발달단계별 부모 역할

Box 9-5

마음의 결대로 키우기

화초는 식물이어서 원래 지각도 없고 움직이지도 못한다. 그러나 배양하는 이치나 갈무리하는 합당한 방법을 알지 못하여서, 습한 곳을 좋아하는 데 건조하게 한다든가, 서늘한 곳을 좋아하는 데 따뜻하게 해주어 천성을 잃게 한다면 틀림없이 시들어 말라버리게 될 것이다. 그러면 어떻게 다시 무성하게 쭉쭉 자라서 그 참모습을 드러낼 수 있겠는가. 식물도 또한 그러한데 하물며 만물 중에 영장인 사람에게 그 마음을 애타게 하고 그 몸을 괴롭게 하여 하늘의 이치를 어기고 본성을 헤치게 해서야 되겠는가!

– 강희안(姜希顔)의 『양화소록(養花小錄)』 중에서

출처: 김영봉(2005). 옛글 읽기: 마음의 결대로 키우기. 샘터, 12월호, p.72.

만두를 빚으며

"이 커다란 반죽 덩이를 자세히 보아라. 나는 과거에 이 반죽 덩이와 같았다. 나는 너를 위해 내 자신의 일부를 희생하기로 결심했다." 어머니는 반죽에서 작은 조각을 떼어내서 보름달처럼 보일 때까지 밀대로 납작하게 밀었다. "이제 이 만두피를 자세히 보거라. 네가 처음 태어났을 때는 연약한 이 만두피와 같았다. 그때는 조금만 눌러도 네 인생은 상처를 입을 수 있었지." 어머니는 한 숟가락의 속을 만두피 중심에 놓았다. "그 다음에 우리는 속을 채우기 시작했단다. 당근, 야채, 버섯 등 모두 맛있고 영양가 높은 것으로 속을 채웠지. 우리는 너에게 가치관을 가르쳤고 네가 옳고 그른 것을 분별하도록 가르치려 애썼으며 네가 필요한 모든 기술을 갖추도록 했다. 마지막으로 우리는 하나님이 내려준 선물을 사랑으로 둘러쌌단다." 어머니는 만두피 가장자리를 붙였다.

출처: Wen Jinhang(2006). 만두를 빚으며. 샘터, 5월호, pp.143-144.

적절한 부모역할은 자녀의 성장과 발달에 필수적이다. 유능한 아동 뒤에는 자녀의 발달적 욕구를 충족시키기 위해 부단히 노력하는 부모가 있다. 아이들이 성장함에 따라 발달단계별로 아이들의 욕구가 달라지고 부모들의 양육법도 달라지게 된다. 에릭슨(Erikson)은 부모들이 자녀의 발달수준에 따라 자녀에 대한 접근방법을 변화시켜야 함을 배우는 과정과 이러한 부모의 입장이 다시 자녀의 발달에 영향을 미치는 과정을 발달적 상호작용의 개념으로 설명한 바 있다(Bigner, 2002). 즉, 가족발달과정은 가족원이 서로 영향을 주고받는 상호작용의 발달과정이며, 이 과정에서 부모의 발달단계와 자녀의 발달단계가 서로 맞물려 발달해 나가는 과정이다(나종혜, 2005). 확대기 가족의 자녀 발달단계 곧 영아기, 유아기, 아동기, 청소년기에 따라 각 단계별로 특별히 강조되는 부모의 역할에 대해 살펴보면 다음과 같다.

(1) 영아기

출생 후 만 2세까지에 해당하는 영아기는 평생에 걸친 발달 과정 중 신체적 성장이 가장 급속하게 이루어지는 시기이다. 이 기간 동안 영아는 걷고 말하며 자아 개념을 획득한다. 영아는 신체적 · 심리적 성장 및 성숙 과정을 거치면서 하나의 개체로 발달해 나간다. 한편 영아기는 부모와의 상호작용을 통해 애착을 맺고 기본적인 신뢰감을 형성하는 중요한 시기인데, 이 시기에 형성한 애착과 기본적인 신뢰감은 전 생애 발달과정을 통해 개인의 삶에 지속적인 영향을 미치게 된다. 영아기 자녀를 둔 부모는 부모됨과 부모로서의 역할에 적응해야 하며, 자녀의 보호자로서, 양육자로서 책임과 임무를 수행해야 한다. 즉, 영아기 자녀를 둔 부모는 초기 경험의 중요성을 인식하고, 의존도 높은 영아의 다양한 욕구를 충족시켜주면서 자녀가 부모를 신뢰하고 안정된 애착을 형성하도록 도와주어야 함은 물론, 자녀에게 적절한 자극과 반응을 제시함으로써 자녀가 부모와의 안정된 애착과 신뢰를 바탕으로 주변 환경을 적극적으로 탐색할 수 있도록 도와주어야 한다.

(2) 유아기

만 2~6세까지의 유아기(early childhood)는 신체적 움직임이 왕성하고 언어 발달이 급속히 진행되면서 어휘력과 의사소통 능력이 증진되며 자기 주장도 강해지는 시기이다. 또한 직관적인 사고가 발달하게 되고 주변 환경에 대한 탐색도 활발해질 뿐 아니라 자아 의식을 갖게 되면서 더 자율적이고 독립적인 존재로 성장해 나간다. 이 시기에 아이들은 보육시설에 입학하게 되면서 보다 확대된 생활 환경 속에서 보다 복잡한 사회의 영향을 받게 되며 또래와의 관계를 통해 다양한 사회적 능력을 발달시켜 나간다. 유아기 자녀를 둔 부모들은 왕성한 호기심의 발달과 운동 능력의 발달로 주변 환경에 대한 탐색이 적극적으로 이루어지는 이 시기 자녀들에게 안전한 환경을 마련해주어야 하고, 인지 능력 개발에 도움이 되는 풍부한 학습 경험의 기회를 제공해주어야 하며, 유아가 자율성과 주도성을 발달시켜 나가도록 도와주어야 한다. 그리고 유아가 자신에 대해 긍정적인 자아 개념을 발달시킬 수 있도록 지원하고, 다른 사람들과 잘 어울려 지낼 수 있도록 사회성 발달을 촉진시켜주어야 해야 한다.

(3) 아동기

학동기 또는 학령기로 일컬어지기도 하는 만 6~12세까지의 아동기는 부모에 대한 신체적 · 심리적 의존도가 점차 낮아지는 시기이다. 이 시기에 아이들은 초등학교에 다니게 되는데, 학교생활은 아동 발달 전반에 매우 중요한 영향을 미친다. 유아기나 청소년기에 비해 신체적 성장 속도는 다소 완만해졌지만 아동기는 지속적인 성장과정을 거쳐 상당한 수준의 성숙을 이루고 운동 기술도 보다 정교해진다. 공식적인 학교교육을 통해 인지적 기술과 사회적 기술을 본격적으로 습득하면서 아동은 일에 대한 근면성을 발달시켜 나간다. 한편, 아이들에게 학교생활과 또래관계가 중요해지면서 부모의 영향력은 상대적으로 감소하는 경향을 보이게 되는데, 부모는 자녀가 학교생활이나 또래와의 관계에서 성공적이고 긍정적인 경험을 할 수 있도록 지원해줌으로써 건강한 자아상을 발달시켜 나가도록 도와주어야 한다. 또한 물리적 · 사회적 세계에 대한 지식과 이해의 수준이 증폭되는 시기의 자녀에게 지적 자극이 될 만한 환경을 제공하는 일에도 계속해서 관심을 가지고 도움을 주어야 한다.

(4) 청소년기

만 12~18세까지의 청소년기는 신체적 · 인지적 · 사회적 변화와 아울러 정체감 확립과 독립의 욕구가 크게 증가하는 시기이다. 한편 이러한 욕구를 해결할 만한 자원이나 기술, 전략은 부족하기 때문에 이것이 곧 청소년들의 부적응으로 이어지기 쉽다. 청소년기의 발달적 특성과 관련된 문제에 더하여 특별히 우리나라의 청소년들은 진학과 관련된 문화적 압력으로 인해 심각한 수준의 스트레스를 경험하기 쉽다. 흔히 '질풍노도의 시기'로 불리는 청소년기는 부모자녀 간의 관계에서도 긴장과 갈등이 예견되는 시기인 만큼 부모는 자녀의 발달적 변화를 이해하고 민주적인 방법으로 자녀를 지도하도록 해야 한다. 부모는 자녀의 학업문제, 친구문제, 이성문제, 진로문제 등에 도움을 주는 주된 출처가 되어야 하며, 유능한 상담자 · 조언자 · 협조자로서의 역할을 수행해야 한다(정현숙 외, 2002). 또한 자녀와 원만한 부모자녀관계를 유지하기 위해 부모로서의 권위를 잃지 않으면서도 온정적이고 수용적이며 지지적인 자세로 자녀의 개별성을 인정하는 모습을 보여주는 것이 중요하다.

표 9-1 자녀의 발달단계별 부모역할

연 령	단 계	프로이드 심리성적 발달	에릭슨 심리사회적 발달	피아제 인지발달	부 모 역 할
0~2세	영 아 기	구강기 항문기	기본적 신뢰감 대 불신감 자율성 대 수치심 · 회의감	감각운동기	부모역할에 대한 적응 양육자로서 역할 신뢰감 · 자율성 발달 촉진 안정애착 형성 조력 상호성 발달 촉진 감각운동적 자극 제공 안전한 환경 제공
2~6세	유 아 기	항문기 남근기	자율성 대 수치심 · 회의감 주도성 대 죄책감	전조작기	보호자로서의 역할 자율성 · 주도성 발달 촉진 권위자 · 훈육자의 역할 언어적 상호작용 다양한 학습 경험 제공 사회적 상호작용 확대 심리적 좌절 극복 조력
6~12세	아 동 기	잠복기	근면성 대 열등감	구체적 조작기	격려자로서의 역할 인내력 · 근면성 발달 촉진 긍정적 자아개념 확립 학업 및 학교생활 지원 놀이와 학습의 조화 지도 또래관계 지도 문제행동 지도

연 령	단 계	프로이드 심리성적 발달	에릭슨 심리사회적 발달	피아제 인지발달	부 모 역 할
12~18세	청소년기	생식기	정체감 확립 대 정체감 혼미	형식적 조작기	상담자 · 조언자의 역할 자아정체감 확립 조력 학업 및 진로 지도 독립 욕구 존중 성적 성숙 수용 합리적 권위 유지 부모자녀 간 갈등 조정

3 형제자매관계

1) 형제자매관계의 특성

Box 9-6

장남이란 자리는 나에게 족쇄였고 고뇌였다. 하지만 49년차 장남으로 하루 이틀 경륜을 쌓아가며 사람 살아가는 이치를 깨닫고부터는 장남이란 역할에 묘한 자부심과 즐거움마저 갖게 되었다. … 형이라는 사람들이 사실 도인은 아니다. 나이만 한두 살 더 먹었을 뿐 무엇이 그리 다르겠는가, 그러나 형이 형이라고 불리고 한 집안의 리더로 인정받는 것은 '나보다 동생의 입장, 나보다 가족의 처지'를 먼저 생각하기 때문이다.

출처: 윤영무(2004). 대한민국에서 장남으로 살아가기, p.127.

최근 들어 출산율이 급격히 떨어지면서 소자녀 가족과 외동이 가족이 크게 늘어나는 추세에 있다. 그에 따라 형제자매관계나 형제자매관계의 영향력에 대한 관심은 상대적으로 줄어든 듯한 느낌이 없지 않다. 그러나 아직도 많은 가족의 아이들이 형제자매들과 함께 자라고 있으며, 성장하는 동안은 물론 장성한 이후로도 노년에 이르기까지 형제자매들과 관계 맺고 다양한 측면에서 그 영향을 받는다. 형제자매관계는 가족관계의 주요 하위체계 가운데 하나로, 전체 가족관계의 영향을 받기도 하지만 동시에 전체 가족관계나 다른 하위 가족관계에 영향을 미치기도 한다.

뱅크와 칸(Bank & Kahn)은 현대 사회에서 오히려 형제자매관계가 중요해지고 개인의 삶에 미치는 영향력이 증가하고 있다고 하면서 그 배경이 되고 있는 요인을 다음과 같이 설명하고 있다. 첫째, 형제자매의 수가 작아지면서 형제자매의 수가 많을 때보다 개인에 대한 관심의 강도가 커지고 형제자매가 서로의 성장 과정에 주된 준거 대상이 되고 있다. 또한 형제자매 간의 연령차가 작아짐에 따라 상호 의존성이나 경쟁심은 커지고 형제자매관계가 개인에게 미치는 영향력은 증가하고 있다. 둘째, 맞벌이 가족과 한부모 가족이 늘어나면서 부모의 보호와 감독 없이 자녀들끼리 지내는 시간이 늘어나고 형제자매들끼리 서로 돌보는 일이 많아지고 있다. 셋째, 이혼·재혼 가정이 증가하면서 많은 가정의 자녀들이 부모와는 이별하지만 형제자매와는 혈연을 매개로 유의미한 관계를 이어간다. 넷째, 성취 압력이 가중되는 사회 분위기 속에서 형제자매 간 경쟁과 비교 의식이 강화되어 부모자녀관계와 함께 형제자매 간에 긴장이 발생할 가능성이 커지고 있다.

형제자매관계는 부모자녀관계와 마찬가지로 친밀감과 지속성을 특징으로 하고 있으나, 부모자녀관계와는 질적으로 다른 특성을 가지고 있다. 첫째, 부모자녀관계가 세대 간의 종적·수직적 관계로 맺어져 있다면 형제자매관계는 같은 세대끼리의 대등한 횡적·수평적 관계를 특징으로 한다. 둘째, 형제자매관계는 또래관계처럼 대면적 접촉이 빈번하고 솔직한 상호작용을 특징으로 하나 이들의 유대는 더 길고 더 깊이 지속된다. 셋째, 형제자매는 상호 사회화 작용을 하는 역동적 체계로서 서로에게 인지적·사회적 자극을 제공하며 동일시와 비교의 준거가 된다. 넷째, 형제자매는 애정, 관심, 사랑과 같은 긍정적인 감정과 경쟁, 질투, 미움과 같은 부정적인 양가 감정을 복합적으로 경험한다. 다섯째, 형제자매는 가족의 상호작용 과정과 영역을 확대시킴으로써 가족 각자의 사회화에 영향을 미친다. 여섯째, 형제자매관계는 일생 동안 끊임없이 지속되는 발달 과정이다. 일곱째, 형제자매관계는 성장기 아동의 인성과 사회성 발달에 중요한 영향을 미칠 뿐 아니라 성인기 이후의 삶에도 지속적인 영향을 미치며 성인 및 노인의 주된 물질적·심리적 지원 체계로 작용한다. 여덟째, 형제자매관계는 사회적·지리적 이동이 잦은 현대 사회에서 유동적·피상적 성격을 띠는 다른 인간관계와 달리 비교적 고정적이고 영구적인 특성을 지닌다. 아홉째, 형제자매관계는 가족관계의 하위체계 가운데 하나로 고유한 기능과 역할을 수행하는 동시에 전체 가족관계나 부부관계, 부모자녀관계와 같은 다른 하위 관계체계와 서로 영향을 주고받는다(최규련, 2007).

2) 형제자매의 역할

Box 9-7

조그마한 체구에 깡말랐던 동생은 내심 위기를 느낄 때마다 상대에게 내 존재를 알렸다. 그런데 간혹 내가 싸움을 벌일 때가 있었다. 그럴 때면 동생은 귀신 같이 알고 달려와 내 싸움판에 개입했다. 나는 나대로 상대방의 허리를 잡고 있는 동생이 방패연의 꼬리처럼 휘둘리고 있는 것을 본 순간 피가 솟구쳐 올랐다. 그러면 젖 먹던 힘까지 쏟아가며 녀석에게 냅다 달려들어 결국에는 바닥에 내다 꽂고 말았다. 우리 형제의 승리였다. 2:1로 조금 불공정한 경기였지만 우리는 의기양양했다. 형이 있었기 때문에 언제나 기세가 등등했던 동생은 어느새 나보다 더 뛰어난 싸움꾼으로 성장해 가고 있었다.

출처: 윤영무(2004). 대한민국에서 장남으로 살아가기, p.141.

형제자매는 매우 다양한 기능과 역할을 수행한다. 친구로서의 역할, 교사로서의 역할, 보호자로서의 역할, 중재자로서의 역할, 경쟁자로서의 역할이 그 대표적인 역할이라고 할 수 있다. 각 역할의 기능과 특성을 보다 자세히 살펴보면 다음과 같다.

(1) 친구로서의 역할

형제자매의 가장 큰 이점은 함께 지내고 함께 놀 수 있는 시간이 많다는 것이다. 놀이든 공부든 혼자 할 때보다는 여럿이 함께 할 때 더 재미있을 수 있고 더 창조적일 수 있다. 형제자매는 오랜 시간 동안 많은 일들을 함께 경험하면서 친밀감과 유대감, 우애를 기르게 된다. 이들은 서로에게 지지 기반이 되면서 정서적으로 긴밀한 애착을 형성하고, 굳이 어떤 일을 하지 않더라도 함께 있는 것만으로도 의지가 되고 외로움을 느끼지 않게 된다(유영주 외, 2000). 또한 형제자매는 부모나 친구 등 다른 이들에게 털어놓기 어려운 문제에 직면했을 때 속마음을 털어놓고 의논하거나 조언을 구할 수 있는 좋은 상대가 된다. 이러한 과정을 겪으면서 형제자매 사이에는 강력한 유대감이 형성되고 때로는 기쁨과 슬픔을 함께 나누는 평생 친구로 살아갈 수 있다.

(2) 교사로서의 역할

형제자매는 의식적 또는 무의식적으로 서로가 서로를 가르치는 교사가 된다. 형제자매는 놀이, 규범, 역할, 기술 등의 습득에 있어 서로 유능한 교사와 학습자 역할을 함으로써 서로 간의 발달을 돕는다. 일반적으로 손위의 형제자매가 손아래 동생들보다 발달 수준이 앞서 있고 경험이 많기 때문에 가르치는 입장이 되고, 시범을 보이는 역할 모델이 되며, 전 생애에 걸쳐 손아래 형제자매의 발달을 이끄는 역할을 하게 된다. 성장기 동안에는 놀이와 운동기술, 학업, 학교생활, 또래관계, 진로선택 등에서, 그리고 노년기에는 은퇴 후 여가활용이나 죽음에 대한 준비 등에서 손위 형제가 인생의 선배로서 본보기가 되고 동생들의 발달과업 수행을 촉진하게 되지만, 동생들 역시 다양한 장면에서 형, 누나, 언니, 오빠에게 여러 가지 역할과 지식, 기술을 전수하는 교수자로 기능한다.

(3) 보호자로서의 역할

형제자매는 때로는 서로 간의 욕구가 충돌하면서 다투기도 하지만 외부의 공격이나 위협에 맞서 서로를 보호하는 방패막이가 되기도 한다. 전통적으로 우리나라에서는 장자녀가 부모 역할을 대신하거나 동생을 보살피는 역할을 수행하도록 기대되어 왔다. 현대 가족 가운데서도 특별히 한부모 가족이나 맞벌이 가족, 부모가 연로하거나 질환을 앓고 있는 가족과 같이 부모들이 부모 역할을 수행하는 데 어려움이 따르는 경우에, 나이 많은 자녀들이 부모를 대신하여 동생들을 보살피고 감독하는 보호자 역할을 맡게 되고, 동생들은 형에게 의존하게 된다. 부모역할을 담당하는 손위 형제가 역할 갈등이나 역할 과다를 경험하거나, 동생들을 과도하게 지배하고 통제하고자 할 때, 그리고 동생이 성장한 이후에도 지나치게 의존하는 경우 형제자매 간에 갈등이 발생할 수 있다.

(4) 중재자의 역할

형제자매는 종종 부모 세대와 자녀 세대 간의 불일치, 곧 부모와 다른 형제자매 간의 불일치나 형제자매 간의 불일치 상황을 중간에서 중재하는 역할을 한다. 즉, 부모와 형제자매 간에 의견 충돌이 발생하거나 형제자매들 사이에 긴장과 갈등이 발생했을 때 형제자매가 그 사이에 끼어들어 중재 역할을 하기도 하고 서로 힘을 합쳐 협상을 하기도 한다. 부모들을 대상으로 또는 형제자매들을 대상으로 연합하거나 결탁

하는 일에는 부모에게 형이나 동생의 입장을 이해시키거나 설득시키는 역할, 형이나 동생에게 부모의 입장을 이해시키거나 설득시키는 역할, 그리고 형제자매들 사이에서 양측의 입장을 이해시키거나 설득시키고 적절한 대처방안이나 타협안을 모색하는 중재자 또는 매개자로서의 형제자매의 역할이 포함된다.

(5) 경쟁자의 역할

형제자매 간의 경쟁심, 질투심, 시기심은 자연스러운 것이다. 외둥이의 경우 부모의 사랑과 관심을 독차지하지만 형제자매가 있는 경우에는 부모의 사랑을 비롯해 다양한 자원을 놓고 형제자매끼리 서로 다투는 경쟁자가 되기 때문이다. 많은 경우에 동생이 태어나면 형은 질투심을 느끼고 부모의 애정을 놓고 동생과 다투거나 때로는 퇴행 현상을 보이기도 한다. 한편 동생은 자기보다 덩치가 크고 힘이 세며 숙달된 기술을 지니고 있는 형에 대해 부러움과 열등감을 느끼며 자신의 입지를 확보하고자 경쟁을 벌이기도 한다. 형제자매 간의 경쟁은 이처럼 출생순위에 의한 것이기도 하지만 부모나 주위 사람들의 비교나 편애, 차별에 기인한 것이기도 하고, 상대의 능력과 성취를 인정하지 않으려는 시기심, 형제를 통제하거나 세력을 행사하고자 하는 심리에서 기인하기도 한다.

Box 9-8

엄마는 왜 나만 야단쳐?: 형제자매 간의 싸움을 중재하는 방법

1. 큰 그림을 본다.
   전체 그림을 보고 정말로 무슨 일이 벌어지고 있는지 이해하고 도움을 준다.
2. 감정에 초점을 맞춘다.
   자녀가 마음속 감정을 표현할 수 있게 해주고 양쪽 의견을 주의 깊게 듣는다.
3. 규칙에 따른다.
   아이들은 규칙을 이해하고 경계를 원한다. 공정하게 규칙을 적용하도록 한다.
4. 아이들에게 스스로 대답하게 한다.
   규칙을 세우거나 갈등을 해결할 때는 아이들이 스스로 방도를 구하도록 한다.
5. 귀감을 보인다.
   감정을 표현하는 법, 타협을 하는 법, 함께 재미있게 노는 법을 직접 보여준다.

출처: 저드슨 컬브리스(2006). 엄마는 왜 나만 야단쳐?: 형제자매 간의 싸움을 중재하는 방법. 리더스다이제스트, 3월호, pp.123-125.

4 조부모손자녀관계

1) 조손관계의 가치

Box 9-9

노년의 지혜

노인들은 시원한 물이 펑펑 솟는 샘물처럼 퍼줄 사랑을 주체하지 못하는 분들이다. 그런 어른들 사이에서 자란 아이들은 심성이 착하고 맑다. 구김살이 없다. 정을 듬뿍 쏟아주는 이들이 있기 때문이다. 마치 정원사가 정성스럽게 물과 거름을 주고 가꾸는 꽃처럼. 이런 꽃들은 꽃잎도 크고 반듯하다. 한눈에 귀티가 나는 것이다. 하지만 노인들의 사랑을 받지 못하고 큰 아이들은 뭔가가 부족하다. 퍼주는 사랑을 맛보지 못하고 큰 아이들이라고나 할까.그래서일까 그런 아이들은 인색하다. 그리고 세상을 부정적으로 보기 쉽다.

출처: 서정록(2006). 노년의 지혜. 샘터, 2월호, p.27.

오늘날의 한국 가족을 보면 외형상으로는 핵가족화 현상이 심화되면서 3세대가 한 집에 사는 경우가 줄고 있지만 친족 간의 결속력과 응집력은 여전히 강한 특성을 보이고 있다. 최근 들어 평균수명이 길어지면서 과거 어느 때보다도 조부모와 손자녀 간의 관계가 지속되는 기간이 길어지고 있고, 조손관계가 영향력 있는 가족관계로 자리할 가능성이 커지고 있다. 함께 살지 않더라도 자녀 세대가 맞벌이 가족, 한부모 가족, 이혼 가족일 경우 할아버지나 할머니들이 손자녀를 돌보는 경우가 빈번하고, 조부모는 손자녀들에게 부모 다음 가는 지지원으로, 때로는 일차적인 양육자로서의 역할을 수행하게 된다.

일반적으로 조부모가 되는 경험은 조부모들에게 만족감을 가져다주는 긍정적인 경험으로 인식되는 측면이 강하다. 뉴가르텐과 와인슈타인(Newgarten & Weinstein, 1964)은 조부모됨의 긍정적인 측면으로 첫째, 손자녀와의 접촉을 통해 조부모가 젊음과 활력을 다시 느낄 수 있다는 것, 둘째 조부모 역할을 수행하면서 성취감과 보람을 갖게 되고 과거와 현재, 미래 간의 연결감을 경험하게 된다는 것, 셋째 손자녀에게 윗세대의 지식과 지혜를 전수하면서 그의 인격적인 성장에 도움을 줄 수 있다는 것, 넷째 손자녀를 통해 자신이 이루지 못한 성취감을 기대할 수 있다는 점을 지적한 바 있다.

많은 조부모들이 이처럼 손자녀와의 관계를 통해 기쁨과 즐거움을 느끼기도 하지만 일부의 경우 자신의 조부모됨, 노인됨을 인정하고 싶지 않은 감정을 경험하기도 하고, 자신이 손자녀의 양육을 맡게 될 경우 과연 어느 부분까지 담당해야 할지 그 수위를 조절하기가 애매한 상황에 처하게 되는 것과 관련하여 곤란을 겪기도 한다. 때로는 손자녀를 돌봐줘야 하는 상황과 자유를 누리고 싶은 마음 사이에서 갈등을 겪기도 한다. 또한 조부모 역할이 기대했던 것보다 너무 빨리 주어지거나 지나치게 큰 부담과 책임이 느껴져 조부모 노릇을 거부하고 싶은 경우도 발생하게 된다.

문화인류학자 미드(Mead)는 노인세대는 경험과 연륜이 많은 세대로서 자녀와 손자녀 세대에게 문화를 전수하는 역할을 담당하므로 노인과 떨어져 성장하고 있는 현대 핵가족의 아이들은 문화적 손실을 보고 있다고 말한 바 있다. 조부모와의 친밀한 관계는 손자녀로 하여금 가족원으로서의 소속감과 결속감을 경험하고 심리적 안정감을 얻게 한다. 또한 자신의 뿌리를 발견하고 가족의 역사와 문화적 전통, 조상의 지혜를 전수받는 과정에서 인격 성장과 정체감 형성에도 긍정적인 영향을 받게 한다. 뿐만 아니라 전 생애에 걸친 인간의 발달 과정을 이해하고 자신의 미래를 예견하는 기회도 갖게 한다.

조부모는 가족의 관습과 가치를 안정적 · 영속적으로 지켜나가는 역할을 하고 자녀 세대의 육아를 도우며 비상시나 위기시에 가족들을 정서적으로 지지해주거나 격려해줌으로써 가족을 선도하는 구심점이 된다. 또한 외부 세계로부터 가족을 보호하고 충격을 흡수하는 역할을 담당하며 역할 전이로 인해 어려움을 겪는 가족들의 스트레스를 완화시켜주는 지지 기반이 된다. 현대 사회에서 조부모의 역할은 손자녀를 비롯해 가족 간의 친밀감과 유대감을 유지시키는 핵심 축으로 작용하며 가족 의례를 유지하는 기능을 한다. 즉 조부모는 가족의 평화와 결속을 증진시키는 피스 메이커(peace maker)가 되는 것이다.

조부모들이 이와 같은 역할을 순조롭게 수행하기 위해서는 조부모 세대를 비롯하여 부모 세대와 손자녀 세대 모두의 노력이 필요하다. 조부모는 윗세대로서의 인격적인 성숙, 젊은 세대에 대한 이해, 배려, 대인관계 기술을 갖추도록 노력해야 하고, 중간 세대인 부모는 조부모에 대한 공경과 효, 원활한 의사소통의 실행을 위해 노력해야 한다. 그리고 손자녀 세대는 조부모 세대를 존중하고 존경하며 조부모와 정기적으로 접촉하는 노력을 기울여야 한다. 이와 같은 노력을 통해 가족관계가 강화되고 세대 간의 통합과 가족원 개인의 건강하고 행복한 삶이 가능해진다(최규련, 2007).

2) 조손관계의 유형

Box 9-10

그것이 인생이다

근처 산책로에 잡초가 무성해지는 한여름이 되면 나는 카루에 평원을 그리워한다. 그러나 우리가 이런 기후 속에서도 견뎌낼 수 있는 것은 손자들이 찾아오기 때문이다. 우리는 무더위에서 탈출하기 위해 물에 들어가 철벅거리고 아이스크림을 먹고 천장 선풍기 아래에서 여러 가지 실내게임을 한다.

출처: Kobie Venter(2006). 그것이 인생이다. 리더스다이제스트, 9월호, p.137.

조손관계와 조부모 역할의 내용 및 특성은 조부모의 건강 상태, 역할에 대한 관점, 부모의 상황, 손자녀의 연령 등에 따라 달라질 수 있다. 뉴가르텐과 와인슈타인(Newgarten & Weinstein, 1964)은 조손관계의 유형을 원거리형, 지혜원천형, 재미추구형, 대리부모형의 네 가지 유형으로 구분한 바 있고, 콘헤이버와 우드워드(Kornhaber & Woodward, 1981)는 가족사를 알려주는 역사가형, 생활의 지혜를 전수하고 성역할 정체감을 형성하게 하는 훈육자형, 노화와 미래 조부모 역할의 본보기가 되는 역할 모델형, 재미있는 이야기를 들려주고 상상력을 키워주는 마술사형으로 구분한 바 있으며, 키브닉(Kivnick, 1983)은 대리부모형, 도덕적 본보기형, 가족문화 전수자형, 재미추구형, 대리성취형의 다섯 가지 유형으로 구분한 바 있다. 한편 비노크래티스(Benokratis, 1993)는 원거리형, 참여형, 동료형, 조언자형, 대리부모형으로 조부모됨의 유형을 구분하고 있는데, 각 유형별 조손관계의 특징을 살펴보면 다음과 같다.

첫째, 원거리형은 조부모와 손자녀가 서로 멀리 떨어져 살면서 가끔씩 만나는 경우로, 세대 간에 친밀한 관계가 형성되어 있지 않고 공식적 · 의례적 가족 모임이나 행사 때 만나는 정도로 관계를 유지하고 있는 경우이다. 둘째, 참여형은 손자녀를 기르고 지도하는 일에 열심을 가지고 적극 참여하는 유형으로 조부모가 손자녀의 일상에 자발적 · 능동적으로 개입하고 실질적인 권한을 행사하는 경우인데, 대부분 함께 살거나 가까이 살면서 거의 매일 접촉한다. 셋째, 동료형은 따로 살면서 독립성과 자율성을 유지하며 함께 여가 활동을 즐기고 재미를 추구하는 유형이다. 넷째, 조언자형은 조부모가 가정 안에서 권위를 유지하고 자녀나 손자녀에게 다양한 조언을 해주고 지식을 전수함으로써 지혜의 원천으로 작용하는 경우이다. 즉, 조부모는 자신의 경험과 연륜을 통해 손자녀들에게 특별한 기술을 가르치는 스승의 역할을 하며 필요한 경우에는 재정적인 도움을 제공하기도 한다. 다섯째, 대리부모형은 자녀가 취업, 질병, 이혼 등의 사정으로 아이들을 돌보지 못하는 상황에서 조부모가 부모를 대신해 손자녀를 양육하는 유형으로 경우에 따라서는 육아로 인한 피로와 부담으로 인해 연로한 조부모의 건강이 악화될 수 있고 조부모의 부부관계에도 부정적인 영향이 가해질 수 있다.

조부모의 역할과 유형은 시대와 문화, 개인에 따라 다양하게 나타날 수 있고, 조부모와 손자녀 가운데 누구를 대상으로 조사했는가에 따라서도 차이를 보이게 된다. 또한 손자녀가 성장하면서 조부모와 손자녀 간의 관계 패턴도 달라질 수 있다. 즉, 손자녀가 태어나서 학령기에 이를 때까지는 조부모가 손자녀와 같이 놀고 재미있는 시간을 함께 보내며 손자녀에게 물질적 · 심리적 지원을 제공하는 형태의 관계를 형성하기 쉽다. 그러다가 손자녀가 청소년기에 이르면 학업과 또래관계 등 가족 밖의 활동에 보다 몰두하게 되면서 조부모와 손자녀 간에 친밀한 관계를 유지하는 것이 어려워지고 둘 간의 관계는 심부름을 매개로 도움과 접촉이 유지되는 정도의 관계 양상을 보이게 된다. 이후 손자녀가 성인기에 도달하여 자신의 가정을 꾸리게 되면 조부모와 손자녀 간의 직접적인 관계는 더욱 줄어들어 의례적인 관계로만 유지되거나 조부모의 의존성이 증가하고 손자녀의 지원이 증가하는 형태로 관계가 변화될 가능성이 크다.

노인들을 대상으로 조부모의 역할에 대한 의식을 조사한 연구에 따르면, 우리나라 노인들은 조부모 역할을 자신이 수행해야 할 중요한 과제로 인식하고 있는 것으로 나타났다(조석미, 1980). 한편 부모를 대상으로 조부모의 역할에 대한 견해를 알아본 연구에 따르면, 부모들은 조부모의 역할을 훈계자, 물질 원조자, 대리부모, 가계역사 전수자, 손자녀 지지자, 생활 간섭자로 생각하고 있었으며, 실제 생활에서는 훈계자로서의 역할 수행이 가장 큰 것으로 지각하고 있었다. 한편 친조모와 외조모 사이에 조부모 유형에 대한 견해차를 보이고 있었는데, 친조모에게는 훈계자의 역할을, 외조모에게는 대리부모의 역할을 기대하고 있는 것으로 나타났다(서동인, 1991).

5 친족관계

1) 친족관계의 변화

Box 9-11

처가유친(妻家有親)하라!

요즘 세상에 처가에 신경을 써야 하는 것은 누구에게나 당연한 일이지만 특히 장남이라면 더욱 정성을 기울일 일이다. 철마다 돌아오는 제사에, 동생들 뒤치다꺼리에 어느 날 불쑥 "당신 집안만 그렇게 중요해? 내가 이 집 종이야?"라고 터지는 폭발음을 원치 않는다면 말이다.

출처: 윤영무(2004). 대한민국에서 장남으로 살아가기, p.141.

과거 전통사회에서는 부계를 중심으로 하는 친족관계가 가족생활의 중심을 이루면서 개인과 가족의 삶 전반에 걸쳐 매우 중요한 영향을 미쳤다. 부계 혈연 간의 협력, 봉사, 헌신, 희생이 강조되는 분위기 속에서 가계 계승과 조상 제사, 가족 의례, 가족 전통의 가치가 다른 어떤 가치보다 우선시되었다. 친족 간에 상부상조하는 전통은 가족관계의 미덕이자 가문의 자랑으로 여겨져 왔다. 친족 간의 접촉도 매우 빈번하게 이루어져 왔으며 친족 간의 유대와 결속, 공동체 의식을 바탕으로 상호 긴밀한 관계가 유지되었다. 이러한 전통은 가족을 둘러싼 사회 환경과 가치관의 변화로 부계 위주의 친족 개념이 크게 축소되고 있는 오늘날에도 그 흔적을 어렵지 않게 발견할 수 있다.

그러나 지난 수십 년 동안의 급속한 산업화와 도시화, 정보화는 확실히 친족관계에 큰 변화를 불러오고 있다. 이제 우리 사회에서 친족관계는 집안 어른들의 생신이나 명절, 혼례 · 상례 · 제례에 참석하는 형식적이고 의례적인 기능이 강조되고 있고, 특히 시가나 부계 친족과의 관계에 그러한 경향이 더 큰 것으로 보이고 있다. 주거지의 잦은 이동과 원거리 이동으로 친족 간의 물리적 거리가 멀어지게 되었고, 입시 위주의 교육 풍토 속에서 학령기 · 청소년기 자녀들과 그 부모들의 생활 패턴은 친족과의 잦은 왕래나 방문, 긴밀한 접촉을 어렵게 하고 있다. 그로 인해 많은 가족들이 친척의 영향으로부터 고립되어 가며 자연히 친족 간의 결속력도 약화되기 쉬운 상황에 있다.

최근에는 친족의 범위가 근친으로 축소되어 결혼한 부부의 양가 부모와 형제자매, 그 배우자와 자녀로 한정되는 경향이 짙고, 친족 간의 직접적인 접촉도 크게 줄어들고 있으며 주로 전화 연락을 통해 서로 안부를 주고받거나 관계를 유지하는 양상이 보편적인 것으로 보인다. 한편 도시에 거주하는 여성들을 중심으로 모계를 위주로 하는 친족 간의 결속이 크게 강화되는 경향이 나타나고 있으며 그와 같은 경향은 특별히 젊은 층에서 더 두드러지게 나타나고 있다. 도시 주부들에게 있어 시가와의 관계는 명절과 제사, 경조사 등 의무적이고 형식적인 의례 활동이 주를 이루고 있으며 대개 수단적인 지원을 제공하는 기능이 중심이 되고 있다. 반면, 친가와의 관계에서는 보다 자발적이고 친밀한 교류가 활발하게 이루어지고 있고, 친정으로부터 일상생활에서 다양한 수단적 지원을 받는 양상을 보이고 있다. 이처럼 주부들의 친정 왕래가 잦아지면서 남편과 자녀들의 처가 및 외가 친족과의 관계도 더욱 긴밀해지는 경향이다(전미경, 1992). 이와 같은 추세는 앞으로도 지속될 것으로 예측되고 있다. 즉, 부계 중심의 친족관계는 약화되고 근친 위주의 양계 중심적 친족관계와 모계 친족과의 관계 강화 경향이 계속 이어질 것으로 전망되고 있다(최규련, 2007).

애정을 토대로 서로 왕래하며 상호 지원적 관계를 유지하는 것은 친족 간에 친밀감, 유대감, 응집력, 결속력, 공동체 의식을 강화하여 집안의 전통과 문화를 계승하는 데 의미 있는 기여를 할 뿐 아니라, 가족 정체감과 소속감의 발달을 통해 개인과 가족의 정서적인 안정을 가져다주는 긍정적인 기능을 발휘한다. 특별히 다음 세대에 관심을 가지고 이들을 올바르게 가르치고 지도해야 하는 생산성을 과제로 안고 있는 확대기 가족의 부모들은 그들의 자녀들로 하여금 친족관계에 내포된 가치와 중요성을 알게 하고, 부모가 본이 되어 친족관계를 중시하고 돈독한 친족관계 유지를 위해 노력하는 모습을 자녀들에게 몸소 보여줄 필요가 있다. 이러한 모습은 확대기 가족의 부모들이 자라나는 그들의 자녀들에게 물려줄 수 있는 값진 정신적 유산이 될 것이다.

2) 출생가족으로부터의 분화

Box 9-12

자녀들과 헤어질 준비는 되어 있는가?

자녀를 놔주기 싫어하는 것은 한국의 어머니들이 그 원조일 것이다. 자녀가 결혼한 후 한국의 시어머니와 며느리 사이에 갈등이 생기는 이유도 바로 자녀의 독립을 인정하지 않고 여전히 간섭하는 어머니 때문인 경우가 많다. 그러는 동안 한국의 마마보이들은 사랑하는 두 여인의 싸움을 속수무책으로 바라보고만 있다. 한번은 한 남자 대학원생이 나를 찾아왔는데 놀랍게도 자기 어머니를 대동하고 있었다. 스승의 날에 그 학생은 내게 선물을 주면서 "어머니가 드리라고 해서요"라고 수줍게 말했다. 그런 남자들은 대개 결혼 후 어머니 대신 아내의 치맛자락에 매달려 살게 되는 경우가 많다. 어머니의 중매로 결혼하게 된 그 학생은 결혼 후 다시 스승의 날이 돌아오자 또다시 내게 선물을 건네며 이번에는 "저희 집사람이 드리라고 해서요"라고 수줍게 말하는 것이었다.

출처: 김성곤(2007). 자녀들과 헤어질 준비는 되어 있는가? 리더스다이제스트, 2월호, p.131.

우리나라와 같이 부모자녀 간의 유대와 결속이 강하며, 결혼이 가족과 가족의 결합을 의미하는 사회에서는 장성한 자녀가 결혼을 하여 일가를 이룬 상황에서도 그들의 출생 가족, 특별히 부모와의 사이에서 사생활에 대한 인식을 갖기가 매우 어렵다. 건강한 부모자녀 관계를 유지하기 위해서는 부모 세대와 자녀 세대 간의 분리와 개별화가 필수적임에도 불구하고, 결혼을 하고 자녀를 출산하여 가족 확대기에 진입한 상황에 이르러서도 부모와의 사이에 분리와 의존 간에 균형을 이루지 못하고 그로 인해 갈등을 겪는 경우가 종종 발생한다. 일례로 고부 간의 분화되지 못한 관계를 생각해 볼 때, 장성한 자녀에 대한 부모의 관심은 간섭으로 비춰질 수 있으며, 어머니와 아들 간의 밀착은 부부 사이에 분쟁의 씨앗이 될 수 있다. 경우에 따라서는 부모가 자녀와 지나치게 밀착함으로써 병리적인 삼각화(triangulation)의 구도를 형성할 수도 있다.

성인 남녀가 결혼하여 자신의 가정을 이루고 남편과 아내로서, 또는 부모로서 상호 친밀감과 정체감을 확고히 형성하기 위해서는 자신의 출생가족으로부터 어느 정도 심리적인 단절을 해야 할 필요가 있다(정옥분 · 정순화, 2000). 지금까지 자신의 부모와 맺어온 관계를 새로운 시각에서 조망하고 서로가 독립된 성인으로서 성숙한 관계를 맺지 못한다면, 자녀들에게 성숙된 모습의 부모 역할을 수행하기 어렵고 건강한 가족관계를 맺는 것이 힘들게 된다(김혜숙, 1997). 건강한 개인의 발달과 가족의 발달을 위해서는 세대 간의 명확한 경계(boundary)가 필요한 만큼(Cooney, 2000), 확대기에 이른 자녀 세대와 그들의 부모 세대가 각자의 영역과 권리를 이해하고 인정하는 것이 매우 중요하다. 특별히 부모와 자녀가 함께 거주하는 경우는 더더욱 그러하다.

성인 자녀와 부모 간의 사이에 건강한 관계를 유지하고 서로 간에 갈등을 줄이기 위해서는 가족 간에 적절한 경계를 설정하고 유지하는 것이 필요하다. 이를 위해서는 부모와 자녀 모두 다양한 삶의 방식에 대한 관점을 조정할 필요가 있다. 헤이제스테드(Hagestad, 1984)는 '비무장 지대(DMZ)' 라는 개념을 제안한 바 있는데, 이는 잠재적으로 갈등이 예상되는 영역을 서로 이해하고 이 영역에 대한 논쟁을 피하는 것이다. 그린과 박서(Greene & Boxer, 1986)는 '경계 인식(boundary recognition)' 법을 제안하였는데, 이는 부모와 자녀 세대가 행동이나 태도, 가치에 있어 서로 간의 차이나 불일치를 인정하고 이러한 차이나 불일치가 곧 각자의 실제 모습이라는 것을 공개적으로 받아들이는 것이다. 이를 통해 자녀들의 삶이 부모들의 비판이나 영향으로부터 보호될 수 있다.

한편 성인 자녀가 출생가족 밖에서 수행하는 역할이나 지위를 통해 성인 자녀와 부모 간의 사이에서 인정되는 경계의 정도를 결정하게 된다. 출생가족 밖에서의 역할 변화는 세대 간의 경계를 변화시키며 상호존중, 상호이해, 긍정적인 관계의 발달을 낳기도 한다. 예를 들어 자녀가 부모와 비슷한 역할을 수행하게 되는 경우 자식으로서 부모를 더 잘 이해하게 되고 자기 부모를 부모가 아닌 한 사람의 개인으로 보기 시작할 수 있다. 또한 자신이 부모가 되어 봄으로써 부모와의 관계가 호전될 수도 있다. 나이데거(Nydegger, 1991)는 이러한 능력이 자녀로서의 성숙을 위한 조건이라고 설명하고 있다. '정서적 이유(emotional distance)' 도 자녀들을 성숙하게 하고 자녀들로 하여금 부모에 대해 보다 객관적인 태도를 갖게 한다. 부모 편의 성숙 역시 필요한데, 부모는 그들 스스로도 자녀들로부터 독립해야 하고 지금껏 자신의 삶에서 가장 중요한 부분을 이루고 있었던 부모역할에 대해 새로운 정의를 내려야 한다. 그리고 자녀들과 친밀하고 긍정적인 관계를 유지하면서 자녀들이 그들의 삶 속에서 그들 나름대로 성장해갈 수 있도록 지켜보는 자세를 갖는 것이 바람직하다(정현숙 · 유계숙, 2001).

요 약

가족확대기는 자녀의 출산으로 인해 가족구성원이 늘어나면서 가족의 규모가 커지는 시기이다. 최근에는 출산율이 크게 낮아지면서 집집마다 한 명 내지 두 명의 자녀를 낳는 데 그치고 있기 때문에 가족확대기라 하더라도 가족의 숫자적 팽창이 과거에 비해 그리 크지 않다. 그러나 가족의 양적인 확대는 크지 않더라도 가족확대기를 통해 가족이 경험하는 폭은 여전히 크고 방대하다. 가족확대기의 가족생활은 부부 두 사람만으로 이루어진 단출했던 가족형성기의 생활과는 질적으로 다른 차원의 복잡한 구도를 띄게 된다. 이제 막 부모가 된 부부에게 새로운 패턴의 가족생활로의 전환이 요구되는 것이다. 이와 같은 변화와 전환은 개인과 가족의 성장을 촉진하는 자극이 되어 긍정적인 스트레스(eustress)로 기능할 수도 있고, 긴장과 갈등, 위기를 고조시키는 자극이 되어 개인과 가족의 성장과 발달, 행복을 저해하는 부정적인 스트레스(distress)로 작용할 수도 있다.

확대기의 가족관계는 부부관계, 부모자녀관계, 형제자매관계, 조손관계, 친족관계로 나누어 볼 수 있다. 부부관계에서는 자녀양육으로 인해 가중되는 가사 부담을 합리적으로 분담하고 만족도가 저하되기 쉬운 부부관계의 질을 지속적으로 관리하며, 부모기로의 전이에 적응하고 자녀의 발달 단계에 따라 변화하는 부모 역할을 적절히 수행해야 한다. 둘 이상의 자녀가 있는 가정에서 형제자매관계는 부모자녀관계 못지않게 개인과 가족 체계 전체에 영향을 미치는 만큼, 관계의 순기능적 특성이 잘 발휘되도록 관심과 노력을 기울일 필요가 있다. 조손관계의 경우 격세대 간의 친밀성을 바탕으로 상호 만족스런 관계를 형성할 수도 있지만, 손자녀 양육이나 조부모 부양의 책임이 커질 때는 부담스런 관계로 지각될 수도 있다. 친족과의 교류 및 상호작용 역시 간과할 수 없는 확대기 가족관계의 하나로, 친족들로부터 적절히 분화하면서 가족 공동체로서의 소속감과 유대감을 유지하도록 하는 실천 전략이 요구된다.

생각해 볼 점

1. 확대기의 가족 문제에 대해 가족들을 인터뷰하고 그 결과를 발표해 보자.
1) 어머니의 부모전이기 역할 수행의 고충
2) 아버지가 생각하는 바람직한 부성 역할
3) 형제자매가 지각하는 출생 순위의 영향
4) 조부모가 손자녀와의 관계에서 바라는 것
5) 가족이 생각하는 친족 간의 유대 강화 방안

2. 자신이 가족확대기에 있는 부모라고 가정하고 다음 문제에 대해 생각해 보자.
1) 확대기 부부의 친밀감을 높이는 대화의 기술
2) 자녀의 발달단계별로 추구하는 이상적 부모상
3) 형제자매 간 우애를 위해 부모가 실천해야 할 것
4) 조부모손자녀 관계를 강화하기 위한 구체적인 활동
5) 출생가족으로부터의 적절한 분화를 위한 효과적 책략

3. 확대기의 가족관계를 강화하기 위한 가정과 사회, 국가적 차원의 방안들을 모색해보자.

	가 정	지 역 사 회	국 가
부 부 관 계			
부모자녀관계			
형제자매관계			
조 손 관 계			
친 족 관 계			

참고문헌 REFERENCES

갈린스키. 김세희 · 김정준 · 송미선 · 장화선 · 전선옥 편역(1992). 자녀와 더불어 성장하는 부모. 서울: 서원.

김경원 · 옥선화(1989). 친족관계망 유대 특성에 관한 연구. 서울대학교 생활과학연구, 14, 6-11.

김성곤(2007). 자녀들과 헤어질 준비는 되어 있는가? 리더스다이제스트, 2월호, 129-131.

김영봉(2005). 옛글 읽기: 마음의 결대로 키우기. 샘터, 12월호, 72.

김혜숙(1997). 부모교육의 대상. 한국부모교육학회편. 부모교육학(pp.71-104). 서울: 교육과학사.

나종혜(2005). 자녀의 발달단계에 맞는 새로운 부모역할 제안: 변화하는 부모역할 개념과 수행을 중심으로. 한국생활과학회지, 14(3), 411-421.

서동인(1991). 친조부모, 손자녀에 대한 모의 관점 및 중재에 관한 연구: 10대 자녀를 둔 부모를 중심으로. 대한가정학회지, 34(2), 153-166.

서종록(2006). 노년의 지혜. 샘터, 2월호, 24-27.

유영주 · 김순옥 · 김경신(2000). 가족관계학. 서울: 교문사.

윤영무(2004). 대한민국에서 장남으로 살아가기. 서울: 명진사.

저드슨 컬브리스(2006). 엄마는 왜 나만 야단쳐? 리더스다이제스트, 3월호, 123-125.

전미경(1992). 도시 저소득층 부인의 친족관계에 관한 연구. 동국대학교 석사학위논문.

전영혜(2006). 가정: 둘이 하나되어. 리더스다이제스트, 5월호, 22.

정옥분 · 정순화(2000). 부모교육. 서울: 양서원.

정현숙(1997). 맞벌이 가족의 부모역할 긴장과 부부관계. 대한가정학회지, 35(5), 151-162.

정현숙 · 유계숙(2001). 가족관계. 서울: 신정.

정현숙 · 유계숙 · 어주경 · 전혜정 · 박주희(2002). 부모학. 서울: 신정.

주호창(2005). 정보 품앗이: 다정다감 선물 이야기. 샘터, 2월호, 50.

최규련(2007). 가족관계론. 서울: 공동체.

최외선 · 박충선 · 김갑숙 · 도미향 · 최선남 · 김영희(2006). 부모교육. 서울: 양서원.

최은숙(2005). 이 부부가 사는 법: 아이가 가져다 준 행복. 샘터, 9월호, 86-87.

Anne Taylor Fleming (2005). 명언록. 리더스다이제스트, 11월호, 141.

Kobie Venter (2006). 그것이 인생이다. 리더스다이제스트, 9월호, 137-141.

Wen Jinhang (2006). 만두를 빚으며. 리더스다이제스트, 5월호, 139-144.

Benokratis, M.V. (1999). *Marriage and families*. NY: Prentice-Hall Inc.

Bigner, J. (2002). *Parent-child relations: An introduction to parenting*(6th ed.). NY: Macmillan publishing Co.

Cooney, T. (2002). Parent child relations across adulthood. In R. Milardo & S. Duck (Eds.), *Families as relationships*(pp.39-59), London: Wiley.

Cowan, C., Cowan, P., Hemming, G., Garett, E., Coysh, W., Boles, H., & Boles, A. (1985). Transitions to parenthood: His, hers, and theirs. *Journal of Family Issues, 6*, 451-481.

Freeman, D.S. (1992). *Family therapy with couples: The family of origin approach*. Northvale, NJ: Jason Aronron. Inc.

Greene, A.L. & Boxer, A.M. (1986). Daughters and sons as young adults: Restructuring the ties that bind. In N. Datan, A.L. Greene., & Reese(Eds.), *Life-span developmental psychology: Intergenerational relations*(pp.125-149). NJ: Erlbaum.

Hagestad, G.O. (1984). The continous bond: A dynamic, multigenerational perspective on parent-child relations betweeen adults. In M. Perlmutter(Eds.), *Parent-child interactions and parent-child relations in child development*. The Minnesota symposium on child psychology(pp.129-158). NJ: Erlbaum.

Kivnick, H. (1983). Dimensions of grandparenthood meaning: Deductive conceptualization and empirical deviation. *Journal of Personality and Social Psychology, 44*, 1056-1058.

Kornhaber, A. & Woodward, K.L. (1981). *Grandparents/Grandchildren: The vital connection*. NY: Anchor Press/Doubleday.

Neugarten, B.L. & Weinstein, K.K. (1964). The changing American grandparent. *Journal of Marriage and the Family, 26*, 199-204.

Nydegger, C.N. (1991). The development of parental and filial maturity. In K. Pillemer & K. McCartney(Eds.), *Parent-child relations throughout life*(pp.93-112). NJ: Erlbaum.

Chapter 10

FAMILY RELATIONS

가족축소기

첫 자녀 출산 이후 계속해서 확대되던 가족은 자녀들이 부모로부터 독립하기 시작하는 중년기부터 노년기에 걸쳐 축소되기 시작한다. 평균수명이 길어지고 가족과 관련된 가치관이 변화하면서 자녀를 분가시킨 후 부부만이 남게 되는 빈 둥우리 시기부터 은퇴 후 부부 모두 사망하기까지의 기간이 이전보다 훨씬 길어지고 이에 따라 진수기 및 중년기 가족과 노년기 가족에 대한 사회적 관심이 증가되고 있다. 이 장에서는 가족축소기인 진수기 및 중년기 가족과 노년기 가족에 대해 알아보기로 하자.

1 진수기 및 중년기 가족

의학의 발달로 평균수명 100세가 보편화되는 호모 헌드레드 시대의 도래를 앞두고 있는 요즘 중년기(middle adulthood)는 언제부터 시작될까? 중년기의 시작 시기에 대한 견해는 학자에 따라 다양하나 대개 40대 중반인 45세부터 노년기 시작 전인 64세 정도까지, 또는 은퇴 전까지를 중년기로 보고 있다. 중년기는 경력에서 최전성기를 누릴 수 있는 시기임과 동시에 '사추기'로 불리는 사춘기 못지않은 혼돈이 시작되는 패러독스의 시기이다. 공자는 논어에서 40세가 되면 세상일에 정신을 빼앗겨 갈팡질팡하거나 판단을 흐리는 일이 없게 되었다고 하여 40세를 '불혹(不惑)'이라고 칭하였으나 현대의 중년기는 여전히 많은 것이 불확실하고, 지금까지 옳다고 생각했던 믿음과 가치에 의문을 제기하고, 자신의 삶을 재평가하는 변화의 시기이다. 또한 연령의 증가에 따른 호르몬의 변화가 나타나고, 갱년기가 시작되며, 여성들은 폐경을 통해 사춘기 이후 시작되었던 여성의 출산능력의 상실과 노화를 경험하게 된다. 중년기는 사회적으로 안정이 되는 시기이면서 동시에 자녀가 독립해서 집을 떠남으로 인해 신혼기 이후 처음으로 다시 부부만이 남게 되는 시기이다. 지금까지 든든하게 자신을 지켜주던 노부모가 자신들에게 의존하게 되는 등 가족관계에서 많은 변화가 나타나게 되는 시기이며, 신체적 · 심리적 · 사회적으로 다양한 사건을 경험하면서 자기 역할 회의감, 공허감, 위기감, 갈등 및 부정적 자아 등을 경험하는 인생의 전환기이다(김은경 외, 2012). 학자들 중에는 공자시대에 '미혹할 혹(惑)' 자가 없었기 때문에 공자가 지칭한 40의 불혹은 불혹(不惑)이 아닌 불혹(不或)일 것이라는 주장도 있다(국제신문, 2012. 3. 14.). 불혹(不或)은 한 영토나 경계에 갇히지 않는다는 말 즉 자신을 스스로 한정하지 않는다는 의미라고 한다. 공자가 지칭한 나이 40의 불혹을 불혹(不或)으로 본다면 호모 헌드레드 시대의 중년기는 제2의 인생 통해 '진정한 개인적인 성장'을 위한 도약의 시기라고 할 수 있을 것이다. 재도약의 시기인 중년기의 가족관계를 부부관계, 자녀와의 관계와 노부모와의 관계 세 가지 측면에서 살펴보자.

1) 부부관계

평균수명이 길어지고 자녀의 수가 소수가 되면서 자녀가 집을 떠난 후 부부가 함께 보내는 시간은 역사상 어느 시기보다도 길어졌다. 1960년대에 결혼을 한 부부는 20세에 결혼을 해서 22세에 첫 자녀를 출산, 49세에 첫 자녀 결혼, 58세에 막내 자녀가 결혼을 하나 59세에 남편이 사망을 하여 자녀들이 집을 떠난 후 부부가 함께 보내는 시긴은 1년에 불과하였다(공세권 외, 1987). 그러나 2000~2012년에 결혼한 부인은 27.2세에 결혼을 하여 28.7세에 첫 아이를 낳고 59.5세에 첫 아이가 결혼을 시작하여 평균 63.9세에 막내 자녀가 결혼을 하고, 남편이 85.9세에 사망하여 자녀 없이 부부만이 보내는 기간이 20년 이상 길어지게 되었다(김승권 외, 2012).

부부만이 함께 보내는 시간이 길어지면서 중년기는 지금까지의 결혼생활을 재평가하고, 누군가의 엄마나 아빠로 살아왔던 것에서 벗어나 '아내'나 '남편'의 역할에 더 많은 시간과 노력을 쏟을 수 있는 부부관계를 '리모델링' 할 수 있는 시기가 되었다. 즉, 중년기에 접어들면 자녀들이 장성해 가정생활이 자녀 중심에서 부부 중심으로 옮겨감에 따라 부부가 서로에게 의지하고 함께 있는 시간을 즐기는 경향이 커지고, 과거 안정성에 기반을 둔 제도적 관계에서 질을 중시하는 우애적·동반자적 관계로 부부 관계가 바뀌어가는 시기이다.

평균수명의 연장과 함께 부부가 함께 살아가는 시간이 길어지면서 어떤 배우자와 어떻게 살아가는가는 개인의 삶에 질에 매우 중요한 영향을 미치며, 배우자의 존재 자체 또한 중년기 삶에 영향을 미치는 것으로 나타난다(유계숙 외, 2003). 미국 듀크대학 의학센터의 연구팀이 1940년대에 태어난 4,802명을 대상으로 조사한 결과 결혼 경험이 없거나 파트너와 장기간의 안정적인 관계를 맺어본 적이 없는 사람들은 안정적인 배우자가 있는 사람에 비해 중년기 조기사망률이 2배 이상이며, 배우자가 있는 사람들은 우울증이나 자살시도, 알코올 및 약물중독에 빠질 확률은 낮고 스트레스에 대한 대응력은 뛰어난 것으로 밝혀졌다(코메디닷컴뉴스, 2013. 1. 14.). 이는 중년기 배우자의 존재는 감정적, 신체적, 기능적으로 필요한 사회적 지원을 받을 수 있음을 의미하며, 이것이 사람의 건강과 수명에 매우 중요한 요인이기 때문이라고 연구자들은 주장하고 있다.

중년기는 가족생활의 중심이 자녀에서부터 부부관계로 옮아가면서 최저점에 달한 부부 간 결혼만족도가 자녀들이 집을 떠난 후 다시 회복되는 것이 일반적이지만, 그렇지 못한 부부의 경우에는 자녀가 자라서 집을 떠난 후에 누적된 불만이 표출되면서 어려움을 겪기도 한다. 2012년 통계청 사회조사에서 '배우자에 대한 전반적인 만족도' 를 조사한 결과 40대와 50대 남편은 각각 4.8%와 5.6%만이 '불만족' 이라고 응답한 반면 아내들은 13.2%와 12.8%가 불만족스럽다고 답변한 것으로 나타났다. 이는 13~29세(남 2.0%, 여 4.0%), 30대(남 2.3%, 여 8.5%)보다 남녀 각각 2배 이상 높은 비율이다. 배우자에 대한 40, 50대의 불만족을 반영해 주는 것이 최근의 이혼통계이다. 45~64세의 이혼율이 1995년에는 남녀 각각 19%와 9%에 불과했으나, 2000년에는 24.4%와 13.9%로 증가하였고, 2012년에는 46.8%와 35.3%로 급속하게 증가하여 중년기의 부부 갈등이 매우 심각한 문제로 부각됨을 알 수 있다(http://kosis.kr). DeGenova와 Rice(2002)는 중년기의 부부들이 의사소통방법, 자신을 표현하고, 그동안 무시해왔던 사랑의 감정과 애정을 표현하는 것을 배울 수 있다면 그 이전까지의 시간동안 경험했던 것보다 더 큰 친밀감을 발달시킬 수 있게 될 것이며, 개선된 의사소통 방법을 통해서 서로의 마음을 터놓고 이야기하여 부부간의 문제를 해결하고 유대감의 형성을 통해 더 나은 동반자가 될 수 있다고 조언한다.

행복하고 건강한 부부관계의 핵심은 서로를 인격체로 인정하는 것이고 부부가 함께 대화하며, 상대방을 달라지게 하기 보다는 받아들여야 하고, 과거에 실망했던 일들을 잊어버리고, 서로의 불완전함을 돌보며, 남자가 할 일과 여자가 할 일을 따로 구분하지 않고, 서로 도우면서 배우자 중심의 결혼생활을 창조하여 남은 결혼생활을 행복하게 만들기 위해 노력하는 것이다(Box 10-1 참조). 중년기에 부부관계를 얼마나 건강하고 동반자적인 관계로 잘 만들어 놓느냐는 노년기의 원만하고 행복한 부부관계의 초석이 된다.

Box 10-1

부부사랑 가계부를 쓰자

…. 누구나 동화 같은 핑크빛 미래를 그리며 결혼하지만 실상은 결코 그렇지만은 않다. 결혼은 현실이다. 결혼을 통해 연애가 해피엔딩으로 끝났다면, 이후에는 '달콤살벌한' 제2막이 시작된다. 화성에서 온 남자, 금성에서 온 여자는 기질, 성격, 가풍, 습관 등 하나부터 열까지 도대체 맞는 것이 없다. 20년 이상 같이 산 중년부부라도 마찬가지다. 결혼 44년차인 우리 부부도 매일 사소한 것으로 다투며 오늘도 서로가 애증의 경계선을 넘나들고 있다. 부부사랑 계좌, 난 적자인가? 흑자인가?

IMF 시절 실직한 수많은 가장들이 길거리로 내몰렸다. 당시 경제적 어려움을 부부가 함께 이겨내지 못하고 자살하거나 이혼하는 콩가루 가정이 급증했다. 반면 남편이 교통사고로 병상에 누웠어도 병 수발뿐 아니라 경제적인 부담까지 즐거운 마음으로 짊어지고 살아가는 찰떡같은 부부들도 있다. 이 두 집안의 차이는 무엇인가? 배우자에 대한 서로의 신뢰와 그 밑바탕에 있는 사랑이다. 아내의 마음 속 사랑의 계좌에 콩가루 집안의 남편은 마이너스로 기억되어 있지만, 찰떡 집안의 남편은 플러스로 입력되어 있을 것이다….

예금통장의 잔고는 자주 확인해 본다. 그러나 우리집 사랑의 가계부를 확인해 본 일은 없다. 사랑의 잔고를 틈틈이 확인한다면, 크고 작은 일로 다투고 싸운 후에도 부부관계가 더 돈독해질 수 있다. 감사와 인정과 배려가 우리 사랑의 잔고를 차고 넘치는 흑자로 만들기 때문이다.

가계부 작성, 부부대화의 시작

중년부부에게 부부사랑 가계부는 더욱 중요하다. 은퇴 후 부부가 보내야 할 시간이 이전에 비해 급격히 늘어나기 때문이다. 행복한 은퇴준비의 첫걸음, 부부사랑 가계부를 만드는 것부터 시작해보자. 상대가 원하는 애정표현법, 언어사용 등을 '+(흑자)', 듣기 싫은 말이나 행동은 '-(적자)'로 표시해 둘만의 약속을 정하는 것이다. 이렇게 대화를 시작하면 자연스럽게 은퇴자금, 노후계획에 대해 서로의 생각과 바람을 이해하고 듣게 될 것이다. 모든 대화와 소통은 구체적인 주제를 가지고 시작하는 것이 좋다. '말 안 해도 내 생각 알겠지', '이렇게 하자면 따라오겠지'라는 이기적이고 안일한 생각은 버려야 한다.

유념해야 할 일은 부부가 생각하는 노후생활이 서로 달라도 이를 인정하고 합의점을 도출하여 가계부 목록을 채워나가는 과정이다. 부부 은퇴관의 차이를 인정하며 대안을 찾고 이견을 줄여나가는 것이 중요하다. 추구하는 것이 달라도 공통분모를 찾기 위해 부부가 머리를 맞대는 것이 정서적 은퇴준비의 시작이다.

노년의 행복은 배우자와의 평화로운 동반자적 삶에서 우러나온다. 가진 것이 조금 부족해도 건강이 다소 안 좋아도 배우자와 관계가 좋으면 삶의 만족도는 높아진다. 장수시대에 준비해야 할 첫째 덕목이 있다면 배우자와의 관계 개선이다. 바로 오늘 시작해보자. 다소 어색하더라도 부부가 머리를 맞대고, 오늘 당장 은퇴사랑 흑자 가계부를 만들어 가자.

두상달 가정문화원이사장

출처: 조선일보(2013. 9. 3.)

2) 자녀와의 관계

(1) 빈 둥지 증후군 (Empty nest syndrome)

가족은 많은 경우 두 사람으로 출발하지만 그 상태가 계속 유지되는 것이 아니라 자녀가 출생하면서 확대되었다가 자녀가 결혼이나 학업 등의 이유로 집을 떠나면 다시 부부 두 사람만이 남게 된다. 자녀가 집을 떠나 부부 두 사람만이 남게 되는 시기를 '탈부모기(postparental period)', '진수기(launching stage)', '축소기(period of contracting family size)' 또는 '중년기 가족(middle adulthood family)' 등의 다양한 이름으로 부른다. 이 중 탈부모기라는 명칭은 잘못된 명칭이다. 부모는 자녀가 집을 떠나서 독립을 하거나 결혼을 한 뒤에도 부모역할을 멈추지 않기 때문이다. 따라서 진수기 부모역할에서 벗어나는 시기가 아니라 부모가 자신의 자녀가 법적 · 사회적으로 성인이 되었음을 인정하고, 자녀가 독립을 하여 자신에 대한 자율감과 책임감을 느끼도록 돕는 시기이다.

자녀가 자신의 인생에서 새로운 단계로 접어드는 전환의 시기인 진수기는 그 이전의 단계에서 형성된 부모자녀관계에 커다란 변화를 가져온다. 자녀와의 촌수는 '태어날 때 1촌', '대학에 입학하면 2촌', '애인이 생기면 4촌', '결혼하고 나면 사돈의 8촌'이라는 유머는 자녀의 성장과 함께 부모자녀관계와 자녀가 기대하는 부모의 역할이 변해감을 부모가 받아들여야 함을 의미한다. 중년기 자녀와의 관계의 또 다른 변화는 부모 역할의 우선순위에서의 변화이다. 즉, 자녀가 집을 떠남에 따라 개인의 일상생활에서 차지하는 부모 역할의 중요성이 점차 줄어들게 된다. 막내 자녀가 집을 떠남에 따라 '빈 둥지 시기'가 시작이 되고 일부 여성들의 경우에는 우울증과 정체감의 위기로 특징지어지는 '빈 둥지 증후군'이 나타나기도 한다. 그러나 빈 둥지 증후군은 보편적인 현상이 아니며 여성에게 '어머니'의 역할이 가장 우선적이라는 전통적인 관점을 강화시키는 환상이라고 주장하는 학자들도 있다.

서구의 여러 연구결과들에 의하면 자녀가 집을 떠난 후의 시기는 생의 어떤 시기보다도 행복한 시기로 나타난다(Lee, 1988). 때문에 이 시기를 '자유의 시기'라고도 한다. 자녀가 집을 떠났다고 하는 것은 여성들에게는 새로운 독립을 의미한다. 자녀가 집을 떠난 후의 공허함을 메우기 위해 많은 여성들이 봉사활동과 같은 사회적 · 종교적인 일에 적극적으로 참여하게 되고, 직업을 찾는 등 새로운 사회적인 관계를 형성하게 되는데, 다양한 의미 있는 역할에 참여할 경우에는 빈 둥지 시기에 더 잘 적응하고 배우자와의 관계도 보다 긍정적인 것으로 나타난다.

(2) 부메랑 세대 (Boomerang generation)

결혼이 점차 늦어지고, 자녀가 독립하기까지의 시간이 어느 때보다 길어지면서 결혼하지 않은 자녀가 부모와 함께 사는 기간도 길어지고 있다. 또한 자녀가 부모를 떠난 후 다시 부모의 집으로 돌아오기도 한다. 결혼을 한 자녀가 자신의 자녀양육을 부모에게 부탁하기 위해 다시 부모의 집으로 돌아오기도 하고, 이혼이나 경제적인 어려움으로 인해 부모의 집으로 돌아오는 자녀들도 많아지고 있다. 이 같은 자녀세대를 '부메랑 세대' 또는 '부메랑 자녀(boomerang kids)' 라고 부른다(Mitchell & Gee, 1996). 부메랑 세대의 발생은 경제적인 요인과 감정적인 이유로 인한 것으로 보인다. 높은 실업률, 주택비용과 낮은 월급으로 인해 성인 자녀는 부모와 함께 살기를 원한다. 또한 이혼이나 개인적인 문제들은 성인 자녀가 사회적인 지원이나 자녀양육, 집안일의 도움 등을 받기 위해 부모의 집으로 돌아가게 하는 이유가 된다. 성인 자녀가 부모와 함께 사는 비율이 증가하면서 가족주기에 '성인 자녀가 집에 있는 시기' 라는 새로운 단계가 추가되어야 한다고 주장하는 학자들도 있다(Aldous, 1990).

부메랑 자녀는 부모의 결혼생활에 부정적인 영향을 미칠 수도 있고 긍정적인 영향을 미칠 수도 있다. 자녀가 여러 번 집으로 돌아옴에 따라서 부부 간의 결혼만족도는 감퇴될 수 있다. 이는 자녀가 집으로 되돌아옴에 따라서 자녀가 집을 떠난 후 부부가 기대했던 부부만이 가질 수 있는 친밀감, 자유, 새로운 관심의 추구와 같은 기대가 충족되지 못하기 때문이다. 반면 자녀와의 동거가 결혼만족도를 증가시키는 경우도 있다. 자녀가 부모에게 도움, 감정적인 지원, 충고를 제공하고 이로 인해 가족 간의 전반적인 관계의 질이 향상될 수 있기 때문이다.

3) 노부모와의 관계

중년기의 또 다른 역할 중의 하나는 노부모에 대한 부양자의 역할이다. 고령화가 빠르게 진행되고 평균수명이 급속하게 증가하면서 건강하고 독립적인 노인의 수가 증가하였지만 만성질환이나 치매 등 질병을 가져 돌봄을 필요로 하는 고령노인의 수도 함께 증가되는 결과를 낳았다. 노부모가 역사상 어느 시기보다 오래 살고, 자녀의 독립이 점점 늦어짐에 따라 노부모에 대한 부양책임감과 자녀에 대한 책임감 사이에서 힘들어하는 중년세대를 샌드위치 세대(sandwich generation)라고 부른다.

성인 자녀의 노부모 부양에는 성인 자녀의 성과 노부모의 성이 중요한 요인으로 밝혀졌다(Eshleman, 2003). 딸들은 노부모에 대한 애정과 이타적인 이유에 의해 노부모를 부양하는 반면 아들의 경우에는 의무감과 개인적인 이익 때문에 노부모를 부양한다. 어머니를 부양할 경우에는 애정이 중요한 요인이지만, 아버지를 부양할 때에는 재산의 상속과 같은 요인이 중요한 부양의 요인이 된다.

그러나 노부모 부양에 대한 동기가 무엇이든지 상관없이 성인 자녀가 병약한 노부모의 부양을 포기한다는 것은 일부에 국한된 편견에 불과하며, 동양과 서양에서 여전히 많은 자녀들이 다양한 방법으로 노부모를 부양하고 있다. 성인 자녀의 노부모 부양과 관련된 또 다른 오해는 함께 동거하는 성인 자녀와 노부모 간에 심각한 수준의 갈등이 존재한다는 것이다. 함께 거주하는 노부모와 성인 자녀 사이에는 갈등도 존재하지만 두 세대는 화목한 관계를 유지하는 것으로 나타난다. 성인 자녀가 노부모에게 경제적으로 의존하거나, 실직과 같은 특수한 상황에서는 노부모와 성인 자녀 간에 갈등이 증가되지만 일반적인 경우에는 갈등보다는 즐거움의 시간이 더 많다. 부양자의 역할은 스트레스뿐 아니라 보상도 주어지는 역할이기 때문이다.

4) 발달과업

중년기 가족이 적응해야 하는 발달과업은 다음과 같다(조복희 외, 2001; 이기숙 외, 2005; Strong et al., 2001).

- **자녀를 성인으로 인정하여야 한다.** 이 시기에 자녀는 독립된 성인으로서의 삶을 살아가므로 자녀가 성인이라는 것을 인정하여 자녀와의 관계에 변화가 나타나야 한다.
- **가족 내의 관계를 재조정해야 한다.** 중년기는 자녀가 집을 떠난 후 부부 간의 관계, 독립한 성인이 된 자녀와의 관계, 자녀의 결혼으로 생긴 인척들과의 관계, 새로 탄생하는 손자녀와의 관계, 점차 의존적이 되어가는 노부모와의 관계 등 변화된 가족관계를 새롭게 조정해야 하는 시기이다. 자녀가 없는 부부만의 생

활에 적응하고 부부가 함께 즐기는 공동의 활동에 참여하는 등 부부관계를 발전시켜 나가야 한다. 또한 성숙된 성인으로서의 책임감과 역할을 나눌 수 있는 상호성에 근거한 자녀와의 관계와 변화된 노부모와의 관계에 대한 적응이 요구된다.

- **자녀가 떠난 후 자신의 삶의 우선순위를 바꾸고 삶을 재구성해야 한다.** 막내가 집을 떠난 후 우울이나 정체감의 위기가 나타나는 빈 둥지 시기를 경험하게 되는 여성들이 있다. 중년기 가족은 부모역할에 우선을 두었던 삶의 우선순위를 바꾸고 새로운 역할을 찾아서 자신의 삶을 재구성해야 한다.
- **중년기에 나타나는 신체적인 변화를 수용하고 건강한 신체를 유지해야 한다.** 중년기는 다양한 신체적인 노화 증상들이 나타나는 시기이다. 따라서 자신에게 나타나는 신체적 변화를 수용하고 규칙적인 운동, 절제된 음주와 금연, 정기적인 건강진단, 스트레스 관리 등을 통해 자신의 건강을 유지하도록 해야 한다.
- **자녀세대와 노부모세대의 중간세대로서 세대 간의 통로와 교량의 역할을 하면서 가족의 결속력을 강화시켜야 한다.** 새로운 변화를 수용하고 젊은 세대의 성장을 격려하는 성숙된 마음으로 지켜보면서, 젊은 세대에 대한 지도자 · 훌륭한 조언자로서 자기를 확립하여 후손과 사회에 보탬을 줄 수 있는 방안을 모색하도록 한다.
- **자신들의 노후를 건강하고 행복하게 보낼 수 있도록 생활설계를 하고 노후를 위한 재정적인 준비를 하여야 한다.** 나이를 먹는다는 일, 늙어가는 일을 성숙된 인간이 되어가는 과정으로 받아들이고, 시간적으로나 경제적으로 부담이 되지 않는 범위 안에서 주체적인 삶을 위한 목표를 세워보도록 한다.

2 노년기 가족

프랭크 로이드 라이트는 '오래 살면 살수록 인생은 더 아름다워진다.' 고 했다. 얼마나 살면 오래 사는 것일까? 1960년에는 평균수명이 52.4세에 불과하였으나 2012년 현재 우리나라 사람들의 평균수명은 81.4세(남자 77.95세, 여자 84.64세)로 최근

50여 년 사이에 평균수명이 30세 가까이 증가했다(http://kosis.kr). 과거에는 70살까지 사는 사람이 드물었기 때문에 '인생칠십고래희(人生七十古來稀, 70까지 사는 것이 예로부터 드물다)'라는 시구가 나올 정도였다. 때문에 환갑이 되면 큰 경사로 여겨서 가족들이 잔치를 베풀었는데 최근에 와서 환갑잔치는 점차 그 의미가 상실되고 대신 칠순이나 팔순잔치를 치르고 있다.

평균수명이 빠르게 증가하고 출산율이 낮아지면서 2013년 현재 우리나라 전체 인구 중 65세 이상이 차지하는 비율이 12.2%에 달하여 노년기 가족이 빠르게 증가하고 있다. 보통 배우자의 은퇴 시기부터 배우자 중 한 명이 사망하고 나머지 배우자가 사망하기까지의 시기로 정의되는 노년기 가족의 부부관계, 홀로됨과 재혼, 성인 자녀와의 관계, 조부모와 손자녀 관계 및 노년기 가족의 발달과업 등에 대해 알아보자.

1) 부부관계

로드 스튜어트(Rod Stewart)는 "아침 햇살이 당신의 얼굴을 비출 때 당신의 얼굴은 당신의 실제 나이를 보여줍니다. 하지만 걱정하지 마세요. 내 눈에는 당신이 세상의 모든 것이니까요."라고 노년의 사랑을 노래한다. 나이가 들어감에 따라 사회적 관계가 줄어들고 점차 개인의 인생에서 배우자가 차지하는 비중이 커지기 때문에 노년기가 되면 부부는 어느 때보다 서로에게 필요한 존재가 된다. 특히 평균수명이 빠르게 증가하면서 부부로서 함께 사는 기간이 증가하였고, 과거에 비해 자녀를 적게 낳음으로 인해 부부만이 함께 지내야 하는 기간 또한 늘어나게 되면서 노년기 부부관계의 중요성이 부각되고 있다. 한국보건사회연구원(2010)이 3,027명의 베이비붐 세대(1955년부터 1963년까지 출생한 712.5만 명)를 대상으로 노년기에 가장 중요한 관계를 조사한 결과 배우자가 78.4%로 가장 높았고, 자녀 10.4%와 친구 7.2%의 순으로 나타나서 노년기에 배우자와의 관계가 가장 중요한 관계임을 알 수 있다.

결혼생활은 노년기의 사회적 관계, 성취감, 행복감의 가장 중요한 근원으로 노년기의 심리적 안녕에 긍정적인 영향을 미치는 것으로 밝혀졌다. 노년기에 부부는 서로가 함께 여가를 즐길 수 있는 시간이 증가되고 서로에게 더욱 의존하게 되면서, 자녀가 집을 떠난 후의 두 번째 신혼기와 배우자의 은퇴 후에 결혼만족도가 증가한다. 그러나 노년기에 결혼만족도가 감퇴하는 경우도 생겨나게 된다. 배우자의 은퇴는 노년기 부부관계에 큰 변화를 가져오게 된다. 특히 남편이 혼자 일을 하고 아내는 전업주부이던 가족의 경우 가장 큰 변화를 겪게 된다. 은퇴를 한 남편은 무엇을 해야 할지 모르고, 아내는 남편이 하루 종일 집에 있는 것이 익숙하지 않아 불편함을 느끼게 된다. 은퇴한 남편들이 집에서 집안일을 돕지 않는 경우에 아내는 더 많은 집안일을 하게 되고 자신의 시간을 가질 수 없게 되면서 불만을 가지게 된다. 따라서 은퇴 후 두 배우자가 전통적인 부부역할을 고수하기보다는 성별에 의한 역할의 분담에서 벗어나 융통성 있게 협력하여 가사일과 집안일을 분담하고 이전에 수행해 왔던 역할을 재조정할 필요가 있다(Box 10-2 참조).

노년기 부부가 많아지고, 노년기에 부부가 함께 보내는 시간이 증가하면서 노년기 이혼이 과거에 비해 빠르게 증가하고 있지만 2012년 현재 여자, 남자 각각 4,688건과 9,674건으로 여전히 소수에 불과하다. 낮은 이혼율은 불행한 결혼을 노년기에도 지속하기 때문인데 이는 그들이 함께 살아온 시간들, 함께 해온 일들, 자녀들, 그리고 무엇보다도 결혼을 해체할 경우 현실적인 대안이 부족하기 때문일 것이다.

노년기에는 건강이 약화되고 경제적으로도 많은 어려움을 겪게 되므로 신체적·경제적 쇠퇴를 함께 극복하면서 삶의 황혼기를 맞이하게 되는 것이 노년기 부부의 또 다른 역할이다. 배우자와 사별한 후에는 홀로 지내는 삶에 적응하거나 재혼으로 새로운 노후를 설계하기도 한다.

Box 10-2

주부도 은퇴가 필요하다

몇 년 전부터 은퇴한 남성을 빗댄 여러 우스갯소리가 유행이다. 밥 세 끼를 집에서 다 챙겨 먹는 남편을 가리켜 '삼식이'라고 하고, 은퇴 후 아내 곁에 딱 달라붙어 있는 남편은 '젖은 낙엽족'이라고 부른단다. 은퇴한 남성의 처지가 우스워지는 것 같아 안타깝기도 하지만 고령화 시대가 풀어나가야 할 숙제라는 생각이 든다.

최근 은퇴하면서 위축감을 느끼거나 우울감, 의욕 저하와 같은 심리적 현상이 나타나는 '은퇴증후군'을 호소하는 사람들이 늘고 있다. 특히, 회사 중심으로 살아온 남성들은 퇴직과 함께 사회적 지위와 네트워크를 상실하게 되면서 적지 않은 충격에 빠진다.

남편의 스트레스만큼이나 은퇴한 남편을 상대하는 아내의 고충도 만만치 않다. '남편살이'는 이러한 세태를 잘 반영한 신조어다. 아이들 뒷바라지도 끝났고 이젠 내 인생을 즐길 차례다 싶었는데, 퇴직하고 집에 들어앉은 남편이 사사건건 잔소리를 늘어놓는다는 것이다. 때아닌 남편의 간섭으로 인한 스트레스가 시집살이 못지않다고 해서 붙여진 말이다.

100세 시대를 살고 있는 우리들에게 은퇴는 새로운 생의 시작임에 틀림없다. 60세에 은퇴한다고 해도 은퇴 후 30~40년을 더 살게 될 가능성이 높기 때문이다. 자연히 부부관계에도 변화가 필요하다. 청년기에 반려자를 만나 가정을 꾸리고 서로에게 적응해 나갔듯이, 은퇴 후에는 달라진 상황에 맞는 부부간의 새로운 역할 정립이 이뤄져야 한다….

아내의 노고를 인정해줘야 한다
…, 남편이 직장생활을 하느라 고군분투했다면 아내 역시 그러한 남편을 뒷바라지하느라 또는 바쁜 남편의 빈자리를 채우느라 동분서주했을 것이다. 출산과 함께 어쩔 수 없이 직장을 포기했을 수도 있고, 양육하는 동안에도 종종 밤잠을 설치며 아이를 돌봐 왔을 것이다. 전업주부가 워킹맘에 비해 대사증후군에 걸릴 위험이 높다는 연구 결과는 주부로 사는 삶이 결코 쉽지 않음을 증명하는 단적인 사례다. 실제로 남편의 은퇴는 당사자만큼이나 상대 배우자의 삶에 큰 변화를 가져다준다. 전업주부인 아내는 일반적으로 남편의 사회적 지위와 동일시되는 삶을 살아오기 때문에 남편의 퇴직과 함께 똑같은 상실감을 경험하게 된다. 거기다 매일 출근하던 남편이 어느 날부터 계속 집에 있게 되는 상황은 아내에게 있어 엄청난 환경 변화일 수 있다. 남편도 그렇지만 아내 역시 이제까지 경험하지 못한 새로운 일상이 펼쳐지는 것이다. 즉, 은퇴 후 부부관계의 갈등 요인을 잘 해결해 나가기 위해서는 은퇴란 퇴직한 당사자인 남편뿐 아니라 아내도 함께 적응해 나가야 할 상황임을 이해하는 마음자세가 필요하다.

노년기에 맞는 부부 역할을 재정립하자
은퇴 후에도 전업주부인 아내의 역할이 계속될 것이라고 기대하는 건 금물이다…. 은퇴 이후에는 부부가 어떠한 방식으로 경제적 필요를 충당하고 집안일을 나눌 것인지 다시 역할 분담을 해야 한다. 남편과 아내가 모두 파트타임 형태로 소일거리를 가질 수도 있고, 남편이나 아내 어느 한쪽만 일을 나가거나 두 사람 다 일하지 않고 연금 등으로 노후를 보낼 수도 있다. 이러한 경제적, 물리적 역할 분담을 재정립하는 과정에서 한 가지 염두에 둘 것은 남편들의 보살핌 능력이 은퇴 전보다 향상돼야 한다는 것이다….

부부간의 이해가 건강과 재산을 지킨다
부부 사이에 대화 시간을 늘리는 것 또한 은퇴기의 부부 갈등을 해소하는 데 큰 도움이 된다. 대화가 많은 부부들은 그렇지 못한 부부보다 더 건강하다는 연구 결과도 있다. 대화를 늘려가기 위해서는 먼저, 배우자에 대한 이해를 넓혀야 한다. 다음으로 서로의 부족함을 감싸 안을 수 있는 포용력이 필요하다….
은퇴기의 행복한 부부관계를 위해서는 남편의 은퇴에 맞춰 주부인 아내의 은퇴식을 여는 방법도 고려해볼 수 있다. 실제로 우리 주변에도 '주부 은퇴식'을 시도한 사례들이 있다. 주부 은퇴식은 부부관계에 새로운 역할을 정립할 필요가 있다는 것을 서로가 인식하는 데 도움이 된다. 또 배우자의 노고에 감사를 표현하는 한편, 부부 두 사람이 앞으로의 삶을 서로 격려하는 좋은 계기가 될 수 있다.
유정미 삼성생명 은퇴연구소 책임연구원

출처: 한국경제매거진 97호(2013년 6월)

2) 홀로됨(사별)과 재혼

노년기가 되면 누구도 피할 수 없는 것 중의 하나가 배우자의 죽음이다. 2010년 인구총조사 결과에 의하면 65세 이상 노인 5백 40만명 중 배우자가 생존한 사람은 57.7%이고, 사별한 사람은 39.7%로 나타났다(http://kosis.kr). 여성과 남성을 나누어서 살펴보면 남성노인은 12.5%만 배우자와 사별을 했고 84.6%는 배우자가 생존해 있는 반면 여성노인은 배우자가 생존해 있는 사람은 39.4%에 불과하고 58.3%가 배우자와 사별하였다. 이 같은 성별차이는 주로 여성의 평균수명이 길기 때문에 배우자가 일찍 사망하는 것에 기인하지만, 여성이 평균적으로 3~4세 나이가 많은 남성과 결혼했고, 여성노인의 재혼에 대한 부정적인 사회적 통념으로 인해 여성노인의 재혼율이 남성노인보다 낮은 것도 주요 원인이다.

홈즈와 라헤(Holmes & Rahe, 1967)는 인간이 평생을 살아가면서 겪게 되는 100여 가지 사건들 중에서 가장 스트레스를 유발하는 사건이 배우자의 죽음이라고 한다. 배우자가 사망하고 나면 생존한 배우자는 애도의 기간을 거치게 된다. 홀로된 부인이나 남편은 1년 정도가 지나게 되면 배우자의 죽음을 받아들이게 되는데 여성노인이 남성노인보다, 그리고 나이가 많은 사람이 젊은 사람보다 배우자의 죽음에 더 잘 적응하는 것으로 밝혀졌다. 대부분의 노인들은 그들이 생애의 긴 기간 동안 배우자와 깊고 친밀한 관계를 형성해 왔음에도 불구하고 배우자의 죽음에 잘 적응하는 것으로 나타난다. 이는 노년기에 발생된 배우자의 죽음은 예견되지 않은 사건이 아니라 살아오면서 마음의 준비를 해 온 사건이기 때문으로 보인다.

『위풍당당 심예분 여사』라는 동화책에는 20대에 남편을 잃고 자식을 키우나 '몸은 늙어도 꿈은 늙지 않는다' 면서 세계 최고의 마술사를 꿈꾸며 마술을 배우고, 멋쟁이 할아버지를 만나 연애하여, 결혼하는 심예분 여사의 이야기가 나온다(강정연, 2008). 나이가 들면 뒷방에 물러나 손자녀를 돌보는 것을 낙으로 삼던 과거와는 달리 현대사회에서 사별을 한 많은 노인들은 배우자의 죽음을 받아들인 후 새로운 홍밋거리를 찾고, 새로운 친구를 만들고, 다른 사람과 의미 있는 관계를 만들어 나가며 혼자 살아가는 데 필요한 기술들을 배워나간다.

평균수명의 증가와 함께 건강한 노인이 증가하고, 사회 전반적으로 재혼에 대한 수용성이 증가하며, 개인의 행복이 가족에 우선하는 가치관의 변화가 나타나면서 노인들의 재혼도 빠르게 증가하고 있다. 2012년 노인들의 재혼건수는 남자가 2,449건, 여자가 912건으로 2000년의 971건, 202건에 비해 남녀 각각 2.3배와 4.5배가 증가하였다. 영화 '죽어도 좋아'가 무성 혹은 중성으로 인식되는 노인들의 성에 대한 새로운 시각과 사회의 관심을 가져왔다면 포털사이트 다음(http://webtoon.daum.net/webtoon/view/iloveu)에 연재된 후 영화화된 강풀의 만화 '그대를 사랑합니다'는 홀로된 노인들의 사랑을 아름답고 잔잔하게 그려서 노년기의 사랑에 대한 일반인들의 관심을 불러일으켰다. 2012년 현재 전체 재혼에서 고령자 재혼이 차지하는 비율은 남녀가 각각 4.8%와 1.6%에 불과하지만 앞으로의 초고령 사회에서 노인의 재혼은 보편적인 현상으로 나타나게 될 것이다. 재혼에 대한 사회적 인식이 긍정적으로 변하고 있음에도 불구하고 노년기의 사랑과 재혼에 대한 사회적 인식은 여전히 부정적이므로 노인들의 사랑과 재혼에 대한 사회적 인식의 변화가 필요하다.

3) 성인 자녀와의 관계

자녀가 성인이 되었다고 해서 부모역할이 끝나는 것은 아니지만 노년기의 부모역할은 그 이전의 시기와는 많은 차이가 있다. 성인 자녀의 부모로서 자녀와의 관계나 부모역할을 지속하지만 부모역할보다는 부부관계에 더 중점을 두게 되면서 일상생활에서 부모역할이 차지하는 비중이 매우 낮아진다.

이 같은 관계의 변화는 노년기의 거주형태도 영향을 미쳐서 자녀와 동거하는 노인이 2012년 현재 33.9%에 불과하고(통계청, 2013), 베이비붐 세대의 93.2%가 노년기에 부부끼리만 살거나 혼자 살기를 원하였으며 노후 주거지 선택 시 자녀와의 거리가 중요하다는 응답도 10.2% 밖에 되지 않았다(한국보건사회연구원, 2010). 성인 자녀와 노부모가 별거하는 경향에 따라 노인단독세대의 비율이 빠르게 증가하고 있지만 전미가족관계학회(National Council on Family Relations)에서 수여한 벌제스상(Burgess Award) 수상 특별강연에서 벵슨(Bengtson)은 21세기에 핵가족이 해체되고 가족이 소멸되기 보다는 오히려 다세대 간의 관계가 다음의 3가지 이유에서 더욱 중요해질 것이라고 주장하였다. 첫째, 평균수명의 증가와 함께 세대 간에 함께 나누는 시간이 더욱 길어지게 되었다. 둘째, 가족이 기능을 제대로 수행하는 데 있어서 조부모 역할의 중요성이 증가하고 있다. 셋째, 이혼이나 재혼의 증가로 인해 가족의 구조가 변화하면서 세대 간의 결속이 더욱 중요해지고 있다(Eshleman, 2003 재인용). 이는 기능적인 측면에서 자녀세대가 자녀양육을 위한 도움이나 어려움에 처했을 때 부모세대의 도움을 더 필요로 하게 되었기 때문으로 볼 수 있다.

(1) 성인 자녀와의 동거여부 및 접촉 빈도

통계청(2013)이 발표한 한국의 사회동향 2013에 의하면 성인 자녀와 부모가 따로 사는 비율이 지난 10여 년간(1998~2012) 20.8%(45.3% → 66.1%) 증가하고, 노부모에 대한 자녀의 경제적 부양도 감소하고 있는데 특히 아들에 의한 부양(장남: 2002년 24.4% → 2012년 10.6%, 장남 이외 아들: 2002년 17.1% → 2012년 9.2%)이 감소한 반면 '모든 자녀' (2002년 11.5% → 2012년 28.3%)가 함께 부양하는 비율은 16.8%가 높아져서 우리 사회의 전통적인 아들중심의 직계가족 규범에 변화가 나타나고 있음을 알 수 있다.

2013년 복지부분 사회조사결과 노인들이 자녀와 함께 살지 않는 이유는 '따로 사는 것이 편해서' 가 54.9%로 가장 높았고 다음으로 '자녀에게 부담이 될까봐(37.4%)' , '독립생활이 가능해서(36.5%)' , '자녀의 직장, 학업 때문에(22.2%)' 의 순으로 나타났다(http://kosis.kr). 또한 자녀와 동거를 하고 있는 노인 중에서 29.3%는 '자녀가 독립생활이 불가능하여' 와 10.2%는 '손자녀의 양육 및 기타 가사를 돕기 위해' 라고 응답하여 자녀가 노부모를 부양하는 것이 아니라 장성한 자녀를 노부모가 데리고 사는 '신(新)대가족화' 현상도 나타나고 있음을 알 수 있다. 앞으로 자녀와 같이 살고 싶은가라는 질문에 대해 73%의 노인들이 같이 살고 싶지 않다고 응답했는데 이는 2007년의 60%에 비해 13%가 높아진 수치로 노인 스스로가 자녀와의 거주 분리를 원하고 있어 자녀들의 노부모 부양에 관한 가치관뿐만 아니라 자녀와의 동거에 대한 노인들의 가치관도 빠르게 변해가고 있음을 알 수 있다.

노부모와의 동거와 경제적 부양이 감소한 반면 전화통화와 대면접촉을 통해 성인 자녀와 노부모가 교류하는 비율은 증가하는 것으로 나타났다. 노부모와 따로 사는 성인 자녀 간에 1주일에 한 번 이상 전화통화를 한 비율이 2008년 55.3%에서 2012년에는 62.3%로 높아졌으며, 직접적인 만남도 1주일에 한 번 이상 만나는 비율이 2008년 19.3%에서 2012년 23.1%로 높아진 것으로 나타났다(http://kosis.kr). 이 같은 결과는 자신의 사생활을 유지하려는 경향이 높지만 성인 자녀와 부모세대는 여전히 긴밀한 관계를 유지하고 있음을 보여주는 것이다. 노인세대가 자녀와의 관계에서 원하는 것은 경제적인 도움보다는 정서적인 도움이며(최정혜, 1992), 자녀세대와 동거여부를 떠나 자녀와의 관계가 원만할수록, 자녀와 교류가 많을수록 노년기의 만족도가 증가하는 것으로 나타난다(김은경, 2002; 원영희, 1995; 최혜경, 1985). 또한 노인의 재혼 결정 여부에 자녀의 재정적 지원이나 집안일을 도와주는 도구적인 지원이 아닌 자녀의 정서적인 지원이 중요한 영향을 미치는 변인으로 밝혀졌다(Kim, 2007). 이러한 결과들은 재정적인 자립이 가능해진 건강하고 젊은 노인들은 자녀들과의 관계를 의무적이고 규범적인 관계가 아닌 정서적인 교류의 측면에서 바라보고 있으며 이에 따라 현대사회에서 노부모와 성인 자녀의 관계가 의무적인 관계가 아니라 애정적 · 심리적 결속에 의한 관계로 재구성되고 있음을 보여준다.

4) 조부모와 손자녀 관계

늙고 외로운 조부모의 이미지는 앞으로의 세대에서는 없어질 것으로 보인다. 현대사회에서 사람들은 역사상 어느 때보다 이른 시기에 젊고 건강한 상태에서 조부모가 되기 때문이다. 한국의 가족생활주기를 살펴보면 과거에는 막내 자녀가 결혼하기 전에 배우자가 사망을 하는 경우가 대부분이었지만 평균수명의 증가와 소수 자녀의 출산으로 인해 최근의 부모들은 긴 빈 둥지 시기를 즐기고, 배우자가 사망하기 전에 조부모가 된다. 이러한 인구학적인 변화로 인해 많은 사람들은 조부모뿐 아니라 증조부모와 고조부모의 역할도 경험할 것으로 예상되며, 조부모의 역할에도 많은 변화가 나타나고 있다.

(1) 조부모 역할과 의미

과거 확대가족에서 조부모들은 손자녀의 정서적인 지원자의 역할을 했었다. 조부모는 손자녀에게 가족의 역사나 유래, 가족만의 관습 등을 전달하는 것을 통해 가족의 응집력을 강화시켰고, 양육자의 역할, 함께 놀이를 해주는 역할을 맡았었다. 그러나 현대 사회에서 조부모의 역할에 대한 평가는 이중적이다. 한편으로 조부모는 매우 유용하고, 지지적이며, 손자녀에게 따뜻한 사랑을 주고, 가족의 유산에 대한 지식의 근원으로 여겨진다. 그러나 다른 한편으로 조부모는 자녀의 손자녀 양육에 간섭을 하고 자녀나 손자녀가 원하지 않는 충고를 하기도 하는 사람으로 보여진다. 이 같은 조부모 역할에 대한 이중적인 평가는 조부모에 대한 '역할의 부재(roleless role)'와 적절한 조부모의 역할에 대한 사회적인 기대의 혼동에 기인하는 것으로 보인다.

친족관계 내에서 조부모에 대한 역할 기대는 양육과 원조, 그리고 자녀와 손자녀에 대한 지원을 포함한다. 그러나 동시에 조부모의 특정한 권리나 의무, 언제 도움 또는 간섭이 되는지에 대한 명확한 규범적인 기대는 존재하지 않는다. 때문에 많은 조부모들은 조부모로서 어떻게 행동해야 하는지, 손자녀의 양육과 관련하여 자신들의 자녀와 갈등이 있을 때 어떻게 문제를 해결해야 하는지에 대해 어려움을 느끼는 것으로 나타난다.

이 같은 어려움에도 불구하고 조부모가 된다는 것이 노인들에게 주는 의미는 생물학적인 재생 즉 젊음의 느낌과 자신과 자신의 가족이 미래에도 지속될 수 있다는 느낌, 정서적인 자기 충만감과 이전의 부모자녀관계에서 느낄 수 없었던 만족감 등이다(Kivnick, 1983). 또한 조부모는 손자녀와의 접촉에서 새로운 생각이나 변화하는 사회의 가치관, 젊은 세대의 생활양식을 배우는 것을 통해 젊음을 유지할 수 있다. 조부모기는 할머니와 할아버지에게 서로 다른 의미를 가지고 있는 것으로 나타난다(Eshleman, 2003). 조부모의 역할은 남성에게보다는 여성에게 적합한 모성적인 일로 여겨진다. 할아버지에 비해 할머니들은 손자녀에게 더 많은 도움을 제공하고, 손자녀와 훨씬 더 높은 수준의 상호작용을 하는 것으로 나타난다. 이는 할아버지보다는 할머니가 보다 규칙적으로 손자녀를 돌보아주는 역할을 하는 것으로 밝혀진 것에서도 알 수 있다.

최근에는 여성들의 경제활동이 활발해지고 맞벌이 부부가 늘어나면서 대리양육자나 양육의 조력자로서의 조부모에 대한 관심이 커지고 있다. 보건복지부(2009) 보육실태조사에 의하면 영유아 자녀를 둔 가구의 20.9%가 조부모에게 아이를 맡기고 있었으며, '일하는 엄마의 영아보육 실태' (노동부, 2005)에 따르면 지장어성의 70.9%가 부모에게 아이를 맡기고 있는 것으로 나타났다(http://kosis.kr). 2006년 강원도의 가족통계에서도 강원도민 2,040명을 대상으로 '맞벌이 시 누구에게 자녀를 맡기는 것이 좋은가' 라는 질문에 조부모에게 맡기는 것이 좋다는 응답이 31.3%로 가장 높게 나왔다(강원일보, 2007. 7. 25.). 노부모는 자녀를 맡길 수 있는 가장 믿을 수 있는 대상이고 그 비용도 매우 저렴하기 때문이다. 최근 한 인터넷 서점의 베스트셀러 집계결과 60대 고객의 베스트셀러 1, 2위가 '삐뽀삐뽀 119 소아과' 와 '삐뽀삐뽀 119 이유식' 으로 나타난 것은 조부모가 육아를 담당하는 세태를 반영한 것으로 보인다(동아일보, 2013. 2. 6.). 신세대 조부모들의 손자녀 양육참여가 매우 빠르게 증가하고 있을 뿐만 아니라 그 중요성도 커짐에 따라 조부모의 손자녀육아를 다룬 TV 예능 프로그램이 등장하였을 뿐 아니라 양육방법의 변경 등으로 어려움을 겪는 노인들을 위해 부산시는 전국에서 최초로 '어르신용 육아 건강관리 매뉴얼'을 만들어 2013년부터 배포하고 있다. 손자녀를 돌보는 일에 관여하는 조부모 특히 할머니들이 증가하면서 이들의 노후 생활에도 변화가 나타나고 있다. 자신의 여가시간이나 취미시간을 줄이거나 사회생활을 아예 그만두고 손자녀를 돌보는 노인들이 나타나고 있으며, 며느리나 딸과 육아에 관련된 갈등이 일어나는 경우도 증가하고 있다. 가족과 사회로부터의 지원이 없는 황혼육아는 노년기 삶의 질을 저하하는 요인이 되므로 손자녀를 양육하는 조부모에 대한 가족과 사회의 배려와 관심이 필요하다.

(2) 조부모의 유형

셜린과 펄스텐버그(Cherlin & Furstenberg, 1985)가 510명의 조부모들을 대상으로 한 연구결과에 의하면 조부모는 크게 우애적(companionate) 관계, 원거리형(remote) 관계와 참여적(involved) 관계의 세 가지 유형으로 나누어진다.

대부분의 조부모들은 손자녀와 우애적인 관계를 형성한다. 이 유형에 속하는 대부분의 조부모는 손자녀와 비교적 가까운 거리에 살고 있는 경우가 많으므로 규칙적인 만남을 가진다. 우애적인 관계의 조부모는 부모와 같은 권위를 행사하는 경우가 거의 없으며 규칙을 만들거나 강요하지도 않는다. 연구에 참여한 조부모의 55%가 이 유형에 속하였다.

원거리형 관계의 조부모는 손자녀의 삶에 밀접한 관련을 갖고 있지 않았다. 그러나 이들의 관계가 먼 것은 손자녀에 대해 애착을 느끼지 않기 때문이 아니라 지리적으로 멀리 떨어져 있기 때문이다. 지리적 거리는 손자녀와 조부모가 규칙적인 만남을 통해 친밀한 관계를 맺는 것을 어렵게 한다. 약 29%의 조부모가 원거리형으로 분류되었다.

참여형 조부모는 규칙을 만들어 따르게 하고 손자녀의 훈육처럼 부모의 역할로 여겨지는 행동들에도 활발히 관여한다. 참여형 조부모(주로 할머니)는 어머니가 10대 미혼모이거나 이혼 후 직장에 나가게 되는 경우와 같이 위기의 상황에서 주로 생겨나게 된다. 일부 참여형 조부모들의 경우 지나치게 자녀와 손자녀의 삶에 관여하여 누가 집안의 가장인지를 혼돈하게 한다. 연구에 참여한 조부모의 16%가 참여형 조부모였다.

(3) 조부모와 손자녀의 상호작용에 영향을 미치는 요인

손자녀와 조부모의 상호작용에는 지리적인 거리, 조부모와 손자녀의 연령, 건강, 조부모의 취업유무, 부모세대(중간세대) 등이 중요한 영향을 미치는 요인으로 나타난다. 젊은 조부모의 경우에는 손자녀와 편지나 전화 대신 이메일이나 문자 메시지(SMS)와 같은 비전통적인 방법으로 상호작용을 하기도 한다. 손자녀의 연령도 중요한 영향을 미치는데 손자녀의 연령이 어릴수록 관계 형성이 용이하고 접촉이 더 많은 것으로 나타난다. 또한 조부모와 손자녀 간의 상호작용에 중간세대가 중요한 영향을 미치는 것으로 밝혀지고 있다. 조부모와 부모세대 간의 관계가 멀거나 밀접하지 않은 경우는 손자녀와 조부모 간의 만남을 제한하거나 금지할 수도 있고 부모가 조부모를 찾아가지 않기 때문에 손자녀와 조부모도 만나지 못하게 되는 경우가 생기기도 한다.

5) 발달과업

노년기 가족의 중요한 발달과업이나 적응은 다음과 같다(DeGenova & Rice, 2002; 이기숙 외, 2005).

- **신체적인 건강을 유지하기 위해서 노력하고 자신의 한계에 적응한다.** 나이가 들어감에 따라 신체적인 건강을 유지하는 것은 어려운 일이다. 건강은 올바른 생활습관과 정기적인 건강검진, 충분한 운동과 적절한 영양분의 섭취를 통해 유지된다.
- **적절한 수입을 유지할 수 있노록 경제적인 계획을 수립한다.** 노년기에는 급격한 수입의 감소를 경험하게 되면서 많은 노인들이 경제적으로 빈곤한 상태에 놓이게 된다. 때문에 노년기에 경제적으로 여유가 있는 경우는 그렇지 않은 경우에 비해 삶의 만족도가 훨씬 높은 것으로 나타난다. 노년기에 경제적인 독립성을 유지하기 위해서는 세심한 장기간의 계획이 필요하다.
- **은퇴에 적응하여야 한다.** 퇴직 특히 강제퇴직은 개인의 삶에 스트레스를 유발하는 10대 사건 중의 하나이다. 퇴직 후의 삶에 가장 만족하는 사람들은 퇴직에 대비해 오랜 기간 준비를 해 온 사람들이다.

- **만족할 만한 주거환경과 생활환경을 만들어야 한다.** 자신의 집에 계속 거주한다는 것은 노인들에게 매우 중요한 일이다. 2013년 사회조사 결과에 의하면 자녀들과 따로 살기를 원한 노인들 중 78.8%가 자신이 현재 살고 있는 집에 거주하고 싶다고 응답한 것으로 나타났다(http://kosis.kr). 자신에게 친숙한 지역사회에 있는 자신의 집에 계속 거주하는 것은 노인들에게 정서적 안정감과 독립심을 느끼게 하며 자녀들과의 관계도 만족스러운 상태를 유지하게 한다.

- **배우자와 역할을 재조정하고 친밀한 관계를 유지한다.** 나이가 들어감에 따라 성역할에 변화가 나타나서 배우자 간의 역할과 관계에도 변화가 생기게 된다. 특히 자녀가 성장하여 집을 떠나게 되면 여성노인의 경우 새로운 사회적 관계를 형성하고 새로운 삶을 즐기기를 원하기 때문에 전통적인 부부역할을 고집하기보다는 융통성 있는 가사일의 분배와 역할의 재조정이 필요하다. 특히 맞벌이 부부의 경우에는 남편이 아내에 비해 먼저 퇴직을 할 가능성이 높기 때문에 은퇴 후 부부가 가사일을 어떻게 분담해야 할 것인지에 대해 충분히 논의하여야 한다. 또한 노년기에 배우자와의 관계는 삶의 만족도의 중요한 근원이 되므로 부부가 심리적으로 더욱 친밀한 관계가 되도록 서로를 격려하고 인정해 줄 필요가 있다.

- **노년기의 성생활이 삶의 자연스러운 일부임을 받아들이고 즐겨야 한다.** 젊은 사람들은 노인들이 성생활을 거의 하지 않을 것이라고 생각하지만 노인들은 70대에도 성생활을 계속해서 즐기고 있는 것으로 나타났다. 경기도여성가족연구원(2011)의 조사에 의하면 70대 남성의 48.4%와 여성의 19%가 성생활을 하고 있었으며 이들의 성생활 빈도는 70대 남성의 경우 1개월에 1~2번이 39.4%였다. 전체 남성의 70%는 '나이 들어서도 성관계를 하는 것이 건강 유지에 도움이 된다' 고 밝혔지만, 여성은 36.5%만이 '그렇다' 고 응답했고, '노년기 삶의 만족을 위해 성생활이 중요하다' 고 답한 비율도 남성은 70%에 달했다. 70대에도 노인들이 성생활을 계속하는 것은 노인들이 건강해지고 성에 대한 태도나 가치관이 변하고 있을 뿐만 아니라 호르몬 대체요법이나 발기부전 치료제의 영향에 기인하는 것으로 보인다. 평균수명의 증가와 함께 노년기가 길어지면서 노년기의 성은 단순히 육체적인 성관계뿐 아니라 노년기에도 여전히 남자 또는 여자로 여겨지는 것, 포옹과 스킨십 등을 포함하는 것으로 확대 해석해야 하며, 노년기에 상

실되어지는 사회적 관계를 대신해 소외감과 고립감을 해결해주는 중요한 역할을 하여 노년기 삶의 질을 높이는 중요한 요인이라는 점을 이해하여야 한다. 때문에 노인의 성에 대한 노인 자신과 사회의 편견의 변화가 필요하다.

- **새로운 친구와 동반자를 만들어야 한다.** 노년기의 큰 고통 중의 하나는 외로움이다. 특히 배우자의 사망 후에 새로운 의미있는 관계를 형성하는 것이 노년기의 중요한 과제이다. 새로운 친구관계를 형성하고 유지하는 것이 친척과의 관계보다 노인들의 정서적인 안녕에 더 중요하다. 데이트 상대가 있는 노인은 동반자에 대한 욕구와 정서적인 충족감의 욕구가 충족된다.

- **여가시간을 즐기는 것을 배워야 한다.** 노년기에는 일에서 물러나고 가족 내에서의 역할이 줄어듦에 따라 많은 여가 시간이 생겨난다. 노년기의 삶의 만족도는 사회적인 활동에 많은 영향을 받는다. 노인들은 가치 있고 즐거운 활동에 참여하는 것을 통해 자신과 자신의 삶에 대해 기쁨을 느끼게 되므로 노년기에 주어진 여가시간을 즐기는 것을 배울 필요가 있다.

- **가족 내에서 새로운 역할에 적응해야 한다.** 노년기에는 자녀의 결혼, 손자녀의 탄생, 배우자의 죽음, 자녀에게 의존하는 것과 같은 여러 가지 변화가 나타난다. 이런 모든 변화들은 적응을 요구하고 가족 내의 역할과 책임의 변화를 가져온다.

- **지나간 생을 돌아보고 자신의 삶을 받아들여야 한다.** 자신의 삶을 돌아보고, 후회 없이 수용하고, 두려움 없이 죽음에 직면해야 하는 것은 노년기의 중요한 과업이다. 자신의 삶을 통해 이룬 성취감과 만족감뿐만 아니라 고통과 실패, 실망의 경험들도 감사하게 여기고 자신을 필요하고 유용한 존재로 여기면서 인생의 황혼기를 자연스럽게 맞이하고 수용해야 한다.

- **죽음을 자연스럽게 받아들여야 한다.** 죽음을 태어난 자에게는 누구에게나 발생하는 자연스러운 과정의 하나로 이해하여, 자신과 배우자의 죽음을 침착하게 받아들이고 긍정적인 자세를 가져야 한다.

요 약

평균수명이 길어지고 소수의 자녀만을 출산하며 자녀가 집을 떠난 후 부부가 함께 보내는 시간이 길어짐에 따라 가족생활의 중심이 자녀로부터 부부관계로 옮아가면서 신혼기 이후 결혼만족도가 처음으로 상승하는 시기가 중년기이다. 이 시기에는 부부가 함께 보내는 시간이 길어짐에 따라 부부관계가 친밀해지기도 하지만 이전에 드러나지 않았던 부부 간의 문제가 표출되기도 한다. 따라서 부부가 서로를 인격체로 인정하면서 동반자적인 관계를 형성해야 한다. 또한 중년기의 시기는 자녀를 성인으로 인정하고 그에 따라 나타나는 부모역할의 변화를 받아들여야 하는 시기이다. 이 시기에 여성들은 자녀가 집을 떠난 공허함을 메우기 위해 새로운 사회적인 관계를 형성하게 된다. 그러나 최근에는 손자녀의 양육을 부탁하거나 이혼이나 경제적인 어려움 등으로 인해 다시 집으로 돌아오는 부메랑 자녀가 많아지고 있다. 중년기 가족의 또 다른 과업 중의 하나는 노부모에 대한 부양이다. 평균수명이 증가하여 고령노인의 수가 증가하면서 현대사회의 성인 자녀는 역사상 어느 시기보다도 긴 기간 동안 노부모를 부양하게 되었다.

노년기가 되면 부부는 어느 때보다 서로에게 필요한 존재가 된다. 특히 최근에는 평균수명의 증가와 함께 부부가 함께 사는 기간이 증가하게 되었다. 결혼생활은 노년기의 사회적 관계, 성취감, 행복감의 가장 중요한 근원이다. 그러나 노년기가 되면 누구도 피할 수 없는 것이 배우자의 죽음이다. 노인들은 젊은 사람보다 배우자의 죽음에 더 잘 적응하는 것으로 나타난다. 최근 많은 노인들은 배우자의 사망 후 새로운 흥밋거리를 찾고 새로운 관계를 만들어 나감에 따라 노년기 재혼이 빠르게 증가하고 있다. 노년기가 되었다고 부모역할이 끝나는 것은 아니다. 성인 자녀와 노부모가 별거하는 경향이 증가하고 노인단독세대의 비율은 앞으로 빠르게 증가할 것으로 예상되지만 성인 자녀와 부모세대는 여전히 긴밀한 관계를 유지하고 있다. 현대사회에서 많은 사람들은 훨씬 젊고 건강한 상태에서 조부모가 된다. 신세대 조부모들의 손자녀 양육참여는 빠르게 증가하고 있고 그 중요성도 커지고 있다. 조부모의 유형은 우애적 관계, 원거리형 관계와 참여적 관계의 세 가지 유형으로 나누어진다.

생각해 볼 점

1. 중년기 가족의 가족관계 재평가를 돕기 위한 방법으로는 어떤 것들이 있을지 토론해 보자.

2. 홀로된 노인의 재혼에 대해 어떻게 생각하는가?

3. 조부모와 손자녀의 상호접촉이 조부모와 손자녀에게 주는 긍정적인 점으로는 어떤 것들이 있을까 생각해 보자.

참고문헌 REFERENCES

강정연(2008). 위풍당당 심예분 여사. 서울: 시공주니어.

강풀(2007). 그대를 사랑합니다. http://webtoon.daum.net/webtoon/view /iloveu.

경기도여성가족연구원(2011). 경기도 노인의 성 의식 조사 및 정책지원방안 연구.

공세권 외 4명(1987). 한국가족구조의 변화. 서울: 한국인구보건연구원.

김승권 외 8명(2012). 2012 전국 출산률 및 가족보건 복지 실태조사. 한국보건사회연구원.

김은경(2002). 농촌여성노인과 남성노인의 생활만족도에 영향을 미치는 성인 자녀 관련 변인에 관한 연구. 한국가정관리학회지 20(4), 27-36.

김은경 · 이경혜(2012). 기혼 중년 여성의 갱년기 증상에 영향을 미치는 변인에 관한 연구. 한국생활과학회지 21(6), 1043-1057.

노동부(2005). 일하는 엄마 영아보육실태(http://kosis.kr).

보건복지부(2009). 보건실태조사(http://kosis.kr).

원영희(1995). 동 · 별거 형태가 한국노인의 심리적 행복감에 미치는 영향. 한국노년학, 15(2), 97-116.

유계숙 · 천혜정 · 김양호 · 전길양(2003). 부부탐구. 서울: 신정.

이기숙 · 공미혜 · 김득성 · 김은경 · 손태홍 · 오경희 · 전영주(2005). 결혼의 기술. 서울: 신정.

조복희 · 정옥분 · 유가효(2001). 인간발달. 서울: 교문사.

통계청(2013). 2012 혼인이혼통계.

최정혜(1992). 노부모가 지각하는 성인 자녀와의 결속도 및 갈등에 관한 연구. 성신여자대학교 대학원 박사학위 논문.

최혜경(1985). 노인생활만족도 향상을 위한 기초연구. 이화여자대학교 석사학위 논문.

한국보건사회연구원 (2010). 베이비 부머의 생활실태 및 복지욕구.

Aldous, J. (1990). Perspectives on family change. *Journal of marriage and the family, 52-3*, 571-583.

Cherlin, A., & Furstenberg, F. (1985). *Styles and strategies of grandparenting.* In V. L. Bengtson & J. Robertson (Eds.), Grandparenthood. Beverly Hills, CA: Sage.

DeGenova, M. K., & Rice, F. P. (2002). *Intimate relationships, marriage, & families.* Boston, MA: McGraw Hill Companies, Inc.

Eshleman, J. R. (2003). *The Family*, 10th Ed., Boston, MA: Pearson Education, Inc.

Holmes, T. H., & Rahe, R. R. (1967). The social readjustment rating scale. *Journal of Psy-*

chosematic Research, 11, 213-218.

Kim, E. (2007). The factors related to the remarriage attitudes of the Korean elderly by gender. *Journal of Asian Regional Association of Home Economics, 14(3)*, 156-164.

Kivnick, H. Q. (1983). Dimensions of grandparental meaning: Deductive conceptualization and empirical derivation. *Journal of personality and social psychology, 44*, 1056-1068.

Lee, J. (1988). Love-styles. In R. J. Saternberg and M. L. Barnes(Eds.), *The psychology of love*(pp.38~67). New Haven, CT: Yale University Press.

Mitchell, B. A., & Gee, E. M. (1996). "Boomerang kids" and mid-life parental marital satisfaction. *Family Relations, 45*, 442-448.

Strong, B., DeVault, C., Sayad, B. W., & Cohen, T. F. (2001). *The marriage and family experience*. Belmont, CA: Wadsworth Thompson Learning.

http://kosis.kr(통계청)
강원일보 (2007. 7. 25.)
국제신문 (2012. 3. 14.)
동아일보 (2013. 2. 6.)
조선일보 (2013. 9. 3.)
코메디닷컴뉴스(2013. 1. 14.)
한국경제매거진 97호(2013. 6.)

FAMILY RELATIONS

PART IV
가족관계의 적용

Chapter 11

FAMILY RELATIONS

가족 갈등과 스트레스

가족은 행복을 위해서 존재하는 모둠이다. 모순적으로 들릴 수도 있지만 더 행복한 가족을 가꾸기 위해서 갈등은 필요하다. 나와 가장 친밀한 관계를 맺고 있는 가족들과의 갈등은 쉼이 없다. 가족들과의 갈등은 가족원들이 존재하는 한 피할 수 없다. 갈등을 없애는 것은 불가능하지만 잘 해결하는 것은 노력의 문제이다. 본 장에서는 가족 갈등의 원인과 역할 그리고 대처방안에 대해서 살펴볼 것이다.

갈등과 더불어 가족이 갖고 있는 측면 중 하나는 스트레스이다. 스트레스는 갈등과 마찬가지로 가족생활을 하면서 당면해야 하는 한 부분이다. 우리가 선택한 일 때문에 혹은 기대하지 않았던 일들로 가족들은 스트레스에 직면한다. 건강한 가족은 스트레스를 잘 다루고 그 경험으로부터 회복력을 갖는다. 그렇지만 스트레스를 이기지 못하고 만성적인 어려움을 겪는 가족들도 있다. 스트레스를 설명하는 이론과 스트레스원에 대해서 이해하고, 스트레스를 극복하는 데 도움을 제공하는 자원들에 대해서 다루어 본다.

1 가족 갈등

다른 사람과 더불어 살아야 하는 우리는 나 아닌 다른 사람들과 끊임없이 갈등을 경험하며 살아간다. 우리 생애 초기에 겪었던 대부분의 갈등 대상은 가족원들이다. 자라면서 학교에서 만나는 친구와 선생님들 그리고 사회생활에서 만나는 동료들과 상사들과의 관계에서 갈등은 피할 수 없다. 심지어는 잠시 만나는 사람들과도 우리는 갈등을 겪을 수 있다. 가족들과의 갈등은 가족이 존재하는 한 지속적으로 우리를 불편하게 만든다. 우리가 가족들과 어떤 갈등을 겪었는가를 생각해내기 위해서 굳이 1년 전까지 되새길 필요가 없다. 서로 사랑한다면 갈등을 피할 수 있을 것이라고 생각하지만 오히려 사랑하기 때문에 갈등을 겪을 수밖에 없는 것이 가족이다. 관계가 깊어질수록 갈등의 내용은 더 넓어지기 때문이다.

Box 11-1

다양한 가족 갈등

신혼집 마련은 결혼 과정 최고의 골칫거리다. 한국결혼문화연구소의 보고서에 의하면, 2007년 결혼한 신혼부부 3쌍 중 2쌍은 결혼 준비 과정에서 가장 부담스러웠던 비용으로 신혼집 마련 비용을 꼽았다. 집을 장만하는 신랑 측에서는 80% 이상이 신혼집 마련이 부담스러웠다고 대답했다. 신혼집 마련으로 다툼을 겪은 예비부부들도 적지 않다. 신혼부부의 3분의 1은 결혼 준비 과정에서 신혼집 마련 문제로 갈등을 겪었다고 대답했다. 신혼집에 대해서는 주로 신부 측에서 문제를 제기했는데, 이유로는 '크기가 작아서', '아파트가 아니라서', '위치가 안 좋아서' 등이 있었다.

출처: Chosun.com(2008. 2. 22.)

나이가 들어감에 따라 각종 신경계 퇴화로 운전 능력이 현저히 떨어지게 되면서 80대 노인들의 교통사고가 잦아지고 있다. 따라서 80대 부모와 60대의 자녀 간에 운전 문제로 인한 불화나 갈등이 잦아지고 있다고 10월 10일 뉴욕타임스는 보도했다. 은퇴한 교사인 폴 슈와츠 씨가 80대인 아버지에게 자동차 운전을 만류하는 고충을 전하고 있다. 슈와츠 씨와 남동생은 가족 주치의를 통해 아버지의 운전을 막고자 했지만 법적으로나 의학적으로 이는 불가능했고, 아버지는 이런 자식들에게 자신의 자유를 제한하려 든다며 화를 내기 일쑤였다. 결국 빨간불을 무시하고 달리는 일이 잦았던 아버지는 본인의 교통 신호 과실로 대형 자동차 사고를 당했고, 곧 세상을 떠나고 말았다.

출처: Chosun.com(2008. 10. 21.)

엘리안은 아버지와 이혼한 어머니와 함께 미국으로 밀입국하기 위해 탄 배가 플로리다 앞바다에서 좌초되는 바람에 어머니를 잃고 타이어 튜브에 매달린 채 표류하다 추수감사절 날 구출됐다. 플로리다주 마이애미에 모여 살던 친척들은 새 장가를 간 엘리안의 아버지 후안 미구엘 곤잘레스의 부양능력 등을 문제 삼으면서 엘리안을 돌려보낼 수 없다고 주장했고, 아버지가 '아들 되찾기'에 나서면서 문제는 불거졌다. 쿠바 귀국을 막아 달라며 마이애미의 친척들이 대법원에 제출한 상고가 기각되어 엘리안은 아버지 후안 미구엘 곤잘레스 등 가족들과 함께 전세기편으로 쿠바로 귀환했다. 이에 따라 지난 7개월 간 엘리안의 신병인도 문제를 놓고 엘리안의 아버지와 마이애미 친척들 간에 벌어졌던 법적 다툼은 막을 내렸다.

출처: 인터넷한겨레(2000. 6. 29.)

1) 갈등의 원인

갤빈과 브롬벨(Galvin & Brommel, 1986)은 갈등을 '가족 내 두 사람 이상의 구성원들이 자신의 욕구가 상대방과 상충된다고 생각하는 과정'이라고 정의한다. 가족들이 겪는 갈등의 내용은 친숙한 것에서부터 독특한 것까지 그리고 일상적인 것에서부터 이례적인 것까지 그 내용과 범위는 다양하다. 가정 내에서 갈등은 보편적으로 일어나지만, 그 해결과정은 가정마다 다르다. 갈등을 해결하기도 하지만 해결하지 못해서 고통을 겪기도 한다. 갈등을 해결하기 위해서는 우선 그 원인에 대한 이해가 필요하다. 가족 갈등에 대해서 가족학자들은 많은 관심을 기울였다. 이들이 제시한 갈등의 발생원인을 요약하면 다음과 같다.

첫째, 가족원들은 서로 다른 존재이기 때문에 갈등을 피할 수가 없다. 많은 부분에서 다름을 찾을 수 있으나 우선 성(性)과 연령이 다른 구성원들로 이루어진 것이 가족이다. 남성과 여성이 다를 수밖에 없는 것은 과거부터 현재에 이르기까지 다양한 이론으로 설명되고 있다. 성의 차이를 인정하지 않는 급진적 여성주의자들을 제외하고 대체로 사람들은 성을 인간의 특성을 설명하는 주요한 요인들 중 하나로 취급한다. 연령 또한 인간의 특성을 규정하는 또 하나의 변인이다. 특히 우리나라 사람들은 연령에 대해 높은 관심을 갖는다. 낯선 사람을 만날 때 제일 먼저 받는 질문은 "연세가 어떻게 되세요?" 혹은 "나이가 몇 살이세요?"이다. 알게 모르게 우리는 연령에 의한 규범을 갖게 되고 이러한 규범은 사람들과의 관계에서도 영향력을 발휘한다. 사회의 규범을 떠나서라도 신체적 연령은 개인의 신체적 조건뿐 아니라 심리적 특성에도 영향을 미치기 때문에 나이가 다르다는 것은 경험과 선호에서의 차이를 만들곤 한다.

갈등을 연구한 학자 중 한 사람인 콜린스(Collins, 1975)는 성(性)과 연령이 갈등을 유발시키는 주요 변인이라고 주장한다. 콜린스에 의하면 인간이란 자기 이익에 몰두하는 존재이기 때문에, 두 사람 이상의 관계에서는 서로의 이익을 추구하려고 갈등이 발생한다고 해석한다. 특히 우리가 살아가는 사회는 성과 연령에 의해 차별화되어 남성과 여성 그리고 어른과 아이는 갈등을 피할 수 없다는 것이 그의 해석이다. 가족은 성과 연령이 다른 사람들로 이루어진 집단이기에 가족 내에서의 갈등은 필연적으로 일어난다. 따라서 남편은 부인과 그리고 부모는 자녀와 갈등이 일어나는 것은 너무나도 당연한 일이라고 해석할 수 있겠다.

그럼에도 가족들은 서로 같기를 열망한다. 특히 가족주의가 강한 우리나라에서는 가족원들의 동질성에 대해서 더 많은 기대를 한다. 자녀들은 부모의 뜻을 따를 것을 요구받는다. 주말을 어떻게 보내고 싶은가를 가족들 모두에게 묻는다고 생각해보자. 모두가 같은 의견을 내놓는 일은 거의 없을 것이다. 같은 공간에서 제한된 자원을 공유하며 살아야 하는 가족들은 서로 다른 욕구들로 인하여 부딪힐 수밖에 없기에 가족원들과의 갈등은 늘 존재한다.

Box 11-2

나는 이상한 사람과 결혼했다!

문화방송에서 방영된 '나는 이상한 사람과 결혼했다'에 소개된 부부갈등 사례이다. 이 프로그램에서는 내 아내가, 혹은 내 남편이 이상한 사람이라고 생각하는 이들이 나름대로 이유 있는 하소연을 하는데 첫 회에는 위험한 장난을 즐기는 남편이 등장한다. 불붙은 손으로 강철을 격파하거나 철근을 엿가락처럼 구부리는 차력에 빠진 남편. "도무지 불안해서 살 수가 없다"는 아내에게 남편은 "취미인 차력을 포기할 수 없다"고 맞선다. 두 번째 사례는 최면에 빠진 아내다. 최면으로 모든 일을 해결하려는 아내는 겨자를 아이스크림처럼, 마늘을 초콜릿처럼 먹는가 하면 김치도 최면을 걸면 고기반찬이 된다고 주장한다. 게다가 바늘로 살을 뚫어도 아픔을 느끼지 못한다고 하니 남편에게 불만이 없을 리 없다.

출처: www. hani.co.kr(2008. 10. 15.)

둘째, 가족원들은 서로에 대해서 각기 다른 기대를 갖기 때문에 갈등이 발생한다. 가족을 형성하면 모든 사람들은 가족 내에서 특정 역할을 담당할 것을 기대 받는다. 하지만 종종 상대방이 내게 원하는 기대와 내가 생각하는 기대는 서로 어긋나는 경우가 있다. 이를 잘 설명해주는 개념이 역할갈등(role conflict)이다. 역할이란 어떤 지위를 갖는 개인에게 맡겨진 행동규범을 의미한다(유영주, 1984). 가족 내에서 개인은 하나 이상의 역할을 차지하는데, 각 역할은 특정한 행동을 수행해야 하는 의무를 포함한다. 예를 들어 남성들이 결혼을 하면 남편이라는 역할을 부여받고 부인과 사회로부터 남편으로서의 역할을 수행할 것을 요구받는다. 다른 사람들이 역할에 대해 기대하는 역할기대(role expectation)는 역할을 담당하는 당사자의 역할인지(role perception)와 일치하기도 하지만 때로는 서로 다르게 나타나기도 한다. 상대방의 역할기대와 당사자의 역할인지가 서로 일치하지 않을 때 역할갈등은 발생한다. 또한 역할갈등은 개인이 담당하는 역할들이 서로 충돌하면서 일어나기도 한다.

역할에 대한 기대는 사회와 가족의 문화에 따라 다르게 나타난다. 요즈음처럼 침대생활이 보편화되지 않았을 경우 '누가 이불을 개서 장에 넣어야 하는가?'는 역할갈등을 보여주는 좋은 예였다. 잠자리를 관리하는 일은 여성의 역할이라는 주장과 무거운 이불을 드는 것은 힘이 센 남성의 역할이라는 의견의 불일치는 많은 신혼부부들이 처음으로 마주쳐야 하는 역할갈등이었다. 다행히 서로의 문화가 비슷하면 두 사람의 결혼생활에서 역할기대와 역할인지의 차이는 크지 않지만 다른 문화를 가진 두 남녀가 한 가족을 이룰 경우 서로의 역할에 대한 기대와 인지를 확인하는 작업은 갈등을 줄이기 위해 필요한 작업이라 하겠다.

최근 기혼여성의 취업은 여성들로 하여금 역할과중(role overload)이라는 역할갈등을 경험하게 하는 요인으로 지적된다. 과거 결혼과 함께 여성들은 직장생활을 중단하고 아내의 역할만을 담당하였다. 그러나 시대의 변화로 인하여 결혼을 하여도 여성들은 직장생활을 지속한다. 동시에 아내의 역할도 담당할 것을 요구받는다. 예전보다는 가사관리에 기계나 다른 사람의 도움을 많이 빌릴 수 있지만 남성보다는 여성에게 더 많은 것을 요구하고 있다. 여성의 사회진출에 대한 남성들의 기대는 높아지고 있음에도 남성들도 가사를 분담해야 한다는 역할기대는 여성의 취업률과 같은 큰 변화를 보이지 않는다. 가정 내에서의 역할조절의 실패는 낮은 결혼율과 낮은 출산율이라는 사회적 문제로까지 그 영향력을 행사하고 있다.

유명한 가족치료학자인 미뉴친(Minuchin, 1974)은 사회규범에서 벗어난 역할담당은 가족 갈등의 요인이라고 지적한다. 현재 우리가 살아가는 사회는 개인의 다양성을 그 어느 때보다 존중하고 있다. 다양성은 역할규범의 기능을 완화시키는 장점을 지니지만 역할갈등을 부추기는 요인으로 작용하기도 한다. 가정에서 수행해야 하는 역할들에 대한 합의는 예전보다 더 어려운 과제일 수 있다. 그렇기에 가족 갈등은 예전보다 더 많아질 수밖에 없다.

Box 11-3

제사 모시지 않은 것도 이혼 사유

1981년 결혼해 슬하에 2명의 자녀를 두고 있는 종손 A 씨 부부 사이에 금이 가기 시작한 것은 명절 제사 외에 1년에 12회에 걸쳐 모시는 제사가 발단이 됐다. 아내 B 씨는 명절 때만 잠시 들러 제사를 지내고는 곧바로 친정으로 돌아갔으며 그 외에는 제사음식을 마련하는 등 제사 준비를 제대로 거들지 않았다. 또한 B 씨는 시댁에 자주 찾아가지 않았을 뿐만 아니라 시부모에게 안부전화조차 하지 않아 남편과의 사이가 더욱 틀어졌다. 부산지법 가정지원 가사3단독 김관구 판사는 "B 씨가 이혼을 원치 않는다고 하면서도 재판부의 설득이나 권유에도 부부갈등에 대한 책임이 A 씨 가족에게 있다며 관계개선을 위한 노력을 기울이지 않고 있어 이혼이 불가피하다"고 밝혔다.

출처: www.donga.com(2008. 9. 22.)

셋째, 가족원들은 서로 상반되는 목표를 갖고 있으며 서로 자신의 목표를 성취하게 만들려고 노력하기에 갈등은 필연적이라고 한다(Galvin & Brommel, 1986). 우리 모두는 자신이 원하는 대로 할 수 있게 만드는 권력(power)을 가지려고 노력하고, 가장 이상적인 가족에서도 권력을 둘러싼 갈등은 주기적으로 발생한다고 설명한다. 권력을 둘러싼 갈등은 정치에서만 일어나는 특수한 현상이라기보다는 인간관계 전반에서 일어나는 보편적 현상이라는 것이 이들의 주장이다. 이러한 주장은 가족관계에서 쉽게 찾아볼 수 있다. 왜냐하면 가족원들은 서로 자기의 주장이 이루어지기를 원하기 때문이다.

주말에 가족들이 외식하는 경우를 예로 들 수 있다. 가족원 누군가가 "우리 오늘 외식하면 어떨까?"라고 식구들에게 묻는다면 가족원들의 반응은 어떨 것인가를 추측해보자. 외식을 하자 혹은 말자를 결정하고, 그 다음에는 무엇을 먹을 것인가를 결정해야 한다. 결정을 내리는 과정에는 반드시 권력이 개입한다. 그리고 권력이 제일 많은 사람의 의견에 따라서 식구들은 저녁을 먹어야 한다. 따르는 사람들은 만족할 수도 혹은 불만족할 수도 있다. 자신의 의견이 전혀 받아들여지지 않는 경우라면 결정에 만족하기는 어려운 일이다.

권력의 속성은 개인적이라기보다는 타인에게 영향을 주는 능력 또는 잠재력으로 결정되는 것이기 때문에 관계적이라는 설명이다(Galvin & Brommel, 1986). 이러한 주장은 갈등이란 '제한된 자원에 대한 투쟁과 모순된 목표로 인해 한 편은 더 많은 것을 얻지만 다른 한 편은 덜 얻는 현상을 나타내는 것' 이라는 정의를(Coser, 1956) 지지하고 설명한다. 적어도 상대가 있어야만 내가 권력이 있는지 혹은 없는지가 결정된다는 것이다. 외식하는 경우 식구들이 아닌 나 혼자서 나가야 한다면 갈등을 겪을 필요가 없다. 왜 나에게는 힘이 없을까를 고민할 필요가 없는 것이다. 내가 바라는 바를 식구들이 들어주지 않는다고 불만에 차서 원하지 않는 음식을 먹을 필요는 없는 것이다.

Box 11-4

여성의 재생산과 국가권력

2006년 제8회 서울여성영화제와 한국여성학회가 연 국제포럼 '여성의 생식력을 둘러싼 국가와 문화권력: 가족계획에서 저출산까지' 에서는 각국의 여성학자, 영화인들이 참석해 여성의 몸을 둘러싼 국가의 개입에 대한 다양한 논의들을 쏟아냈다.

김은실 이화여대 여성학과 교수는 "62년 시작해 96년에 막을 내린 가족계획사업 당시 한국 정부는 여성의 재생산에 강력한 국가 권력을 개입시켰고, 이런 움직임은 물적 · 이데올로기적 차원에서 동시에 진행됐다"고 말했다. 국가는 경제발전논리를 내세워 시시때때로 출산을 억제 또는 장려하면서 재생산을 통제하고, 여성의 모성적 역할을 강조해 성별 분업 체계의 기초로 삼고 있다는 지적이다. 또 이 과정에서 "여성은 국가로부터 피임 기구나 다양한 출산 지원 등 물적 도움을 받고, 재생산에 대한 이데올로기적 요구를 내면화하게 됐다"고 김 교수는 설명했다.

사이토 아야코 일본 메이지가쿠인대 교수는 전직 외교관 출신으로 활발한 외교활동을 하다가 왕자 생산 요구를 받으면서 건강의 이상을 호소하고 있는 마사코 왕세자비의 사례를 여성의 몸에 대한 국가 이데올로기 개입의 대표적인 사례로 들었다. 아야코 교수는 "일본 보수 정치인과 학자들은 '남자가 아들에게 물려주는 숭고한 피' 운운하며 여성천황제 도입에 반대하고 왕자를 생산하라는 압력을 가하고 있다"며 "왕세자비는 히스테리컬한 '몸의 저항'을 일으키고 있다"고 밝혔다.

출처: www.hani.co.kr(2006. 4. 11.)

2) 갈등의 역할

앞에서 살펴보았듯이 서로 다른 사람들이 모여 사는 집단에서 그것도 친밀한 집단일수록 갈등은 피할 수 없는 현상임을 알 수 있었다. 그럼에도 우리는 갈등이 없기를 희망한다. 하지만 갈등이 우리가 생각하는 것처럼 파괴적이고 부정적인 역할만을 갖는 것은 아니다. 갈등이 갖는 긍정적 역할을 우선 살펴보기로 하자.

갈등의 긍정적 역할은 우선 갈등을 표현함으로 긴장이나 불쾌함 그리고 원망을 감소시킬 수 있다. 현대인들에게 주로 나타나는 스트레스성 질환은 긴장과 깊은 관련이 있다. 긴장을 풀지 않고 살아가면 신체적으로는 목이나 어깨근육의 결림현상이나 고혈압 혹은 궤양이나 종양과 같은 질환으로 나타나고 정신적으로는 신경증으로 표현되기도 한다. 개인적으로 차이는 있지만 우리가 갈등을 겪을 때 의도하지 않더라도 어떤 방법으로든지 표현을 하게 된다. 적절하게 갈등을 표현함으로 긴장으로부터 벗어날 수 있다.

갈등은 분노를 감소시키는 역할을 담당한다. 우리가 갈등을 겪는 이유는 우리가 원하는 대로 되지 않기 때문이라고 할 수 있다. 우리의 바람이나 원함이 이루어지지 않을 때 우리는 좌절하고 분노한다. 분노를 표현하고 적절히 다루어주는 것이 필요하다. 분노는 참는다고 없어지는 것이 아니라 내면에 잠재해 있다가 언젠가는 드러나게 마련이기 때문이다. 쌓여진 분노의 폭발은 생각지도 못한 결과를 가져온다. 우리는 분노에 찬 사람들이 저지르는 비합리적 행동을 보고 경악한다.

갈등은 가족원들로 하여금 서로를 더 깊이 이해할 수 있는 역할을 담당한다. 우리는 '가족이기에 나와 같을 것이다' 라는 생각으로 나만의 방식을 강요하여 다른 가족원과 관계를 맺으려 할 때 갈등은 피할 수 없다. 이렇게 드러나는 갈등으로 우리들은 가족원들의 특성을 이해할 수 있다. 드러나는 갈등을 통하여 상대방의 선호와 경향 그리고 가치 등을 이해하는 기회를 갖는다. 신혼기는 부부들이 가장 행복해하는 시기이지만 갈등이 제일 높은 시기이기도 하다. 서로 다른 두 사람이 함께 살면서 얼마나 다른지를 확인하는 시기이기 때문이다. 자녀의 탄생으로 부모는 가장 큰 기쁨을 맛보기도 하지만 큰 좌절을 경험하는 시기이다. 새로운 자녀와의 적응이 필요하기 때문이다. 나와 다른 사람과의 친밀한 관계를 형성하는 것이 가족이고 이는 갈등을 통하여 가능하다고 하겠다.

갈등을 통하여 갈등에 대처하는 능력을 증진시킨다. 우리는 가까운 사이일수록 서로 같기를 바라고 다름으로 인하여 당황한다. 다름을 같게 만들 수는 없어도 다름에 적응할 수는 있다. 또한 적응능력은 노력에 따라 달라질 수 있다. 모두 그렇지는 않지만 외동아이들의 적응력이 일반적으로 낮다는 것은 가족 내에서 갈등을 경험할 기회가 적어서 갈등에 대처할 수 있는 능력을 개발하지 못하였기 때문이라고 해석할 수 있다. 부모의 과잉보호가 자녀의 적응력을 떨어뜨린다는 결과 역시 갈등에 대처하는 능력을 길러주지 못하기 때문이다. 갈등을 적절히 다룰 수 있을 때 우리는 원만한 가족관계를 형성하고 더 나아가서는 사회생활에서도 성공할 수 있는 능력을 갖출 수 있다.

갈등이 우리 개인과 가족과의 관계에 긍정적인 역할을 담당하지만 갈등이 갖는 부정적 역할 역시 무시할 수 없다. 우리는 갈등이 갖는 긍정적 역할보다는 부정적 역할에 더 예민한 것 같다. 갈등이 갖는 부정적 효과는 다음과 같다.

갈등은 긴장의 원인이다. 갈등이 표현되지 못하거나 해결되지 못하는 상태에서 장기간 생활하는 경우 긴장은 높아지고 축적된 긴장은 신체적, 정신적 질병의 원인으로 작용한다. 특히 불평등한 가족관계에서 긴장은 심화된다. 과거 가부장적 가족에서 살아가던 어머니들은 화병에 시달렸는데 이는 바로 힘이 없는 사람에게 나타난 긴장의 결과라고 하겠다. 자녀에게 심리적 질병이 나타나는 경우 자녀의 심리치료와 더불어 부모를 함께 치료하는 것은 갈등으로 긴장을 경험하는 사람뿐 아니라 갈등을 제공하는 상대방의 변화가 긴장을 감소시킬 수 있기 때문이다.

갈등은 자존감을 낮추어 개인의 능력을 저하시킨다. 서로 원하는 것이 충돌하는 갈등상황에 놓이면 우리들의 자존감은 낮아진다. 내가 원하는 것을 들어주지 않는 것은 거부당하는 것이고 곧 존중받지 못하는 존재라고 생각하게 된다. 우리는 모두 소중한 존재로 살기를 바란다. 특히 다른 사람들에게는 몰라도 가족원들에게는 그러하다. 내가 소중한 존재라면 받아들여져야 한다고 생각하는데 갈등을 겪는다는 것은 나를 받아들이지 않고 더 나아가서는 나를 배척한다고 해석하게 만든다. 가족으로부터 사랑받지 못한다면 누구에게 사랑받을 수 있을까라는 생각에 가족원과의 갈등은 우리의 자존감에 상처를 입힌다. 또한 갈등 그 자체와 더불어 갈등상황에서 상대방으로부터 받는 비난이나 공격은 자존감을 더욱 떨어뜨리는 역할을 담당한다. 부모와의 갈등이나 형제와의 갈등에서 우리는 모욕적인 언어적 공격이나 신체적 공격을 당하기도 한다. 이러한 공격이 부당하거나 부적절하다는 평가도 하지만 내가 잘 했다면 이런 일을 겪지 않아도 될 것이라고 생각한다. 이는 곧 우리의 자존감을 낮춘다. 우리의 심리적 자원인 자존감이 낮아지면 우리는 우리의 능력을 제대로 발휘하지 못한다.

갈등은 관계를 멀어지게 만든다. 갈등을 통하여 서로를 이해하고 관계를 발전시키기도 하지만 해결되지 못하는 갈등은 결국 관계를 피하게 만들고 심지어는 관계의 단절까지도 불러온다. 가족 안에서 일어나는 갈등을 우리는 흔히 불화라고 한다. 서로 화합하지 못하는 경우를 말한다. 부부 간의 불화, 형제 간의 불화, 그리고 부모와 자녀 간의 불화는 개입된 당사자들끼리 서로 말하지 않으려 하고 만나지 않으려 한다. 가출이나 이혼이라는 극단적 방법은 갈등을 피하기 위한 부정적 해결방안의 결과라고 하겠다.

3) 갈등의 대처방안

갈등이 가족 내에서 당연하게 존재하는 현상이라는 것에 대해서는 갈등을 심도 있게 연구한 스프레이(Sprey, 1979) 역시 동의한다. 스프레이는 갈등이란 어느 가족에서나 필연적으로 존재하며 없어질 수 없는 현상이기 때문에 왜 갈등이 발생하는가보다는 갈등을 어떻게 관리하는가에 관심을 두어야 한다고 충고한다. 갈등의 역할이 긍정적인가 혹은 부정적인가는 갈등 그 자체의 특성이 아니라 어떻게 대처하는가에 따라 나뉘어진다. 갈등의 대처방안에 따라 가족관계의 질이 달라질 수 있기에 갈등에서 대처방안은 매우 비중 있게 다루어지고 있으며 다양한 의견들이 제시되고 있다.

나와 다른 사람을 포함하는 갈등에 대처하는 방안은 다음 다섯 가지로 나뉘기도 한다(Kilmann & Thomas, 1975). 여기서 갈등의 대처방안은 관심의 대상을 나와 상대방을 기준으로 나누어 정리한다. 나에 대한 관심은 자신의 주장성, 타자에 대한 관심은 협동성으로 표현하여, 나와 타자 모두에 관심이 주어지면 타협(compromise)이라는 대처방안을 갖게 된다. 타협은 갈등과 관련된 사람들 모두의 욕구를 부분적으로 만족시키는 수준에서 해결책을 갖는 것으로 가족원들의 차이를 인정하고 적응하려는 과정에서 나타난다. 나와 타자에 대한 관심이 모두 낮을 때 나타나는 대처방안은 회피(avoidance)이다. 이와는 반대로 나와 타자에 대한 관심이 모두 높을 때에는 제휴(collaboration)라는 대처양식을 사용하게 된다. 제휴를 사용하면 갈등과 관련된

2 가족 스트레스

현대인은 스트레스에 익숙하다. 우리는 흔히 '스트레스를 받는다' 라는 말로 우리의 상태를 표현하곤 한다. '스트레스(stress)' 란 일반적으로 심리학과 생물학에서 '유기체의 기능을 교란시키는 긴장이나 장애를 일컫는 용어' 로 정의된다(브리태니커 백과사전). 가족 스트레스는 경제공항, 전쟁과 같은 사건들이 가족에 미치는 영향에 관심을 기울이기 시작하면서 관심의 영역이 되었고 점차 그 분야가 확대되었다. 가족 스트레스 연구의 권위자 중 한 사람으로 널리 알려진 힐(Hill, 1949)은 가족 스트레스를 '어떤 사건이나 상황으로 인해 가족이 이에 적응해야 하는 부담을 갖게 되는 긴장상태' 라고 정의한다. 어느 가족도 전혀 스트레스를 받지 않는 것은 불가능하다. 문제는 어떻게 긴장상황에 오래 머물지 않고 가족의 기능을 회복하는가에 있다. 따라서 가족 스트레스 연구에서는 스트레스를 제공하는 사건이나 상황보다는 이에 적응하는 과정과 결과에 더 많은 관심을 두고 있다. 실제로 모든 가족들은 끊임없이 작고 큰 문제들에 부딪히고 이들을 해결하는 과정을 거쳐서 가족으로서의 정체감도 형성하고 가족의 역량도 키워간다.

1) 가족 스트레스 이론

가족 스트레스 이론으로 가장 널리 알려진 것은 힐(Hill, 1949)의 ABCX 모델이다. 힐은 그의 모델을 이용하여 가족이 스트레스에 대응하는 과정에 대해 설명하고 있다. ABCX 모델에서는 스트레스 원인 A, 가족자원인 B 그리고 가족들의 스트레스에 대한 생각 C의 결과로 위기인 X에 이르는 과정을 설명한다. [그림 11-1]은 이 관계를 보여준다.

스트레스원은 스트레스를 제공하는 사건들로 가족원의 사망, 예기치 않은 가족원의 증가나 출현, 외도나 중독 등으로 인한 사기의 저하, 그리고 자살이나 수감 혹은 정신질환 등의 복합된 사건들이라고 설명하였다. 스트레스원이 가족 모두를 위기에 빠지게 하는 것은 아닌데 이때 필요한 것이 가족자원의 역할이다. 가족자원이란 스

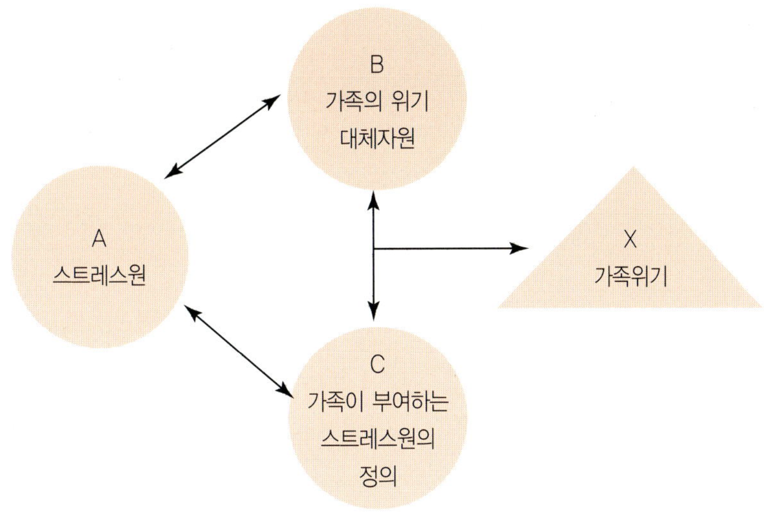

● 그림 11-1 ● ABCX 가족 위기 모델

출처: McCubbin, Cauble, & Patterson(Eds.), 1982, p.27.

트레스원이 가족을 위기에 빠지지 않도록 도와주는 자원들을 의미한다. 경제적 자원을 비롯하여 사회적 관계망을 포함한 인적 자원 그리고 문제해결 능력 등이 포함된다. 또한 가족들이 스트레스원에 대해서 어떻게 생각하는가를 의미하는 가족의 스트레스원에 대한 인지 및 평가 역시 스트레스의 영향력에 차이를 만드는 요인이다. 스트레스는 가족을 위기에 빠뜨리지만 어떤 가족은 위기를 극복하여 그 기능이 더 강해지기도 하고, 어떤 가족은 위기로 인하여 기능이 약해지기도 한다.

2) 가족 스트레스의 원인

가족 스트레스의 원인은 가족마다 다양하게 나타날 수 있다. 그러나 일반적으로 특정 사건은 스트레스를 제공하는 원인이라고 알려져 있다. 스트레스를 주는 사건과 그 사건이 미치는 영향력을 점수화하려는 시도가 이루어졌고 개인(Holmes & Rahe, 1967)과 가족(McCubbin & Patterson, 1983)의 스트레스 점수가 〈표 11-1〉에 나타나 있다.

● 표 11-1 ● 개인과 가족에게 일어나는 스트레스 생활사건과 스트레스 점수

개인 스트레스 생활사건	점수	가족 스트레스 생활사건	점수
배우자의 사망	100	자녀의 사망	99
이혼	73	배우자나 부모의 사망	98
부부의 별거	65	본인이나 부모의 별거나 이혼	79
수감생활	63	가족들 간 신체적 · 성적 학대	75
가까운 가족성원의 사망	63	가족원의 신체적 불구나 만성적 질병	73
개인적 상해나 질병	53	배우자나 부모의 외도	68
결혼	50	가족원의 수감	68
직장에서의 해고	47	가족원의 약물이나 알코올 중독	66
부부의 재결합	45	결혼하지 않은 가족의 임신	65
은퇴	45	가족원의 가출	61

카터와 맥골드릭(Carter & McGoldrick, 1980)은 가족 스트레스의 원인을 수직적 요인과 수평적 요인으로 구분하여 설명하고 있다([그림 11-2] 참조). 수직적 요인으로는(vertical stressor) 가족 안에서 세대로 내려오는 가족의 태도, 기대, 규칙, 신화,

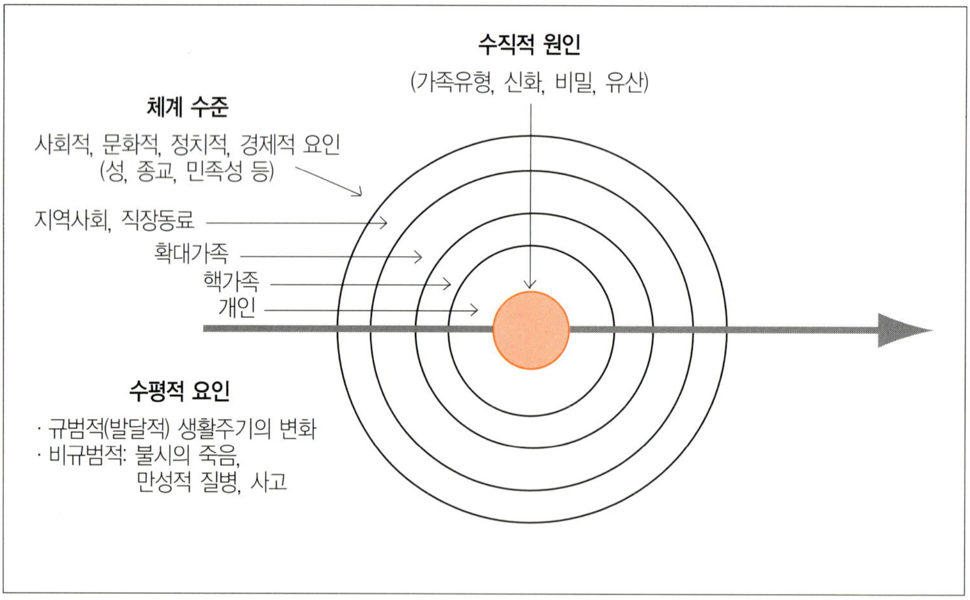

● 그림 11-2 ● 가족 스트레스의 원인

출처: Carter & McGoldrick(1980), p.9.

문제 등이 이에 해당한다. 가족은 단지 두 사람의 결합이 아니라 원가족을 통해서 내려오는 가족문화의 결합이기도 하다. 알코올 중독이나 가정폭력 등도 수직적 요인으로 전해져 오는 가족의 스트레스가 될 수 있다. 부정적 의미가 아닌 긍정적 의미의 신화도 가족에게는 스트레스원으로서 작용한다. 교육자 집안이나 의사 집안 혹은 공부를 잘 하는 가족 등의 문화는 이에 상응하지 못하는 가족원에게 스트레스원으로서 작용할 수 있다.

수평적 요인(horizontal stressor)은 가족이 변화하면서 갖게 되는 발달주기의 변화에 따르는 스트레스 요인과 전쟁이나 죽음과 같은 외적 스트레스 요인을 의미한다. 가족이 형성되면서부터 부부는 행복하지만 서로를 만족시켜야 한다는 스트레스를 받는다. 개인에게 일어나는 사건 중에서 결혼이라는 사건은 상당 점수의 스트레스를 제공한다(〈표 11-1〉 참조). 가족원들이 성장하면서 가족도 그에 적합한 정상적인 과업을 수행해야 하는데 이는 모든 가족에게 일어나는 수평적 스트레스이다. 이와 더불어 예기치 않은 시대적 요구나 재난은 사회의 한 조직인 가족에게 스트레스를 유발시키는 환경적 요인으로 작용한다. 수직적 요인과 수평적 요인이 겹치는 기간이나 정도가 넓다면 그 가족의 스트레스는 한층 더 높아지는 것이다.

보스(Boss, 1988)는 가족이 선택할 수 있는 가능성을 기준으로 의지적(volitional)과 비의지적(non-volitional)으로 스트레스원을 구분하고 있다. 가족이 사건을 선택하고 통제할 수 있다면 의지적인 스트레스원에 해당하는데 임신, 결혼, 이혼, 대학입학 등이 이에 해당한다. 반면 가족의 통제를 벗어나 일어나는 해고, 실연 등은 비의지적 스트레스원이다.

Box 11-5

명절 스트레스를 위한 전문가의 조언

명절 스트레스는 화병의 원인이 될 정도로 심각하다. 스트레스가 심한 환자에게는 시댁에 가지 말라고 권하기도 한다. 명절 스트레스의 특징은 '매번 반복된다', '직접적으로 다가 온다', '당연하다고 생각한다' 등이다. 이에 대한 5가지 대처 방법은 다음과 같다.

① 숙제를 하는 기분으로 받아들인다. 2~3일만 꾹 참으면 지나간다고 생각한다.

② 자신의 처지를 이해해 줄 사람을 찾는다. 남편이나 자녀가 가장 이상적이다. 가족 중에 없다면 불만을 들어줄 친구를 찾는다. 종로에서 뺨 맞고 한강에서 화풀이하는 것이 정신 건강에 좋다.

③ 명절이 지난 후 미운 사람을 집에 초대한다. 대접하면서 문제점에 대해 조용히 얘기한다. 명절 때 화를 터뜨리는 것은 바람직하지 않다.

④ 미운 사람과 함께 영화관이나 찜질방에 간다. 즐거운 경험을 함께 하면 문제가 자연스럽게 해결된다.

⑤ 명절 후 휴가를 요청한다. 힘들 때마다 휴가기간을 떠올리면 힘이 난다.

출처: healthchosun.com(2007. 2. 14.)

3) 가족 스트레스의 대응

위의 두 모델에서 살펴본 바와 같이 가족에게 일어나는 사건으로 받는 충격의 결과는 천차만별로 나타난다. 여기서 관심을 두어야 할 부분은 사건의 예방이나 통제가 아니라 사건에 대한 영향력의 조절이다. 물론 사건을 미리 예방할 수 있다면 더 바람직하다. 하지만 기대하지 않은 일들이 일어났을 때 그 일에 대한 적절한 대응은 훈련이나 교육 혹은 도움을 통해 융통성 있게 처리할 수 있다. 따라서 가족을 연구한 학자들은 빈곤이나 천재지변과 같이 가족에 큰 위기를 가져오는 상황에서도 잘 대처한 가족들의 특성에 대해서 많은 관심을 보이고 있다. 최근 가족의 역량강화나 가족의 적응력 혹은 대처능력에 대한 결과가 활발히 제공되고 있다. 가족 스트레스와 관련하여서는 가족 스트레스의 대응이라는 주제로 많은 관심이 주어졌다. 이들의 결과를 바탕으로 가족이 스트레스에 대응하는 데 도움을 제공하는 요인들을 살펴보기로 하겠다.

(1) 위기대처 자원

가족이 스트레스원으로 인해 위협을 받을 때 즉 위협상황에서 벗어나기 위해서는 자원을 필요로 한다. 예를 들어 가족원 중 한 사람이 갑자기 다리를 삐끗하여 한 달 동안 목발을 짚고 다녀야 한다고 가정하자. 누가 아픈가에 따라서 가족이 필요로 하는 자원은 다양할 것이다. 아픈 가족원이 엄마라고 가정을 해보자. 엄마에게 필요한 활동을 어떻게 도와줄 것인가에 대해서 가족들은 준비해야 한다. 또한 엄마가 수행하던 집안일들을 누가 대신할 것인가에 대해서도 대응이 필요하다. 어떤 가족에서는 엄마가 다리를 다친 것을 계기로 가족원들의 사이가 더 좋아질 수도 있지만 어떤 가족에서는 서로 원망하고 책임을 떠넘기며 아픈 사람을 돌보지도 못한 채 가족의 기능이 약화되기도 한다. 그렇다면 어떤 자원들이 어려움을 극복하는 데 도움이 되는 자원인가에 대한, 즉 위기에 대처하는데 도움을 제공하는 자원들은 매우 다양하지만 대체로 다음으로 요약된다.

1 가족원들의 자원

가족원들이 갖고 있는 자원들은 가족 스트레스 대처에 차이를 가져오는 요인이다. 일반적으로 지적 능력, 신체적 혹은 심리적 건강, 의사소통 능력이나 사회적 기술, 교육 수준, 경제적 능력, 사회적 지위 등이 스트레스를 해결할 수 있는 가족의 자원에 포함된다. 경제적 능력이 중요하다는 것에 대해서는 별 이의가 없을 것이다. 모두들 경제적 자원이 풍부하면 웬만한 일들을 해결할 수 있다고 생각한다. 하지만 경제적 능력이란 교육 수준이나 신체적 혹은 심리적 건강에 의해서 얻어지는 것이다. 또한 경제적 능력을 높이기 위해서는 사회적 기술을 필요로 한다. 최근 많은 사람들의 호응을 얻는 책들을 보면 모두 경쟁력을 높이는 데 필요한 것들과 관련된 조언들이다.

2 가족의 건강성

가족원들의 자원이 아무리 풍부하다 해도 이러한 자원들이 함께 효율적으로 사용되기 위해서는 가족이 건강해야 한다. 가족이 건강하다는 것은 가족원들의 관계가 친밀하며 상황에 대처하는 능력이 높다는 것을 의미한다. 가족원들의 관계가 친하다는 것은 말 그대로 서로 친밀한 관계를 맺고 서로의 관계에 만족함을 의미한다. 친밀한 관계를 결속력이라는 개념으로 설명하기도 한다. 하지만 친밀감이나 결속력만 갖고 가족의 건강성을 평가할 수는 없다. 적응력이란 상황에 적절하게 대처할 수 있는 가족의 능력을 의미하는 개념으로 많이 사용된다. 상황에 적절한 능력이란 가족원들의 역할이 융통성 있게 변화할 수 있고 가족원들의 자율성을 강조한다. 이러한 능력은 경직된 가족관계에서는 이루어내기 어렵다. 가족이 적응력만을 강조하다 보면 가족원들 간의 유대는 소홀하기 쉽고 결국 관계는 멀어지게 된다.

과거 우리나라의 가족관계의 특성은 가족원들이 친밀한 관계를 유지했으나 적응력이 낮았다고 할 수 있다. 아버지와 어머니의 역할이 확실하고 부모와 자녀 간의 권위구조는 명확했다. 그럼에도 이혼율은 매우 낮게 나타났다. 친밀감은 없어도 가족에 대한 충성심은 매우 높았다고 하겠다. 하지만 현대에 들어서는 적응력이 높아지면서 가족원들의 친밀감이 낮아지는 경향을 보인다. 우리나라의 이혼율은 세계에서 매우 높은 비율을 차지하고 있다. 자녀의 교육을 위해서는 가족이 변화에 매우 민감하게 대처하여 기러기 가족이라는 새로운 유형의 가족이 나타나기도 하였다. 그러나 이런 경우에는 자녀의 성공이라는 시대의 변화에 적응하기 위해 가족의 유대감을 포기해야 하는 대가를 치루어야 한다.

3 사회적 관계망

가족원들이 소유한 자원과 가족의 건강성과 더불어 사회적 관계망을 얼마나 갖는가는 스트레스를 극복하는 데 매우 중요한 자원이다. 사회적 관계망에는 친족, 친구, 직장동료나 종교, 이웃 그리고 복지기관이나 단체 등이 일반적으로 포함된다. 우리나라 가족의 경우 친족이란 사회적 관계망은 매우 중요한 자원으로서의 역할을 담당한다. 예전에는 이웃이나 친구와 같은 친밀한 관계를 통한 사회적 관계에서 도움을 제공받았으나 요즈음에는 복지기관이나 단체 등을 통한 지원이나 도움이 활발하게 제공되고 있다.

Box 11-6

이웃이라는 자원

성형수술 부작용으로 얼굴이 한껏 부풀어 올라 '선풍기 아줌마' 라는 별명을 갖게 된 한혜경 씨는 여러 번의 수술을 거치면서 얼굴이 제자리를 찾아가고 있는 중이다. 2008년 6월, 그는 전보다 더 밝아진 모습이었다. 그는 자신에게 먼저 다가와 준 동네 주민들의 따뜻한 관심 덕분에 밝아졌다고 말한다. 심한 우울증으로 세상과 단절된 채 지내던 그는 수유동으로 이사한 뒤 이웃의 사랑으로 우울증을 극복하게 됐다. "모든 게 다 이 동네로 이사 와서 처음 만난 언니 덕분이에요. 이사 와서 동네에 대해 아는 게 없던 제가 앞 동에 사는 언니에게 뭔가를 물어봤는데, 아주 친절하게 대답해주는 거예요. 그 뒤로 언니랑 친해졌고, 언니 덕분에 더 많은 동네 아주머니들과 대화를 나누게 됐어요. 여름에 집에 있으면 더우니까 밖에 나가 나무 그늘 아래서 같이 이야기하곤 하거든요. 그러면서 우울증이 조금씩 사라졌어요."

출처: lady.khan.co.kr(2008. 7.)

(2) 가족의 신념체계

스트레스를 유발하는 사건에 대한 해석은 스트레스 대응에 결정적인 역할을 담당한다. 같은 사건이라도 어떻게 해석하는가에 따라서 가족은 위기에 처하거나 아니면 극복하여 더 나은 능력을 획득하기 때문이다(Hill, 1949; Lazarus & Folkman, 1984). 스트레스를 설명하는 이론인 ABCX 모델이나 이중 ABCX 모델에서 가족의 스트레스에 대한 인지 및 평가는 중요한 역할을 담당하는 한 요인인 C로서의 지위를 차지하고 있다.

최근 가족의 회복력을 다룬 저서들에서도 가족들이 주어진 상황을 어떻게 해석하는가를 결정하는 개념으로 신념체계를 강조하고 있다. 월쉬(Walsh, 1998)는 그의 저서인 『가족과 레질리언스』에서 신념체계를 '모든 가족기능의 핵심이며, 회복력의 강력한 힘' 이라고 정의한다. 신념체계에는 가치, 확신, 태도, 편견 및 가정 등 주어진 사건에 대해 해석하고, 정서적 반응을 일으키고, 행동을 결정하게 하는 인지적 요인을 포함한다. 합리적 사고를 이끌어내는 건강한 신념체계는 문제해결, 치료, 성장할 수 있는 대안을 제시하도록 이끈다. 하지만 건강하지 못한 신념체계는 비합리적 사고를 하게 만들어 결국 문제를 유지하고, 악화시키고 대안을 찾아내는 데 방해하는 역할을 담당한다(Wright et al., 1996; Walsh 1998, 재인용).

[1] 가족에 대한 헌신

건강한 가족의 특성 중 가족에 대한 헌신은 자주 언급되는 요인들 중 하나이다(Cox, 1999; McCubbin et al., 1988). 가족에 대한 헌신(commitment)은 충성심(loyalty)이라는 개념과 그 특성을 공유한다. 가족에 대한 헌신은 무엇보다 배우자와 자녀들과의 관계가 지속될 것이라는 믿음에 기초한다. '어떤 일이 있어도 나는 내 가족을 떠날 수 없다' 라는 생각은 아무리 어려운 일이 있더라도 가족과 함께 그 일을 해결하도록 이끈다. 가족에 대한 강한 소속감이나 충성심은 가족들을 늘 하나로 뭉치게 만들고 어려움을 함께 극복하게 만들며 결국 강한 가족으로 발전하게 하는 동력을 제공한다. 가족에 대한 헌신은 가족원들로 하여금 가족을 의지하고 신뢰하고 도움을 제공할 것이라는 믿음을 갖게 한다. 결국 어려운 일에 대해서도 힘을 모아서 해결할 수 있을 것이라는 신념을 갖게 하는 것이다. 쉬르마허(Schirmacher, 2006)는 독일이 2차 세계대전의 어려움을 극복할 수 있었던 자원은 가족을 통한 힘이라고 주장한다. '운명 공동체' 로서의 가족을 통해서 독일의 '기적' 이 일어났다고 그는 주장한다. 즉 상황이 심각할 때 구원해주고 받아줄 수 있는 풀리지 않는 끈으로 묶여 있는 사람들로 구성된 가족이 바로 개인과 사회를 모두 구원한 진정한 힘의 근원이라는 것이다. 여기서 주장하는 '운명 공동체' 라는 개념은 역시 강한 가족에 대한 헌신을 의미한다.

가족에 대한 헌신은 가족원들로 하여금 가족의 한 사람이 어려움이나 역경에 처하면 기꺼이 도움을 제공하게 만든다. 가족에 대한 헌신은 심지어는 무모하기까지 하여 비합리적으로 보이기도 한다. 헌신을 가능하게 만드는 특성 중 하나는 '지속성에 대한 믿음' 이라고 한다(Cox, 1999). 또한 헌신은 책임감을 강화시키는 역할도 담당한다(Cox, 1999).

2 원인에 대한 해석능력

현재 주어진 어려움이 왜 일어났을까를 해석하는 기준 역시 스트레스를 극복하는데 차이를 만든다고 많은 학자들은 강조한다. 어떤 일에 대한 실패의 원인을 변화할 수 있는 요인으로 생각하는지 혹은 아닌지는 유능함에 차이를 만든다. 즉 현재 주어진 불리한 상황이 일어난 원인이 노력의 부족인지 아니면 내 개인적 결점인지로 그 원인을 찾아보는 것은 앞으로 일어날 수 있는 일에 대한 처리할 수 있는 능력에 큰 차이를 만든다.

또한 단순하게 원인을 유추하는 것보다는 다양한 요인들이 그 원인이라고 해석하는 것은 가족의 기능을 높인다고 한다(Beavers & Hampson, 1993). 기능적이지 못한 가족들은 일어나는 일들에 대해서 한 가지로 그 원인을 설명하고 가족원들 중 한 사람을 비난하고 탓하는 경향이 있다고 한다. 서로를 비난하는 가족들은 당연히 문제해결력을 갖지 못한다. 그러므로 가족 안에서 "왜 이 일이 일어났는가?" 혹은 "누가 이 일을 잘못 되게 만들었는가?" 에 관심을 기울이는 일은 가족원들을 비난하고 가족원들에게 수치감과 죄의식을 갖게 만들어 스트레스 상황만큼 가족을 위기에 빠지게 한다고 한다(Walsh, 1999).

3 긍정적 사고

가족의 회복력에서 긍정적 사고 혹은 긍정적 시각은 매우 중요한 요소로 지적된다(Walsh, 1998). 기능적 가족들은 인생에 대해서 낙관적인 관점을 갖고 있다는 것을 여러 연구들은 증명한다(Beavers & Hampson, 1990; Walsh, 1998, 재인용). 학습된 낙천주의의 중요성을 강조한 셀리그만(Seligman, 1990)은 그의 저서에서 사람들이 무기력을 일단 습득하고 나면 '내가 하는 일이 항상 이렇지' 라는 신념을 갖게 되고 회복력을 상실하게 만든다고 한다. 빈곤가정에서 자라난 자녀들은 미래에 대한 성공이 불가능하다고 미래를 예측하여 자기패배적 신념을 갖게 되고 결국 빈곤의 악순환에서 벗어나지 못한다고 한다(Wilson, 1996; Walsh, 1998, 재인용). 스트레스 상황에 처할지라도 긍정적인 측면을 강조하는 사람들은 스트레스가 주는 부정적 결과를 중재하고 고난을 극복하는 데 최선의 노력을 다하도록 기능한다고 한다(Taylor, 1989; Walsh, 1998, 재인용).

Box 11-7

'예스맨'

2008년 12월 개봉한 영화 〈예스맨〉은 긍정적 사고를 주제로 한 영화이다. 매사에 '노(No)' 란 말을 달고 살던 은행의 대출담당 직원 칼. 아내는 떠나갔고, 삶은 우울하다. 어느 날 우연히 만난 친구에게 이끌려 종교 집회를 방불게 하는 성격개조 행사에 참여한다. '긍정적인 사고가 행운을 부른다' 는 프로그램 규칙에 따라 칼은 모든 일에 '예스(Yes)' 라고 답해야 한다. 속는 셈 치고 '예스' 라고 말하기 시작한 칼의 삶은 이후 탄탄대로에 오르기 시작한다. 아름다운 여자친구가 생기고 임원으로 승진하고 삶은 매일이 즐겁다. 물론 그는 턱없는 '예스' 때문에 난관도 감수해야 할 때도 있다.

출처: news.khan.co.kr(2008. 12. 18.)

생각해 볼 점

1. 최근 내가 겪었던 가족원과의 갈등을 하나 생각해보세요. 갈등의 원인은 무엇이었으며, 어떻게 해결되었나요? 갈등해결의 결과에 모두 만족했나요? 혹시 더 나은 방법으로 갈등을 해결할 수도 있었을까요? 어떤 방법일까요?

2. 교재에서 얘기하는 스트레스의 대처자원인 가족의 건강성에 대해서 생각해봅시다. 본인 가족의 건강성은 어느 정도인가요? 건강성을 더 높이기 위해서는 어떤 노력이 필요할까요?

참고문헌 REFERENCES

정현숙 · 유계숙(2007). 가족관계. 서울: 신정.

유영주(1984). 신가족관계학. 서울: 교문사.

Collins, R. (1975). *Conflict sociology: Toward an explanatory science*. NY: Academic Press.

Coser, L. (1956). *The functions of social conflict*. NY: Macmillan. 박재환 역(1980). 갈등의 사회적 기능. 서울: 한길사.

Cox, F. D. (1999). *Human intimacy: Marriage, the family, and its meaning* (8th ed.). Belmont, CA: Wadsworth Publishing Co.

Dimbleby, R., & Burton, G. (1985). *More than words: An introduction to communication*. London: Methuen.

Galvin, K. M., & Brommel, B. J. (1986). *Family communication: Cohesion and change* (2nd eds). Ill: Scott, Foresman and Co. 서동인 · 원효종 · 노영주 역(1988). 가족관계와 의사소통: 응집성과 변화. 서울: 까치.

Gordon, T. (1975). *Parent Effectiveness Training*. 이훈구 역 (2005). 부모역할훈련. 서울: 양철북.

Holmes, T. H., & Rahe, R. H. (1967). The social readjustment rating scale. *Journal of Psychosomatic Research, 2*, 213-218.

Kilmann, R., & Thomas, K. (1975). Interpersonal conflict handling behavior as reflections of Jungian personality dimensions. *Psychology Reports, 37*, 971-980.

Lazarus, R., & Folkman, S. (1984). *Stress, appraisal, and coping.* NY: Springer.

McCubbin, H., et al. (1988). *Family types and strengths: A life cycle and ecological approach.* end ed. Edina, MN: Bellwether.

Minuchin, S. (1974). *Families and family therapy.* Cambridge, MA: Harvard University Press.

Poss, P. (1988). *Family stress management.* Beverly Hills, CA: Sage.

Schirmacher, F. (2006). *Minimum.* 가족: 부활이냐 몰락이냐. 장혜경 옮김. 서울: 나무생각.

Sprey, J. (1969). The family as a system in conflict. *Journal of Marriage and the Family, 31*, 699-706.

Walsh, F. (1998). *Strengthening family resilience.* NY: The Guilford Press. 가족과 레질리언스. 양옥경 · 김미옥 · 최명민 역. 서울: 나남출판.

Chapter 12

FAMILY RELATIONS

가족과 돌봄

01 가족 돌봄의 이해

02 가족 돌봄의 종류 및 실태

03 가족 돌봄의 문제점

04 가족 돌봄을 위한 국가적 정책

05 가족 돌봄 강화를 위한 정책방향

서구 복지국가는 인구학적 변화 및 여성의 경제활동 참여증대로 돌봄 노동에 대한 수요 증가와 공급 감소라는 양면적 사회상황에 처하게 된 1980년대 이래 가족 내 돌봄 활동에 대한 사회적 지원을 확장할 수 있도록 다양한 방법과 전략을 만들어왔다.

우리나라의 경우 2006년 6월 보육시설에 다니는 영유아는 1,006,842명으로 0~4세가 752,633명이고 5~6세가 254,209명이다. 특히 0~4세의 경우는 31.7%가 보육시설에 다니고 있다. 또한 1970년 3.1%에 지나지 않았던 65세 이상 노인인구의 비율은 2000년에 7.2%를 넘어서 고령화 사회(aging society)로 진입하였고, 향후 2018년에는 14.3%로 고령사회, 2026년에는 20.8%로 초고령사회에 도달할 것으로 전망된다.

그러나 돌봄(care)[1] 혹은 양육과 관련하여 수당제도와 같은 보편적 현금지원 프로그램은 부재한 실정이며, 보육 서비스 프로그램과 일부 제한된 계층을 대상으로 하는 양육수당제도가 존재한다. 또한 장애인, 노인 등을 대상으로 하는 재가복지서비스가 있어 가족의 수발부담을 일부 덜어 주고 있다.

Box 12-1

은퇴 후 원룸주택 월세를 받아 생활하는 김모(65) 씨는 지난해부터 딸네 집에 매달 170만 원씩을 부치고 있다. 사위가 사업에 손댔다가 망하고 나서 해외 유학을 결심하자, 딱 1년만 도와 달라는 딸의 부탁을 차마 거절할 수가 없었던 것. 김씨는 "당장 생활비가 부족하다는 데 부모 된 입장에 모른 척할 순 없지 않느냐"라고 말했다. 도대체 자녀 '애프터서비스'는 언제까지 해줘야 하는 걸까? 한국 부모의 숙명일까? 우리나라는 은퇴 후에도 가족에게 경제적인 지원을 제공하는 노인 비율이 전 세계 어느 나라보다 높은 것으로 나타났다.

출처: 조선일보(2007. 5.)

1) 현재 care의 의미는 '돌봄'과 '보살핌'이 모두 사용되고 있으나, 이 책에서는 '돌봄' 용어를 채택하였다.

1 가족 돌봄의 이해

1) 가족 돌봄의 개념과 사회적 변화

가족 돌봄은 생활상의 문제나 욕구를 해결하기 위하여 가족을 지원하거나 보호해 주는 것을 말한다. 전통적으로 가족에 대한 지원과 보호는 가족이 담당해 왔으나 사회변화로 인해 국가는 사회복지제도를 도입하여 가족의 역할 일부분만 담당하고 있다. 사회복지제도가 가족의 역할과 책임을 어느 정도 담당하게 되었지만 아직도 담당하지 못한 부분이 많으며, 담당할 수 없는 부분도 상당히 있다. 따라서 가족의 지원과 보호에 있어서 여러 가지 역할과 책임을 담당 또는 국가와 분담하고 있는 것이 산업사회의 일반적 현상이다.

돌봄 노동(caring labor)[2)]의 책임과 역할의 분배와 수행과정, 돌봄 노동의 제공과 욕구에서는 현격한 성불평등이 존재하고 있다. 우선 대부분 국가에서 돌봄 노동의 일차적 책임을 가족에게 두고 국가는 가족이 충족시키지 못한 잔여부분만을 보충해 준다는 입장이다. 현재까지 복지국가에서 수행되고 있는 여러 가지 사회정책은 여성에게 모성의 책임과 돌봄 노동의 수행을 강조하고 있는데, 이때 여성의 무급 돌봄 노동으로 인해 국가는 돌봄 대상자들에 대한 노동과 비용을 최소화할 수 있게 된다.

최근에는 가족을 둘러싼 사회경제적 환경이 변화하며 그동안 가족의 사적인 책임 영역으로만 여겨졌던 '가족 돌봄' 에 대한 인식이 바뀌고 있다. 가계조사자료에 따르면 임금소득자가 있는 가구 중 취업부부의 비율은 1999년 20.7%에서 2004년 49.4%로 약 2.38배나 증가한 반면, 핵가족화의 진전으로 평균가구원 수가 1975년 5.0명에서 2005년에는 2.9명으로 줄었다. 이는 가족의 문제를 스스로 해결할 가족 내 자원이 없어졌다는 점에서 대단히 중요한 의미를 갖는다.

---

2) 스스로 자신을 돌볼 수 없는 사람을 돌보는 행위로서, 병자, 노인, 어린 자녀들을 그 대상으로 하는 노동(Daly, 2000)으로 정의되며 행위자체뿐 아니라 돌봄 노동이 수행되는 관계의 측면을 중요하게 포함한다. 즉, 돌봄 노동 = 시간(실제적인 시간 +대기시간) + 노력 + 기술 + 사회적 기술 + 감정이입 +스트레스(돌봄 대상자에 대한 스트레스+관찰자나 규제자에 대한 스트레스) (Standing, 2001).

가족의 기능수행이 어려워졌음에도 불구하고 사회복지 확충이 지체되는 가운데 우리 사회 가족주의 태도와 맞물려 가족의 책임은 더욱 무거워졌다. 이에 따라 여성과 젊은 세대를 중심으로 아예 가족을 기피하는 현상이 벌어지고 있다. 결혼을 하지 않거나 늦게 하더라도 자녀를 출산하지 않는 가족해체 증후군이 나타나고 있는 것이다.

이 밖에도 한국가족의 변화와 관련해 가장 주목할 점이 바로 국제결혼의 증가이다. 2007년 국제결혼이 총 결혼건수의 11.1%를 차지하며, 농림 · 어업종사 남성의 경우 40%를 차지하고 있다. 국제결혼 증가는 순혈주의의 폐쇄성을 극복하지 못하는 한국 사회, 그러한 사회의 가장 기초단위인 가족에서 일어나는 변화라는 점에서 새로운 도전과 과제를 던지고 있다.

2) 가족 돌봄의 사회화

기본적인 소득보장과 함께 해결해야 할 문제는 일과 가정의 양립을 위한 돌봄의 사회화이다. 전통적으로 우리 사회는 돌봄, 부양의 문제를 가정 내에서 여성이 담당하는 것으로 해결해 왔다. 그러나 저출산, 고령화, 노동시장의 변화, 여성이 점증하는 노동시장 참여, 가족형태의 변화와 가족기능의 약화 등으로 인해 더 이상 여성이 가정 내에서 돌봄 노동을 수행하는 것이 어렵게 되었다.

신 사회 위험[3]은 특히 사적 영역 중 남성 1인 생계부양자 가구에서 보편적 생계부양자 가구(취업부부)로의 전환에 의해 발생하며, 복지체제는 돌봄과 같이 사적 영역에서 발생하는 사회적 위험에 적절히 대응하지 못하고 있다.

돌봄의 사회화가 필요한 이유는 가정 내에서의 돌봄은 노동시간의 감소 또는 노동시장에서의 퇴출과 밀접한 관련성이 있으며, 나아가 돌봄에 대한 책임이 사라진 이후에도 돌봄 제공자(주로 여성)의 노동 시장 복귀가 이루어지지 못하고 있기 때문이다. 우리 사회에서도 임신, 출산, 양육으로 인한 경력 단절이 여성 소득 저하의 주요한 원인으로 지적되고 있는 것이 이를 잘 보여주고 있다. 결국 높은 인건비로 인해 돌봄과 관련된 서비스를 시장에서 구입하는 것이 우리 사회의 주요한 과제로 나타나

3) 정규직 남성 생계부양자에 기반한 전통적 복지체계가 여성의 노동시장 참여로 대표되는 후기 산업사회의 변화에 적절히 대응하지 못함으로써 발생하는 위험이다.

고 있는 저출산과 고령화, 나아가 불평등과 양극화, 빈곤을 가중시키는 주요한 원인을 해소시키는 방법으로 작용하게 될 것이다.

그렇기 때문에 산전후 휴가, 육아휴직, 남성(아버지)의 돌봄 참여, 아동보육 서비스 등과 같은 돌봄의 사회화가 이루어져야 하며, 이를 위해서는 돌봄의 과제가 특정한 성(여성)에게 국한된 문제가 아닌 남녀 모두에게 해당하는 위험이라는 사회적 합의가 필요하다. 또한 돌봄의 사회화는 특정 계층만이 아닌 모든 계층에게 적용되는 보편주의적 관점에서 국가의 책임을 강화하는 방안으로 설계될 필요가 있다.

Box 12-2

2030 남성 직장인 48% "난 엠니스족"

최근 자기 자신과 가족을 위해 적극적으로 투자하는 '엠니스(M-ness)형' 남성이 새로운 남성상으로 부상하고 있다. 한마디로 만능 '남성상' 을 요구받는 시대가 찾아오고 있는 셈이다.

엠니스(M-ness)란 남성을 뜻하는 영어단어인 맨(man)과 여성적인 특성을 의미하는 단어인 니스(ness)가 합쳐진 것으로, 힘과 명예 등 전통적인 남성상에 양육, 협력 등 여성과 관련된 긍정적인 특징을 두루 갖춘 남성의 특성을 뜻한다.

20~30대 남성 직장인 923명을 대상으로 '엠니스족 선호 현상' 에 대한 설문조사에 따르면 남성 직장인 85.3%가 '엠니스족에 대해 긍정적이다' 고 응답했다. 과반수 정도인 48%는 '스스로가 자신이 엠니스족' 이라고 생각하고 있는 것으로 나타났다.

ㅈ 사장은 "외모 중시의 가치관과 함께 취업부부와 싱글족이 증가하면서 가사나 육아일에 관심을 갖는 남성들이 많이진 것이 엠니스족의 등장을 불러온 것 같다" 고 설명했다.

출처 : EBN 산업뉴스(2007. 5.)

2 가족 돌봄의 종류 및 실태

1) 아동 돌봄

과거에는 가족 내에서 여성이 돌봄 노동을 수행하였다. 이로 인해 현재에 와서는 저출산 및 인구 고령화, 특히 자녀 양육에 있어서 교육비, 양육부담 등으로 인한 출산기피현상이 나타나고 있다. 우선 아동의 경우에는 공공 서비스 영역을 강조하여 시설 및 서비스를 확대하고 서비스 이용의 보편적 권리를 확장하는 등의 노력을 기울이고 있다.

한편 아동 돌봄과 관련한 정책현황을 살펴보면, 현재까지 가장 가시적인 정책지원은 보육 서비스의 제공이다. 지나치게 과도한 민간보육 서비스 의존율, 보육에 대한 불신과 비용의 부담문제가 가장 중요한 보육정책의 개선책으로 지적되고 있으며, 여기에 대한 대응책으로 정부에서는 보육시설평가인증제, 보육교사자격관리 등의 규제를 통하여 보육 서비스의 질적 향상을 추진하고 있다. 그 외 아동양육관련 경제적 지원으로는 저소득층 가정을 대상으로 하는 보육료 지원제도가 있다. 이는 보육시설을 이용하는 아동 중 가구소득 기준에 따라 제한된 대상만을 지원하며, 보육시설에 다니지 않는 아동에게는 아무런 경제적 지원도 이루어지지 않는다. 저소득층 외 일반가정을 대상으로 양육비 및 교육비 공제제도가 있다. 자녀양육비 공제는 6세 미만 자녀 1인당 100만 원을 적용하고 있으나, 소득공제제도는 소득이 높은 집단에게 유리한 제도로, 계층적 재분배효과는 기대하기 어렵다. 또한 모 · 부자복지법에 의거하여 저소득층을 대상으로 6세 미만 자녀의 양육비를 지원하고 있지만, 혜택범주는 크지 않다.

(1) 아동 연령별 주 돌봄자와 돌봄 시간

아동 연령별로 살펴보면, 영유아(0~5세)의 경우 부모 중 남성(부)이 11.8%, 여성(모)이 84.5%의 비율로 초등학생(6~11세)의 경우보다(남성 6.7%, 여성 69.1%) 남녀 모두 주 돌봄자의 비율이 상당히 높게 나타나고 있다.

초등학생의 경우 여성의 돌봄이 높은 비율로 나타나고 있는데 이는 남성이 아동 돌봄에 참여하고 있지만 결과적으로 여성 중심의 돌봄이 이루어지고 있음을 알 수 있다.

아동 연령별 돌봄 시간을 살펴보면 영유아의 경우 50시간 이상이 36.8%, 초등학생의 경우 20~40시간이 32.1%로 나타나 연령이 높아지면 높아질수록 돌봄 시간은 줄어들었다.

표 12-1 아동연령별 주 돌봄자

(단위: 명, %)

구분	부	모	조부모	외 조부모	친인척	이웃 사람, 가사 도우미, 베이비 시터	특별히 봐 주는 사람 없음	무응답/결측값	전체
0~2세	45(14.6)	271(88.0)	20(6.5)	12(3.9)	2(0.6)	5(1.6)	4(1.3)	2(0.6)	308 (100.0)
3~5세	50(10.0)	412(82.4)	33(6.6)	15(3.0)	8(1.6)	2(0.4)	16(3.2)	9(1.8)	500 (100.0)
영유아 계	95(11.8)	683(84.5)	53(6.6)	27(3.3)	10(1.2)	7(0.9)	20(2.5)	11(1.4)	808 (100.0)
6~8세	14(6.9)	160(78.8)	10(4.9)	6(3.0)	4(2.0)	0(0.0)	18(8.9)	8(3.9)	203 (100.0)
9~11세	31(6.7)	302(64.8)	14(3.0)	8(1.7)	7(1.5)	1(0.2)	80(17.2)	47(10.1)	466 (100.0)
초등학생 계	45(6.7)	462(69.1)	24(3.6)	14(2.1)	9(1.3)	1(0.1)	98(14.7)	55(8.2)	669 (100.0)
전체	140(9.5)	1145(77.5)	77(5.2)	41(2.8)	21(1.4)	8(0.5)	118(8.0)	66(4.5)	1477 (100.)

출처: 여성가족부(2005). 가족실태조사.

(2) 부부 취업상태별 주 돌봄자와 돌봄 시간

취업부부임에도 불구하고 홑벌이와 마찬가지로 여성이 주된 돌봄자라는 사실을 알 수 있다. 반면에 남성의 돌봄 참여비율을 살펴보면 취업부부의 경우(10.1%)와 홑벌이의 경우(9.4%) 큰 차이가 없음을 알 수 있다.

표 12-2 부부 취업상태별 주 돌봄자

(단위: 명, %)

가구소득	부	모	조부모	외조부모	친인척	이웃사람 가사 도우미 베이비시터	특별히 봐주는 사람 없음	무응답/ 결측값	전체
맞벌이	31 (10.1)	154 (50.3)	47 (15.4)	28 (9.2)	11 (3.6)	13 (4.2)	44 (14.4)	39 (12.7)	306 (100.0)
홑벌이	107 (9.4)	968 (85.2)	21 (1.8)	15 (1.3)	10 (0.9)	0 (0.0)	72 (6.3)	109 (9.6)	1,136 (100.0)
전체	138 (9.6)	1,122 (77.8)	68 (4.7)	43 (3.0)	21 (1.5)	13 (0.9)	116 (8.0)	148 (10.3)	1,442 (100.0)

출처: 여성가족부(2005). 가족실태조사.

돌봄 시간은 취업부부의 경우 20～40시간이 26.8%로 많은 돌봄 시간을 필요로 했으며, 홑벌이의 경우 50시간 이상이 28.5%로 나타났다. 즉, 취업부부의 경우 10～40시간이 전체 40% 이상을 차지한데 비해 홑벌이는 40～50시간 이상이 전체 40% 이상을 차지해 아동 돌봄 시간에 차이가 있음을 알 수 있다.

2) 노인 돌봄

평균수명 증가로 인해 남성 75.1세, 여성 82.3세(2008 세계 인구 현황보고서)로 인구고령화가 진행됨에 따라 돌봄이 필요한 노인의 수가 늘어나는 동시에 돌봄 기간 또한 장기화될 가능성이 커지고 있다.

국가의 사회복지제도는 가족을 대신하거나 보완할 수 없는 부분도 있기 때문에 노인복지의 많은 부분 내지는 상당한 부분은 가족이 책임질 수밖에 없다. 이와 같이 노인복지를 가족이 책임지는 것을 노인에 대한 가족 돌봄이라 할 수 있다.

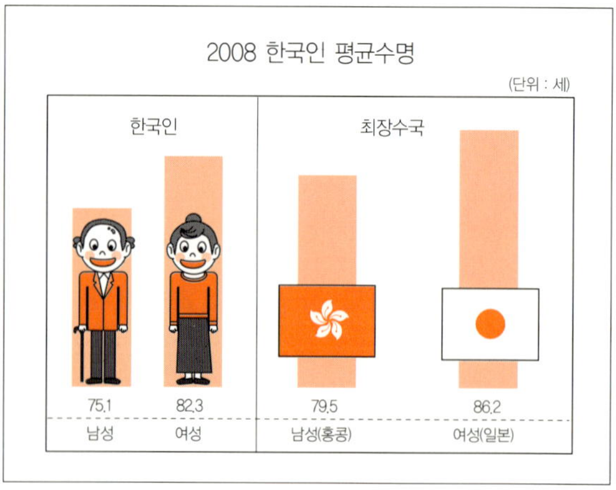

출처: 인구보건복지협회(2008. 11.)

(1) 돌봄이 필요한 노인의 특성

표 12-3 노인의 특성별 돌봄 제공자와의 관계

특성		배우자	아들	며느리	딸	기타	계
전체		35.0	12.5	38.0	8.7	5.7	100.0(1,011)
노인의 성	남자	75.4	6.2	12.5	4.3	1.6	100.0(305)
	여자	17.6	14.9	49.3	10.8	7.5	100.0(706)
노인의 연령	65~69세	63.1	11.1	13.8	10.1	1.8	100.0(217)
	70~74세	44.4	9.8	30.2	9.3	6.3	100.0(205)
	75~79세	31.3	11.9	40.3	9.1	7.4	100.0(243)
	80세 이상	14.5	14.9	56.6	7.5	6.6	100.0(346)
노인의 건강상태	최중증	30.8	5.1	50.0	11.5	2.6	100.0(78)
	중증	39.9	9.5	32.4	12.8	5.4	100.0(148)
	경증	35.4	10.2	38.3	12.6	3.4	100.0(94)
	치매	24.5	20.2	44.7	1.1	9.6	100.0(94)
	허약	37.1	10.2	41.2	6.8	5.0	100.0(221)
	기타	35.4	16.3	33.1	7.6	7.6	100.0(263)

출처: 여성가족부(2005). 가족실태조사.

남자노인의 돌봄 제공자는 대부분 배우자이고 여자노인의 돌봄 제공자는 49.3%가 며느리이며, 17.6%가 배우자로 나타났다. 연령별로는 65~69세 노인과 70~74세 노인의 돌봄 제공자는 배우자, 75세 이상 노인은 며느리 비율이 가장 높았다. 건강상태별 최중증 노인 돌봄 제공자는 며느리인 경우가 50.5%, 중증과 기타 건강상태의 돌봄 제공자는 배우자가, 그리고 나머지 경증, 치매, 허약 노인의 돌봄 제공자는 모두 며느리의 비율이 가장 높았다.

(2) 돌봄 제공자의 특성

노인을 주로 돌보는 사람은 대부분이 여성인 것으로 나타났다. 돌보는 사람과 노인과의 관계를 보면 배우자와 며느리인 경우가 가장 많았다. '노인생활실태 및 복지욕구 조사(2004)' 에 의하면 장남 · 며느리(31.8%), 딸 · 사위(15.3%), 그 외 아들 · 며느리(13.8%)의 순이었다. 노인 돌봄 제공자를 연령별로 살펴보면(노인생활실태 및 복지욕구 조사, 2004) 30~50세 미만이 37.2%로 가장 많았고 65세 이상이 32.7%, 50~64세 미만이 28.4%였다.

표 12-4 돌보는 사람과 노인과의 관계

구분		전체
주 돌봄 제공자의 성	남자	20.0
	여자	80.0
	계(명)	100.0(439)
노인과의 관계	배우자	29.7
	장남, 며느리	31.8
	그 외 아들, 며느리	13.8
	딸, 사위	15.3
	손자녀, 배우자	3.3
	본인 및 배우자의 친인척	2.3
	비혈연 동거인, 이웃	1.4
	유급 봉사원	2.4
	계(명)	100.0(430)
주 돌봄 제공자 연령	30세 미만	1.7
	30~50세 미만	37.2
	50~64세 미만	28.4
	65세 이상	32.7
	계(명)	100.0(438)

출처: 여성가족부(2005). 가족실태조사.

장기요양보호대상 노인의 돌보는 사람과의 관계에서는 돌봄자의 연령으로 60세 이상이 가장 많고 다음이 40대로 나타났다. 노인과의 관계와 연령을 함께 고려해보면 노인의 배우자가 60세 이상이며 그 외 연령에서는 며느리가 가장 많았다. 따라서 대부분 돌봄은 노인과 동거하는 배우자나 며느리가 담당하고 있음을 알 수 있다.

(3) 노인 돌봄자 지원 정책 현황

현재까지 한국에서 가족의 노인 돌봄 부담에 대한 정책 및 제도적 지원은 거의 없다고 할 수 있다. 현재 노인복지 정책 가운데 가족의 노인 돌봄 부담을 간접적으로 지원하는 효과를 가지는 정책은 노인요양시설, 재가시설 및 서비스 등이다. 그 외에 공무원 부모수당, 경로연금, 주택공제, 노부모부양에 대한 소득공제 등이 있다. 그러나 이들 제도는 노인 본인을 대상으로 하거나 노부모 부양관련 경제적 지원으로 돌봄자에 대한 간접적 지원제도는 없다. 간접적으로 돌봄 지원 효과를 가져올 수 있는 노인 돌봄 지원 시설과 서비스가 있지만 대부분 민간 공급자에 의해 운영되고 있으며 이용비용이 매우 비싼 실정이다.

골드파브(Goldfarb, 1969)의 뉴욕 노인 연구에서 대다수의 노인 환자들은 집에서 충분히 잘 생활하고 있다고 하였다. 또한 노인이 요양소를 이용하던지, 장기 입원을 하던지, 다른 공공시설을 이용하는 것은 노인 스스로, 가족, 주치의에 의해 결정되는 것이 아니라 의학적 관리나 시설을 이용할 수 있는 능력, 그리고 서비스에 대한 지불 능력에 따라 결정되어진다고 한다.

우리나라에서는 2008년부터 노인수발보험이 시행되면서 시설 및 서비스 이용 비용에 대한 제도적 지원이 가능하게 되었다. 노인이 수발인정자로 될 경우 재가수발급여를 이용할 수 있게 되며 간접적으로 가족수발자의 돌봄에 대한 지원이 된다. 그러나 돌봄자 지원을 위한 각종 법안과 제도가 정착된 외국과 달리 한국은 아직 돌봄자의 역할에 대한 사회적 인정과 법적 · 제도적 지원 정책의 필요성만 제기되고 있는 현실이므로, 향후 돌봄이 필요한 노인 이외에 노인 돌봄자에 대해서도 동일한 정책직 관심을 기울여야 할 것이다.

3) 장애인 돌봄

우리나라의 장애인복지 이념의 동향은 1990년대 초반까지는 개별모델 혹은 재활모델이 지배적인 이론이었다고 할 수 있으며, 1990년대 중반 이후 사회적 모델 및 자립생활 이념이 소개되고부터 장애인 당사자를 중심으로 빠르게 확산되면서 정부와 민간이 제공하는 각종 서비스의 핵심적인 이론적 기반으로 자리 잡아가고 있다.

장애인 돌봄은 활동보조 서비스로서, 1980년대 이후 주요 외국에서 장애인복지 서비스의 핵심적인 제도로 자리매김해 왔으며, 1970년대 이후 등장한 자립생활(independent living) 및 사회적 모델(social model)은 활동보조 서비스가 이러한 자립생활 이념 및 사회적 모델을 구현하는 실천적 제도로서의 위상을 갖게 되었다.

보건복지부는 2007년 1월에 활동보조 서비스 제도 시안을 확정하고, 2007년 2월에 실시한 활동보조 서비스 수요 파악을 위한 전국 조사 결과를 토대로 2007년 4월부터 중증장애인 활동보조 서비스 사업을 시행하였다. 장애인의 자립생활과 자기결정권의 강조, 활동보조 서비스의 제공, 이용자 중심의 서비스 이용 등은 최근 변화된 외국의 장애인복지개념의 추세이며, 중증의 장애를 갖고 있는 장애인의 경우에는 일상생활 활동을 수행하는 데 있어서 다른 사람의 도움에 의지할 수밖에 없다.

그러나 장애유형별로 기본적 · 수단적 일상생활동작 등에서 많은 차이가 나타나고 장애인 돌봄에 따른 스트레스와 가족위기가 많이 발생하므로, 여성의 가족 내 돌봄이 아닌 유형별 서비스가 필요한 실정이다.

3 가족 돌봄의 문제점

25세 이상에서 50대까지의 경제활동 참여율이 계속 증가하고 있고, 앞으로도 취업 희망자나 현재의 취업을 유지하고자 하는 여성은 계속 증가할 것으로 예상되므로 여성의 경제활동 참가율은 꾸준히 증가할 것이다. 또한 3세대 이상 가정은 점차 줄어들고 노인단독 가구가 증대하는 가족구조 변화로 인해 가족의 돌봄 기능을 지속적으로 약화시킬 전망이다.

1) 부양 스트레스

노부모를 부양하는 것은 정서적 · 신체적 · 경제적 영향과 함께 개인생활과 사회생활의 제약을 가져와 부양자에게 매우 큰 스트레스를 유발할 수 있다. 노인부양자들에게 나타나는 부양 스트레스는 만성적 피로, 건강장해, 걱정 · 우울 및 기타 심리적 부적응을 들 수 있다. 이는 노부모와 동거할 경우에 부양자의 경제적 · 정서적 부양은 물론 신체 서비스 부양의 수행도가 월등히 높아 과도한 부담을 요구하기 때문이다.

따라서 가족의 부양 스트레스를 줄이고 노인의 부양만족도를 높이기 위해서는 노부모와 성인자녀 간의 심리적 유대를 높이며 노인의 경제적 · 정서적 · 신체적 서비스 측면의 자립도를 높일 수 있는 방안이 마련되어야 할 것이다.

2) 여성의 돌봄 노동

돌봄의 관계는 돌보는 사람(care provider)과 돌봄을 받는 사람(care recipient) 간의 관계로 이루어진다. 과거 이 관계는 사적인 관계, 즉 가족 및 친족의 경계 안에서 이루어졌고, 여성이 주로 다른 가족구성원들을 돌보는 젠더적인 노동이자 특정한 장소(가정)와 결부된 가장 젠더화된 노동의 형태를 띠고 있었다. 현재 돌봄 노동은 점차 공식/비공식(formal/informal), 유급/무급(paid/unpaid), 공적/사적(public/private)에 따라 복잡한 조합으로 재조직화되고 있다.

공적 돌봄 노동으로서 돌봄 노동은 시장 혹은 국가부문에서 이루어지는 임금노동이다. 돌봄 영역을 무엇으로 정의하는가에 따라서 돌봄 노동자의 비율이 달라질 수 있으며, 현재 돌봄 영역과 관련된 체계화된 국제통계가 없기 때문에 정확한 수치를 파악하기는 어렵다. 그럼에도 불구하고 OECD 노동통계(Labor Force Statistics)에서 공동체, 사회, 대인 서비스(community, social, personal service)에 종사하는 노동력의 추이를 살펴보았을 때 여성의 비율이 증가하고 있음을 알 수 있다. 스웨덴의 경우, 1970년 20% 미만이었던 여성 돌봄 노동종사자의 비율은 1990년대 30%를 넘어섰으며, 이탈리아와 독일과 같이 전통적으로 서비스 부문이 취약한 국가들에서도 여성 돌봄 산업 종사자의 비율은 증가하는 추세를 보여주고 있다. 한편 상대적으로 공적 복지 서비스가 발달한 국가일수록 여성노동자의 비중도 높다.

(1) 아동 돌봄

① 경제적 부담

여성가족부의 조사(2006)에 따르면 영유아 1인이 보육시설, 유치원 등 기관을 이용하는 데 드는 월 평균 비용은 17만 원으로 가구소득대비 8.3%이다. 자녀 수가 2명일 때는 1명에 비해 1.5배의 비용을 지출한다. 현재 기관 이용 아동 보호자 중 58.1%가 비용에 부담을 느낀다고 했다.

[2] 정신 · 심리적 부담

한국여성개발원(2006)의 취학전 아동을 둔 여성을 대상으로 한 조사에 따르면, 아내의 취학전 자녀 양육 시간이 하루 평균 11시간 36분으로 돌봄 노동에 대한 시간이 많이 소요되는 것으로 나타났다. 그러나 아버지의 돌봄시간은 1시간 17분에 불과하였고, 특히 장애아동을 둔 가정의 어머니는 13시간 16분으로, 자녀의 장애로 인해 교육, 재활, 치료에 더 많은 시간과 비용이 소요된다. 이로 인해 돌봄 노동은 장시간이 소요되고 주로 여성에 의해 이루어지며, 여성의 육체적 · 정신적 스트레스가 매우 높다는 것을 알 수 있다.

(2) 노인 돌봄

[1] 돌봄 노동 시간

돌봄이 필요한 노인 1명당 돌봄 노동 시간 총량은 전체 평균 15시간 10분이었다. 주중과 주말 돌봄 시간을 비교하면 주중은 총 14시간 51분이며, 주말은 15시간 42분으로 주말이 평일에 비해 약 51분 정도 더 돌봄을 많이 하는 것으로 나타났다.

[2] 돌봄 스트레스 정도

개인적 · 사회적 제약, 신체 · 정서적 건강, 노인 돌봄에 대한 가치, 돌봄 대상 노인과의 관계, 경제적 비용의 5개 영역으로 구성된 돌봄 스트레스 척도[4]를 기준으로 보면, 개인적 · 사회적 제약에 대한 점수가 가장 높아 이로 인한 스트레스가 가장 심각함을 알 수 있다.

한편, 노인 돌봄에 대한 가치는 다른 영역에 비해 긍정적이었다. 돌봄자들은 돌봄으로 노인에게 도움이 되는 것에 대해 가치 있는 일로 생각하고 있어 돌봄 역할에 대한 부정적 가치 평가로 인한 스트레스는 적은 것으로 보인다.

4) 돌봄 스트레스 척도는 Cost of Care Index(CCI)를 사용하였다 (Kosberg, Jordan I., et al., 1986, 1990). 5개 영역(개인적 · 사회적 제약, 신체 · 정서적 건강, 노인 돌봄에 대한 가치, 돌봄 대상 노인 관련(Care Recipient as provocateur, 경제적 비용)의 20개 문항으로 구성되어 있다(각 척도는 5점 리커트 척도로 조사되었다).

3 장기간 관리(long time care)

동시대 건강과 건강관리에 대해 중요하게 고려되어질 수 있는 쟁점은 노인을 위한 시설과 장기간 돌봄이다. 이 쟁점은 노인시설의 높은 비용에 대한 자극, 비효과적이고 부적당한 노인시설에 대한 논의 등 대중의 시야로 증가하고 있다. 이러한 요인은 '시설의 대안'을 위한 연구로 각광받았으며, 시설의 장기간 관리는 집에 있는 것보다 더 나은 사회공동체의 토대가 될 수 있다. 현재 분산되고, 비교적 조정되지 않은 부정확한 의료 시설관리 체계 등 노인의 건강관리에 관한 공공시설 논의는 점차적으로 집중될 것이다.

(3) 장애인 돌봄

장애인 가족들은 돌봄 과정에서 많은 시간과 노력으로 인한 신체적 부담이 훨씬 심각하다. 돌봄 제공자의 되풀이 되는 수면부족과 육체적 피로의 누적이 보고되고 있고, 돌봄을 위한 많은 시간과 노력이 돌봄 부담에 영향을 미친다. 이러한 부담이나 스트레스는 가족문제를 유발할 수 있고, 실제로 발생되고 있어 돌봄 제공자 및 이들 가족에 대한 사회적 지원문제는 매우 중요하게 부각되고 있다. 장애아는 항상 누군가 보살펴야 하나 돌봄 제공자는 대부분 가족으로 비장애 가족원 간의 관계 소홀이나 가족해체로까지 이어지는 등 가족기능 수행에 많은 어려움을 겪고 있다.

한편 2007년에는 장애아 돌봄 서비스에 돌보미 754명, 장애아 3,799명으로 4만 2,497건이 지원되었으며 가족역량 증진 프로그램에는 장애아가족 2,090명, 돌보미 442명, 자원봉사자 352명, 기관종사자 213명 등이 참가해 만족도 88%를 달성했다(메디컬투데이, 2008. 4.).

늘리고 보육교사에게 국가자격증을 발급해 보육의 질을 높이도록 하고 있다.

(2) 고용관련 지원

1 엄마 채용장려금

2007년 4월부터 임신 · 출산 · 육아 등으로 이직한 여성근로자를 기업이 신규채용하는 경우 월 60만 원의 장려금이 새롭게 지원되었다. 이직여성 신규채용장려금은 임신 · 출산 · 육아 등의 이유로 회사를 그만둔 여성근로자를 채용하는 경우 사업주에게 처음 6개월 동안은 월 60만 원을, 그 후 6개월 동안은 월 30만 원을 지원하는 제도이다.

한편 여성 고령자의 고용을 증대시키기 위해 중소 제조업체가 50세 이상의 전문인력을 채용하는 경우 사업주에게 처음 6개월 동안은 1인당 120만 원을, 이후 6개월 동안은 60만 원을 지원한다.

2 남성 육아제도 정책을 위한 정부의 지원 '파파쿼터제'

'파파쿼터제'는 육아휴직기간(12개월)의 일정기간 이상을 반드시 남성이 사용하도록 의무화하고, 육아휴직 자격이 있는 남성 근로자는 최소 1개월 간 육아휴직을 사용토록 하며, 육아휴직기간 중 최초 1개월에는 평상시 임금의 100%를 지급하도록 명시했다.

현행 육아휴직제도는 배우자의 노동시장에서의 지위와 관계없이 남성과 여성 모두가 사용할 수 있도록 되어 있다. 그러나 2006년 육아휴직 사용자 13,670명 중 남성은 230명에 불과하였다. 2006년 출생한 신생아가 450,000명임을 고려할 때 현행 육아휴직제도에서 남성 육아휴직 사용은 유명무실한 상황임을 알 수 있다.

(3) 서비스 지원

1 여성의 사회참여를 위한 여성인력종합계획

국가에서는 돌봄으로 인해 직장을 그만둔 여성들을 위해 다양한 정책을 실시한다. 첫째, 여성 일자리 확대로 육아 · 가사 · 노인부양 간병 등 가정 내 돌봄의 사회화를 통한 일자리 창출, 과학기술 및 문화 사업 서비스 분야 지원, 공공분야에서 여성 관리직 확대 등의 정책이 추진된다.

둘째, 여성능력개발과 여대생의 직업의식 고취를 위해 '젠더 커리어 디벨로프먼트(gender career development)' 프로그램을 개발 · 보급하고 여대생 특화 진로교과과정, 여성공학교육 선도대학을 지원하며 재직근로자훈련의 여성참여율을 높이기 위해 남녀고용평등 우수기술 평가항목에 재직여성 직무훈련 비율을 반영한다.

셋째, 중소기업 밀집 지역에 '여성희망일터지원본부'를 설치해 가사와 보육, 직업훈련 등의 서비스를 원스톱으로 제공하고, 지역과 기업, 대학이 연계된 '여성희망 일터만들기' 프로젝트를 구상한다.

넷째, 근로자 산전후 휴가급여(90일) 전액 국가 부담, 임신 16주 이상 여성근로자의 유 · 사산시 휴가 부여, 육아휴직 요건 완화, 육아휴직 대체 인력풀 구성 등의 정책이 시행된다. 중산층 부모의 보육 부담 완화를 위해 2009년까지 0~4세 영유아의 보육료를 도시근로자가구 평균소득 130% 이하 가정으로 확대하고, 공무원 육아휴직 요건이 2008년부터 만 3세에서 취학 전(만 7세), 민간기업은 만 1세에서 만 3세로 완화되었다. 육아휴직 대체인력 채용 장려금도 현행 월 10~15만 원에서 월 20~30만 원으로 증액하고, 취업부부의 편의를 위해 야간학부모모임 도입여건도 조성된다.

2 돌봄 아동의 책임과 역할에 있어서의 성별 평등화

정책적 지원방안과 더불어 가장 중요한 것은 돌봄 노동에 관한 의식의 전환이다. 돌봄 노동의 사회적 지원은 제도차원에서 뿐 아니라 가족 내에서 남성과 여성이 돌봄 노동을 함께 한다는 인식이 필수적이어야 한다. 이를 위해서는 남성의 적극적인 참여를 유도할 수 있는 제도의 도입이 중요할 것이다.

2) 노인 돌봄 정책

노인 돌봄에 대한 지원 방안은 크게 나누어 경제적 · 고용관련 · 서비스 지원 등이 있다. 노인 케어에 있어 외국의 정책적 흐름은 시설 케어보다는 커뮤니티 케어(community care) 또는 홈베이스드 케어(home based care)로, 공식 케어(formal care)보다는 비공식 케어(informal care)로 비용이 적게 드는 방향으로 변화되는 경향이다.

정부는 2008년 7월부터 노인장기요양법을 시행하여 노인요양시설을 양적으로 확충하고 다양한 유형의 시설을 새로 설치하며 지역별 시설 편중을 해결하기 위한 여러 가지 방안이 포함된 시설 설치계획을 내놓았다. 이 법의 시행으로 돌봄 지원 시설 서비스 비용에 대한 본인 부담이 줄어들게 된다. 또한 가족구성원의 돌봄에 대한 급여도 매우 제한적인 형태이지만 곧 제도화될 예정이다.

(1) 경제적 지원

1 직접적인 현금지원

경제적 지원의 핵심은 노인 돌봄 제공자에 대한 케어 수당이다. 고소득층을 제외한 대부분의 소득계층에서 비용부담 때문에 시설 서비스를 이용하지 못하는 경우를 고려한다면 시설에 보내지 않고 가족이 돌보는 경우 일정 정도 케어에 대한 현금급여 제도화가 매우 필요하다. 노인환자가 있는 가족의 케어로 인한 소득상실, 돌봄 비용으로 인한 경제적 부담 등을 고려할 때 가족에 대한 경제적 지원을 위해 케어 수당 제도를 검토해 보는 것이 바람직하다.

2 간접적인 비용지원

간접적인 경제적 지원으로는 우선 노인 돌봄 제공자에 대해 일정기간 동안 연금 가입 기간으로 산입해주는 연금 크레딧[5] 제도가 있다.

서비스 이용권으로 돌보미 바우처 제도가 2007년 4월부터 시행되었으며, 차상위 중증 노인에게 제공하여 수발 서비스를 구매할 수 있도록 하고 있다. 이러한 돌봄 서비스 이용권은 바우처[6] 형식으로 지급하여 자유롭게 서비스를 선택하여 구매하도록 하는 방식이다. 또 시설을 지정하여 일정 횟수만큼 시설의 서비스를 이용하도록 서비스 이용권을 만드는 것도 가능하다.

5) 돌봄을 위한 휴직기간 동안 일시적 노동단절을 경제적으로 보상하기 위하여 돌봄 노동 기간을 연금기여기간으로 인정하여 산정해 주는 방안이다.

6) 중증 노인이 있는 가구가 가사 · 일상생활 · 활동보조 등을 받을 수 있는 노인돌보미 서비스 이용권이다.

(2) 고용관련 지원

1 가족간호휴가

근로자에 대해 가족 돌봄이 필요한 경우 일정기간 휴가를 쓸 수 있도록 하는 것이다. 2007년부터 시행한 가족간호휴가는 직계존비속, 배우자의 질병 · 사고로 직장생활이 곤란한 경우 1년 3개월 범위 내에서 직장을 그만두지 않고 가족을 간호할 수 있도록 하고 있다.

2 부분가족돌봄휴가

전일제 휴가 이외에 부분가족돌봄휴가제도도 도입되었다. 1일 근로시간 단축과 그에 따른 임금조정을 하면서 부분가족돌봄휴가를 활용하게 되면 경력 단절 없이 가족을 돌보는 것이 가능하다. 이는 남성과 여성 모두 선택 가능한 것이며 기업으로서는 숙련된 인력을 지속적으로 확보한다는 장점이 있다. 다만 이러한 제도를 실시하는 기업에 대해 대체인력비용에 대한 재정지원 등 인센티브 부여 방안이 함께 마련되어야 할 것이다.

3 일시휴가

월 1회나 연간 10일 이내로 휴가를 사용할 수 있도록 하는 방안으로 시설에 무료나 실비로 맡기는 것, 간병인 서비스를 이용하는 이용권을 주는 것, 쉼터를 이용하는 것, 주 돌봄 제공자가 아닌 가족원이 주 돌봄 제공자의 일시휴가를 위해 지원하는 것 등의 방안이다.

(3) 서비스 지원

노인요양시설은 절대적으로 매우 부족하여 시설 확충이 시급하며, 지역별로 편중되어 있는 문제점을 해소하고, 유형을 다양화한다.

주간보호시설은 주거지 근접성이 매우 중요하다. 따라서 설립 요건으로 지역단위를 세분화하여 소규모로 다수의 시설을 설치하는 것이 바람직하다. 또한 이용시간의 탄력적 운용이 반드시 필요하며, 노인을 돌보면서 직장생활이 가능하도록 오전 · 오후로 시간이 연장되어야 한다.

돌봄 부담을 해소해 주고 노인 돌봄 제공자가 노인을 맡기고 잠시라도 쉴 수 있는 쉼터도 필요하며, 정보를 얻을 수 있는 가족지원 센터가 반드시 필요하다.

개별 노인의 건강상태에 맞춘 요양시설의 전문적인 치료 및 재활 프로그램은 향후 노인 돌봄 지원 서비스 개선에 반드시 필요한 내용이다.

Box 12-3

영국의 돌봄 제공자 친화적 정책

영국 정부는 돌봄의 책임을 맡고 있는 직원들이 계속 일하기를 원하는 경우, 이들이 직장과 돌봄 역할을 병행할 수 있도록 기업환경을 마련해 줄 것을 고용주 측에 촉구하고 있으며, 관련법의 제정을 통하여 이를 보다 구체화시키고 있다.

1999년 노사관계법(The Employment Relations Act)에서는 피고용인의 남편, 아내, 자녀, 부모 혹은 같이 사는 친척에게 긴급한 위기가 발생하였을 때 휴가를 낼 수 있는 권리를 명시하고 있다. 휴가기간은 법적으로 정해져 있지 않고 위기상황을 다룰 수 있는 정도에서 고용주와 피고용인이 합리적으로 상호합의하는 문제로 규정하고 있다. 고용주는 이를 이유로 피고용인에게 불이익을 줄 수 없지만, 반드시 유급휴가로 책정할 의무도 없다.

2004년 7월에는 '케어법[Cares(Equal Opportunities) Act]'을 제정, 2005년 4월 1일부터 시행하고 있다. 이 법은 돌봄 제공자들에게 더 많은 선택과 다양한 기회를 제공해 주어야 한다는 내용을 담고 있다.

3) 장애인 돌봄 정책

장애인의 경우에는 개인위생, 식사하기, 옷 입기, 가사활동, 외출, 직업 및 학업수행, 의사소통 및 여가 등과 같은 일상생활 및 사회활동을 수행하는 데 있어서 많은 제약이 따르게 되는데, 특히 중증장애인의 경우 타인의 도움이 절대적으로 필요하다.

(1) 장애인 자립생활 센터 활동보조 서비스 사업

시범사업형태의 활동보조 서비스 사업으로 활동보조 서비스를 제공하고 있는 센터는 전체의 81.8%에 해당하는 18개소로서 동료상담과 권익옹호 및 지역사회개선(각 20개소)에 이어 두 번째로 많이 실시하고 있는 사업이다.

(2) 여성장애인 가사도우미 파견사업

지방자치단체가 주도하는 사업으로서 여성장애인 가사도우미 파견사업과 기타 활동보조 서비스 사업이다. 여성장애인의 임신, 출산, 육아 및 가사활동 지원과 관련한 종합적인 서비스를 제공함으로써 여성장애인들의 일상생활 지원 및 사회참여 증진을 제고하기 위한 것이다.

(3) 기타 활동보조 서비스 사업

1 경기도 장애인 생활도우미 사업

가족 등의 지원체계가 없는 저소득 장애인들에게 가사 및 개인활동 등 일상생활에 필요한 생활도우미를 파견하여 서민층에게 일자리를 제공함으로써 생계안정을 도모하는 사업이다.

2 경상남도 장애인 도우미 뱅크

거동이 불편한 1~2급 중증장애인이 도움을 신청하면 도우미를 파견하는 서비스를 제공하기 위하여 경상남도가 약 12억 원의 사업비로 2005년부터 전국 최초로 실시한 사업이다.

표 12-6 세 가지의 젠더(gender) 정책 체제

체제의 속성	남성 생계부양자 (male breadwinner)	성별 역할 분리 (separate gender role)	개인으로서의 소득자-보호자 (individual earner-carer)
이데올로기	엄격한 성별 노동분업 남편=소득자(earner) 아내=보호자(carer)	엄격한 성별 노동분업 남편=소득자(earner) 아내=보호자(carer)	역할공유 아버지=소득자이자 보호자 어머니=소득자이자 보호자
수급권	배우자 간 불평등	성별 역할에 따라 차등적	평등함
수급권의 기초	가족부양	가족 내 역할책임	시민권 또는 거주민으로서의 권리
복지수혜자	가장, 일부 피부양자	가족부양자로서 남성, 보호노동자로서 여성	개인
과세	결합과세 피부양자 공제	결합과세 부부 모두 피부양자 공제	분리과세, 동등한 조세감면
고용 및 임금정책	남성에 우선적	남성에 우선적	양성 모두 대상
돌봄(care)의 영역	주로 사적으로 수행	주로 사적으로 수행	강력한 국가 개입
해당 국가	독일, 네덜란드, 미국	노르웨이	스웨덴, 핀란드

출처: Sainsbury, D.(1999), "Gender, Policy Regimes and Polics", in Sainsbury(Ed.)

5 가족 돌봄 강화를 위한 정책방향

현재 사회 가족의 변화를 한 학자는 "가족에 여자가 없다"로 요약했다. 이는 전적으로 가족을 책임지던 여성이 취업 등으로 그 역할을 하지 못함에 따라 가족의 돌봄 기능이 공백상태에 이른 것이 오늘날 가족문제의 핵심이라는 지적이다. 이들 문제는 더 이상 사생활이 아니라 실업처럼 국가가 대처해야 할 새로운 사회적 위험으로 대두되고 있다. 가족정책이 어느 시기보다 중요해진 이유이다.

따라서 고용불안정 심화 및 고령화시대 인력부족에 대응하기 위해 여성인력의 활성화가 사회투자국가의 핵심과제가 되었다. 남성가장 단독부양 모델에서 취업부부 모델로의 전환이 순조롭게 진행되기 위해서는 무엇보다 가족은 물론 기업, 지역사회 등 사회환경 전체가 양성평등하고 가족친화적 구조로 재편되어야 하며 이 점에서 가족정책의 중요성이 더욱 부각되고 있다.

1) 가족부양 강화의 방향

가족에 의한 노인부양의 앞날은 사회적 · 경제적 · 문화적 여건의 변화로 점점 더 불확실해지고 있고 현재와 같은 수준의 국가 정책적 지원으로 강화되고 발전될 수 있을지도 불확실하다. 특히 연금재정의 부담 증가와 의료비용의 증가는 국민의 조세부담 증가를 가져오는 결과가 되므로 노인에 대한 부정적인 편견이 확산되고 있는데 이러한 부정적 편견이 노인복지의 발전에 큰 장애가 되고 있다.

그러나 장기적 시각에서 보면 결국은 가족기능의 강화와 보강을 통해 노인에 대한 사회적 보호를 1차적으로 가족이 담당하게 하여 노인복지의 국가적 지출을 감소시키는 것이 바람직하다. 현재까지 노인에 대한 국가적 가족부양정책은 무의무탁한 빈곤노인에 대한 단순한 생계유지와 시설보호 위주이며 그나마 예산확보의 어려움으로 기초적 보장에 그치고 있다. 우리나라 노인들이 보다 자립적이고 선택의 폭이 넓은 삶을 유지할 수 있도록 하기 위해서는, 노인의 연금제도 확충 및 노인취업정책 등을 통한 기초소득보장의 확립이 무엇보다도 시급한 과제이다.

2) 공적 서비스의 민영화 방향

현재까지 공적 기관에서 수행해 오던 가족부양 강화 서비스는 효율성 증진과 효과적 · 대안적 서비스의 융통성 있는 개발을 위해 민간부문에 위탁하는 방향으로 나갈 것이다. 이러한 의미에서 민영화는 가족의 부양기능을 강화하기 위하여 국가가 직접 해야 할 일을 민간조직에 맡기고 국가는 비용의 전체 또는 대부분을 부담하는 방향으로 볼 수 있다. 최근에는 실버산업의 육성전략 즉, 시장경제원리에 의해 중간층 이상의 소비자를 대상으로 실버산업이 시장화되고 있다.

3) 실버시장의 확충

사회복지 서비스의 대상은 저소득층뿐만 아니라 중산층 이상으로 확대되고 있고 특히 가족부양 강화 서비스를 포함하는 사회 서비스가 시민적 권리로 인정되고 있지만(Tinker, 1992) 그것은 반드시 국가의 무료 서비스를 의미하는 것은 아니다.

국가는 서비스의 일부를 시장경제에 의존하게 할 경우 서비스가 이윤추구나 노인과 가족의 권리나 안전이 보장되도록 감독하는 기능을 수행하여야 할 것이다. 노년기 연장을 맞아 노인층에서 자식은 있되 자식의 효도에 의존하지 않고 취미나 운동, 여행 등으로 부부만의 생활을 즐겁게 보내고 자식과 떨어져 두 노부부만이 살고자 하는 통크족(TONK: Two Only No Kids)의 증가는 다양한 노년기의 모습을 나타내는 예라고 하겠다.

4) 지역사회의 보호의 강화

가족 내에서 돌봄 노동을 어떤 방식으로 해결할 것인가가 단연 가족정책의 핵심과제로 부각되었다. 서구에서는 연금 및 노인복지정책을 통해 노인이 가족정책의 핵심영역으로부터 분리될 수 있었다. 우리 사회의 경우 특히 노인의 돌봄 노동이 가족의 사적 부담을 크게 줄이고 시장보다는 공공부문에서 제공되는 서비스에 의해 충족되기까지는 적지 않은 시간이 소요될 것으로 전망된다.

지역사회보호는 탈시설화와 병행하여 발전된 가족 돌봄의 정책방향으로 가족을 가능하면 지역사회 속에서 지역사회에 의해서 보호하자는 정책이다. 지역사회보호의 필요성과 이론적 근거는 바람직하고 효과도 크게 인정되고 있기때문에 이러한 정책지향은 앞으로도 계속 추진될 것으로 보인다. 또한 돌봄 서비스는 사회재(social good)와 정책재(policy good)의 성격을 동시에 가진다는 주장이 있다. 전자는 사회적 규범과 사회관계에 기인하는 것으로 사회구조에 근간하는 것이며, 후자는 공공정책 영역에서 실현되어야 함을 의미한다.

5) 가족지원을 통한 사회통합

다양한 가족에 대한 지원을 통하여 가족의 안정성을 높이고 사회적 통합을 이루는 것이 필요하다. 한부모가족, 특히 여성가장의 경우 생계와 자녀양육을 위해 노동시장에 진입하지만 빈곤에 처할 가능성이 매우 높다는 점을 감안해 이들 모자가족에 대한 임시방편적이 아닌 실질적인 고용 및 소득보장이 강조되어야 할 것이다. 결혼이민자가족 등 다문화 가족을 어떻게 한국의 가족으로 수용할 것인가는 한 과제이며 개인, 가족, 지역사회, 그리고 국가 등 다양한 주체의 협력이 필수적이다.

또한 저출산, 높은 이혼율, 결혼 기피 등 가족의 위기라고까지 말하는 현재의 상황을 극복하기 위해서는 지금까지 가족이 부담하여 왔던 기능을 국가, 시장, 지역사회가 분담하고, 그리고 가족 내에서는 남녀가 역할을 함께 나누는 패러다임의 전환이 전제된다.

가족정책의 성패는 가족문제와 관련된 다양한 주체들의 협조와 조정을 어떻게 잘 이끌어 내느냐에 달려 있다. 따라서 가족정책추진을 위한 체계의 구축을 위해 과제별로 정책 네트워크를 형성하고, 정보 및 지식 인프라를 구축하며, 성과관리 및 평가시스템을 구축하여 각 주체의 책임성을 확보하는 방안 마련에 많은 노력을 기울여야 할 것이다.

요 약

이 장을 요약하면 다음과 같다. 가족의 형태와 기능은 전통사회에서 산업사회를 거치면서 현재에 이르기까지 다양하게 변화해 왔고 가족유형 및 구성이 다양화되면서 가족기능의 변화와 가족에 대한 개념은 달라지고 있으나 자녀를 양육하고 노약자를 부양하는 돌봄 기능 측면은 여전히 가족의 몫으로 남아있다.

그러나 최근 사회적 돌봄 서비스가 필요하다는 데 대해 공감이 형성되고 있고, 정부는 이에 따라 노인장기요양보험제도를 도입하는 등 가족정책의 새로운 패러다임을 모색하고 있다. 지금까지 시설을 중심으로, 저소득층 이하의 집단을 대상으로 제공되어 온 돌봄 서비스는 앞으로 지속적으로 확대될 것이며, 가족내 돌봄 자원이 감소하고 있어 돌봄에 대한 사회적 지원체계가 매우 필요한 시점이다. 가족 돌봄에 대한 사회책임 강화는 저출산, 고령화 시기에 시급히 해결되어야 할 국가 정책 과제 중의 하나로서 가족 지원 서비스의 핵심 내용임은 아무리 강조해도 지나치지 않을 것이다.

생각해 볼 점

1. 여성이 가족 돌봄에서 벗어나 일과 가정을 양립하기 위한 바람직한 직장문화에 대하여 토의해 보자.

2. 가족 돌봄의 사회화에 따른 긍정적인 면과 부정적인 면에 대해 토의해 보자.

참고문헌 REFERENCES

고정자(2005). 현대의 노인복지. 서울: 형설출판사.

김혜경(2004). 보살핌 노동의 정책화를 둘러싼 여성주의적 쟁점: '경제적 보상(payment for care)'를 중심으로. 한국여성학, 20(2), 한국여성학회.

보건복지부(2005). 노인보건복지사업 안내.

성정현 · 여지영 · 우국희 · 최승희(2004). 가족복지론. 서울: 양서원.

양점도 · 신현일 · 정일교 · 김현수(2008). 케어복지실천기술론. 경기: 양서원

여성가족부.통계청(2005). 2004년 생활시간조사 종합분석결과. 학술세미나 자료집.

이해영(2008). 케어복지개론. 경기: 양서원.

장혜경 · 홍승아 · 김영란 · 김수정(2005). 가족 내 돌봄노동에 대한 사회적 지원방안 연구. 한국여성개발원.

한국보건사회연구원(2006). 지역사회 중심의 돌봄서비스 활성화 방안.

한국여성개발원(2006). 가족 내 돌봄노동 실태조사.

홍미령(2004). 고령화사회 가족부양의 의미와 바람직한 역할모델. 한국노인문제연구, 가족구성원의 역할 세미나 발표문.

D' Addio & D' Ercole (2005). Trends and determinants of fertility rates in OECD Countries: The role of policies. *OECD Social, Employment and Migration Working Paper 27*.

England, P. (2005). *Gender inequality in labor markets: The role of motherhood and segregation. Social Politics*. Summer 2005.

Hilary, A. & Michael, H. (2005). Unpaid carer' s access to and use of primary care services. *Primary Health Care Research and Development, 2005*(6), 101-116

Lewis, J. & Giullari, S. (2005). The adult worker model family, gender equality and care: The search for new policy principles and the possibilities and problems of a capabilities approach. *Economy and Society 34*(1), 76-104.

Morgan, K. (2005). The production of child care: How labor markets shape social policy and vice versa. *Social Politics Summer 2005*.

Pfau-Effinger, B. (2005). Welfare state policies and the development of care arrangements. *European Societies, 7*(2), 321-347.

Sainsbury, D. (1999). Gender, policy regimes and policies. In Sainsbury(Ed.). *Gender and welfare state regime*. New York: Oxford University Press.

Chapter 13

FAMILY RELATIONS

가족 해체와 재구성

가족과 관련된 여러 가지 의식의 변화 중 가장 빠른 변화는 결혼 및 이혼과 관련된 가치관의 변화이다. '검은 머리가 파뿌리 되도록' 이나 '죽음이 갈라놓을 때까지'와 같은 결혼식 주례사는 이제 옛이야기 속에서나 등장하고 있다. 일처다부제를 주제로 화제가 된 소설 『아내가 결혼했다』는 여주인공이 "내가 별을 따 달래, 달을 따 달래, 그냥 남편 하나 더 갖겠다는 것뿐인데…."라며 남편에게 자신의 이중결혼을 받아줄 것을 요구하고 남편이 일처다부의 상황을 수용하게 한다는 줄거리로 일부일처제와 배타적 결혼관이 개인의 행복을 억압한다는 주장을 하고 있다. 일처다부가 주제가 되는 소설이 베스트셀러가 되고 영화화되었다는 것 자체가 우리 사회의 결혼에 대한 가치관이 빠르게 변화하고 있음을 보여준다. 이제 평생 한 사람만을 사랑하겠다는 결혼의 선서는 점차 퇴색되어 가고 있다. 『누구나 한 번쯤 이혼을 꿈꾼다』라는 책에서 미셸 와이너 데이비스는 이혼을 부부관계의 통과의례라고까지 이야기하고 있다. 이처럼 이혼에 대한 인식은 급격히 변화하여 이혼을 사회의 병리적인 현상으로 보던 태도에서 행복추구권으로 보는 허용적이고 개방적인 방향으로 변화하고 있다(김숙자, 2006).

이혼과 재혼에 대한 허용적인 태도는 2012년 사회통계조사의 결과에서도 알 수 있는데 조사대상 여성의 54.3%와 남성의 42.9%가 이혼에 찬성하는 것으로 나타났다(http://kosis.kr). 이는 재혼에 대한 태도에서도 유사하게 나타났는데 사별이나 이혼 후 재혼을 통해 새 삶을 시작하는 데 찬성한다는 비율이 19.4%이고, 해도 좋고 하지 않아도 좋다는 응답이 61.1%인데 반해 반대한다는 비율은 13.2%에 불과한 것으로 밝혀졌다(http://kosis.kr). 또한 한국여성정책연구원에서 2008년 실시한 여성가족패널조사 결과에서 기혼여성의 51%, 특히 19~29세 기혼여성의 71.1%가 자녀가 있어도 이혼할 수 있다는 것에 찬성을 하고 있으며(http://kosis.kr), 2012년에 이혼한 부부 중 52.8%가 미혼자녀가 있는 것으로 나타나 더 이상 자녀의 존재가 불행한 결혼을 유지하게 하거나 이혼을 막아주는 역할을 하지 못함을 알 수 있다. 이 같은 세태를 반영하듯 요즘 TV 드라마에도 가족의 해체와 재구성이 심심찮게 등장하고 있고 이혼과 재혼에 대한 스테레오 타입식 묘사와 편견에서 벗어난 미래지향적인 이혼과 재혼, 새어머니상이 그려지고 있다.

그러나 이혼의 급속한 증가는 이혼 당사자만의 문제가 아니라 가족해체, 그리고 다시 재혼으로 이어지면서 이혼 당사자들을 둘러싼 모든 가족구성원들의 삶에 변화를 가져오고 있다. 이 장에서는 이혼 및 재혼과 관련된 다양한 요인들에 대해 알아보기로 하자.

1 이 혼

1) 이혼의 현황과 변화 경향

2003년 16만 6,600쌍이 이혼을 한 이후 우리나라의 이혼건수는 계속해서 감소하여 2012년에는 2003년에 비해 31.4%가 감소한 11만 4,300쌍이 이혼을 하였다(통계청, 2013a). 이는 유배우 인구의 감소와 2007년 민법개정으로 도입된 이혼숙려기간제 및 2008년 6월부터 시행된 이혼 전 가사상담 권고제도 등 이혼과 관련된 법적인 변화로 인한 결과로 보인다.

최근의 이혼 경향을 살펴보면 눈에 띄는 네 가지 변화가 나타난다. 첫째, 협의이혼이 감소하고 있다. 2003년 이후 협의이혼(2003년 85.9% → 2012년 67.6%)은 계속해서 감소하고 있으며, 특히 2008년 이혼숙려기간제 도입 이후 77.9%로 크게 감소하였으나, 재판이혼은 2007년을 기점(2007년 15.2% → 2012년 23.9%)으로 조금씩 증가하고 있다(통계청, 2013a).

둘째, 20년 이상 동거한 부부의 이혼율이 계속해서 증가하고 있다. 20년 이상 동거한 부부의 이혼은 1997년에는 9.8%에 불과하였으나 2002년에는 15.7%, 2012년에는 26.4%로 증가하여 전체 이혼의 1/4 이상을 차지하고 있다. 2011년까지는 4년 이하의 이혼이 가장 높은 비중을 차지하였으나 2012년 처음으로 20년 이상의 이혼이 4년 이하(24.7%)의 이혼보다 높은 비율을 차지하였다(〈표 13-1〉 참조). 특히 혼인 지속기간이 30년 이상인 부부의 이혼은 10년 전에 비해 3.5배 이상 증가한 8.8%로 전년 대비 가장 높은 증가율을 보였다(통계청, 2013a).

셋째, 20년 이상 동거한 부부의 이혼율이 높아짐에 따라 평균 이혼연령과 평균 혼인 지속기간도 계속해서 상승하고 있다. 2002년에 남녀의 평균 이혼연령은 40.6세와 37.1세였으나 2012년에는 각각 45.9세와 42세로 5세 이상 상승하여 연령별로 남녀 모두 40대와 50대가 이혼의 33.9%와 29%를 차지하고 있다. 평균 혼인 지속기간도 2002년 11.3년에 비해 2012년에는 2년 이상 증가한 13.7년으로 나타났다.

넷째, 국제결혼이 급속하게 증가하는 것과 함께 국제결혼 부부의 이혼도 매년 증가하고 있다. 2002년 1,700건으로 전체 이혼의 1.2%에 불과했던 한국인과 외국인 배우자의 이혼이 2012년에는 9,500건으로 전체 이혼의 9.5%를 차지하고 있다.

표 13-1 총 이혼 건수 및 조(粗)이혼율 및 동거기간별 이혼 구성비

(단위: 1,000건, %, 년)

		2002	2003	2004	2005	2006	2007	2008	2009	2010	2011	2012
총 이혼 건수(천 건)		144.9	166.6	138.9	128.0	124.5	124.1	116.5	124.0	116.9	114.3	114.3
조 이 혼 율*		3.0	3.4	2.9	2.6	2.5	2.5	2.4	2.5	2.3	2.3	2.3
구 성 비												
결혼기간	0 ~ 4년	26.9	24.5	25.2	25.9	26.5	27.2	28.4	27.2	26.9	26.9	24.7
	5 ~ 9년	23.3	23.1	22.9	22.3	21.9	20.5	18.6	19.0	18.8	19	18.9
	10 ~14년	19.4	19.6	18.9	18.4	18.0	17.5	15.7	16.1	15.9	15.2	15.5
	15 ~19년	14.7	14.9	14.8	14.8	14.5	14.7	14.2	14.8	14.5	14.2	14.6
	20년 이상	15.7	17.8	18.3	18.7	19.1	20.1	23.1	22.8	23.8	24.8	26.4
	20~24년	9.5	10.3	10.2	9.8	9.6	9.4	10.2	10.3	10.8	11.0	7.2
	25~29년	3.7	4.4	4.8	5.1	5.4	5.8	6.8	6.7	6.6	6.7	4.2
	30년 이상	2.5	3.1	3.3	3.8	4.2	4.9	6.1	5.8	6.4	6.9	8.8
계		100.0	100.0	100.0	100.0	100.0	100.0	100.0	100.0	100.0	100.0	100.0
평균혼인 지속기간		11.3	11.9	12.0	12.0	12.1	12.3	12.8	12.9	13.0	13.2	13.7

출처: 통계청(2013a). 2012년 혼인이혼통계. * 조이혼율: 인구 1,000명당 건

2) 이혼 사유

2002년부터 2012년 사이의 이혼 사유를 살펴보면 성격차이가 가장 높은 비율을 차지하고 있는 것으로 나타난다(〈표 13-2〉 참조). 가족 간 불화로 인한 이혼은 2002년에는 전체 이혼의 14.4%로 성격차이 다음으로 높은 비율을 차지하였으나 점차 감

소하여 2012년에는 6.5%에 불과한 것으로 드러났다. 이는 현대사회로 들어오면서 과거와는 달리 확대가족과의 관계는 점차 느슨해지고 핵가족이 중심이 되어 이혼이 부부간의 우애의 문제에 기반하고 있음을 반영한 결과로 보인다(성정현 · 양심영, 2006). 또한 지난 10년간 '기타'를 제외하고는 경제문제가 성격차이 다음으로 이혼 사유의 높은 비율을 차지하고 있다.

표 13-2 이혼사유별 이혼 구성비

(단위: 1,000건, %, 년)

	2002	2003	2004	2005	2006	2007	2008	2009	2010	2011	2012
계(건)	100	100	100	100	100	100	100	100	100	100	100
배우자 부정	8.7	7.4	7.0	7.6	7.6	7.8	8.1	8.3	8.6	8.1	7.5
정신 · 육체적 학대	4.8	4.3	4.2	4.5	4.5	4.8	5.0	5.0	4.8	4.7	4.2
가족 간 불화	14.4	13.0	10.0	9.5	8.9	8.0	7.7	7.4	7.3	7.1	6.5
경제문제	13.6	16.4	14.7	14.9	14.7	13.7	14.2	14.4	12.0	12.3	12.7
성격차이	44.8	45.4	49.5	49.2	49.8	46.9	47.8	46.6	45.4	44.9	46.6
건강문제	0.6	0.6	0.6	0.6	0.8	0.7	0.6	0.6	0.7	0.7	0.7
기타	13.2	12.9	13.9	13.7	13.8	18.0	16.5	17.6	21.3	22.3	21.9

출처: 통계청(2013a). 2012년 혼인이혼통계.

2012년 전국출산력 및 가족보건 · 복지실태 조사에서 15~64세 가구 내에 거주하는 15세 이상 기혼여성 9,501명 중 이혼을 했거나 별거중인 여성(6.7%)들을 특성에 따라 이혼 · 별거사유에 차이가 있는지를 분석한 결과 동부지역 여성들의 경우에는 성격차이, 경제문제, 기타가 이혼과 별거 사유에서 높은 비율을 차지한 반면 읍 · 면 지역의 여성들은 배우자 외도, 학대 · 폭력, 가족부양의무 불이행, 가족 간 불화가 높은 비율을 차지하였다(김승권 외, 2012). 이혼과 별거시의 연령에 따른 차이를 비교해 보면 20대(30.6%)와 30대(25.2%)는 배우자의 외도로 인한 이혼과 별거 비율이 가장 높았고, 40대(31.7%)와 50대(37%) 이상은 경제문제의 비율이 가장 높게 나타났다. 결혼기간에 따라서도 차이가 나타났는데 결혼기간이 10년 미만인 여성들은 배우자의 외도가 주요한 이유인 반면 결혼기간 20년 이상의 기혼여성은 경제문제가 가장 중요한 이유로 나타나서 거주지역과 연령 및 결혼기간에 따른 이혼사유에 차이가 있음을 알 수 있다. 이는 한국여성정책연구원에서 2008년에 실시한 여성가족패널조사

결과 남편이 외도를 할 경우에 이혼을 해야 하는가에 대한 연령별 응답율과 상당히 유사한 결과를 보인다. 19~29세 여성의 68.4%와 30~39세의 56.9%가 이혼을 해야 한다고 응답한 반면 40대와 50대는 각각 45.6%와 24.3%만이 그렇다고 응답을 하여 연령에 따라 배우자의 외도를 어떻게 받아들이는가와 이를 이혼과 연결시키는데 큰 차이가 있음을 알 수 있다(htt://kosis.kr).

3) 이혼에 영향을 미치는 요인

녹스와 샤흐트(Knox & Schacht, 1999)는 이혼에 영향을 미치는 요인을 다음과 같이 설명하고 있다.

(1) 여성의 경제적 독립성의 증가

산업구조의 변화와 여성 학력수준의 향상으로 인해 여성의 경제활동 참가율은 계속해서 증가하고 있고, 이에 따라 기혼여성의 경제활동 참여율도 꾸준히 상승하고 있다. 남성이 경제적 부양을 담당하고 여성은 자녀양육과 가사노동을 담당하는 과거의 사회에서 여성은 경제적인 측면에서 배우자에게 의존적일 수밖에 없었고, 경제적 의존성으로 인해 여성들은 결혼생활에 문제가 있는 경우에도 쉽게 이혼을 결심하기 어려웠다. 그러나 여성의 경제활동 참여가 계속해서 증가하면서 결혼이 주던 경제적 안정이라는 매력적인 요인이 감퇴됨에 따라 경제적인 문제로 인해서 불행한 결혼을 참고 견뎌야 할 필요 없이 이혼을 자유롭게 선택할 수 있게 되었다.

(2) 가족기능과 구조의 변화

사회의 급속한 변화와 함께 가족의 주요한 기능들이 사회로 이전되어 가족구성원들은 자신들이 가진 다양한 욕구를 충족시키기 위해 종교기관, 학교나 상업적인 오락시설들을 찾게 된다. 또한 산업화와 도시화에 따라 확대가족이었던 가족의 구조가 핵가족으로 변해감에 따라 가족의 구성원들이 위기나 스트레스 상황에서 도움을 구할 수 있는 가족의 수는 줄어들게 되었다. 또한 제도적인 가족에서부터 부부의 우애에 기반을 둔 가족으로 바뀜에 따라 부부는 서로에 대한 정서적 기대치는 높게 되었으나 이러한 기대를 충족시키지 못할 때 가족은 쉽사리 해체위기에 직면하게 되었다.

(3) 이혼과 관련된 법적인 변화

개인을 우선시하고 사적인 것을 중시하는 현대사회의 추세에 따라 자유로운 이혼이 허용되는 추세였다. 그러나 최근 우리 사회에서 이혼이 급속하게 증가함에 따라 국가적인 차원에서 이혼을 줄여보자는 의도로 부부가 합의를 한 경우에도 법원의 최종 이혼 확인을 받기 전에 다시 한 번 더 생각할 기회를 주기 위한 목적을 가진 이혼숙려기간제가 2008년 6월 22일부터 본격적으로 시행되었다. 이혼숙려기간제는 법원으로부터 이혼에 대한 안내를 받고, 20세 미만의 자녀가 있을 경우 자녀양육계획 협의서를 법정에 제출해야 하며, 양육할 자녀가 있으면 3개월, 없으면 1개월이 지나야 이혼의사를 확인받을 수 있도록 한 제도이다. 이혼숙려기간제는 2005년 3월부터 상담제도와 함께 시범 시행을 했는데 수원지법의 경우 이 제도를 시범 시행한 1년 간 협의이혼 취하율이 이전 6%에서 23%로 급격하게 증가했으며, 부산지법의 경우도 이혼숙려기간제 도입 이후 협의이혼 취하율이 월 평균 5.9%에서 24%로 크게 증가한 것으로 드러났다(매일경제, 2007. 5. 7.). 부산가정법원은 2012년 12월부터 만 13세 이하의 자녀를 둔 협의이혼 당사자들이 협의이혼 전 전문가 상담을 받지 않으면 이혼절차를 진행할 수 없게 하는 의무상담제도를 도입하였으며 필요한 경우에는 부모교육, 가족캠프, 집단상담 등 후견프로그램의 참여도 강제할 수 있도록 하여 부부가 서류에 도장만 찍으면 이혼할 수 있는 관행을 과감히 깨고 미성년 자녀가 있는 가정의 가족해체를 줄이려는 시도를 하고 있다. 이러한 시도는 이혼당사자들의 의사결정에 대한 과도한 제도적 간섭이라는 비판도 받고 있지만 이혼하게 될 경우의 어려움이나 이혼으로 인해 직면하게 될 다양한 문제에 대한 정보의 제공과 함께 부부가 겪고 있는 갈등을 해결할 수 있도록 하여 '홧김이혼' 과 같이 성급한 이혼을 줄이는 데 영향을 미칠 것으로 보인다.

(4) 이혼에 대한 사회의 허용적 태도

높은 이혼율과 이혼에 대한 일반인들의 허용적인 태도는 이혼이 더 이상 특별한 사람들에게 한정된 문제가 아님을 의미한다(옥선화 외, 2006). 2012년 사회조사에 의하면 '어떤 이유라도 이혼은 안 된다' 는 사람은 16.8%인 반면 '할 수도 있고 하지 않을 수도 있다' 는 사람이 31.9%였다. 젊은 연령일수록 '할 수도 있고 하지 않을 수도 있다' 와 '이유가 있으면 하는 것이 좋다' 의 비율이 높게 나타났다. 일반인들이나 매스컴의 이혼에 대한 허용적인 태도는 이혼을 고려하고 있는 사람들이나 결혼생활에서 갈등을 경험하고 있는 사람들이 이혼에 대해 성급한 결정을 내리는 데 영향을 미칠 수 있다.

(5) 개인주의적 가치관

가족이 개인에 우선하던 가치관에서부터 개인이 가족에 우선하는 가치관으로의 변화는 가족의 행복을 위해 개인이 더 이상 희생할 수 없다는 생각을 하게 만들어 불행한 결혼의 상황에서 이혼을 쉽게 선택하게 한다.

(6) 자녀수의 감소와 자녀관의 변화

세계적으로 출산율이 감소하고 있고, 우리나라의 출산율은 OECD 국가 중에서도 가장 낮은 것으로 나타나고 있다. 자녀의 수가 부부간의 이혼을 막는 직접적인 원인은 아니지만 자녀의 수가 적으면 이혼을 결정하는 과정에서 부담감이 적게 된다. 또한 과거에는 자녀가 있는 경우에는 이혼을 자제하였으나 현대사회에서는 자녀 때문에 자신을 희생하거나 자신의 삶을 구속당하지 않겠다는 가치관의 변화와 함께 자녀가 불행한 가정에서 자라는 것보다 이혼가정이라도 행복한 환경 속에서 자라는 것이 훨씬 긍정적이라고 생각하는 경향이 증가하고 있다(방성수 · 장보임, 2003).

(7) 친족 및 지역사회 기능의 약화

전통사회에서는 친족과 지역사회가 개별 가족에게 많은 영향을 미쳤다. 그러나 산업화와 도시화로 인해 이동이 빈번해지면서 친족 및 지역사회와의 유대가 약해졌고 이에 따라 친족과 지역사회의 영향에서 벗어나 개인의 자유로운 선택이 가능하여 이혼의 선택이 용이해지고 있다.

이미 언급한 이혼에 영향을 미치는 요인과 더불어 학자들에 의해 밝혀진 이혼한 부부들이 가지고 있는 특성들은 다음과 같다(Amato & Rogers, 1997; Ahrons, 1995). 배우자 간의 공통점의 부족, 10대 결혼, 2년 이하의 교제기간, 인종 · 교육 · 종교 · 사회적 지위 및 가치의 차이, 혼전 동거 경험, 결혼 경력, 무자녀, 부부가 함께 보내는 여가시간의 부족, 의사소통기술의 부족, 남편의 실직, 아내의 취업, 배우자의 우울증 · 알코올 중독이나 질병, 심각한 질병을 가진 자녀, 제한된 수입, 낮은 학력, 도시 거주, 신앙심의 부족, 배우자의 부정 등이다.

4) 이혼의 단계

월러스타인 외(Wallerstein et al., 2000)는 이혼을 결정하는 부부가 저지르는 가장 큰 잘못 중 하나가 이혼을 일시적인 위기로 생각하는 것이라고 주장한다. 이혼의 시작은 매우 하찮은, 의식하지도 못하는 작은 일들에서부터 시작이 될 수 있으며 단일 사건이 아니라 매우 복잡한 과정으로 진행이 된다. 보하난(Bohannan, 1970)은 이혼의 과정을 연속적인 6단계 또는 6가지 이혼으로 보았다. 감정적 이혼, 법적 이혼, 경제적 이혼, 부모역할의 이혼, 사회적 이혼, 심리적 이혼이다(Strong et al., 2001 재인용). 이를 좀 더 구체적으로 살펴보자.

(1) 감정적 이혼 (The emotional divorce)

감정적 이혼은 법적 이혼 전에 일어나며 배우자 중 한 사람 또는 두 배우자 모두가 상대로부터 벗어나고자 할 때 시작된다. 이 단계에서는 두 사람의 관계가 완전히 끝난 상태가 아니기 때문에 두 사람은 화해를 시도할 수도 있다.

(2) 법적인 이혼 (The legal divorce)

법적인 이혼은 결혼의 종결을 법정에서 통지한 상태를 의미한다. 법적인 이혼의 상태에서 배우자는 상대방으로부터 법적으로 독립된 상태로 행동하거나 재혼을 할 수도 있고, 재산의 분할이나 자녀양육권과 같은 조건들에 합의를 할 수도 있다.

(3) 경제적 이혼 (The economic divorce)

경제적 문제는 이혼기간 동안 가장 고통스럽게 나타난다. 결혼기간 동안 획득된 대부분의 재산은 공동의 재산으로 간주되어 이혼하는 당사자들에게 분배된다. 이혼을 한 사람들은 경제적 이혼을 겪으면서 이전 배우자와 별개의 가구를 형성하게 되고 급격한 생활수준의 감퇴(주로 여성들이)를 경험하게 된다.

(4) 공동 부모역할의 이혼 (The co-parental divorce)

이혼으로 결혼은 끝이 나지만 부모역할은 끝나지 않는다. 배우자 간에는 서로 이혼이 가능하지만 자녀들과의 관계는 끝낼 수 없기 때문이다. 심지어 이혼 후 자녀를 한 번도 만나지 않는 부모조차도 아이들에게는 아버지나 어머니로 남아 있다. 공동 부모역할의 이혼은 이혼의 가장 복잡한 측면이며 한부모가족과 복합가족(새부모가족)의 탄생을 가져온다. 이 시기에 부모들은 이혼이 자녀에게 주는 충격을 이해해야 하고, 부정적인 영향을 최소화하도록 노력해야 한다. 또한 자녀와 전처/전남편이 관계를 유지할 수 있는 새로운 방법을 생각해 내야 하고 늘 자녀에게 무엇이 최선인지를 고려해야 한다.

(5) 사회적 이혼 (The community divorce)

이혼을 하는 사람들이 간과하는 것 중의 하나가 이혼을 하면 그들이 속해 있는 사회적 환경도 변한다는 것이다. 이혼 후에는 인척들이나 오래된 친구들과의 관계가 변화되고, 관계가 끊어지거나 축소된다. 이 시기에는 새로운 친구를 사귀게 되고 새로운 사람을 만나서 데이트를 시작하기도 하면서 독신의 문화로 들어가게 된다. 그러나 돌싱(돌아온 싱글)이라 불리우는 이혼자들은 자녀의 부양문제와 수입의 감소로 인해 독신생활처럼 자유를 만끽하기가 쉽지 않아 자유로운 여가의 시간을 즐기기가 어렵다.

(6) 심리적 이혼 (The psychic divorce)

심리적 이혼은 이전 배우자가 더 이상 자신의 삶이나 감정적인 안녕과는 관계가 없어질 때를 의미한다. 즉 이혼한 배우자가 승진을 하든, 자신보다 더 똑똑하고 이해심이 깊고 잘 생긴 다른 사람과 결혼을 하든 전혀 상관이 없다고 느낄 때 심리적 이혼의 상태가 되었다고 볼 수 있다. 보하난(Bohannan)은 심리적 이혼이 이혼의 전체 과정 중에서 가장 중요한 부분이라고 여겼다. 이 상태에서 이혼한 당사자는 자기 자신의 독립감, 완전함과 안정성을 발달시킨다. 전처/전남편을 그리워하지도 않고 그/그녀의 실수나 실패에 대해 불만을 토로하지도 않게 되며 자신의 삶에 대해 책임감을 느끼고 자신의 삶을 위해 앞으로 나아가게 되는 상태가 심리적 이혼의 단계이다.

5) 이혼의 결과

(1) 이혼이 부부에게 미치는 영향

1 감정적 · 심리적 결과

이혼의 보편화에도 불구하고 이혼 후 적응은 일반적으로 2~5년이 소요되는 긴 과정이다. 이혼 후 적응에는 성, 연령 및 결혼기간, 자녀유무, 결혼만족도, 이혼 제안자, 이혼 후 기간, 경제적 상황, 이혼한 배우자에 대한 애착과 사회적 지원망 등이 영향을 미치는 것으로 나타난다. 그러나 이와 같은 변인들이 이혼에 어떻게 영향을 미치는지에 대한 연구결과는 일관적이지 않다.

혼인상태에 따른 감정적 · 심리적 차이를 조사하기 위해 6,000명의 성인을 대상으로 조사한 결과 이혼을 한 사람들이 가장 건강의 문제가 많고 행복감이 낮았으며, 가장 우울했고 자살의 성향이 높은 것으로 나타났다(Kurdek, 1991). 이혼을 한 사람들은 결혼을 유지하고 있는 사람들에 비해 훨씬 많은 스트레스를 경험하고 있었으며 사망의 가능성도 높은 것으로 드러났다(Hemstorm, 1996). 이 같은 특성들은 이혼의 초기 단계에서 많이 나타나는데 일단 이혼 초기의 어려운 상황이 지나고 나면 건강하고 행복한 개인으로 돌아오게 된다고 한다. 분노와 비통함 이외에도 이혼을 한 사람들은 이혼 후 자신들의 삶에 나타나는 세 가지의 기본적인 변화(자신의 삶에서 가장 중요한 친밀감의 관계를 유지했던 사람과의 관계의 단절, 일상생활의 변화로 인한 혼란감, 이혼을 한 사람이라는 새로운 사회적 지위의 지각)로 인해 좌절감을 경험하게 된다. 이혼은 특히 상대 배우자가 이혼을 제기하였을 경우에 이혼을 당하는 배우자에게 좌절감과 패배감을 경험하게 한다. 그러나 이혼을 제기한 배우자도 이혼을 결정하기까지 상당한 스트레스와 죄책감을 경험하게 된다(Knox & Schacht, 1999).

대부분의 연구자들이 이혼을 본질적으로 스트레스가 많은 사건으로 인식하고 있지만 휘튼(Wheaton, 1990)은 이혼으로 유발되는 스트레스는 결혼으로 인한 스트레스가 어떠했는지에 의해 좌우된다고 주장한다. 결혼생활로 인한 스트레스가 매우 많았다면, 이혼은 불행을 경험한 배우자가 고질적으로 스트레스를 유발하는 상황에서 벗어나게 함으로써 오히려 결혼생활에서 경험했던 스트레스를 감소시킬 수도 있다는 것이다.

결혼생활에서는 남녀의 주된 역할 영역이 남성은 경제적 가족부양의 역할을 담당하고 여성은 표현적 역할을 담당하여 역할이 상이했기 때문에, 이혼 후의 생활에서 예견되는 어려움의 성격과 정도에 있어서도 남녀 간의 차이가 나타나게 된다(한경혜 외, 2004). 서구의 연구에 의하면 여성들이 이혼 후 생활에서 경제적 측면 등 많은 어려움을 경험하지만 이혼 후 생활에 대한 적응 수준은 남성에 비해 높은 것으로 나타나며, 여성들이 이혼에 대해 더 긍정적으로 평가하고 통제감도 높게 나타났다(Kitson & Morgan, 1990). 한경혜(1993)에 의하면 이혼한 남녀 모두 이혼 후 가장 어려웠던 문제가 '자녀의 앞날에 대한 걱정'인 것으로 나타났다. 이 결과는 부부가 불행한 결혼을 유지하는 가장 큰 이유 중의 하나가 자녀 때문이라는 일반적인 통념과 일치한다.

2 경제적인 문제

이혼을 한 남녀 모두 이혼 후 수입의 감소를 경험하게 되지만 많은 경우 남성들에 비해 여성들이 더 급격한 수입의 감소를 경험하게 된다. 이혼한 여성의 40%가 수입이 절반으로 감소한 데 반해 남성들은 17%만이 그 같은 수입의 감소를 경험하는 것으로 나타난다(Arendell, 1995; Knox & Schacht, 1999). 또 다른 서구연구에 의하면 한부모 아버지가 사회·경제적 강점을 활용하여 사회·경제적 수준이 더 높아지는 것으로 나타났다(Dufur et al., 2010). 이에 반해 한국은 남성의 경우도 이혼 전부터 소득이 감소하여 이혼에 도달하는 것으로 나타나고 있다(박현정·이기연·정익중, 2013). 특히 부자가족은 모자가족에 비해 사회적 지원이 적기 때문에 한부모 아버지의 경제적 지위가 낮거나 친인척으로부터 양육지원이 없는 경우 사회취약계층 중에서 또 다른 사각지대에 놓이게 된다(문은영, 2011;이연주·김승권, 2011).

3 대인관계 및 사회적 문제

이혼에 대한 일반인들의 태도는 과거에 비해 허용적으로 바뀌었으나 실제로 이혼을 한 사람들을 대하는 태도에는 이중적인 잣대가 내포되어 있다. 이혼한 사람들의 사회적 관계망의 축소도 이런 편견에서 기인한다고 볼 수 있는데 이는 이혼을 한 사람을 그 이전과는 다른 사람으로 대하는 사회적인 낙인 때문이다(옥선화 외, 2006).

이혼을 한 사람들은 이혼 후 부모나 친구들과의 관계에서도 변화가 나타난다. 이혼 초기에는 친구들과의 접촉이 감소하는 것이 일반적인 현상이다. 이혼 후 실제적인 도움을 제공해 줄 사회적 지원망에 대한 필요성이 증가하는데 반해 사회적 관계망은 오히려 축소하게 된다. 어떤 부모들은 자녀의 이혼을 기쁘게 받아들이는 반면에 어떤 부모들은 매우 비통해 한다. 그러나 한경혜(1993)에 의하면 이혼한 사람들은 여전히 자신의 부모로부터 다양한 지원을 받는 것으로 나타난다. 부모들은 이혼으로 인해 상실된 배우자의 자리를 채워주며, 특히 여성들의 경우는 경제적 지원, 구직, 거주지 마련 등 생활의 기본이 되는 지원을 제공해준다.

(2) 자녀에게 미치는 영향

1 이혼이 자녀에게 미치는 부정적인 측면

부모의 이혼 후 첫 2년 동안 아이들은 이혼에 대처하는 데 많은 어려움을 겪게 된다. 부모의 이혼은 자녀의 감정적, 신체적, 사회적 기능 및 학업성적에 영향을 미치며, 자녀들은 분노와 미래에 대한 불확실성을 경험하게 된다. 이혼한 가정의 자녀들은 일반 가정의 자녀들에 비해 신체적 건강과 관련된 문제를 더 많이 겪고, 학교 성적과 학교에서의 수행에 문제가 있는 것으로 나타나며 우울증과 분노, 무기력함, 부주의와 산만함의 증상을 보이는 것으로 밝혀졌다(Wolf, 1996).

부모의 이혼은 자녀의 성인기까지도 영향을 미치는 것으로 드러났다. 월러스타인 외(Wallerstein et al., 2002)는 이혼 가정에서 자란 자녀들을 25년 동안 추적한 장기 연구를 통해 이혼이 자녀에게 미치는 영향을 서술한 『우리가 꿈꾸는 행복한 이혼은 없다』에서 이혼의 영향은 자녀에게 장기적이며, 자녀가 사랑, 성적인 관계 그리고 진정한 사랑을 찾아 나섰을 때 가장 잔인하게 그들을 공격한다고 주장한다. 부모의 이혼을 경험한 여성들은 남자를 믿지 못하고, 관계를 유지하지 못하며, 남성들은 인생의 목표를 설정하는 데 어려움을 느꼈다. 부모의 이혼은 결혼과 자녀출산에도 영향을 미치는 것으로 나타나서, 부모의 이혼을 경험한 여성들은 혼외출산의 비율과 10대에 결혼할 가능성이 일반 가정의 딸들에 비해 높았다. 이혼이 자녀에게 미치는 영향을 연구한 연구자들은 일관되게 부모의 이혼은 자녀의 성인기의 삶의 질에 부정적인 영향을 미친다고 제시한다(Eshleman, 2003). 부모의 이혼에 의해 영향을 받는 특성은 심리적인 안녕감(우울, 낮은 인생만족도), 가족적 안녕감(낮은 결혼의 질 · 안정성, 높은 이혼율과 부모와의 관계가 좋지 않음), 사회경제적 안녕감(학력, 직업적인 지위와 수입이 낮음), 그리고 신체적인 건강이다. 월러스타인 외(Wallerstein et al., 2000)는 이혼 가정에서 자란 자녀들은 안정된 이성 관계에 대한 가치관이 부족하고, 결혼생활을 유지하는 데 실패한 부모에 대한 기억이 이들을 방해하여 결국 어울리지 않거나 불행이 예견되는 이성을 만난다고 주장하고 있다.

2 이혼이 자녀에게 미치는 긍정적인 측면

과거의 많은 선행연구들이 부모의 이혼이 자녀에게 미치는 부정적인 측면에만 초점을 두었지만 최근의 연구결과들은 이혼이 자녀에게 미치는 영향이 이혼 그 자체보다는 이혼으로 인한 사회적 · 경제적 어려움에 기인한 것일 수도 있다고 주장한다(Demo & Acock, 1991). 현재까지의 이혼 후 적응과 관련된 많은 연구들은 대부분이 아버지의 부재와 그로 인한 영향, 즉 한부모 가족이 가지는 문제에 초점을 맞추어서 이루어져 왔다. 즉, 양쪽 부모가 없다는 사실 자체가 자녀의 발달에 부정적이라는 구조기능론적인 시각에 기초해 양쪽 부모가족과 한부모가족의 자녀를 비교 연구하였으며, 이혼가족의 자녀들이 여러 면에서 양쪽 부모가족의 자녀들보다 부정적인 것으로 보고하고 있다. 그러나 이러한 연구들은 가족의 구조적인 면만을 비교하였을 뿐 자녀의 적응에 중요한 자녀와 부모 관계의 질, 자녀에 대한 부모의 가치관, 신념, 가족분위기와 같은 내적 · 심리적 상호작용을 간과하고 있다. 많은 부모들은 이혼 후 한부모가족으로 살아가는 데 어려움을 느끼고 그들의 개인적인 문제가 이들이 자녀에게 좋은 부모가 되는 것을 방해하고 있는 것으로 나타난다. 따라서 이혼의 부정적인 영향은 이혼 자체보다는 이혼으로 인해 겪는 어려움과 한쪽 부모의 부재에 기인하는 것일 수도 있다.

한부모가족의 자녀에 대한 연구결과들은 한부모가족의 자녀들이 늘 위험에 처해 있다고 보는 시각은 많은 문제점이 있다고 주장하면서 한부모가족에 대한 우리의 부정적인 관점이 변화되어야 함을 지적하고 있다. 학자들이 제시하는 이혼이 자녀에게 미치는 긍정적인 측면은 다음과 같다(정계숙, 2008; 정현숙, 1993; Benokraitis, 2002; DeGenova & Rice, 2002; Wolf, 1996).

첫째, 아동은 고질적인 갈등이 비교적 적고 애정적인 가정에서 정상적으로 발달할 수 있다. 둘째, 아동은 한쪽 부모가 수행할 수 없는 과제의 일부를 수행함으로써 책임감과 권리를 얻게 된다. 셋째, 초기에 한쪽 부모는 억압적으로 되고 아동은 공격적이 되지만 외부의 지원을 받게 되면 이런 것은 점차 변화된다. 넷째, 가족 간의 상호

의존성이 증가한다.

모자가족의 청소년 자녀가 지각한 모자가족이 된 후 자신의 변화에 대한 인식(정현숙 · 서동인, 1997)에 대한 연구는 위의 결과를 입증한다. 자녀들이 지각한 긍정적인 변화는 '어머니를 보다 잘 이해하게 되었다', '내 일을 스스로 잘 하게 되었다', '내가 좀 더 씩씩하고 의젓해졌다', '형제들끼리 우애가 좋아졌다', '쓸데없는 돈을 낭비하지 않게 되었다' 등으로 나타났다. 즉 자녀의 입장에서 볼 때 양쪽 부모의 다툼과 끊임없는 갈등이 존재하는 가족 환경 속에서 양육되는 것보다는, 갈등에서 벗어날 수 있는 한쪽 부모만으로 형성되는 가족에서 오히려 문제가 감소될 수 있다는 것이다. 따라서 이혼한 가정의 자녀에게 부정적인 측면이 나타나기도 하지만 긍정적인 측면도 또한 존재한다는 것이 고려되어져야 한다.

그러나 한부모가족이 이와 같은 긍정적인 결과를 가져오기 위해서 몇 가지 전제되어야 하는 사항들이 있다.

첫째, 한쪽 부모가 자신들의 가족형태를 어떻게 보는가 하는 시각이 그들의 긍정적 적응에 영향을 준다. 특히 이혼으로 인해 한부모가족을 형성하였을 경우에 한쪽 부모가 이혼을 일탈된 생활방식으로 생각하지 않는다면 위기는 적어진다. 둘째, 기술, 고학력, 수입, 심리적 성숙과 같은 것이 갖추어져 있다면 위기에 대처하는 데 도움이 된다. 셋째, 사회적으로 친지나 이웃 등에게 도움을 받을 수 있는 관계망이 형성되어 있으면 이들 가족의 긍정적인 적응에 영향을 준다. 넷째, 사회가 한부모가족과 같은 전형에서 벗어난 가족에 대한 편견적인 시각에서 벗어나야 한다.

보통 사회는 이들 가족에 대한 편견을 가지고 있다. 그 예로 비행청소년은 흔히 말하는 '결손가정' 출신이라고 생각한다. 그러나 2012년 비행청소년의 가족관계를 살펴보면, 예상 외로 실부모가 있는 청소년이 65.2%로 가장 많고, 다음은 부자가정 13.4%, 모자가정 12.6%의 순으로 나타났다(대법원, 2013).

이혼에 대한 우리 사회의 부정적 시각과 편견으로 인해 이혼 후의 삶에 대해 적극적인 준비를 하지 못한 채 이혼을 한 경우에는 '불행한 결혼'으로부터의 탈출이 '불행한 이혼'을 가져올 가능성을 높이게 된다(김혜련, 1995). 이미 오래 전 앨빈 토플러는 가족의 미래를 추론하면서 미래의 사회에서는 360여 가지의 다양한 가족 형태가 나타날 것이라고 언급한 바 있다. 이혼율이 급속하게 증가하고 있는 현 상황에서 이혼을 경험한 사람들과 부모의 이혼을 경험한 자녀들을 돕기 위해서는 무엇보다도 이혼에 대한 부정적 시각을 완화하고 다양한 가족에 대한 허용성을 높이는 방향으로의 사회적 변화가 필요하다.

Box 13-1

부모의 이혼에 자녀가 적응하도록 돕기 위한 방법

여러 연구에 의하면 부모의 이혼을 경험한 자녀들에게 상처를 주는 것은 이혼 그 자체가 아니라 이혼 전, 이혼기간 동안, 그리고 이혼 후 발생되는 부모의 계속된 갈등이라고 한다(Gabardi & Rosen, 1992; Booth & Amato, 1994; Vandewater & Lansford, 1998).

연구자나 상담자들에 의하면 부모가 다음의 노력을 하면 자녀에게 미치는 이혼의 부정적인 효과를 줄일 수 있다고 한다(Benokraitis, 2002).

- 자녀가 부모의 이혼에 실질적으로 대비할 수 있도록 도와준다.
- 이혼 전 부모 각각이 왜 이혼을 하게 되었는지, 이혼으로 인해 어떤 변화를 겪게 될 것인지 등을 자녀에게 충분히 설명하고 두 사람은 사전에 어떤 이야기를 할 것인지, 또는 하지 않을 것인지를 결정하여야 한다.
- 부모가 여전히 자녀를 사랑하고 있으며 이혼 후에도 사랑에는 변함이 없을 것이라는 확신을 갖게 한다.
- 부모 자신이 느끼는 감정을 자녀에게 솔직하게 고백한다.
- 자녀의 연령에 맞추어서 이해가 쉽도록 이야기한다.
- 부모의 이혼에 자녀의 책임이 전혀 없다는 것을 강조한다.
- 부모가 이혼을 아주 신중하게, 이성적으로 그리고 슬픈 마음으로 결정했다는 것을 자녀에게 알려주어야 한다. 그리고 부모 자신의 슬픔을 표현하는 것을 통해 자녀가 자신의 감정을 숨기지 않도록 도와주어야 한다.
- 자녀가 외조부모와 친조부모를 계속해서 만날 수 있다는 확신을 가지도록 한다.
- 이혼기간 동안과 이혼 후 자녀에게 나타나는 행동의 변화가 도움을 위한 외침이라는 것을 인식해야 한다.
- 자녀의 안전에 대한 욕구에 변함이 없음을 이해해야 한다.
- 양육권을 가지지 않은 부모가 자녀와 지속적인 관계를 유지하는 것이 무엇보다 중요하다.

출처: Benokraitis, N. V.(2002). Marriages & Families: Changes, choies, and constraints, pp. 419-420.

6) 성공적인 이혼을 위한 제안

이혼이 일반적으로 감정적 · 경제적 고통으로 인식됨에도 불구하고 아론스(Ahrons, 1995)는 부부가 자신들의 삶과 자녀들의 삶을 파괴하지 않고 헤어질 수 있는 '좋은 이혼'이 가능하다고 주장한다. 아론스의 연구에 참여한 이혼 부부의 반인 98쌍은 실제로 이혼 후에도 자녀들과 좋은 관계를 유지하였다. 행복한 이혼 또는 성공적인 이혼이란 감정적 분리가 완전히 이루어지고 독신으로서의 삶의 균형을 잡은 단계를 의미한다. 갈등이 없다는 것이 행복한 이혼을 의미하지는 않는다. 어느 정도의 분노와 갈등은 자연스럽고, 유용하며 때로는 건설적인 목적으로 사용될 수도 있다. 이 같은 감정들은 자신이 이전 배우자와 유지하고 있던 감정적인 애착과 오래된 관계를 끊을 수 있게 하고, 변화를 용이하게 받아들이도록 하기 때문이다.

이혼이 매우 힘들고 고통스러운 경험임에도 이혼을 좋은 경험으로 만들 수 있는 방법은 무엇일까? 다음은 이혼을 한 사람들이 '행복한 이혼'을 경험할 수 있도록 돕는 몇 가지 방법들이다(Knox & Schacht, 1999).

- **이혼소송을 제기하기보다 중재를 통해 문제를 해결하라.** 이혼상담자들이나 중재자들은 재산의 분할이나 양육권, 자녀양육 비용에 있어서 부부의 합의를 유도하고, 이혼의 과정에서 두 사람이 호의적이고, 협조적인 관계를 유지하도록 돕는다. 반면 이혼 변호사들은 소송을 통해서 돈을 벌기 때문에 갈등상황을 유발하고 서로에게 적대적이 되도록 조장한다.

- **전배우자와 자녀를 공동양육하라.** 전배우자에 대한 부정적인 감정을 별개로 하고 협조적인 공동양육을 하는 것은 자녀가 부모의 이혼에 성공적인 적응을 하도록 도울 뿐 아니라 이혼을 한 당사자들의 개인적인 스트레스도 줄여준다(Blau, 1995). 이혼 전이나 이혼 후에도 자녀와의 지속적인 대화를 통해 부모가 이혼을 해야 하는 이유를 이해시키고 수용하도록 도와야 한다.

- **이혼에 대한 책임감을 느껴라.** 결혼은 두 사람 간의 상호작용으로 이루어진다. 때문에 이혼의 결과가 전적으로 한 배우자의 책임일 수는 없다. 잘못된 결혼생활에 대한 책임은 두 사람이 나누어져야 한다.

- **이혼으로부터 배워라.** 이혼을 미래의 관계를 위해 자신을 개선시킬 수 있는 기회로 보게 된다면 미래의 관계를 위해 자신이 변화시켜야 할 것이 무엇인지를 고려하게 될 것이다.
- **긍정적인 사고를 하도록 노력하라.** 이혼을 한 사람들은 자신들이 마치 실패자인 것처럼 느끼게 된다. 따라서 의식적인 노력을 통해 자기 자신에 대한 긍정적인 사고를 하여 자존감을 높일 필요가 있다.
- **술과 약물을 피하라.** 이혼으로 인한 스트레스와 좌절감 때문에 일부 사람들은 술이나 약물을 사용하게 된다. 술과 약물은 끝없는 악순환을 초래하기 때문에 피해야만 한다.
- **약물을 복용하지 않고 긴장을 풀도록 노력하라.** 운동을 하든 근육 이완 요법을 사용하든 하루의 일정 시간을 정해서 긴장을 풀도록 노력하는 것이 중요하다.
- **운동을 하라.** 운동은 스트레스를 낮출 뿐 아니라 스트레스를 피하도록 돕는다.
- **흥미로운 활동에 참여하라.** 집에 앉아서 자신의 실패한 결혼에 대해 곰곰이 생각하는 이혼자들이 있다. 이 경우 우울감이 더욱 심화될 수 있다. 따라서 이전에 자신이 흥미를 가졌거나 재미있다고 생각했던 활동들에 참여하게 되면 혼자 있는 시간을 줄일 수 있게 되고 보다 긍정적인 생각을 할 수 있게 된다.
- **대인관계를 지속하라.** 친구나 가족들과 친밀한 상호작용이 지속될 때 이혼에 대한 적응이 쉬워진다. 특히 45세가 넘어서 이혼을 한 사람이나 남자들은 대인관계가 이혼의 적응에 매우 중요한 영향을 미친다. 남자들은 사회적 관계를 지속하는 기술이 여성에 비해 낮기 때문에 이혼 후 여성에 비해 삶의 만족도가 낮은 것으로 밝혀졌다. 일반적으로 이혼 후에 사회적 모임에 적극적으로 참여하는 경우에는 이혼에 잘 적응하는 것으로 나타나므로 이혼을 하나의 사실로 받아들이고 주변 사람들과의 지속적인 관계의 유지를 통해 지원을 받아야 한다.
- **전배우자를 떠나 보내라.** 전배우자에 대한 집착은 이혼에 대한 적응을 어렵게 하고 새로운 관계를 맺는 데 어려움을 갖게 한다.
- **치유의 시간을 가져라.** 이혼 후에는 일반적으로 자존감이 낮아지기 때문에 이혼에 대한 자신의 감정을 채 정리하기 전에 새로운 관계를 맺기 쉽다. 대부분의

사람들은 이혼에 적응하는 데 12~18개월의 기간이 소요된다. 타인과 관계를 맺는 것이 자존감을 회복하는 데 도움이 될 수가 있지만 이 기간 동안 재혼을 하는 것은 상당히 주의하여야 한다. 자조집단의 참여 등을 통해 이혼 후 경험하는 다양한 심리사회적 문제에 대한 상담과 정보 제공, 심리적 외로움과 어려움을 토로할 수 있는 장을 마련하고 새로운 만남의 기회를 가지는 것이 좋다.

2 가족의 재구성-재혼

'해도 후회하고 안 해도 후회한다'는 결혼을 두 번 이상 하는 사람들이 증가하고 있다. 재혼가족은 부부 각각의 전혼 유무, 전혼 자녀의 유무와 자녀와의 동거 유무에 따라 다양하게 분류되어 재구성가족(reconstituted family), 새부모가족, 계부모가족, 혼합가족(blended family), 또는 두 개의 핵가족(binuclear family) 등으로 불린다(장혜경 · 민가영, 2001). 재혼가족의 발생원인은 직접적으로는 이혼, 별거, 사망 및 유기 등으로 인한 가족의 해체를 들 수 있고, 이외에도 여성의 정절 이데올로기의 변화, 개인주의적 성윤리와 다양한 가족관의 변화, 여성지위 향상 및 경제적인 이유 등이 될 수 있다. 최근 재혼이 급속하게 증가하면서 재혼을 '새혼'으로 부르기도 한다. 새혼은 인터넷 네이버 국어사전에 보통명사로 올라와 있는 단어로 '새롭게 시작하는 혼인'을 의미하는 밝고 건강한 이미지를 위한 재혼의 새 이름이다. 이는 지금까지 부정적으로만 바라보던 재혼을 보다 객관적인 차원에서 바라보려는 시도라고 볼 수 있다.

2007년 한 결혼정보회사가 전국의 미혼 남녀 620명을 대상으로 한 조사에 의하면 평균수명이 100세가 되는 시대의 보편적인 결혼 횟수는 '2회 이상'이 될 것이라고 응답한 사람들이 전체 응답자의 51.6%였는데 남성은 50.6%가 '1회'로 응답을 한 반면 여성은 56%가 '2회 이상'으로 응답하여 남성과 여성의 결혼에 대한 큰 시각 차이를 보여주고 있다(경향신문, 2007. 2. 1.). 또한 두 번 이상 결혼하는 것이 보편화되는 시기에 대해서 남성은 '그런 시대는 안 온다(24.3%)'는 응답이 가장 높은 반면 여성은 '20년 이내(25.5%)'가 가장 많은 것으로 나타났다. 이혼 및 재혼의 증가와 이혼과 재혼에 대한 사람들의 인식의 변화, 이에 대한 남녀 간 시각의 큰 차이는 개인보다 가족이 우선이던 특히 여성의 희생을 통해 가족의 안정성을 유지하던 전통적 한국 가족의 변화를 단적으로 보여주는 현상이다. 프랑스 미래학자인 파비엥 구보디 망이 평균수명의 증가와 함께 2회 이상 결혼하는 것이 보편화될 것으로 전망한 것처럼 21세기 이후 재혼가족은 우리 사회의 보편적인 가족형태가 될 수도 있을 것이다. 급속하게 증가하는 재혼의 실태와 동기, 재혼에 영향을 미치는 요인, 재혼가족의 단계와 특성 등에 대해 살펴보기로 하자.

1) 재혼의 실태 및 변화경향

2012년 전체 혼인 중 재혼이 차지하는 비율은 남자 15.6%, 여자 17.3%였으며, 남성과 여성 중 한 배우자라도 재혼인 경우는 전체 혼인의 1/5에 해당하는 21.4%로 나타났다(〈표 13-3〉참조). 20년 전인 1993년에 전체 결혼의 8.8%에 불과하던 재혼은 매년 증가하여 2005년에는 전체 결혼의 19%에까지 달하였으나 2006년(16.8%)부터 조금씩 감소하고 있는데 이는 최근의 이혼의 감소경향이 반영된 것으로 보인다. 재혼과 관련되어 주목할 경향은 첫째, 일반적인 생각과는 달리 '남자재혼+여자초혼(4.1%)'의 비율보다 '남자초혼+여자재혼(5.8%)' 의 비율이 높다는 것이다. 이는 2002년 이후 지속적으로 나타난 경향인데 여성의 사회적 지위가 높아지고 출생 성비 불균형으로 혼인 적령기 여성인구가 크게 준 탓에 기인한 것으로 보인다(통계청, 2013b). 둘째, 사별로 인한 재혼(1993년 남자 19.4%, 여자 17.6%: 2012년 남자 6.5%, 여자 7.4%)이 점차 줄어드는 반면 이혼으로 인한 재혼의 비율이 급속하게 증가하고 있다는 것이다. 1993년 전체 재혼 중 이혼으로 인한 재혼은 남자 24.3%와 여자 22.7%에 불과하였으나 2012년에는 이혼 후 재혼자의 비율이 남자는 93.5%였으며, 여자의 경우도 92.65%에 달하여 많은 이혼이 재혼으로 이어지고 있음을 알 수 있다.

표 13-3 혼인종류별 혼인

(단위: 건)

연 도	혼인 건수*	남자				여자			
		초혼	재혼	사별후	이혼후	초혼	재혼	사별후	이혼후
1993	402,593	365,703	35,478	6,878	28,600	366,875	34,265	6028	28,237
2005	314,304	252,508	59,662	4,889	54,773	245,226	66,587	6,194	60,393
2008	327,715	270,236	57,217	4,309	52,908	264,469	62,758	5,191	57,567
2010	326,104	272,972	53,043	3,991	49,052	268,541	57,451	4,773	52,678
2012	327,073	275,897	51,114	3,303	47,811	270,495	56,488	4,171	52,317

출처: 통계청(2013a). 2012 혼인이혼통계.

2000년부터 2012년까지의 통계청의 사회조사결과를 비교해 보면 급격하지는 않지만 재혼에 대한 일반인들의 태도가 허용적인 상태로 변화하고 있음을 알 수 있다(http://kosis.kr). '반드시 해야 한다' 거나 '반드시 하지 말아야 한다' 는 비율이 점차 감소하는 반면 '해도 좋고 안 해도 좋다' 는 비율은 늘어나고 있다(〈표 13-4〉 참조). 또한 '하지 않는 것이 좋다' 는 비율은 점차 감소하고 있어서 재혼에 대한 일반인들의 태도가 점진적으로 보다 허용적이고 개인의 가치판단을 존중하는 방향으로 바뀌어 가고 있음을 알 수 있다.

표 13-4 재혼에 대한 태도

(단위: %)

	반드시 해야 한다	하는 것이 좋다	해도 좋고 안 해도 좋다	하지 않는 것이 좋다	반드시 하지 말아야 한다
2002	1.8	18.9	52	12.8	3.9
2006	1.9	21.4	49.9	11.9	3.9
2010	1.5	19.8	58	10.9	3.2
2012	1.3	18.1	61.6	10.4	2.8

출처: 통계청(2002, 2004, 2008, 2012). 사회통계(http://kosis.kr)

2) 재혼동기

2012년 재혼자의 92% 이상이 이혼을 경험한 사람들인 것으로 나타난다. 이혼으로 한 번 아픔을 겪은 사람들이 또다시 결혼을 하는 이유는 무엇일까? 재혼가정의 적응 실태와 지원을 연구한 장혜경 · 민가영(2001)에 의하면 남성의 재혼동기 〈1순위〉는 '외로움 극복', '상대방에 대한 사랑', '자녀에게 엄마의 존재 필요'의 순으로 나타났다. 여성의 경우는 재혼동기의 〈1순위〉가 '상대방에 대한 사랑'이었고 다음으로는 '상대방의 적극적인 구애', '외로움의 극복'과 '자녀에게 아빠의 존재 필요'가 그 다음이었다. 2순위의 경우에는 남녀 모두 1순위의 이유와 별 차이가 없었지만 재혼동기 3순위의 경우 남성은 '성생활 욕구', 다음으로 '집안의 경제도움'이 높았으며 여성은 '집안의 (경제) 도움 필요'가 가장 높았고, 다음으로 '외로움의 극복'을 재혼의 이유로 들었다. 이 결과를 요약해 보면 재혼의 동기는 초혼의 이유(사랑과 감정적 안정감, 정규적인 성적 파트너)와 동일한 측면도 있지만 초혼과는 달리 경제적인 안정감이나 자녀에게 '어머니'나 '아버지'를 갖게 해주기 위한 이유도 있는 것으로 보인다.

3) 재혼에 영향을 미치는 요인

이혼 후 재혼의 가능성에 영향을 미치는 요인들은 다음과 같다(Benokraitis, 2002).

- **나이**: 남성들의 경우에 나이가 재혼의 가능성에 영향을 미치지 않지만 여성은 나이가 증가함에 따라 재혼의 가능성이 줄어든다. 재혼의 가능성이 가장 낮은 사람들은 40세 이후에 이혼을 한 여성들이다. 이는 아마도 재혼이 자녀의 출생을 통해서 더 굳건해질 수 있다는 기대감을 재혼자들이 가지고 있기 때문에 여성의 자녀 출산 가능성이 낮아지는 40세 이후에는 재혼의 가능성이 낮아지는 것으로 볼 수 있다.
- **자녀유무**: 남성의 경우는 자녀의 유무가 재혼의 가능성에 영향을 미치지 않지만, 여성은 자녀의 수가 증가함에 따라 재혼한 남편의 경제적인 부담이 증가하므로 재혼의 가능성은 낮아진다. 재혼의 가능성이 가장 높은 여성들은 25세 이

전에 이혼을 한 자녀가 없는 여성들이다.

- **수입**: 재정적으로 안정적이고, 직업이 있고, 교육수준이 높은 여성들의 재혼율은 수입이 낮은 여성들에 비해 낮다. 재혼시 남성들이 학력이 높고 수입이 많은 여성들을 더 선호함에도 불구하고 이런 여성들의 경우는 재혼을 통해 얻을 수 있는 이점이 많지 않다고 느끼기 때문에 재혼율이 낮은 것으로 보인다. 여성들에게는 경제적인 동기가 재혼의 중요한 이유가 되기 때문이다. 남성들의 경우는 재혼을 결정할 때 가장 어려움을 느끼게 하는 사항 〈1순위〉가 '경제적인 문제' 인 것으로 드러나 남녀 모두 수입이 재혼을 결정하는 주요한 요인이 된다(장혜경 · 민가영, 2001).
- **성별**: 이혼자나 사별자를 막론하고 남성이 여성보다 더 빨리 재혼하는 경향이 있다. 남자는 경제적 지위 및 외적 조건이 유리하면 여성의 혼인 경험유무와 상관없이 배우자를 선택할 수 있는 폭이 넓은 반면, 여성은 재혼에 대한 사회문화적 편견이나 전혼 자녀의 문제 등으로 재혼 배우자 선택의 폭이 좁아진다(조성혜, 1999). 『당당하게 재혼합시다』라는 책에서 장혜경과 박경아(2002)는 남성들이 가장 기피하는 재혼 대상자가 '아들을 가진 못생긴 여자' 라면, 여성들의 기피 대상자는 '어린아이가 딸린 돈 없는 남자' 라고 하면서 재혼에 있어서의 외모 지상주의, 금전 지상주의와 젊음 지상주의를 비판하고 있다.
- **재혼에 대한 사회적인 인식**: 재혼을 결심하는 단계에서 가장 어려움을 느끼게 하는 사항의 〈1순위〉가 남성은 '경제적인 문제(25.9%)' 다음으로 '재혼가족에 대한 긍정적인 사회인식 미비(22.2%)' 와 '새엄마에 대한 편견(14.8%)' 이었으며 여성의 경우도 '재혼가족에 대한 긍정적인 사회인식의 미비(23.4%)' 라고 응답하여 우리 사회에서 재혼자들이 재혼에 대한 부정적인 사회인식과 고정관념에 의해 많은 영향을 받고 있음을 알 수 있다(장혜경 · 민가영, 2001).

4) 재혼가족의 발달단계

초혼가족과는 달리 재혼가족 특히 새부모가족이 겪게 되는 발달단계를 페이퍼나우(Papernow, 1993)는 다음의 7단계로 제시하고 있다.

- **환상단계**(fantasy stage): 새부모가족은 초기단계에 많은 환상과 비현실적인 기대를 갖게 된다. 재혼을 하는 사람들의 대부분은 자신이 사랑하는 사람의 자녀를 사랑하게 될 것이고, 그 자녀들로부터도 사랑을 받을 수 있으며, 자신과 아이들 그리고 배우자의 공허함을 채워 줄 수 있을 것이라는 환상을 가지고 가족생활을 시작하게 된다. 재혼가정의 자녀들도 희망과 두려움이 섞여진 환상을 가지게 된다. 아이들은 자신의 친부모가 언젠가는 다시 결합하게 될 것이라는 희망이나, 만일 자신이 새아버지나 새어머니를 사랑하게 되면 자신의 친모나 친부가 상처를 받게 될 것이라는 두려움을 가지고 있다.
- **몰두단계**(immersion stage): 거부감과 소외감으로 고통 받는 새부모와 충성심 갈등을 겪는 자녀 모두 환상이 깨어지는 것을 경험하는 단계이다.
- **인식단계**(awareness stage): 재혼가족이 자신의 가족이 가지고 있는 문제를 이해하기 시작하고 새부모가족 관계에 대한 환상이 현실적인 인식으로 대체되는 단계이다.
- **변동단계**(mobilization stage): 새부모의 역할과 관계에 관한 구성원 간 인식의 차이로 인해 갈등과 혼란을 겪는 단계이다.
- **행동단계**(action stage): 새롭고 안정된 새부모관계가 발달하기 시작하는 단계로 재혼가족 내의 차이를 해결하기 위해 새로운 규칙과 전통을 만들며, 새부모와 자녀 관계에서 새로운 경계를 설정하는 단계이다.
- **접촉단계**(contact stage): 재혼가족 간에 친밀감과 애착, 신뢰감이 발달하고 진정한 감정이 교환되는 단계이다.
- **융합단계**(resolution stage): 새부모가족의 규범이 수립되어 가족의 역사가 발달되며, 가족원은 자신들의 역할과 관계가 무엇인지를 파악하게 되어 견고한 재혼가족의 구조 속에 가족 전체가 발달해가는 단계이다.

5) 재혼가족의 특성과 문제

재혼가족은 자녀가 있는 유자녀 재혼인가 무자녀 재혼인가에 따라 다른 특성을 보이게 된다. 무자녀 재혼은 초혼과 가족 구조적인 측면에서 거의 유사하며, 유자녀 재혼에 비해 가족 내 문제가 적게 발생한다. 반면 유자녀 재혼은 새로운 결혼의 적응 과정이 매우 복잡하기 때문에 유자녀 재혼가족의 특성과 문제를 살펴보고자 한다.

(1) 가족의 구조의 복잡성

유자녀 재혼가족은 재혼으로 인해 많은 새로운 관계가 형성되고 가족구성의 급격한 변화가 나타난다. 자녀가 있는 여성이 자녀가 있는 남성과 결혼할 경우에 그들에게는 그의 아이, 그녀의 아이와 우리의 아이가 생겨나게 된다. 자녀에게는 한쪽 부모와만 피를 나눈 형제가 생기고 때로는 혈연관계를 가지지 않은 의붓형제, 새조부모와 다른 친척들이 생길 수도 있으며, 두 가족의 성원이 되는 경우도 있다.

(2) 역할의 모호성

재혼이 증가하고 있음에도 불구하고 새부모가족에 대한 역할기대가 명확하지 않기 때문에 재혼가족은 매우 복잡한 문제에 부딪히게 된다. '새어머니나 새아버지가 친부모와 같은 권위를 자녀에게 행사할 수 있는가?', '재혼으로 출생한 자녀가 새자녀에 비해 더 많은 법적인 권리를 가지고 있는가?', '새손자녀에게 새조부모는 어떻게 대해야 할까?'와 같은 다양한 문제들이 나타난다. 재혼가족이 자녀가 있는 새부모가족일 경우는 역할기대는 더욱 모호하다. 법적으로 새부모는 권리나 의무가 없는 혈족의 배우자인 인척으로 명시되어 있다. 새부모의 역할이 모호함에도 불구하고 사회는 새부모와 새자녀가 친부모와 같은 사랑을 서로 나누기를 기대하고 있다. 그러나 새부모와 새자녀의 관계는 친부모자녀관계와 동일할 수 없다. 많은 새부모들이 새자녀에게 친자녀와 같은 사랑을 가지지 못하는 것 때문에 죄책감을 느끼는 것으로 나타나고 있고 새자녀에 대한 훈육이 지속적인 가족 갈등의 원인이 된다. 새어머니의 경우는 특히 역할 적응이 어려운 것으로 나타나는데 이는 남성보다 여성에게 부모로서의 역할 기대가 크고 새어머니 역할에 대한 명확한 정의가 없기 때문이다.

(3) 경계의 모호성

초혼과는 달리 재혼의 경우에는 가족의 경계가 불명확하다. 즉, 가족의 경계 안에 포함되는 사람이 누구인지 가족 밖에 속하는 사람이 누구인지가 불명확하다. 어떤 새부모들은 재혼 배우자의 자녀를 '당신의 자녀'라고 부르기도 한다. 재혼가족의 부모는 새로 결혼한 가족의 구성원이면서 또한 이혼한 배우자가 키우고 있는 자녀의

갈등이 더 크다(김연옥, 2004).

(9) 재혼가족에 대한 편견

재혼가족 특히 새어머니가족은 『콩쥐팥쥐』나 『장화홍련전』, 『심청전』, 『신데렐라』, 『헨젤과 그레텔』과 같은 동화에 등장하는 사악한 새어머니와 불쌍한 새자녀라는 고정관념으로 인해 가장 사회적인 편견이 많은 가족 유형 중의 하나이다. 친모가 아동양육에서 우월하고 훨씬 이타적이라는 사회적 신념과 새어머니에 대한 부정적인 묘사-이기적임, 욕심 많음, 냉정함-등이 새어머니의 역할적응을 어렵게 하는 것으로 보인다. 새어머니에 대한 부정적인 이미지와 대중매체 속에 나타난 일부 새어머니들로 인한 잘못된 고정관념으로 인해 새어머니와 자녀 관계는 실제와는 달리 선입견을 가지고 출발하게 된다. 최근 이혼이 급증하고 양성평등적인 사회분위기가 조성됨에 따라 재혼가족이 증가하고 있음에도 불구하고 재혼가족을 문제가족으로 바라보는 시각은 여전하며 재혼가족에 대한 사회의 편견과 고정관념으로 인해 재혼가족은 사회에서 지지를 받지 못한다. 때문에 재혼가족은 가족 내적인 오해와 갈등을 가지게 되고 학령기 재혼가족의 자녀들은 학교 교사의 선입견이나 부주의로 인해 많은 상처를 받게 되는 경우도 있다.

Box 13-2

재혼 대세 됐다지만 현실은 "글쎄…." 그와 그녀의 선택 '두 번째 결혼'

재혼에 대한 사회 인식이 변하고 있지만 여전히 존재하는 사회의 편견이 많은 재혼가정에 상처를 안긴다. 최근 어머니와 함께 친척언니 B(38)씨의 두 번째 결혼식에 다녀온 A(35)씨는 어머니의 말을 듣고 깜짝 놀랐다. A씨 어머니는 유난스러울 정도로 보수적이다. 그에게 이혼이란 문제 있는 여성이나 겪을 치욕스러운 일이자 무조건 여자가 잘못해 초래된 것이고 이혼녀가 다시 결혼하는 건 '죄악' 이다. A씨는 남편에게 부당한 일을 당해도 아내가 참고 가정을 지켜야 한다는 얘기를 귀에 못이 박히도록 들었다.

그런데 B씨의 재혼 과정을 언니(A씨 이모)로부터 전해들은 어머니가 달라졌다. A씨는 "어머니가 '조카(B씨)가 참 행복해 보이더라. 무작정 참고 사는 것보다 새 인연을 만나는 게 나을 것 같기도 하다' 고 하더라. 아버지보다 훨씬 보수적인 분이 그런 말을 할 줄 몰랐다."고 했다. A씨는 "어머니가 이렇게 변한 걸 보니 재혼에 대한 시선이 참 많이 바뀐 것 같다."고 말했다.

최근 통계청이 발표한 '우리나라의 이혼 · 재혼 현황' 보고서는 흥미롭다. 이 보고서는 1982년 이후 30년간 이혼 · 재혼 현황을 분석한 것이다….

이혼남과 초혼녀의 결합보다 이혼녀와 초혼남의 결합이 급증한 건 눈에 띄는 변화다. 여전히 '남성 재혼+여성 재혼' 커플 비율이 지난해 기준 53.7%로 큰 비중을 차지했지만 재혼 4쌍 중 1쌍이 이혼녀와 총각의 결합인 점만으로도 결혼 풍속도가 확연히 바뀌고 있음을 알 수 있다. 재혼을 결혼-이혼에 이어지는 자연스러운 현상으로 받아들이고 있는 셈이다. 통계가 웅변하듯 재혼은 더 이상 한국에서 부끄러운 게 아니다.

B씨는 집안 소개로 만난 남성과 서른 살에 결혼했다. 전남편은 과묵하고 듬직해 집안 어른들의 신뢰를 얻었지만 B씨에게는 좋은 남편이 아니었다. 가부장적 환경에서 자란 탓인지 바람을 피우고도 당당할 정도로 '남자의 권위'를 내세웠다. 남편의 불륜이 양가에 알려지는 과정에서 B씨는 바람을 피운 남편보다 큰 죄를 저지른 사람이 됐다. B씨는 복잡한 이혼 과정 동안 부모형제와 많은 이야기를 나누며 이해를 구했다. B씨는 이혼 후 사귄 남자친구와 2년간 동거하다 마침내 양가의 허락을 얻어 재혼에 골인했다. 재혼 과정은 순탄했다. B씨는 A씨에게 "이혼할 때 가장 많이 들은 말이 '참아라' 였는데 재혼할 때는 다들 '인생은 길다'고 말해주더라."고 했다.

재혼은 이처럼 자연스러운 커플 관계로 받아들여지고 있지만 모든 재혼자가 B씨처럼 행복한 건 아니다. 어느 한 쪽에게 자식이 있는 경우엔 더하다. 가정생활에 갈등을 초래할 요소가 많아지는 탓이다. 결혼은 남녀의 결합이자 가족 간의 결합이다. 어느 한 쪽에게 아이가 있다면 껄끄러운 대상인 전부인이나 전남편까지도 결합 대상으로 봐야 한다. 유자녀 재혼가정이 감당해야 할 관계의 무게는 초혼자가 겪을 수 있는 갈등의 '경우의 수'에 비할 바가 아니다.

지난 10월 한국은 여덟 의붓딸을 때려 죽인 한 계모 때문에 충격에 빠졌다. 갈비뼈 열여섯 대가 부러지도록 딸을 폭행해 죽게 한 울산 계모는 '공공의 적'이 됐다. 그리고 그의 악행은 애먼 재혼 가정에 '주홍글씨'를 새겼다. 한 온라인 고민상담 게시판에 올라온 재혼 여성의 하소연 글을 보면 계모들이 얼마나 큰 심적 고통을 겪었는지 짐작할 수 있다….

실제로 자녀 양육 문제는 재혼자들에게 가장 큰 고민거리다. 부부 모두에게 자녀가 있어도, 어느 한쪽에게만 있어도 그렇다. 자녀 문제로 갈등하다 혼인관계를 깨는 커플도 흔하다. 물론 아이들 입장에서도 갑자기 새아빠와 새엄마가 생기는 건 버거운 일이다. 재혼 가정의 많은 아이가 혹독한 사춘기를 보내는 건 낯설지 않다. 재혼을 앞둔 한 여성은 "예비 남편이 내 자식처럼 사랑해준다고 했지만 (예비 남편의) 친자식이 아니라는 점이 걸린다."며 "(잘해줄 거라고) 믿고 결혼하는 것"이라고 했다.

자녀 문제로 고민하지 않더라도 재혼생활의 어려움이 없어지는 건 아니다. '울산 계모' 사건으로 심적 고통을 겪은 여성의 하소연에서 알 수 있듯이 '호환마마'보다 무섭다는 사회의 편견을 무시할 수 없다. 재혼이 더 이상 부끄럽지 않은 시대가 됐다고들 말하지만 한 재혼자를 상대로 한 설문조사 결과를 보면 이 같은 말이 얼마나 입에 발린 것인지 알 수 있다. 응답자 상당수가 재혼 사실을 숨긴 적이 있다고 한 것이다. 그들은 '직장에서 불이익을 당하거나 자녀들이 불편하게 생각할까봐' 등의 이유를 들었다. 이 조사 결과는 한국이 여전히 재혼 가정을 삐딱하게 보는 곳이라는 걸 입증한다.

이런 의미에서 미국 아이오와대와 미주리대 심리학과 교수들이 13년간 이혼 가정의 대학생 1,000명의 사례를 분석해 쓴 심리학책은 재혼을 고심하는 이들에게 많은 걸 시사한다. 저자들은 이혼과 재혼은 총체적 파국이 아니라 새 출발점이라고 강조한다. 실제 재혼 가정의 아이들은 어른들 생각보다 훨씬 현실적이며 새 환경에 잘 적응했다. 부모의 이혼과 재혼이 아이들에게 충격과 상실 등을 안기는 건 분명하지만 아이들은 결국 부모 이혼을 불가피한 선택으로 받아들였다. 책에 따르면 아이들이 현실(부모의 이혼과 재혼)의 고통을 극복하는 과정에서 겪는 어려움은 살아가는 데 긍정적이고 성숙한 에너지로 작용한다.

김미영 서울가정문제상담소 소장은 "재혼은 결혼이나 이혼보다 신중해야 한다."며 "재혼하고 싶은 마음과 실제 재혼이 다르다는 걸 인식해야 한다."고 말했다. 김 소장은 여전히 한국이 외국에 비해 재혼을 보수적으로 보는 게 현실이라고 덧붙였다. 김 소장은 "자녀들에게 충분한 동의와 공감을 얻는 과정을 거치면 새 가족에 닥칠 어려움이 훨씬 줄어든다."며 "재혼 전에 커플 상담이나 가족 상담 등을 거치는 것도 한 방법"이라고 조언했다.

이혜영 기자 lhy@hankooki.co

출처 : 한국일보 (2013. 12. 21.)

6) 재혼가족의 발달과업

재혼가족이 건강한 새가족을 이루기 위해서는 초혼가족과 다른 발달과업을 성취해야 하며 새로운 가족의 형성과 안정을 위해 모든 가족 구성원이 노력을 기울여야 한다(안향림 · 홍미기, 2006; Benokraitis, 2002). 재혼가족이 성취해야 할 발달과업은 다음과 같다.

- **상실감과 변화를 받아들인다.** 재혼가족의 구성원은 이혼이든 사별이든 상실을 경험한 사람들이다. 때문에 자신들 안에 존재하고 있는 상실감을 받아들여야 한다. 또한 재혼가정은 이전의 가정과 가족의 구성, 관계, 규칙 등 다양한 면에서 차이가 있을 수밖에 없기 때문에 새롭게 형성된 가정에서 나타나는 변화를 받아들여야 한다.

- **미리 정해진 역할에 자신을 맞추려고 하지 마라.** 재혼가족은 출발부터 초혼가족과 다르다는 점을 인정하여야 한다. 사회적으로 주어진 어머니, 아버지, 자녀

역할에 충실하기 위해 노력하기 보다는 자신들의 가족상황에 맞는 새로운 역할을 찾아내야 한다.

- **자녀가 친부모/사별부모에 대해 가지고 있는 감정을 인정해야 한다.** 자녀가 친부모/사별부모와 관계 또는 감정을 유지하려고 할 때 새부모는 자녀로부터 거부당했다는 느낌을 갖기보다는 자녀가 친부모에 대해서 가지고 있는 감정을 존중하고 격려해 주어야 한다.

- **즉각적인 사랑을 기대하지 말고 새로운 관계의 형성을 위해 노력하라.** 새부모 자녀 간에 애정적인 유대가 생겨날 때까지는 많은 시간이 소요된다. '사운드 오브 뮤직' 의 마리아와 트랩 대령의 자녀들처럼 빠른 시간 안에 새자녀와 유대관계가 형성될 수 있다는 잘못된 기대를 가져서는 안 된다. 관계란 행복과 만족, 어려움을 함께 나눈 결과이다. 특히 5세 이상 자녀의 경우는 즉각적인 사랑을 기대하기보다는 서로 새로운 관계를 형성하고 함께 할 수 있는 기회를 가지기 위해 노력하는 것이 중요하다.

- **규칙을 정하고 지켜라.** 새부모가족이 겪는 어려움 중의 하나는 자녀에 대한 훈육이다. 먼저 부부 간에 합의된 규칙을 만들고 서로가 그 규칙을 지키도록 지원해야 한다. 규칙은 자녀가 성장함에 따라 변하여야 하지만 처음부터 식사시간, 취침시간, 불일치의 해결방법과 집안일 등에 관하여 자녀와 부부가 함께 합의하여 규칙을 정하여야 한다.

- **부모가 모든 책임을 지려고 하지 말라.** 부모들이 다양한 것처럼 자녀들도 다양하다. 어떤 자녀는 새어머니/새아버지를 빨리 받아들이고 어떤 자녀는 새로운 관계를 받아들이는 데 많은 시간이 소요되기도 한다. 새부모는 힘들고 어려운 관계의 책임이 전부 부모에게 있다고 생각하지 말아야 한다.

- **새로운 전통을 세운다.** 각 가정은 가정마다 독특한 규칙, 의례와 생활습관이 있다. 이전의 가정에서 가졌던 규칙이나 의례와는 다른 새로 형성된 재혼가족에 맞는 새로운 규칙과 전통을 세우도록 한다.

- **견고한 부부관계를 유지한다.** 재혼을 한 부부는 가족관계에서 가장 중심이 되는 관계가 부부관계라는 점을 명심해야 한다. 이들은 새롭게 형성된 가족과 부모자녀관계에 적응하느라 부부로서 즐겁고 행복한 시간을 보내는 것을 잊게 된

다. 자녀들이 부모가 서로를 사랑하고, 문제의 해결을 위해 노력하고 자녀들에 의해서 분열되지 않는다는 것을 깨닫게 해야 한다. 부부로서 친밀감을 유지하고 즐기는 것은 부부에게 중요할 뿐만 아니라 아이들을 위해서도 중요하다. 따라서 부부만을 위한 적극적인 계획을 세워야 한다.

7) 재혼가족을 위한 지원

재혼가족이 따를 수 있는 사회적 규범이 부족한 현실에서 재혼가족들은 그 안에 내재하고 있는 다양한 문제와 어려움으로 인해 재혼이 재이혼으로 끝날 가능성이 높은 것으로 나타난다. 재혼가족이 건강한 새가족으로 거듭날 수 있도록 친족과 사회가 도울 수 있는 다양한 지원은 다음과 같다(장혜경 · 민가영, 2001).

(1) 재혼가족을 위한 전문적인 상담 시스템의 구축

재혼가족을 형성하고자 하는 예비부부를 위한 상담 서비스는 이루어지고 있으나, 실제 부부생활에서 겪는 많은 문제를 준비하기에는 부족한 측면이 많다. 재혼 부부들은 자신의 재혼 사실을 공개적으로 알리고 싶어 하지 않기 때문에 상담 서비스를 원하면서도 조심스러워 한다. 따라서 재혼가족의 바람직한 적응을 위해서 전문상담 시스템을 구축하고 가족상담 사이트 등을 활용하여 온라인 상담 서비스를 실시할 필요가 있다.

(2) 재혼가족을 위한 가족생활교육 프로그램의 개발과 실시

재혼가족의 가족구성원이 수행해야 할 역할이 모호하고 역할기대가 명확하지 않기 때문에 가족의 형성과 적응에 많은 어려움을 겪고 있다. 우리 사회에서 가족은 '주어지는 것' 이지 '노력으로 획득' 해야 하는 대상으로 여겨지지 않았다. 때문에 재혼가족은 가족의 역할, 관계와 위치 등에서 많은 문제에 직면하게 된다. 가족은 구성원들간의 노력과 합의에 의해서 만들어지는 것이므로 재혼가족의 재혼 전 준비, 사전교육, 재혼가족의 부부관계 향상과 부모자녀관계를 위한 프로그램, 가족 내 의사소통 증진을 위한 프로그램, 그리고 가족의 내적 안정성을 강화하기 위한 프로그램 등의 개발과 실시가 필요하다(김승권, 2004). 또한 재혼자들이 재혼가족을 위한 프로그램에 참여하지 않은 가장 큰 이유가 프로그램의 실시에 대한 정보의 부족인 것으로 나타나므로 교육 프로그램의 홍보를 보다 적극적으로 실시할 필요가 있다.

(3) 친/새부모의 역할과 책임에 관한 지침서 발간

재혼 생활의 경험이 있는 사람의 실패담이나 성공담, 재혼가족의 부부역할, 부모자녀관계 등에 대한 안내 책자나 지침서의 발간이 필요하다.

(4) 지지집단으로서의 친족의 역할에 대한 인식

혈연 중심의 한국사회에서 친족은 가족생활의 중요한 역할을 차지한다. 핵가족이 보편적인 가족형태로 자리를 잡아가고 있음에도 핵가족에 대한 친족의 영향력은 여전히 강하기 때문에 재혼을 한 당사자들은 배우자의 친족이 자신을 어떻게 생각하고 대하는가에 따라 새로운 가족에 적응하는 데 영향을 받게 된다. 따라서 친족들이 새롭게 형성된 가족의 중요한 지지집단으로 작용할 수 있다는 사실을 인식하게 하여 원만한 재혼 생활을 돕도록 할 필요가 있다. 이를 위해서 재혼가족을 위한 프로그램에 친족을 참여시키거나 친족을 대상으로 하는 프로그램을 만들고 실시하여야 한다.

(5) 재혼가족을 위한 자조집단 형성 지원

상담이나 교육과 함께 실제로 재혼을 경험한 사람들 스스로가 자신들의 문제를 공유하고 도움을 주고받을 수 있는 자조집단이 필요하다. 재혼자들은 재혼생활에서 오는 문제들을 함께 공유해 주고 상의해 줄 수 있는 준거집단을 통해 재혼가족에서 발생하는 문제가 자신들만의 문제가 아니라는 인식과 함께 다른 재혼가족들의 문제해결 방법을 통해 도움을 받을 수 있고 다양한 정보 또한 제공받을 수 있다.

(6) 재혼가족에 대한 사회적 인식의 전환

재혼을 한 사람들이 재혼을 결정하는 데 중요하게 작용하는 요인 중 하나가 재혼가족에 대한 사회적 인식 즉, 재혼에 대한 부정적인 사회적 인식이나 새엄마나 새아빠에 대한 편견이나 고정관념 등이다. 따라서 초혼 중심, 혈연 중심의 '정상가족'에 대한 우리 사회의 고정관념을 해소하고 다양한 형태의 가족을 인정하는 사회적 인식의 확산을 통해 재혼가족을 있는 그대로 인정하도록 하여야 한다. 이를 위해 다양한 가족형태에 대한 사회적 인식을 고양하기 위한 캠페인 등이 필요하다. 특히 재혼가정의 자녀들과 접촉 가능성이 높고 자녀들의 재혼 적응에 중요한 영향을 미치는 어린이집, 유치원, 초 · 중 · 고교 교사들에 대한 교육과정 안에 가족의 다양성을 인식할 수 있는 프로그램 등이 포함되어야 할 것이다.

Box 13-3

성공적인 재혼을 위한 제안

성공적인 재혼을 한 사람들은 어떤 이유에서일까? 성공적인 재혼을 한 사람들에게서 발견되는 5가지 공통점은 다음과 같다.

첫째, 상대방을 알 수 있는 시간을 가진다. 결혼 전 상대방에 대해 서로가 잘 알게 된다면 재혼이 성공할 수 있는 가능성이 높아진다.

둘째, 자신이 준비가 되었을 때 재혼을 한다. 행복하게 재혼을 하고 있는 사람들은 자신이 준비가 되기 전까지는 재혼에 대한 압력을 뿌리칠 수 있었던 사람들이다. 압력은 사회나 친구 또는 가족으로부터 오는 것일 수도 있고, 자기 스스로 외로움을 참지 못하거나 사랑에 대한 욕구에서부터 오는 것일 수도 있다. 때로는 자녀들에게 부모가 필요해서, 또는 이전 배우자에 대한 복수심에 의해서 재혼을 하는 경우도 있다. 때문에 재혼을 하려는 사람들은 새로운 관계를 통해 자신이 얻고자 하는 것이 무엇인지, 자신들이 잘못된 이유나 압력에 의해 재혼을 하려는 것은 아닌지 그리고 자신이 재혼을 할 준비가 되었는지를 확실히 하여야 한다.

셋째, 결혼 전에 재혼과 관련된 모든 부분에 대해 충분히 이야기를 나누어야 한다. 만일 재혼 전에 그렇게 하지 못했다면 재혼 후에라도 그런 시간을 가져야 한다.

넷째, 과거의 실수로부터 배워야 한다. 재혼을 하기 전 '첫번째 결혼에서 잘못된 점이 무엇인지를 이해하고 있는가?', '이전 결혼의 문제점이 무엇이었는가?', '문제를 극복할 수 있는가?'를 생각해 보아야 한다.

다섯째, 항상 부부관계가 우선이어야 한다. 재혼을 하는 부부들은 건강한 부모자녀관계를 위한 기초가 건강한 부부관계라는 것을 이미 알고 있는 사람들이다. 부부에게 서로가 가장 우선이고 부모자녀관계는 그 다음이라는 것을 알아야 한다. 재혼한 부부가 행복할수록 그 가정에서 자라는 자녀들도 보다 안전하고 사랑이 많은 환경 속에서 성장할 수 있다.

출처: DeGenova, M. K., & Rice, F. P. (2002). Intimate relationships, marriages, & families, p. 493.

요 약

가족과 관련된 의식의 변화 중 가장 빠른 것은 이혼과 재혼에 관한 것이다.
증가하는 이혼은 당사자만의 문제가 아니라 가족해체로 이어지면서 이혼 당사자를 둘러싼 가족구성원들의 삶에 변화를 가져온다. 이혼의 주요 사유는 성격차이와 경제문제이다. 이혼에 영향을 미치는 요인은 여성의 경제적 독립성의 증가, 가족기능과 구조의 변화, 이혼과 관련된 법적인 변화, 이혼에 대한 사회의 허용적 태도, 개인주의적 가치관과 친족 및 지역사회 기능의 약화를 들 수 있다. 이혼은 감정적 이혼, 법적인 이혼, 경제적 이혼, 부모역할의 이혼, 사회적 이혼과 심리적 이혼의 6단계를 거치게 된다. 이혼은 이혼 당사자와 자녀에게 단기적 영향뿐만 아니라 장기적 영향을 미치지만 적절한 조건이 전제될 경우 이혼은 자녀에게 긍정적인 영향을 미칠 수도 있으며 고통스러운 사건이지만 본인이 노력을 할 경우 '행복한 이혼' 을 경험할 수 있다.
이혼과 함께 재혼도 빠르게 증가하고 있다. 최근으로 올수록 사별로 인한 재혼은 점차 줄어드는 반면 이혼으로 인한 재혼이 급속하게 증가하고 있다. 재혼이 증가하면서 재혼을 바라보는 시각도 새로운 출발이라는 긍정적인 측면으로 바뀌고 있다. 재혼에 영향을 미치는 요인은 나이, 자녀유무, 수입, 성별, 재혼에 대한 사회적 인식 등이며 재혼가족은 환상단계, 몰두단계, 인식단계, 변동단계, 행동단계, 접촉단계 그리고 융합단계의 7가지 발달단계를 겪게 된다. 재혼가족 특히 유자녀 재혼가족은 가족구조의 복합성, 역할의 모호성, 경계의 모호성, 스트레스와 자원, 가족생활주기 단계의 불일치, 가족의 통합에 많은 시간 소요, 충성심의 갈등, 새형제 간의 문제와 재혼가족에 대한 편견과 같은 문제점을 가지고 있다. 재혼가족은 초혼가족과는 다른 발달과업을 가지고 있기 때문에 가족 속에 내재하고 있는 다양한 문제와 어려움을 극복하고 새로운 가족으로 탄생하기 위해서는 친족과 사회로부터의 다양한 지원이 필요하다.

생각해 볼 점

1. 개인의 행복과 가족의 행복 중 무엇이 우선되어야 한다고 생각하는가?

2. 이혼의 증가와 함께 재혼도 지속적으로 증가할 것이다. 재혼이 가져올 수 있는 부정적인 면을 줄이고 긍정적인 면을 최대화하기 위해 어떤 준비가 필요할까?

3. 이혼가족과 재혼가족에 대한 일반인들의 편견을 없애기 위해 전공자로서 어떤 노력을 할 수 있을지 토론해 보자.

참고문헌 REFERENCES

김숙자(2006). 최근 10년 간의 한국의 이혼현상. 여성가족생활연구, 12, 1-96.

김승권(2004). 다양한 가족의 출현과 사회적 지원체계 구축방안. 보건사회연구원.

김승권 외(2012). 2012 전국출산력 및 가족보건·복지 실태조사. 한국보건사회연구원.

김연옥(2004). 재혼가정의 가족기능향상프로그램 개발을 위한 시론적 연구. 한국사회복지학, 56(2), 215-235.

김혜련(1995). 남자의 결혼 여자의 이혼. 서울: 또 하나의 문화.

대법원(2013). 2012 사법연감.

미셸 와이너 데이비스(2003). 누구나 한번쯤 이혼을 꿈꾼다. 서울: 한언.

문은영(2011). 서울시 한부모가족 실태조사를 통해 본 부자가족의 현황과 문제점. 공공사회연구, 1(2), 135-174.

박현정·이기연·정익중(2013). 이혼한 한부모 아버지의 양육경험. 가족복지학, 41(9), 199-224.

방성수·장보임(2003). 이혼증가에 대한 사회복지적 접근방법. 복지행정논총, 13(1), 159-175.

성정현·양심영(2006). 이혼숙려의 제도화 논의에 대한 비판적 검토. 가족과 문화, 19(2), 139-163.

안향림·홍미기(2006). 이혼가족과 재혼가족. 서울: 홍익재.

옥선화·남영주·강은영(2006). 이혼자들의 이혼 인식에 관한 질적 연구. 한국가정관리학회지, 24(1), 223-235.

이연주·김승권(2011). 12세 이하 아동이 있는 편부·편모 가구의 사회경제적 특성 비교: 이혼 부모를 중심으로. 한국인구학, 34(2), 17-43.

장혜경·민가영(2001). 재혼가족의 적응실태와 지원방안에 관한 연구. 한국여성개발원 연구보고서.

장혜경·박경아(2002). 당당하게 재혼합시다. 서울: 조선일보사.

정계숙(2008). 한부모 가족 아동의 사회·정서적 유능성 발달: 동거부모와 주 양육자의 영향. 아동학회지, 29(3), 207-222.

정현숙(1993). 이혼과 자녀문제의 이론적 고찰. 이혼과 가족문제, 105-129. 서울: 하우.

정현숙·서동인(1997). 편모가족의 청소년 자녀가 지각한 가족자원 및 심리적 적응. 아동학회지, 18(2), 163-176.

조성혜(1999). 편부모가족의 재혼 지지를 위한 프로그램 개발. 부산대학교 사회복지연구소. 사회복지연구, 9, 81-103.

주디스 월러스타인 외(2002). 우리가 꿈꾸는 행복한 이혼은 없다. 서울: 명진출판사.

통계청(2013a). 2012년 혼인이혼통계.

통계청(2013b). 우리나라의 이혼 · 재혼 현황-지난 30년간 이혼 재혼 자료 분석.

한경혜(1993). 한국이혼부부의 적응과 관련변인에 관한 실증적 연구. 이혼과 가족문제, 79-104. 한국가족연구회 편.

한경혜 · 김주원 · 강혜원(2004). 성인 남녀의 이혼과정 각 단계에서의 성별차이. 한국가족관계학회, 9(2), 93-118.

Ahrons, C. R. (1995). *The good divorce: keeping your family together when your marriage comes apart*. New York: Harper Collins.

Amato, P. R., & Rogers, S. J. (1997). A longitudinal study of marital problems and subsequent divorce. *Journal of marriage and the family, 59*, 612-624.

Arendell, T. (1995). *Fathers and divorce*. New York: Sage.

Blau, M. (1995). *Families apart: Ten keys to successful co-parenting*. New York: Putnam.

Benokraitis, N. V. (2002). *Marriages and Families: Changes, choices, and constraints*. Upper Saddle Rover, NJ: Prentice Hall.

Bohannan, P. (1970). *Divorce and After*(Ed.). New York: Doubleday.

Booth, A., & Amato, P. R. (1994). Parental marital quality, parental divorce, and relations with parents. *Journal of marriage and the family, 56(1)*, 21-34.

DeGenova, M. K., & Rice, F. P. (2002). *Intimate relationships, marriages, & families*. Boston, MA.: McGraw Hill, Companies, Inc.

Demo, D. H., & Acock, A. C. (1991). *The impact of divorce on children. In Contemporary families: looking forward, looking back*(Ed). A. Booth, 162-191. Minneapolis, MN: National Council on Family Relations.

Eshleman, J. R. (2003). *The Family*, 10th Ed. Boston, MA: Pearson Education, Inc.

Dufur, M. J., Howell, N. C., Downey, D. B., Ainsworth, J. W., & Lapray, A. J. (2010). Sex differences in parenting behaviors in single-mother and single-father households. *Journal of Marriage and Family, 72*, 1092-1106.

Gabardi, L. & Rosen, L. A. (1992). *Intimate relationships: College students from divorced and intact families. In C. Everette*(Ed.), Divorce and the next generation: Effects on young adults' patterns of intimacy and expectations for marriage. New York: Haworth press.

Hemstorm, O. (1996). Is marriage dissolution linked to differences in mortality risks for men and women? *Journal of marriage and the family, 58*, 366-378.

Kitson, G. C., & Morgan, L. A. (1990). The multiple consequeces of divorce: A decade review. *Journal of Marriage and Family, 52*, 913-924.

Knox, D. & Schacht, C. (1999). *Marriage and the family*. Belmont, CA:Wadsworth Publishing Company.

Kurdek, L. A. (1991). The relations between reported well-being and divorce history, availability of a proximate adult, and gender. *Journal of Marriage and the family, 53*, 71-78.

Lewis, H. C. (1980). *All about families: The second time around*. Atlanta, GA: Peachtree.

Papernow, P. L. (1984). The stepfamily cycle: An experiential model of stepfamily development. *Family Relations, 33*, 355-363.

Papernow, P. L. (1993). *Becoming a stepfamily: Patterns of development in remarried families*. New York: Gardner.

Strong, B., DeVault, C., Sayad, B. W., & Cohen, T. F. (2001). *The marriage and family experience*. Belmont, CA: Wadsworth Thompson Learning.

Vandewater, E. A. & Lansford, J. E. (1998). Influences of family structure and parental conflict on children' s well-being. *Family relations, 47(Oct)*, 233-330.

Wallerstein, J. S., Lewis, J. M., & Blakeslee, S. (2000). *The unexpected legacy of divorce: A 25 year landmark study*. New York: Hyperion.

Wheaton, B. (1990). Life transitions, role histories, and mental health. *American Sociological review, 55-2*, 209-223.

Wolf, R. (1996). *Marriages and families in a diverse society*. New York: Harper Collins .

http://kosis.kr

경향신문(2007. 2. 1.)

매일경제신문(2007. 5. 7.)

한국일보(2013. 12. 21.)

Chapter 14

FAMILY RELATIONS

가족의례 만들기

현대 가족은 가족을 부양하기 위해 이전 세대보다 더 열심히 일해야 하므로, 바쁜 생활로 인해 점점 가족유대가 약화되고 있다. 가족은 가족구성원이 결속감과 전통, 그리고 공동의 의미를 부여하는 가족의례를 활용함으로써 가족 건강성을 높일 수 있다. 이 장에서는 먼저 가족의례의 뜻, 가족의례의 기능과 단계 및 한국가족에서의 통과의례 변화를 살펴보고, 다음으로 일상 가정생활에서 의례를 활용할 수 있는 지침과 실제 활용 예시를 기술하고자 한다.

1 가족의례와 일상관습의 활용

가족의례(family rituals)는 가족에게 특별한 의미를 부여하는 반복적이고 공동으로 행해지는 활동으로, 그 속에는 축하의식과 그 가족만의 전통 그리고 가족구성원의 정기적 상호작용 유형이 포함되어 있다(Doherty, 1997; Wolin & Bennett, 1984). 즉 가족축하의식에는 그 사회가 많은 문화적 의미를 부여하는 돌잔치, 결혼식, 회갑연, 회혼례, 추석과 설 명절 행사 등이 있고, 가족전통은 문화적으로 특별하지는 않지만 개별 가정, 또는 가족구성원에게는 특별한 의미가 있는 생일, 기념일, 가족재회가 있으며, 정기적 가족상호작용 유형에는 가장 빈번하게 일어나지만 의도적인 계획활동은 상대적으로 적은 가족식사, 취침, 주말여행 등의 행사가 포함된다.

가족의례와 유사한 개념으로 일상관습(routines)이란 용어가 있다. 이 두 용어는 가족구성원이 공유하는 반복적 활동이라는 점에서 공통점이 있으나, 다음과 같은 점에서 차이가 있다. 가족의례는 일상관습보다 많은 상징적 의미와 감정적 측면을 내포하고 있으며, 일상적이지 않는 행동을 하고, 준비기와 수행기 그리고 후속 활동을 포함하는 단계로 구성되어 있다. 가족의례와 일상관습을 가치 있는 자원으로서 잘 활용한다면 가족의 화합, 친근감, 친밀감 및 가족의미를 만드는 데 도움이 된다.

도허티(Doherty, 1997)는 가족의례를 결속의례(connection rituals)와 애정의례(love rituals), 그리고 지역사회의례(community rituals)의 세 가지로 나누었다. 결속의례는 매주 일요일 아침 가족이 모두 모여 식사를 하거나 잠자리에 들기 전에 부모가 자녀에게 책을 읽어주는 등 일상생활에서 가족구성원을 결속시키는 기능을 하는 것이다. 애정의례는 생일, 어버이날, 결혼기념일과 같이 부부나 가족구성원 간의 친밀감을 증진시키고 서로를 특별한 존재로 인식시키는 기능을 하는 것이다. 지역사회의례는 결속의례나 애정의례와 달리 보다 공적인 차원에서 가족의 사회관계망, 지역사회, 종교기관 등과 연계하여 상호지지를 주고받는 것이다. 관혼상제(冠婚喪祭)나 졸업식 등 친지나 이웃과 유대감을 도모하는 의례는 지역사회의례의 대표적인 예이다. 그런데 어떤 행사나 활동을 어느 한 가지 유형의 의례라고 구분 짓기가 어려운 경우도 있다. 즉 대다수의 가족이 함께 보내는 추석, 설 명절이나 크리스마스와 같은 가족의례는 위의 세 가지 결속 기능을 함께 지니는 특별한 형태의 가족의례로 볼 수 있고, 그 의미가 복합적인 만큼 이런 의례에서 제외된다는 것은 사회적 · 문화적 소외감을 느끼게 하기도 한다.

가족의례는 객관적 수준과 주관적 수준의 두 가지 측면에서 이루어진다(Jones, 1973). 객관적 수준은 누구나 그 의례가 무엇을 말하고자 하는가를 알 수 있게 해 주는 것으로, 의례와 관련된 특정 행동이나 대상(예: 함들이, 상복, 돌잔치, 졸업선물 등)이 드러나도록 표현된다. 이에 반해 주관적 수준이란 외형 안에 내포된 의미를 말한다. 즉 어떤 의례형식이든 그 가족구성원만이 공유하는 상징적 의미가 있다. 상징성은 실체나 형식에 내재된 느낌, 감정, 생각, 기억 등이다. 예를 들면 결혼식 날 울려 퍼지는 행진곡 소리는 독립된 새 가정의 출범이라는 의미를 가지며, 우리는 그 의미로부터 행복감, 기대감, 각오 등을 느끼게 된다. 이처럼 가족의례는 가족구성원이 공유하는 활동(형식)과 그에 대한 가족의 해석(의미)으로 구성되며, 상징적 의미를 부여하는 주관적 수준이야말로 가족의례를 행하는 데 있어서 가장 핵심적인 부분이다(Fiese, Hooker, Kotary, & Schwagler, 1993; 정현숙 · 유계숙, 2001, 재인용). 특별한 제스처, 특별한 요리 그리고 특별한 옷차림은 특별히 그 행위를 해석하게 하는 가족만의 감정을 부여하는 주요한 단서이기도 하다.

가족의례를 구성하는 하위 구성요소와 그것이 행해지는 형식을 자세히 설명하면 〈표 14-1〉과 같으며, 〈박스 14-1〉은 결혼 25주년 은혼식을 최대한 이 구성요소와 형식에 맞게 해석해 본 것이다.

표 14-1 가족의례의 구성요소와 형식

가족의례의 구성요소와 형식		정의
구성요소 (dimensions)	발생빈도	가족의례가 얼마나 자주, 정기적으로 발생하는지 여부
	역할	가족의례를 수행하는 동안 구성원에게 할당된 역할과 의무
	융통성	가족의례의 비일상적이고 독특한 정도
	참여	가족의례에 구성원의 참여를 기대하는 정도
	감정적 측면	가족의례에 대한 구성원의 감정적 투자
	상징적 의미	가족의례에 대한 상징적 의미 부여
	지속성	여러 세대에 걸친 가족의례의 보존
	의도성	가족의례와 관련되는 준비와 계획
형식 (settings)	저녁식사 시간	가족구성원이 함께 하는 저녁식사 시간
	주말 활동	휴일의 여가 활동이나 계획된 활동
	휴가	가족의 휴가와 관련된 사건이나 활동
	연중 의식	생일, 기념일, 새 학년 첫날과 같은 연중 의식
	특별 의식	결혼식, 졸업식 등 특별한 의미를 지닌 날과 관련된 의식
	종교 의식	크리스마스, 부처님 오신 날 등의 종교 의식
	문화적 · 민족적 전통	추석, 대보름 등의 민속 명절이나 특별한 음식을 먹는 날(예: 동지 팥죽)과 관련된 문화적 · 민족적 의식

출처: Fiese, B. H. & Kline C. A.(1993), Development of family ritual questionaire, Journal of Family Psychology Vol. 6(3).

Box 14-1

'결혼 25주년 은혼식'을 가족의례의 구성요소로 계획하기

결혼기념일은 부부가 결혼한 날을 기념하여 축하하는 날로서, 19세기 유럽의 그리스도교 국가에서 결혼한 날에 결혼예배를 드리는 것에서 유래된 풍습이었다. 은혼식(銀婚式)은 결혼 25주년을 기념하는 용어로, 50주년의 금혼식(金婚式)과 함께 대표되는 결혼 기념의례이다. 결혼기념일이란 해마다 짚어지는, 부부와 가족에게 특별한 의미를 지닌, 반복되는 가족활동으로 볼 수 있다. 그리고 이 반복적인 활동에는 그 가정 고유의 형식과 구조가 들어 있으며, 이 행사를 통해 부부 사랑의 낭만성을 회복하고, 가족 사랑을 극대화하고, 행복을 확인할 수도 있다. 은혼식을 가족의례로 보고, 의례 구성요소와 형식을 정리해 보고자 한다.

구성요소

1. 발생빈도: 매년 발생하는 일상적 의례이다. 그러나 10주년, 25주년, 50주년 등으로 보다 특별한 의례로 전환이 가능하다.
2. 역할: 현재 가족구성원 전체가 가능한 참여하며, 각자의 역할을 배당한다. 은혼식은 특히 '리마인드 결혼식'이란 의미도 있기 때문에 원가족이 참여하는 것도 좋다. 프로그램이 정해지면 역할을 배분한다.
3. 융통성: 의례의 형식은 그 의례에 참여하는 혹은 주관하는 사람들의 가치, 철학 그리고 제반 가정환경적 여건 등을 고려하여 그 가정의 상황에 맞도록 정해지는 융통성을 지닌다.
4. 참여: 원가족의 부모, 형제자매와 그 가족, 친한 친구 등을 포함하여 참여 범위를 정한다.
5. 감정적 측면: 부부로서 살아온 세월에 대한 기쁨과 축하, 그리고 앞으로 행복하게 살고 싶다는 희망이 내포된 행사여야 한다. 동시에 양가의 교류, 서로에 대한 감사 그리고 가족사랑과 결속의 깨달음 등이 만들어질 수 있도록 한다.
6. 상징적 의미: 제2의 결혼식으로 은반지 등 이 날을 상징하는 선물을 준비한다. 때로는 기념일에만 입는 의상이나 착용하는 액세서리(모자, 넥타이, 브로치 등), 그날에만 사용하는 특별한 부부 잔 등으로 이 날을 상징화시키는 것도 좋다.
7. 지속성: 결혼 25주년이란 부모세대와 손자녀세대가 다 참여할 수 있는 가족생활주기의 한 단계이다. 따라서 결혼기념일은 꾸준히 가족결속의 기회로 활용되며 지속된다. 부모의 이런 의례지킴은 자녀들에게도 전수되어, 훌륭한 가족의례는 영원히 그 가정의 풍습으로 이어진다.
8. 의도성: 25주년이란 이 날을 특별히 짚고 넘어가려는 그 가족의 뜻이 있다. 양가가 결혼식 이후 다시 만나는 감사의 자리, 다세대의 통합, 부부 사랑의 확인 등이 의례 속에 내포되어 있다. 이것은 이 의례를 준비할 때 이미 계획되고 의도된 가치이다.
9. 효과: 부부사랑의 낭만성 회복은 물론이고, 연로한 부모에 대한 보은, 자녀들에게 보여지고 느껴지는 건강한 가족이라는 교훈 등이 효과이지 않을까?

형식

1. 일시
2. 장소
3. 특별한 의식: 의상, 효과음악, 축하공연 등
4. 종교 의식도 포함될 수 있다.
5. 전통: 가족이나 그 사회의 문화적 · 민족적 전통이 가미되어도 좋다. 예를 들면 전통혼례의 재현, 전통의상의 재현, 그런 행사에 특별히 사용되는 음악 공연, 그날을 상징하는 음식 등

출처: 이기숙 Cyworld(2009. 1. 30.)

2 가족의례의 기능과 단계

가족학자들(Burr, Day, & Bahr, 1993; Denton & Denton, 1983; Doherty, 1997)이 제시한 가족의례의 기능은 다음과 같다(정현숙 · 유계숙, 2001; 최연실 외, 1995의 내용 발췌 및 수정).

첫째, 가족의례를 통하여 문화적 가치가 다음 세대에 전달된다. 산업화와 함께 전통적인 가족의 기능이 대부분 가정을 떠나 사회로 이관되었지만, 아직도 가족의 기능으로 남아 있는 문화의 세대 간 전수는 대부분 가족의례를 통하여 이루어진다. 예를 들면 민속 명절에 우리 고유의 전통음식을 해먹는 풍습(예: 설날 떡국, 추석 송편, 동지 팥죽, 대보름 오곡밥 등)이 각 가정에서 대대로 이어져 가는 것이 좋은 예이다. 그러나 문화의 전수라 해서 반드시 긍정적인 것만 전수되는 것은 아니다. 부정적 전수로 음주와 관련된 것도 있다. 알코올 중독은 가족의례를 통하여 다음 세대로 전수되는 대표적인 예이다.

둘째, 가족의례는 가족구성원을 결속시키고, 뿌리의식을 심어준다. 각 구성원은 가족의 전통을 공유하고 가족의례에 함께 참여함으로써 한 가족으로서 결속감과 소속감을 느낄 뿐 아니라 그들의 과거와 역사, 즉 조상과의 연대감도 느끼게 된다. 이러한 기능을 잘 수행하는 가족의례의 예가 명절 지내기, 제사 모시기 등이다. 그러나 이러한 의례도 수행되는 방법에서 남녀의 역할 차이를 너무 강조하게 되면 오히려 가족 화합과 협조를 깨어버리고 마는 단초가 되기도 한다.

셋째, 가족의례는 가족구성원에게 한 집단으로서 민족적 · 문화적 가족정체감을 심어줄 뿐 아니라 구성원 각자의 정체감 형성, 유지, 변화에도 영향을 준다. 예를 들면 결혼식은 양가의 구성원이 서로 배우자가 되고, 인척이 됨으로써 개인과 가족의 정체감에 변화를 가져온다.

생일축하 잔치나 매일의 출입 인사, 잠자리 인사는 자신이 누구인가를 재확인 시켜주고, 그들이 가족의 중요한 일원임을 깨닫게 해주며, 정체감을 유지시켜 준다. 가족이 참여하는 많은 종교적 · 민족적 · 문화적 유대는 정체감의 형성, 변화, 유지에 중요한 의미를 함축한다. 특별한 음식, 옷차림, 의식은 정체감을 상징하는 데 기여하고, 그러한 의식을 통해서 개인은 보다 큰 문화집단의 일원으로서 정체감을 갖게 된다.

넷째, 가족의례는 가족생활을 예측할 수 있는 질서를 부여한다. 가족의례의 특성상 규정된 절차는 가족생활을 예측할 수 있도록 구조화함으로써 스트레스를 감소시킨다. 예를 들면 성년식에 해당하는 전통사회의 관례(冠禮)에서는 어린이가 성인이 되었음을 상징하기 위해서 남자에게는 갓을 씌우고, 여자에게는 비녀를 꽂아 주었는데, 이러한 의례는 당사자로 하여금 부모와의 관계를 재정의하고 앞으로 성인으로서 수행해야 할 역할(예: 결혼)을 예측하도록 함으로써 성인기로의 전이가 순조롭도록 돕는 기능을 한다. 현대적으로는 고등학교나 대학교 졸업식이 부모를 떠나는 독립과 자유, 그리고 동시에 성인/시민으로서의 책임을 강조하는 의례로 해석할 수 있다.

다섯째, 가족의례는 치료적인 기능과 함께 가족의 성장과 변화를 촉진하는 기능을 한다. 예를 들면 장례식은 가족구성원에게 애도와 상실감을 표현할 기회를 줌과 동시에 앞으로의 생활변화에 대처하고 적응할 필요성을 느끼게 한다. 이처럼 의례는 삶과 죽음, 연결과 분리, 이상과 현실, 선과 악의 모순된 두 측면을 동시에 관리할 수 있도록 통합하는 기능을 한다. 즉 우리로 하여금 두 가지 측면을 모두 볼 수 있게 해 줄 뿐 아니라 그것을 이해하고 경험하며 대처하도록 도와준다. 결혼식은 그 안에 즐거움과 축하뿐 아니라 상실감과 슬픔도 모두 포함하고 있다. 딸을 혼인시키는 부모에게 사람들은 흔히 "딸을 잃는 것이 아니라 사위를 얻는 것"이라고 덕담을 한다. 즉 자녀의 결혼을 통하여 부모는 자녀를 독립시키는 동시에 그들의 확대가족 내에 새로운 가족구성원 한 명을 더 영입하는 것이다. 의례는 가족 안에서 전이나 재해, 예기치 못한 일이 일어나게 될 때 변화를 허용하고 장려하고 촉진시키는 치료적 능력을 갖는다.

〈박스 14-2〉는 연로하신 어머님을 위해 가족이 함께 시골로 내려와 살고 있는 아들 전희식 작가가 어머니 생신을 축하하기 위해 만든 가족의례 프로그램이다. 비록 종교인으로 종교의례가 포함되어 있기는 하지만, 위에서 제시한 의례의 다양한 기능을 살펴볼 수 있는 내용과 형식을 가지고 있다.

Box 14-2

어머님의 건강과 존엄을 생각하는 잔치

초청인사:

언젠가부터 어머님은 뒷전으로 물러났습니다. 어머님과 의논하지 않는 것은 물론, 어머님께 알리지 않은 일이 많아졌습니다. 명절은 물론이고 어머님 생신날조차 몸 성한 사람, 말발 있는 사람 중심이었습니다. 살아 있는 어머님보다 돌아가신 조상 제사를 더 잘 받들었습니다. 문득 어머님이 뒷전에 계신 것은 우리가 그렇게 만든 건 아닐까 싶어집니다. 하여, 이날만큼은 온통 어머님을 중심으로 지내볼까 합니다. 세상의 중심에 어머님을 모시고자 합니다. 이름하여 [어머님의 건강과 존엄을 생각하는 기도잔치] 날입니다. 존경하는 김○○ 목사님을 모시고 여러분과 함께 하고자 합니다.

어머님(김○○ 여사)의 딸 · 아들 · 며느리 · 사위 등 가족 드림

때 : 2○○○년 ○○월 ○○일(일) 오후 ○시

곳 : ○○군 ○○면 소재 어머님 사시는 곳 (4남 전○○ 집)

프로그램

25일 (토요일) 전야제	-어머님 반 년의 시골생활 사진전시회 -풍물과 지신밟기 -공동 노동: 콩밭 풀매기 -어머님 모시고 마당 호박돌에서 떡메치기, 인절미 만들어 먹기 -어머님과 덕유산 쪽 감자밭 산책 -저녁식사 -약식공연과 대담: 판소리, 민요, 전통 춤, 장기자랑 -어머님이 들려주는 옛날이야기 - 어릴 적 이야기, 농사이야기 나누기 -시골생활 반 년의 영상물 상영 -어머님의 건강과 존엄을 위한 기도 올리기

26일 (일요일) 오전 맑고 깨끗한 집안 만들기	-새벽 명상과 기도 -아침 식사 -마당 텃밭 풀매기 -장작 패기 -어머님 모시고 산책하기 -어머님이 만든 반찬 먹기: 가죽자반, 쑥차, 머위자반, 청국장, 마늘간장 등 -점심 식사
일요 대예배 (특별 기도회) 오후 3시~5시	-기도회 시작 알림 -어머님 소개와 축하박수 -가족 소개 -참석자 소개 -찬송 -축하 판소리: 전라북도 도립 국악원 창극단 단원 고○○님 -어머님을 위한 노래: 창작민요 '똥꽃' -축하연주 : 전북대 이○○ 교수의 대금연주 -감동의 명상춤: 미술치료와 명상지도자 김○○ · 이○○ 님의 춤 -특송: 가족 중에서 - 성경 봉독 -어머님 건강과 존엄을 위한 절하기: 가족 및 참가자 순으로 큰절 올리기 -어머님 선물 전달식: 맞춤 돋보기, 보청기, 화장실 편의장치 등 -목사님 말씀 -어머님에게 드리는 손님들의 짧은 축원 말씀 -대표 기도문 : 4남 전○○ -축도와 폐회

출처 : 전희식 · 김정임(2008), 똥꽃, 그물코출판사, pp.151-154.

가족의례는 단지 일시적 파티나 실제만이 아니라, 그것을 준비하고 치루고 다시 일상생활로 되돌아가는 일련의 과정이 포함된다(Doherty, 1997). 이러한 과정을 전이기와 수행기, 그리고 종료기의 세 단계로 나누어 볼 수 있다.

전이기는 '의례' 로 진입하는 시기로서, 물리적 환경을 의도적으로 재배열하는 것이다. 즉 가족구성원이 특정한 활동을 의식(ceremony)으로 받아들이고, 그러한 활동을 통하여 유대감이 증진됨을 느끼게 된다. 예를 들면 가족구성원이 주말에 함께 모여 저녁식사를 하는 활동은 관심과 노력 여하에 따라서 훌륭한 가족의례가 될 수 있다. 맛있는 음식이 잘 차려진 식탁에 조명을 은은하게 하고 촛불을 밝힌 후 아름다운 음악을 틀어 화기애애한 가족식사 분위기를 조성할 수 있다.

수행기는 전이기를 거쳐 의례화된 활동이 행해지는 시기로서, 목표는 연대감과 즐거움을 제공하는 것이다. 주말에 가족구성원이 모여 저녁을 먹으면서 한 주 동안 있었던 일을 이야기하며 유대감과 즐거움을 느끼는 활동이 반복될 때 가족의 주말 저녁식사는 의례로서 수행되고 있는 것이다.

종료기는 가족구성원이 의례활동을 마치고 '의례'로부터 떠나 일상으로 돌아오는 시기이다. 식사 후 과일을 먹거나 차를 마시고 나서 식탁을 떠나는 것이다.

가족의례는 가족구성원이 그것을 만들고 수행하는 방식에 따라서 가족관계가 증진될 수도 있고 그 반대가 될 수도 있다.

3 한국가족의 통과의례 변화

통과의례란 출생, 성장, 독립, 결혼, 죽음 등이 포함된 일련의 생애과정적 의례를 말한다. 이러한 통과의례는 사회문화적 배경에 따라 그 의례의 형식이 다르다. 한국사회에서 다양한 통과의례가 사회역사적 맥락에 따라 변화해 온 것을 요약하면 다음과 같다(강득희, 1995의 내용 보완).

첫째, 가족 단위의 통과의례보다 가족구성원 개인을 대상으로 하는 통과의례의 수가 많아졌다. 예를 들면 자녀의 입학, 졸업, 군 입대, 취직, 승진 등에 따르는 개인별 통과의례가 새롭게 등장하였고, 결혼기념일, 어버이날, 어린이날 등 가족관계를 강조하는 결속의례의 비중이 커지고 있다.

둘째, 통과의례 자체의 형식과 절차는 간소화되고 있으나, 의례 절차나 용품 등의 상품화 의존도는 점차 커지고 있다. 예식업, 가족여가를 위한 관광업, 장례업 등의 성장이 이를 대변해 준다. 구체적 실천에서 어느 정도의 상업화는 필요하지만, 잘못하면 시장 논리에 밀려 개인적 · 가족적 의미를 부여하지 못한 채 또는 느끼지도 못한 채 의례가 이루어지는 경우를 우려하여야 한다.

셋째, 가족의 통과의례를 치르는 공간이 가정으로부터 분리되어 전문공간으로 옮겨 가면서 의례가 세속화, 전문화, 상업화하는 경향이 증가하고 있다. 전통적으로 가정에서 이루어졌던 가족의 통과의례가 결혼은 예식장에서, 출산은 병원이나 산후조리원에서, 돌잔치나 회갑연은 호텔이나 음식점에서, 상례는 병원의 장례식장에서 치러지고 있다. 앞에서도 지적하였지만, 가족구성원이 통과의례를 주체적으로 주관하기보다는 전문가나 업자의 이해관계에 끌려다니는 현상을 보이고 있다. 예를 들면 예식장이나 장례식장의 끼워팔기나 부당요금 요구 등의 횡포가 사회문제가 되는 경우이다. 또한 이러한 현상과 함께 통과의례의 상업화는 사회계층간 위화감을 심화시킬 우려도 있다.

넷째, 통과의례의 참여 범위가 가족구성원으로부터 사회연계망으로 확장되고 있으며, 사회연계망의 구성원은 서로의 가족의례에 참여함으로써 결속과 함께 상부상조하는 호혜적 교환관계를 유지한다. 이는 전통사회에서 친족이나 이웃 중심의 유대관계에 국한되었던 공동체 의식이 현대사회에 들어와 보다 다양한 연계망으로 확산되고 있음을 의미하는 것이다.

Box 14-3

추석의 의미와 형식

추석은 음력 8월 15일로 한가위라고도 한다. 추석은 설, 단오와 함께 우리나라의 3대 명절 중의 하나이다. 추석은 음력 8월의 가장 가운데 날로, 오곡이 무르익고 온갖 과일이 풍성한 결실의 감사함을 표시하는 날이다. 예부터 우리 조상은 일년 내내 농사짓고 추수한 햇곡식과 과일로 조상에게 그 보살핌의 감사함을 차례란 형식으로 지내고, 그 다음 친척이나 이웃과 음식을 서로 나누어 먹으며 즐거운 시간을 보내 즐겼다고 한다.

추석의 의미: 감사함의 나눔이다.

추석의 상징: 추석이 지니고 있는 전통적 상징성으로는 음식이 있다. 추석하면 우리가 떠올리는 것은 '송편'이다. 그래서 추석 상에는 반드시 여러 색깔의 송편이 올려진다. 그 외 추수한 햇곡식으로 만든 밥과 술이 올려지기도 한다. 추석날만의 특별한 의상은 없지만 현대와 와서 우리는 추석날이나 설날, 아름다운 한복을 입으면서 명절의 전통성을 기린다.

추석과 가족: 명절을 함께 보내기 위해 가족이 모인다. 가족이 모이게 되면 자연히 음식 준비 등 누군가가 해야 할 노동이 발생한다. 차례 준비도 물론이다. 그러나 이런 일로 인해 가족이 서로 만나기를 회피한다는 것은 장기적으로 가족관계의 유대감이나 공동체 의식의 함양 등에 부정적 영향을 준다. 형제들이 서로 잘 의논하여 노동과 경비를 합리적으로 분담하여 최대한 가족애가 유지될 수 있도록 노력함이 필요하다. 역할 분담에는 남성과 여성의 견해 차이, 세대(시어머니와 며느리 등)별 입장 차이가 발생할 수 있고, 그것이 가족갈등으로 증폭될 수도 있다. 그러나 추석이란 명절을 통해 우리가 가족 결속을 다지고, 가족의 근원을 알고, 서로 감사함을 나누어야 한다는, 추석이 지닌 본래의 의미를 잊지 않으려고 노력한다면 세월이 지나면서 우리는 가족과 함께 성장해 갈 것이다.

특히 가족생활주기별로 볼 때, 신혼기는 서로의 가정풍습을 익히는 기회가 되고, 아동기와 청소년기는 명절을 재미와 가족잔치로 받아들이면서 화기애애한 명절을 통해 경쟁적 현대교육이 간과하고 있는 인간미를 습득한다. 청년기는 어린 조카들을 통해 인간발달에 새삼스레 관심을 가지고 성인으로 다양한 가사노동의 관리 기술을 터득하게 되어 생활인으로 성장하게 된다. 중년기 가족은 때로는 윗세대인 노부모의 부양과 아랫 세대인 자녀들의 보살핌으로 힘들기도 하다. 노인은 손자녀들과 만나 세대 간의 다른 경험을 나눌 수 있어 지루한 일상에서 벗어나 어른의 감흥을 느끼는 기회이기도 하다.

출처: '가족의례로서의 추석'에 대한 학생의 과제에서 발췌

4 가족의례 활용 지침

가족의 화합과 친밀감을 증진하기 위하여 가족의례는 현명하게 활용되어야 하고 그 가족환경에 맞게 새롭게 창출될 수도 있다. 그래서 다양한 가족의례 만들기를 위한 몇 가지 지침을 제시하고자 한다(Burr, Day & Bahr, 1993; Denton & Denton, 1983; Doherty, 1997; 정현숙 · 유계숙, 2001의 내용 보완).

첫째, 가족의례의 필요성, 가치, 목적에 대해서 가족구성원의 의견이 일치하도록 논의할 시간이 필요하다. 가족의례에 대한 구성원의 의견이 다르면 제대로 기능할 수 없을 뿐 아니라 특정 구성원 혼자서 수행을 떠맡는 경우가 발생하고, 가족 내에

고질적인 갈등과 긴장을 불러오기도 한다. '명절을 시가/친가 어느 쪽 부모님과 지낼 것인가? 자녀의 졸업식을 가족이 함께 축하하기 위해 어떤 이벤트를 만들 것인가? 결혼 25주년이라는 은혼식을 특별히 보내기 위하여 어떻게 부모님을 축하해 드릴 것인가?' 등에는 가족의 대화와 협조가 필요하다. 따라서 가족의례에 대한 가족구성원의 참여와 협조에 대한 기대를 분명히 해야 한다. 가족구성원은 모든 가족의례에 대해 무엇을 언제 어떻게 하는지 알고 참여할 수 있어야 한다.

둘째, 많은 가족구성원이 가족의례의 계획과 수행에 참여할수록 가족의례는 그 의미를 더할 것이다. 대화를 통해 의례의 필요성과 가치(의미)에 인식을 같이 하였다면 다음으로 구체적 실천방안을 모색하여야 한다. 가족의 형태, 가족의 인적 특성, 경제적 여건, 그 가족의 전통 등을 고려하여 가능한 많은 가족구성원이 참여하도록 한다. 이혼과 재혼으로 가족구성에 변화가 있었던 가족의 경우, 헤어진 사람들과 만나 볼 수 있는 명분의 기회가 되기도 하고, 새로이 가족으로 편입된 사람이 있는 가정의 경우에는 유대감을 증진시킬 수 있는 기회로 활용할 수 있다.

셋째, 가족의례가 가족과 함께 성장하도록 한다. 예를 들면 자녀가 성장함에 따라 보다 많은 개인 시간과 자유를 요구하면 가족의례의 비중을 줄이는 등 가족생활주기에 따른 변화를 수용해야 하며, 가족의례로 인하여 가족관계나 가족생활에 문제가 발생할 경우 수정과 대체 때로는 중단이 필요하다. 청소년 자녀를 위한 축하의례는 때로는 친구들을 포함하여 베풀어주어야 하며, 결혼 25주년 은혼식의 경우 부부만의 새로운 밀월시간을 갖도록 하여 결혼생활에 활력을 주면 좋을 것이다.

넷째, 윗세대로부터 전해 내려오는 의미 있는 전통은 계승하고 발전시키며, 의례 수행 중 다음 세대로 전달될 수 있는 문제(예: 알코올 중독)가 발생하는 가족의례는 그 문제와 의례를 분리시킨다(예: 명절 때 술 마시지 않기). 그 집안의 손맛(음식 맛, 예를 들면 간장과 장 맛, 김치 등)이 우수하다면 가족이 그 손맛을 전수받는 형식을 창출하는 것도 좋다. 그러나 명절 때마다 모이기만 하면 언쟁하는 것과 같은 해묵은 가족불화가 드러나는 경우에는 명절을 보내는 방법(형식)에 변화가 필요하며, 해결되지 않는 가족문제를 친족 간의 충성과 심리적 보상(위로)으로 해결하는 방법이 활용되면 좋을 것이다.

다섯째, 자신의 가족을 위한 새로운 의례를 개발하고, 이를 활성화시킨다. 예를 들면 신혼부부는 양가의 의례를 그대로 수용하기보다는 그들에게 맞는 새로운 의례를 창출할 필요가 있다. 그리고 의례가 특별히 없는 가정의 경우(생일잔치를 하지 않는 가정이라든가, 축하의례가 아주 드문 가정) 가족의례를 통해 가족유대감과 가족결속력을 더욱 높이고 싶다면 새로운 그 가족만의 의례 창출이 필요하다. 특별한 그릇이나 특별한 음식으로 상징화하면서 촛불, 풍선 등을 오브제로 곁들인다면 아름다운 의례를 새롭게 만들 수 있으며, 반드시 그 속에 가족의 가치와 의미를 새겨 넣어야 한다.

5 새로운 가족의례 만들기

가트만 등(2006; 2007)은 새로운 가족의례란 일상적인 것에서 출발하여 특별한 활동으로 나아가야 한다고 하였다. 가트만의 새로운 가족의례 만들기의 예를 제시하면 다음과 같다.

1) 일상의 사건에 의미 부여하기

우리는 하루하루 시간을 어떻게 보내는가를 통해 자녀에게 우리의 가치관을 전달해주고 있다. 우리가 쉴 때와 일할 때, 우리가 특별하다고 보는 것과 경멸하는 것이 가치관을 드러내준다. 그러면 과연 부모는 자녀에게 정신적 유산을 남기기 위해 어떻게 다양한 문화를 하나의 공유된 의미로 빚어내고 있는가? 가족이 정서적 · 신체적 · 영적으로 어떻게 접촉하는가에 따라 가족의 성격이 정해진다. 이런 순간에 의도적으로 의미를 부여할 때 우리의 행동이 점점 의례화하는 것이다(〈박스 14-4〉 참조).

Box 14-4

다른 경험들, 새로운 의례

피터와 질은 질의 생일을 어떻게 축하할지에 대해 매우 다르게 느꼈다. 남편은 괜찮았다고 했지만, 아내는 끔찍했다고 말했다. 그들은 아기 애나를 동반하지 않고 낭만적인 레스토랑에서 저녁을 먹었고, 질은 자신이 원하던 선물을 받았다. 그렇다면 무엇이 문제였을까? 그는 알고 싶었다. 질은 다음과 같이 대답했다. "저녁 예약도 내가 했고, 선물도 내가 샀잖아.", "맞아. 그런데 난 의사이고 당신은 집에 있잖아. 그럼 내가 간호사에게 이걸 모두 하라고 했다면 좀 달랐을 것 같아? 게다가 당신은 내가 고른 선물은 한 번도 좋아하지 않았잖아."

이 부부의 어릴 때 생일에 대한 경험은 매우 달랐다. 외동딸이었던 질은 매년 마술사를 불러 마술을 공연하는 파티를 했고 모든 친구를 초대했다. 그녀는 온갖 선물에 완전히 매료되었고 일년에 한 번만큼은 부모로부터 사랑받는다는 것을 느꼈다. 그날만은 부모님도 서로 함께 있는 것이 행복해 보이기도 했다.

한편 피터는 식구가 많은 가족 출신이었다. 다른 형제자매와 마찬가지로 그는 생일 카드 한 장, 선물 하나, 특별 음식 한 가지를 받았다. 그게 전부였고 괜찮았다고 피터는 말했다. "그건 나에게는 괜찮지 않아."라고 질이 말했다.

그러나 그들이 딸에게 물려주고 있는 유산에 대해 말하기 시작하자 초점이 완전히 달라졌다. 피터는 자기가 받았던 작은 선물이 늘 괜찮았던 것은 아니었으며, 때로는 형이 그보다 더 큰 선물을 받았다고 말했다. 그러나 그는 스스로 괜찮다고 말했고 그것이 자신을 더 강하게 만든다고 생각했기에 적응했다고 한다. 질은 그녀가 받았던 모든 선물이 정말 자신이 원했던 것은 아니었다고 말했다. 그녀는 부모님이 서로 행복하고 그녀에 대해 만족하기를 바랐다. 그렇지만 그들은 그렇지 못했다.

피터와 질은 애나가 자신이 소중한 존재라고 느끼기를 원했지만 부모의 정서적인 따스함과 부모가 행복한 것을 보는 것이 최선이라고 했다. 생일에 대해 말한 뒤 피터와 질은 모두가 가족으로서 함께 소중히 할 수 있는 생일의식을 고안했다.

출처: Gottman J. M. & Gottman J. S.(2007), 최성애 · 조벽 역(2008), 우리 아이를 위한 부부 사랑의 기술, 해냄.

의례는 '건강할 때' 만 초점을 두는 것은 아니다. 결혼식 선서에서 '아플 때' 를 언급하듯이 이때를 위한 의례도 가질 수 있다. 환자 돌보기에 대한 갈등을 해결해야 하는 가족이 있었다. 이 가족이 어떤 형식을 통해 갈등을 극복할 수 있었는지 〈박스 14-5〉를 살펴보자.

Box 14-5

가족돌봄의 의례

래리의 어머니는 사회정치 활동가였다. 그녀는 강하고 역동적이었지만 가족을 돌보지 않고 돌아다니는 것에 대해 죄책감을 느꼈다. 따라서 래리가 병이 들자 어머니는 보상할 기회라고 여겼다. 어머니는 아들의 베개를 높이 괴여주고 10분마다 체온을 재며 잡지와 책을 잔뜩 안겨주었다. 그 중 백미는 손수 깨뜨린 얼음으로 그가 가장 좋아하는 레모네이드를 만들어 준 것이다. 그는 이 모든 관심을 아주 좋아했다.

훗날 래리는 리타와 결혼했다. 리타 또한 래리의 어머니처럼 강하고 역동적인 여자였다. 그러나 리타는 병에 대해 전혀 다른 경험을 갖고 있었다. 리타의 어머니는 리타의 어린 시절 내내 아팠다. 어머니는 거실에서 잠을 잤고 온 가족의 생활이 어머니의 병 위주로 돌아갔다. 모두가 항상 조용히 해야 했다. 그런 보살핌에도 불구하고 어머니는 결국 암으로 돌아가셨고, 그 당시 리타는 열 살이었다.

리타와 아빠가 남겨졌다. 부녀는 상실을 이겨내기 위해 둘이 똘똘 뭉쳤고, 악착스럽고 매사에 효과적으로 대처했다. 그들은 아프더라도 아프다고 인정하지 않았다. 리타는 열이 나도 학교에 갔고, 다른 사람에게 증상을 숨겼다. 아플 때 쉬는 것은 약함을 인정하는 것이었다. 아프다는 것은 한껏 떠받들어진다는 뜻이 아니었다.

래리와 리타가 결혼하고 일주일이 지난 후 평소 건강하고 운동을 좋아했던 래리가 독감에 걸렸다. 그는 하루 종일 침대에 누워 괴로워했다. 결국 그는 부루퉁하고 징징대는 목소리로, "리이이타아아아" 하고 불렀다. 세탁실에 있던 리타는 경멸의 눈을 흘겼다. 그녀가 다시 그를 무시하자 그는 결국 절망적인 소리를 쳤다. "리이이이이이이타타타타아아아아아!"

리타는 방에 들어가 무슨 큰 사건이 벌어졌는지 알고자 했다. 래리는 처량하게 말했다. "사랑하는 리타, 난 지금 죽을 지경이야. 내 베개 좀 바로 해주고 뭔가 읽을 것 좀 갖다 주고 손으로 깬 얼음을 넣은 레모네이드를 만들어줄래?"

리타는 래리한테 이런 엄살을 부리고도 자기한테 맞아 죽지 않았으니 운이 매우 좋은 줄이나 알라고 말했다. 대단한 '문화 충돌'이었던 것이다. 그녀는 래리가 원하는 것을 도무지 이해할 수가 없었다. 그녀는 아플 때 침대 밑에 피해 들어가 만지려 하면 쉿 소리를 내는 고양이 같았다. 그러나 래리는 아플 때는 사랑과 배려를 발휘할 시기라고 생각했다. 결혼서약 때 그러지 않았느냐면서 말이다.

래리와 리타는 둘이 함께 수용할 수 있는 병간호 의례를 만들어야 했다. 리타는 자기 어머니가 많은 보살핌과 관심에도 불구하고 그녀를 두고 돌아가셨기 때문에 병이 얼마나 그녀를 겁나게 하는지에 대해 두려움을 털어놓았다. 또한 리타는 인정하기는 어려웠지만 어머니가 모든 관심을 독차지하는 것에 분노를 느꼈다. 래리는 어머니의 관심과 사랑을 조금이라도 얻으려면 병에 걸려야 했다고 그의 반감을 말해주었다. 그는 수줍어하면서 관심을 받으려고 이따금씩 증세를 과장했다고 고백했다. 진실이 알려지자 래리와 리타는 서로에게 적절하고 아기에게도 도움이 될 만한 새로운 의례를 자유롭게 만들 수 있었다.

출처: Gottman J. M. & Gottman J. S.(2007), 최성애 · 조벽 역(2008), 우리 아이를 위한 부부 사랑의 기술, 해냄.

우리는 일상사나 중대사에 대한 연결의 의식을 창조할 수 있다. 가족 중에 누군가 중요한 것을 성취했을 때 무엇을 해야 할까? 가족 중에 누가 실패하여 지지를 필요로 할 때는 어떻게 해야 할까? 서로에 대해, 또한 아이들에 대해 느끼는 자랑스러움을 어떻게 표현해야 할까? 새로운 가족결속이 만들어지는 질문들이다. 〈표 14-2〉를 살펴보자.

● 표 14-2 ● 정서적 유대감을 위한 매일의 의례 만들기

다음 주제 중에 한 가지를 선택하여 서로 대화를 나눈다. 그리고 나서 다른 주제를 선정하여 계속 대화를 나누어본다.

1. 가족과 함께 한 저녁 식사시간이 어떤지 서로 말해본다. 식사를 함께 한다는 것은 당신에게 어떤 의미인가? 요즘 가족의 식사는 어떤가? 어렸을 때 식사시간과 연관된 좋은 추억과 악몽 같은 사건에는 어떤 것이 있는가? 이런 사건이 당신에게는 어떠했는가? 이 사건에 의미가 있다면 당신에게 그것이 어떤 의미인가?
2. 집에서 아침에 헤어질 때와 저녁에 다시 만날 때 어떤지 서로 말해본다. 다시 만날 때 어떤 일이 일어나는가? 당신이 어릴 때 자라난 가족에서는 어떠했는가? 하루 일과를 마치고 가족 모두가 다시 만날 때 무엇이 중요한가? 당신은 이 재회가 어떤 의미를 가지면 좋은가?
3. 주말에 대해 서로 말해본다. 주말엔 어떤 일이 일어나는가? 당신이 어릴 때는 어떠했는가? 당신이 어릴 때 좋았거나 나빴던 일에는 어떤 것이 있는가? 지금은 주말이 어떠하기를 바라는가? 당신은 주말이 어떤 의미가 되기를 원하는가?
4. 재정에 관한 의식에 대해 서로 말해본다. 당신은 돈을 어떻게 보는가? 그렇게 보는 이유는 무엇인가? 당신이 자랄 때 돈은 어떻게 다루어졌는가? 당신이 어릴 때 돈에 대해 좋았던 기억과 악몽의 예는 어떤 것이 있는가? 당신은 지금 돈을 어떻게 다뤄야 한다고 생각하는가?
5. 손님접대 즉, 친구를 초대하거나 잔치할 때 어떻게 하는가? 전형적으로 어떤 일이 일어나는가? 당신이 자랄 때 집에서는 어떻게 했는가? 당신이 어릴 때 손님접대에 대해 좋았거나 나빴던 예는 어떤 것이 있는가? 당신에게 손님접대는 어떤 중요성이 있는가? 어떤 분위기를 만들려고 하는가? 이것이 어떤 의미가 있어야 할 것 같은가?

6. 부부로서 또는 가족으로서 함께 하기 좋은 때는 언제인가? 최근의 예에 대해 말해보자. 이런 시간이 당신에게 어떤 중요성이 있는가? 자랄 때의 가족시간은 어떠했는가? 요즘 당신은 좋은 가족시간을 어떻게 만들고 싶은가?
7. 당신이 일상에서 축하하는 일은 어떤 것인가? 생일? 결혼기념일? 가족모임? 이런 행사를 어떻게 치르고 싶은가? 당신이 어릴 때 이런 일이 어떻게 치러졌는지 서로 말해본다. 당신이 어릴 때 이런 행사에 대해 좋았거나 나빴던 예는 어떤 것이 있는가? 당신은 지금 이런 행사가 어떤 의미가 있기를 원하는가?
8. 당신이 몹시 지치고 소진했을 때 어떻게 재충전하고 새로 활력을 얻는가? 당신이 어릴 때 가족은 어떻게 했는가? 당신은 지금 이런 일을 가족 안에서 어떻게 하고 싶은가?

출처: Gottman J. M. & Gottman J. S.(2007), 최성애 · 조벽 역(2008), 우리 아이를 위한 부부 사랑의 기술, 해냄.

2) 특별한 명절 만들기

오랜 기간 유지되어온 공동체 사회가 와해되고 핵가족이 주류를 이루는 오늘날, 가족구조나 의식구조가 변화하였음에도 불구하고 명절은 유일하게 공동체 풍습이 유지되는 미풍양속으로 남아 있다. 특히 추석과 설은 2대 명절로서 민족의 대이동이 이루어지는 국가적 의례이다. 뿔뿔이 흩어져 사는 가족들은 명절을 통하여 모처럼 만나 유대감을 확인하고, 전통과 가풍을 익히며, 조상과의 연계를 새롭게 깨닫는 기회로 삼는다. 명절의 이 같은 본뜻을 살리기 위해서는 가능한 많은 가족구성원이 명절에 함께 참여하고, 모두에게 즐거운 시간이 되어야 한다.

그러나 아내가 일 년 중 가장 강도가 높고 많은 양의 가사노동을 하는 때가 바로 명절일 만큼 명절 문화는 가부장적 구습의 테두리를 벗어나지 못하고 있다. 여성이 명절을 부담스러워하는 이유가 단순히 육체적 고달픔 때문만은 아니라는 지적도 있다. 이러한 지적은 여성에게만 모든 노동과 뒷바라지를 전가하는 남녀차별과 시집 위주의 명절 문화를 비판하는 것이다. 즉 남의 집에서 들어온 여자인 며느리 입장에서는 명절이 '시댁 식구의 잔치'로 힘든 노동 뒤 일종의 소외감을 맛보는 행사일 뿐이다. 이 밖에도 명절날 시댁과 친정에 가는 일정과 양가에 대한 선물 배분 문제 역시 명절에 자주 등장하는 부부갈등의 주제이다. 남편이 보여주는 태도에서 느끼는 배신감도 아내가 공통적으로 지적하는 부분이다. 평소 각자의 가정에서 가사분담을 하던 남편도 명절날만은 친척 앞에서 체면을 세우느라 아내의 고통을 모르는 척한다. 이 과정을 통해서 여성이 확인하는 것은 우리 사회에 뿌리 깊이 온존해 있는 가부장적 계급관계라는 것이다. 이러한 문제는 대개 전통과 도리라는 무게에 눌려 여성의 가슴속에서 삭여지는 게 현재까지의 관례였다. 현재의 가족구조 속에서 아내 스스로 남녀 차별적 명절 문화를 해결할 수 있는 방안은 제한적일 수밖에 없는 만큼 윗세대의 어른과 남성, 가족구성원 및 친족원 모두가 명절을 함께 준비하고 같이 즐기면서 건강한 명절의 가족의례를 만들어가야 할 것이다(정현숙 · 유계숙, 2001, 재인용).

어떤 사건보다도 명절은 어린 시절의 기억에 깊은 흔적을 남긴다. 아이가 자라는 동안 무엇을 각인시키고 싶은가?(〈박스 14-6〉 참고) 의도적으로 창조한다면 명절의례로부터 훨씬 많은 것을 얻을 수 있다. 그렇게 하지 않으면 습관에 얽매여 명절은 텅 비게 된다. 훌륭하든 초라하든 결국 자녀의 기억에 각인될 유산을 창조해야 한다.

Box 14-6

기억에 남는 특별한 명절

조슈아와 타나야의 크리스마스 기억은 육지와 바다만큼이나 달랐다. 타나야에게 크리스마스는 눈물범벅이었다. 그녀는 무남독녀였다. 아빠는 크리스마스 직전에 월남전에 참전하러 떠났고, 그녀는 아빠를 다시 보지 못했다. 다음 해 크리스마스 직전에 아빠가 다낭 전투에서 사망했다는 소식을 들었다. 어머니는 깊은 우울증에 빠졌다. 세월이 흐르면서 좀 나아졌지만 다시는 웃지 않았다. 타나야는 그 이후 크리스마스 때마다 아빠라는 존재와 엄마의 영혼을 잃어버린 채 지냈다.

그러나 조슈아에게 크리스마스는 달랐다. 그는 남부의 대가족 출신이다. 크리스마스는 가족 모임의 시간이었다. 그들은 모두 교회에 갔고 그는 성가대에서 노래를 불렀으며, 그 후 김이 나는 바비큐로 만찬을 먹었다. 크리스마스 날에 트리를 에워싸고 성탄곡을 불렀고 삼촌은 피아노를 쳤다. 조슈아는 한 번도 화려한 선물을 받아본 적이 없었지만 그는 크리스마스를 좋아했다. 연중 최고의 날이었고 지금은 스스로를 '크리스마스 중독자'라고 선언했다. 매년 6월이 되면 그는 아내와 아이들을 위한 크리스마스 선물을 미리 사서 감춰 두었다.

조슈아와 타나야는 서로를 위해서, 그리고 자녀의 기억에 소중히 남을 만한 새로운 크리스마스 의례를 만들어야 했다. 그들은 타나야의 아버지를 위해서 특별한 자리를 만들어 그의 사진을 걸어 놓았다. 크리스마스 전날 그들은 아이들이 아무리 들어도 질리지 않는 할아버지의 이야기를 들려줌으로써 그를 명예롭게 추억했다. 그리고 나서 크리스마스 당일에는 모두 조슈아가 어릴 때 그랬던 것처럼 축제 기분으로 보냈다. 온 가족을 초대하여 그들의 작은 집에 아이들이 넘쳐날 때가 가장 좋았다.

출처: Gottman J. M., Gottman J. S., & DeClair J.(2006), 정준희 역(2007), 부부를 위한 사랑의 기술, 해냄.

3) 스트레스를 완화시키는 부부 대화의례

부부 사이가 좋아지는 가장 좋은 방법은 일상적인 스트레스를 완화시키고 때때로 느끼는 슬픔을 극복하도록 대화의례를 마련하여 정기적으로 대화를 나누는 것이다. 이 시간을 통해서 두 사람은 서로에게 주의를 기울이고, 이야기를 주고받으며, 공감을 표할 수 있다.

그것은 직장에서의 문제나 친척이나 친구와의 불화 때문에 생긴 불안감, 슬픔, 중압감을 다스리는 데 도움이 될 수 있다. 낙천적인 사람이라 하더라도 배우자와 교감하고 인생의 도전을 극복하는 데에는 의미 있는 대화가 도움이 된다. 정기적으로 은행계좌에 저축을 하듯, 정기적인 대화로 '감정' 은행계좌에 저축을 하는 것을 목표로 삼는다.

〈표 14-3〉의 내용을 이용하여 부부만의 대화의례를 설계해 보자. 몇 차례 시도해 보고, 효과가 있는지 평가해 본다. 필요하다면 더욱 효과적인 대화의례가 되도록 수정을 한다. 그리고 이 대화의례에서 고치고 싶은 점은 무엇인가를 항상 염두에 둔다.

표 14-3 부부 대화의례 만들기

첫째, 매일 15~30분 정도 시간을 내어 하루 동안 있었던 일을 이야기한다.
이미 이렇게 하고 있을 수도 있지만, 좀 더 체계적으로 그런 시간을 마련하는 것이 필요하다. 매일 하는 활동, 예를 들면 함께 아침식사하기, 함께 출퇴근하기, 함께 산책하기, 저녁식사 후 함께 차 마시기 등의 활동 중에 이런 시간을 가질 수도 있다. 단, 그러한 일상 활동에서 그 시간이 중요한 일부가 되도록 해야 한다. 하루 중에서 그러한 대화를 나누기에 가장 좋은 시간은 언제인가? 그러한 대화를 나누기에 가장 적합한 장소는 어디인가?

둘째, 매일 '동일한 방법'으로 대화를 나눈다.
예를 들면 항상 동일한 테이블에 앉고, 촛불을 켜며, 부부 찻잔을 이용할 수 있다. 그것은 그 자리가 일종의 '의례', 즉 두 사람이 교감할 수 있도록 매일 함께 하는 무엇인가처럼 느껴지도록 하기 위함이다. 당신은 무엇을 이용할 것인가?

셋째, 정신집중을 방해하는 요소들을 제거한다.
텔레비전을 끈다. 전화가 울려도 받지 않는다. 어린 자녀가 있다면, 엄마와 아빠가 이야기를 나눌 수 있도록 어떤 활동을 시킨다(잠을 재우는 것도 좋은 방법이다). 상대방이 온전히 주의를 기울이고 있는지 확인할 방법은 무엇인가?

넷째, 번갈아 가며 청자(聽者)와 화자(話者) 역할을 한다.
당신에게 있었던 가장 중요한 일부터 이야기한다. 직장에서 무슨 일이 있었는가? 의사가 무슨 이야기를 했는가? 수업은 어떠했는가? 어머니와 무슨 이야기를 나누었는가? 한 가지 주의할 점은 두 사람에게 이야기할 시간을 똑같이 주어야 한다는 것이다. 그 다음에 배우자와 역할을 바꾼다. 이때 (두 사람 각자에게) 무엇이 화제가 될 수 있는가?

다섯째, 청자는 화자의 말에 호응한다.
- "어떻게 되었어요?", "가장 중요한 것은 무엇인가요?", "그때 기분이 어땠어요?", "당신한테는 그것이 어떤 의미예요?", "무슨 일이 있었던 거예요?"와 같은 질문으로 관심을 표한다.
- "당신의 마음을 이해할 수 있어요", "나 역시 스트레스로 지쳤어요", "수심이 가득해 보여요"라고 공감을 표한다.
- "불쌍해라", "당신이 화가 난 이유를 알겠어요", "정말 재미있어요"처럼 감정에 귀를 기울이고 그에 호응한다.
- "훌륭해요!", "당신이 자랑스러워요"처럼 배우자의 성공을 축하한다.
- 누군가와 갈등을 빚고 있을 때, "그 사람 정말 바보 아니에요?", "그녀가 어떻게 당신에게 그럴 수 있어요?"처럼 배우자의 편을 든다(이때는 청자가 화자를 비난하거나 불만을 토로하는 시간이 아님을 기억하라. 결코 적의 편을 들어서는 안 된다).
- "이건 '우리'의 문제예요. 그러니 함께 이겨내야 해요", "나도 비슷한 경험이 있기 때문에 당신을 이해할 수 있어요"처럼 유대감을 드러낸다.
- "이리 와요, 안아줄게요", "나는 전적으로 당신 편이에요"처럼 깊은 애정을 표현한다.
- "함께 생각해 봐요"처럼 문제해결에 도움을 제공한다. 그렇지만 조언하기에 앞서 상대방을 이해부터 해야 한다. 성급히 문제를 해결하려 하지 않는다. 가장 중요한 것은 상대방의 말을 들어주는 것이다.

여섯째, 경험을 평가한다.
며칠 동안 해보고 나서 다음 질문을 이용해서 이 방법이 효과적인지 평가한다.
- 시간과 장소가 적합한가?
- 만약 그렇지 않다면, 더 효과적인 대화가 될 수 있도록 자신의 일정에 맞춰 시간을 바꾸어야 하는가?
- 집중할 수 있는가?
- 배우자가 자신의 경험을 공유하고 있다고 느끼는가?
- 배우자가 당신의 말에 귀를 기울이고 있다고 느끼는가?

출처: Gottman J. M., Gottman J. S., & DeClair J.(2006), 정준희 역(2007), 부부를 위한 사랑의 기술, 해냄.

요 약

이 장의 내용을 요약하면 다음과 같다.

가족은 성공적인 가족생활을 위해서 각 가족에게 적절한 다양한 가족의례를 만들어 가야 한다. 가족의례의 창출은 매월의 가족의례, 계절적 축하의례, 특별한 행사와 공동체 참여를 통해서 가능하며, 이런 의례의 실천을 통해 가족구성원 간의 결속이 강해지고 가족관계가 향상된다. 좋은 의례를 지원하는 원칙을 가지고, 의례가 잘 수행되지 않을 때 그것을 변화시키는 융통성이 필요하다. 가족은 가족구성원이 적극적으로 인생의 의미를 나누고 경험을 공유하는 기회를 마련하면서 한 가족임을 느낄 때 건강한 가족이 될 수 있다.

생각해 볼 점

1. 자신의 가족에서 특별히 행해지는 가족의례를 찾아 분석하고, 이 의례를 통해 더욱 가족유대가 강화되기 위한 방안을 모색해 본다.

2. 자녀에게 풍부한 정신적 유산을 물려줄 수 있는 가족의례를 계획해 본다.

참고문헌 REFERENCES

웨슬리 버어 · 렌달 데이 · 캐서린 버어, 최연실 · 남명주 · 배희분 · 이춘희 · 조은숙 · 진미정 역(1995). 새로 보는 가족관계학. 서울: 하우.

전희식 · 김정임(2008). 똥꽃. 충남: 그물코출판사.

정현숙 · 유계숙(2001). 가족관계. 서울: 신정.

존 가트만 · 줄리 가트만(2007). 최성애 · 조벽 역(2008). 우리 아이를 위한 부부 사랑의 기술. 서울: 해냄.

존 가트만 · 줄리 가트만 · 조앤 디클레어(2006). 정준희 역(2007). 부부를 위한 사랑의 기술. 서울: 해냄.

Dorherty W. J. (1997). *The Intentional Family*. NY: Addison-Wesley Publising Company, Inc.

Gottman J. M. & Gottman J. S. (2007). *And baby makes three*. NY: Three Rivers Press.

Gottman J. M., Gottman J. S., & DeClair J. (2006). *10 Lessons to transform your marriage*. NY: Three Rivers Press.

Fiese, B. H., Hooker, K. A., Kotary, L., & Schwagler, J. (1993). Family rituals in the early stages of parenthood. *Journal of Marriage and the Family, 55*, 633-642.

Fiese, B. H. & Kline, C. A. (1993). Development of family ritual questionaire. *Journal of Family Psychology, 6*(3).

Wolin, S. J. & Bennett, L. A. (1984). Family rituals. *Family Process, 23*, 401-420.

FAMILY RELATIONS

PART V
미래의 가족

Chapter 15

FAMILY RELATIONS

새로운 가족가치를 향해

조혜정(2004)의 『가족, 있다/없다』라는 책은 우리에게 좋은 질문을 던져 주고 있다. 사회변동과 함께 변화되는 가족 속에서 '진정한 가족은 과연 어떤 가족인가'를 생각하면, 전형적으로 그려지는 가족이 없다. 그런 면에서 우리는 가족이 '없다'라고 말할 수 있다. 그러나 다르게 보면, 사람들이 자신이 선택해서 그 속에서 행복을 느끼면서 살고 있다면 그것이 곧 가족 아니겠느냐라고 반문하게 되면, 가족은 '있다'로 답하게 된다. 이런 있다/없다의 논란의 시작은 그만큼 현대사회의 가족이 다양화해진 것이다. 1장에서 언급한 다양한 가족들을 아우르는 공통가치는 무엇인가? 이 장에서는 형태와 관계를 뛰어넘어 가족이란 이름으로 함께, 더불어 사는 현대인들에게 중요한 가치로 친밀성, 협력-공동, 그리고 일과 가정의 균형을 제시하고자 한다.

1 친밀성

가족의 친밀성은 혈연의 가까움만을 뜻하지는 않는다. 혈연과 제도를 넘어서서 다양한 가족형태를 유지해가는 핵심기제로서의 현대인의 삶을 묶어내고 있는 가치이다. '알게 한다'와 '가장 깊은 곳'이라는 두 개의 라틴어에서 유래된 '친밀성(intimacy)'은 '다른 사람들과 정서적으로 친하다고 느끼는 감정, 사랑하고 사랑받는다고 여기며 돌보아주고 돌보아진다고 느끼는 감정'을 말한다. 이 친밀성이 21세기 가족의 새로운 가치로 떠오르고 있다.

경제성장이 한창이던 1970~80년대 우리네 아버지들은 새벽부터 한밤중까지 일에 매달렸다. 어머니는 아버지의 부재를 당연한 것으로 여기며 아이들을 키우고 살림을 꾸리는 등 기능적 역할에 충실했다. 친밀성을 개발할 여지가 없었다. 그러나 1990년대 이후 물질우위의 경쟁사회, 다원화, 조직화된 정보사회에서 가족의 친밀성은 다시 부각되기 시작했다. 조직은 인간의 존재 가치를 약화시켰고, 치열해진 경쟁은 인간에게 애정과 정성을 들일 여유를 허용하지 않았다. 다원화된 사회는 개성을 존중하는 대신 공통성을 줄이면서 외로움을 부추겼다. 물질적 가치의 중시는 인간관계를 수단이나 도구로 이해하게 했다. 게다가 인터넷의 발달로 직접적이고 대면적인 관계가 줄어들면서 사람들은 정서적인 교류와 지지에 목말라 했다. "대학생 아이들이랑은 밥 한 번 같이 먹기가 힘들다. 이야기를 하고 싶어도 말이 통하지 않는다고 핀잔을 받기 일쑤다. 아내랑은 평생 살아왔지만 딱히 나눌 이야기는 없다"는 50대 가장의 푸념이나, 'TV와 애완견이 가족을 모은다'는 우스개는 교류하지 못하는 가족의 현실을 보여주는 사례이다.

영국의 사회학자 앤서니 기든스가 개인주의화 하는 현대에서 더불어 사는 삶을 가능케 하는 기능으로 '친밀성'을 주목한 것도 같은 맥락에서다. 특히 한국사회 구성원들은 IMF 이후, 급속하게 해체되는 가족들을 보면서 가족 관계나 지지의 중요성을 구체적으로 이해하게 됐다. 친밀성은 성공이나 존경, 명예 등의 가치보다 가벼워 보이지만 결코 하루아침에 생겨나지 않는다. 관계는 항상 움직이고 변화하기 때문에 지속적인 노력을 해야 한다. '친밀성'이라는 탑을 쌓아 올리는 데 핵심이 되는 것은 가족들 간의 대화, 즉 의사소통 능력이다. 어떤 문제에 대해 생각과 느낌을 나누고 해결방안을 함께 찾아가는 의사소통이 더욱 절실하다.

Box 15-1

친밀성이 높은 가족들

이원석(38)·여진경(37) 씨 부부는 결혼 11년이 됐지만 '권태'를 모른다. 이들에게선 친밀한 분위기가 물씬 묻어난다. "연애시절부터 함께 책을 읽고 대화를 나눴다"는 이들 부부는 결혼 7년차 부부 관계 검사를 거쳐 이듬해부터 부부 친목 모임은 물론 후배 부부들과 모임을 통해 관계를 돌아보는 노력을 계속하고 있다. 그 덕분일까? "아이들 교육이나 진로문제, 시댁이나 친정 흉, 심지어 성문제까지 걸림없이 이야기한다. 서로 신뢰하고 이해하기 때문에 문제가 있어도 대화로 풀 수 있다"고 했다.

김모(38) 씨 부부는 회사 동료 2명과 함께 가족 모임을 하고 있다. 각자 외동아들을 둔 세 가족은 분기에 한 번꼴로 가족 여행을 하거나 공연 등을 함께 한다. 별 뜻 없이 모였지만, 모임이 수년째 이어지면서 아이들은 자연스럽게 '형', '동생'이 다른 엄마들은 '이모'가 됐다. 김 씨는 "다른 지역에 사는 사촌들도 있지만, 자주 보는 형들을 더 가깝게 여기고 의지한다. 혈연이 아니더라도 친밀한 관계를 만들어 나간다면 가족이 될 수 있다"고 말했다.

의사소통이 가족 친밀성의 주춧돌이 되게 하려면 상호 존중과 적절한 자기공개의 원칙을 이해해야 한다. 일반적으로 부부나 부모는 서로나 자녀에 대한 차이를 잘 받아들이지 않곤 한다. 서로에 대한 차이를 받아들여 존중할 때 칭찬과 긍정의 표현이 생겨난다. 또 대다수 가정에서 공개는 일방적으로 진행되기 쉽다. 부모는 자녀의 모든 것을 알기 원하지만 자녀는 부모의 생활 내면 혹은 관심사에 대해 아는 것이 거의 없다. 자녀가 부모의 느낌과 관심사를 알 수 있도록 하는 것은 자녀에게 부모도 욕구가 있는 사람이고, 자신도 가족의 한 구성원이라는 사실을 깨닫게 한다. 부모가 권위를 잠시 내려놓을 수 있다면 부모와 자녀 사이도 충분히 친구가 될 수 있다.

Box 15-2

우리 가족 친밀성 지수

다음의 질문을 읽고 '예'라고 답할 수 있는 빈도가 얼마나 되는지 왼쪽 칸에 해당되는 번호를 넣는다(점수가 높을수록 친밀감 수준이 높다).

0	1	2	3	4	5
전혀 없다	아주 드물다	가끔 그렇다	자주 그렇다	거의 항상 그렇다	항상 그렇다

① 배우자를 생각하거나 볼 때 따뜻한 감정을 느끼는가?
② 신체적인 접촉을 통해 애정을 표현하는 일이 있는가?
③ 배우자에게 배려하고 있다는 사실을 보여주려고 노력하는가?
④ 상대방이 실수를 해도 비판이나 비난을 자제하는가?
⑤ 배우자가 과민하게 반응하는 부분을 알고 존중해주는가?
⑥ 배우자가 불평을 할 때 왜 그렇게 하는지 이해할 수 있는가?
⑦ 재미있는 일을 배우자와 함께 하는가?
⑧ 다른 사람에게 털어놓을 수 없는 것도 배우자에게는 잘 털어놓는가?
⑨ 배우자가 무슨 생각을 하며 어떻게 지내고 있는지 알고 싶은가?
⑩ 배우자를 행복하게 할 일이 무엇인지 생각하고 행동하는가?
⑪ 배우자가 낙심할 때 용기를 북돋우어 주려고 노력하는가?
⑫ 배우자와 정서적으로 가깝다고 느끼는가?

출처: 아론 벡 저(채석봉 역, 2002). 사랑만으론 살 수 없다. 학지사

3 가족친화-일과 가정의 균형

현대가족은 두 개의 가족의식/가족공간을 공유하고 있다. 지극히 개인적 차원인 사적(私的)인 의식과 공간, 그리고 일터와 같은 공적(公的)인 의식과 공간이다. 한국 사회는 그간 가족의 공공성 즉 공적 의식에 대해 무심하였다 하여도 과언이 아니었다. 가정이라는 사적 공간은 여성의 공간으로, 직장은 남성의 공간으로 인식되어 가정과 일터를 분리시켰고 여성과 남성을 분리시켜 두 성의 화합은 방해받아 왔었다.

최근 출산율의 저하와 인구고령화에 대한 대응방안 중의 하나로, 일과 가족의 양립을 위한 가족친화 환경조성에 대한 관심이 높아지고 있다. 일과 가족의 양립을 위해서는 개인의 노력뿐 아니라 국가와 기업 그리고 사회 전반의 문화와 인식이 변화되어야 한다. 선진국에서는 이미 국가차원에서 가족문제에 적극적으로 개입하여 가족복지정책을 마련하거나 근로자들과 고용주들이 서로의 목적을 달성하도록 국가가 이를 독려하는 차원에서 가족친화정책들이 시행되기 시작하였다. 이런 정책들은 근로자들이 직장 일을 하면서 가정에서의 돌봄 역할을 조화롭게 영위할 수 있게 해 주었으며 결과적으로 근로자들이 보다 일과 가정생활의 균형을 지니는 데 기여하였다. 또한 이 정책은 기업의 성과에도 유의한 영향을 미치는 것으로 나타났다. 인적 자원의 성과, 즉 종업원들의 조직에 대한 몰입, 직무에 대한 만족, 이직 의도, 조직에 대한 애착감 등에 유의한 영향을 준다는 연구결과들이 나오고 있다(이기숙 · 장희정, 2008).

우리나라도 최근 정부기관을 중심으로 가족 내 돌봄 노동을 더 이상 가족만의 기능이 아닌 사회적 지원이 필요한 분야로 인식하고 있다. 즉, 양성평등한 가족관계를 형성하고 가족에 대한 지원 및 사회적 책임을 강화하기 위한 정책들이 추진되고 있는 것은 그 예이다(장혜경, 2005). 또한 기혼여성의 취업이 증가하면서 일과 가족의 균형이라는 주제는 취업 여성뿐 아니라 남성에게도 중요한 이슈가 되고 있으며, 기업체에서는 자신들의 경쟁력 제고를 위한 적극적인 방법으로 가족친화정책에 관심을 가지기도 한다. 가족친화정책을 통해 여성에게는 보다 적극적인 경제활동을, 남성에게는 가사와 양육의 분담을, 정부와 기업에서는 일과 가족의 균형을 지원해 주는 것이 필요하다.

가족친화정책(family friendly policy)이란, 기업과 국가가 '가족친화'의 개념을 이해하고, 기업 내에 가족지원적 환경을 만들어 주는 것을 말한다. 즉 기업이 근로자의 다중역할수행에 따른 갈등이나 요구사항에 대응하기 위해 시행하고 있는 정책을 가족친화정책이라 한다. 따라서 이 정책은 직업상의 역할에 대한 요구와 가정적 역할에 대한 요구가 서로 상치되어 발생하는 일-가족 갈등을 해결하고 일과 가족의 역할을 삶 속에서 서로 통합함으로 근로자의 일-가족 균형을 유지시켜 사회발전에 기여하는 제도이다.

기업이 제공하는 가족친화적 제도는 일반적으로 보육 및 가족간호 관련제도, 가족친화 휴가제도, 가족친화 근무제도, 가족친화 서비스제도 등이다(김태홍, 2001). 이를 정리하면 〈표 15-2〉와 같다.

표 15-2 기업의 가족친화제도

유형	내용
보육 및 가족간호 관련제도	보육지원(직장보육시설 운영, 보육비용지원, 질병과 야근 및 출장에 따른 특별보육지원제, 보육 및 육아의 정보제공 및 상담) 탁노제도 취학아동 지원제도 가족을 위한 위탁 간호 서비스제도 장애가족을 위한 특별 지원제도
가족친화 휴가제도	법규 이상의 출산 및 육아 휴직제도 가족 간호휴가제도 배우자에 대한 출산간호휴가제도 개인사유에 의한 무급휴직제도 등
가족친화 근무제도	탄력적 근무제 주 5일 및 토요 격주휴무제도 시차 출퇴근제 원격 및 재택근무제 가족문제가 있는 근로자에 대한 일시적인 업무전환제도 정규직 신분을 유지한 근로시간 단축제
가족친화 서비스제도	파출부 주택 기타 가정문제관련 정보제공 스트레스에 대한 상담제도 가사관련 행정 및 법률 업무대행 가족초청행사 및 가정관련 교육실시

출처 : 김태홍(2001). 가족친화적인 고용정책의 현황과 활성화 방안. p.29.

Box 15-5

유한킴벌리의 가족친화경영

유한킴벌리는 사무직의 시차 출퇴근제, 영업직의 현지 출퇴근제 등을 실시해 직원들이 일과 삶의 조화를 이룰 수 있도록 돕고 있다. 또 출산, 육아휴직, 대체인력지원 등 모성보호제도는 물론, 지난 2002년부터 가족상담제도를 실시하고 가족교육과 주말농장 등 다양한 형태의 가족문화 프로그램을 지원하고 있다. 이러한 가족친화지원 제도는 여러 면에서 성과를 보이고 있는데, 당장 유한킴벌리는 지난해 이직률이 2%에 불과했다. 근무환경에 대한 직원 만족도(63%) 또한 아주 높았다. 국내 평균(32%)의 배나 된다. 회사의 일과 가족, 삶의 조화가 결국엔 회사 경쟁력으로 나타나고 있는 것이다.
유한킴벌리는 "아직도 대부분의 기업들은 가족친화형 근무제도로 바꾸면 돈만 많이 든다고 생각하지만 정작 직원들이 행복해야 생산성도 높아진다"면서 "가족 행복에 대한 사회 공동의 책임이 부각되고 있는 이때 국가보다는 오히려 국민들이 실제로 일을 하는 현장인 기업의 역할이 더 중요하다"고 역설했다.

최근 들어서는 다른 기업에도 이런 가족친화경영이 기지개를 펴고 있다. 완구업체인 '햇님토이'의 경우 직장보육시설 의무설치 대상(상시 여성근로자 300명 이상)이 아님에도, 지난 2003년 직장보육시설인 '햇님 어린이집'을 설치해 운영하고 있다. 많은 직장들이 근로자들을 위해 어린이집과 모성 보호실 등 다양한 복지시설을 운영하고 있는 등 육아휴직제나 여성전문 컨설턴트제도 등을 운영하는 기업들도 많아졌다.

생각해 볼 점

1. 1장에서 살펴본 다양한 가족 중 한 가족을 택해, 친밀하고 행복한 가족관계 유지를 위해(친밀성, 협력, 일-가정 균형의 측면에서) 그들이 어떤 노력을 하고 있는지 살펴보고, 가족유형별로 그런 노력에는 어떤 차이가 있는지 조사해 보자.

2. 6세 미만의 어린 자녀가 있는 근로자들을 대상으로 실제 회사 내에 어떤 가족친화제도가 있는지, 그리고 근로자들이 그런 제도를 활용하지 못하는 이유가 무엇인지 등을 조사해 보자.

참고문헌 REFERENCES

김태홍(2001). 가족친화적인 고용정책의 현황과 활성화 방안. 한국여성개발원.

이기숙 · 장희정(2008). 가족친화정책에 대한 기혼남성의 요구도. 한국가족복지학회, 13(4), 103-121.

장혜경(2005). 한국 가족정책의 쟁점과 정책 방향. 국회도서관보, 42(5), 23-31.

조혜정(2000). 가족, 있다/없다. 서울: 또 하나의 문화.

채석봉 옮김(2000). 사랑만으로는 살 수 없다. 서울: 학지사.

찾아보기

인명 색인

내용 색인

저자소개

이 기 숙

부산대학교 대학원 (이학박사)

신라대학교 가족 · 노인복지학과 교수

고 정 자

한양대학교 대학원 (문학박사)

동아대학교 아동가족학과 교수

권 희 경

University of Minnesota (철학박사)

창원대학교 가족복지학과 조교수

김 득 성

부산대학교 대학원 (이학박사)

부산대학교 아동가족학과 교수

김 은 경

Iowa State University (철학박사)

창원대학교 가족복지학과 교수

김 향 은

고려대학교 대학원 (이학박사)

고신대학교 사회복지학부 부교수

옥 경 희

University of North California at Greensboro (철학박사)

광주대학교 사회복지학부 교수

현대 가족관계론

초판 1쇄 인쇄 2009년 6월 24일
초판 3쇄 발행 2020년 3월 5일

지은이_ 이기숙 · 고정자 · 권희경 · 김득성 · 김은경 · 김향은 · 옥경희
펴낸이_ 황호철
펴낸곳_ 도서출판 파란마음
주소 04315 서울시 용산구 백범로90라길 47 | 전화_ (02) 3275-2110~1 | 팩스_ (02) 3275-2199
홈페이지_ http://paranmaum.co.kr/

등 록_ 2006년 4월 24일 · 제302-2006-00024호

ISBN 978-89-92546-40-9 93330
값 18,000원